Albrecht Beutelspacher | Heike B. Neumann | Thomas S

Kryptografie in Theorie und Praxis

T0280817

Diskrete Mathematik
von M. Aigner

Diskrete Mathematik für Einsteiger
von A. Beutelspacher und M.-A. Zschiegner

Lineare Algebra
von A. Beutelspacher

Lineare Algebra Interaktiv (CD-ROM)
von A. Beutelspacher und M.-A. Zschiegner

Kryptologie
von A. Beutelspacher

Kryptografie in Theorie und Praxis
von A. Beutelspacher, H. B. Neumann und T. Schwarzpaul

Moderne Verfahren der Kryptographie
von A. Beutelspacher, J. Schwenk und K.-D. Wolfenstetter

Verschlüsselungsalgorithmen
von G. Brands

Kryptologie
von C. Karpfinger und H. Kiechle

www.viewegteubner.de

Albrecht Beutelspacher | Heike B. Neumann
Thomas Schwarzpaul

Kryptografie in Theorie und Praxis

Mathematische Grundlagen für Internetsicherheit,
Mobilfunk und elektronisches Geld

2., überarbeitete Auflage

STUDIUM

**VIEWEG+
TEUBNER**

Bibliografische Information der Deutschen Nationalbibliothek
Die Deutsche Nationalbibliothek verzeichnet diese Publikation in der
Deutschen Nationalbibliografie; detaillierte bibliografische Daten sind im Internet über
<http://dnb.d-nb.de> abrufbar.

Professor Dr. Albrecht Beutelspacher
Dr. Thomas Schwarzpaul
Universität Gießen
Mathematisches Institut
Arndtstraße 2
D-35392 Gießen

E-Mail: albrecht.beutelspacher@math.uni-giessen.de
          thomas.schwarzpaul@math.uni-giessen.de

Dr. Heike B. Neumann
Mühlendamm 45 a
22087 Hamburg

E-Mail: heike.neumann@nxp.com

1. Auflage 2005
2., überarbeitete Auflage 2010

Alle Rechte vorbehalten
© Vieweg+Teubner | GWV Fachverlage GmbH, Wiesbaden 2010

Lektorat: Ulrike Schmickler-Hirzebruch | Nastassja Vanselow

Vieweg+Teubner ist Teil der Fachverlagsgruppe Springer Science+Business Media.
www.viewegteubner.de

Umschlaggestaltung: KünkelLopka Medienentwicklung, Heidelberg
Druck und buchbinderische Verarbeitung: MercedesDruck, Berlin
Gedruckt auf säurefreiem und chlorfrei gebleichtem Papier.
Printed in Germany

ISBN 978-3-8348-0977-3

Vorwort

Kryptografie ist eine alte Kunst und eine moderne Wissenschaft. Die Anfänge der Kunst, geheime Nachrichten zu erzeugen, verlieren sich im Dunkel der Geschichte. Schon 500 v. Chr. haben die Spartaner die Skytala benutzt, und vor 2000 Jahren hat Julius Cäsar im Gallischen Krieg schon die Cäsar-Chiffre eingesetzt. Die Skytala war ein Zylinder, um den ein Band gewickelt wurde, auf den der Klartext längs geschrieben wurde; das Band konnte ohne Gefahr übermittelt werden, und nur ein Empfänger mit einem Zylinder richtiger Größe konnte den Text entziffern. Bei der Cäsar-Chiffre benutzt man das normale Alphabet, unter dem ein um einige Stellen verschobenes Alphabet steht. Verschlüsselt wird, indem ein Buchstabe des Klartextalphabets durch den darunter stehenden Buchstaben des Geheimtextalphabets ersetzt wird. Die Bedeutung der Skytala und der Cäsar-Chiffre liegen u.a. darin, dass sie die Prototypen einer Transpositions- bzw. einer Substitutions-Chiffre sind. Bis vor wenigen Jahrzehnten war ernsthafte Kryptografie eine Domäne der Politiker, Diplomaten und Militärs und der entsprechenden Institutionen. Das Ziel war stets, Verfahren zu entwickeln und zu verwenden, die vom Gegner nicht gebrochen werden konnten bzw. die Verfahren der Gegner zu brechen. Die Tatsache, dass heute die Kryptografie eine nie zuvor gekannte Bedeutung hat, liegt entscheidend an der Entwicklung des Computers und der Computernetze, insbesondere des Internets. Die ersten Computer wurden gegen Ende des 2. Weltkriegs entwickelt, um Geheimcodes brechen zu können, und zwar ging es um die effiziente Verarbeitung der abgefangenen Geheimtexte. Viel später, in den 70er Jahren des vergangenen Jahrhunderts wurden Rechner eingesetzt, um komplexe Verschlüsselungsverfahren realisieren zu können. Der Übergang von den mechanischen und elektromechanischen Verschlüsselungsgeräten (wie zum Beispiel ENIGMA) zu den in Soft- und Hardware ausführbaren Codes, wie etwa dem DES, stellt einen enormen Sprung in der Qualität der Kryptosysteme dar. Das Internet und andere Netze, wie etwa das Mobilfunknetz, haben diese Tendenzen noch einmal verstärkt. Zunächst sind die Angriffsmöglichkeiten durch die Möglichkeit der effizienten Zusammenarbeit von sehr vielen Rechnern enorm gestiegen. In der Tat wurden zum Beispiel einige Faktorisierungsversuche erst durch einen massiven Verbund von Rechnern im Internet möglich. Andererseits hat das Internet die Entwicklung von Algorithmen und v.a. Protokollen notwendig gemacht. Denn zunächst waren in den Internetprotokollen keinerlei Sicherheitsmechanismen vorgesehen, aber es ist klar, dass man für Anwendungen wie Abruf sensibler Daten (z.B. Passwörter, medizinischer Daten oder Konstruktionsunterlagen) oder Bezahlvorgänge Sicherheit mit sehr guter Qualität braucht. Spätestens bei solchen Anwendungen wird auch klar, dass zu dem Ziel der Geheimhaltung ein weiteres Hauptziel der Kryptografie hinzukommt, nämlich die Authentifikation, d.h. die Echtheit von Daten.

Spätestens seit den Arbeiten von Claude Shannon, mit denen er Ende des 2.

Weltkriegs die Kryptografie neu begründet hat, ist diese eine mathematische Wissenschaft geworden. Natürlich gehört zu einer Realisierung einer kryptografischen Anwendung die Arbeit der Informatiker, Ingenieure usw., aber ohne die mathematische Fundierung bei der Konstruktion und Analyse von Sicherheitsverfahren stünden alle auf tönernen Füßen. Die 70er und 80er Jahre des 20.Jahrhunderts waren gekennzeichnet durch die Entdeckung und Entwicklung vieler neuer Verfahren, die die Kryptografie revolutioniert haben: Neben dem schon erwähnten DES ist dies v.a. die Entdeckung der Public-Key-Kryptografie mit den zugehörigen Algorithmen RSA und ElGamal, sowie der Zero-Knowledge-Verfahren. Heute befinden wir uns in einer Konsolidierungsphase, die gekennzeichnet ist durch systematische Aufbereitung, Klärung der Begriffsstruktur und weitgehende mathematische Durchdringung der Verfahren. Damit werden zum ersten Mal Lehrbücher der Kryptografie möglich. Die Bücher der letzten Jahrzehnte waren Forschungsberichte, stellten einzelne Teilgebiete vor oder dienten schlicht dazu, dieses Gebiet bekannt zu machen.

Dieses Buch ist ein Lehrbuch der Kryptografie, das auf vielen Vorlesungen der Autoren an der Universität Gießen beruht. Wir haben versucht, alle wesentlichen Aspekte der Kryptografie darzustellen. Dabei haben wir uns um eine Balance bemüht, die allen Aspekten der Kryptografie gerecht wird: Symmetrische und asymmetrische (public key) Kryptografie werden beide ausführlich dargestellt. Innerhalb der Gebiete werden Algorithmen ihrer Bedeutung gemäß dargestellt. Schließlich behandeln wir nicht nur Algorithmen, sondern auch Protokolle. Im Einzelnen geht es dabei um folgende Themen:

Kapitel 1 ist eine kurze Einführung in die Kryptografie und stellt die wichtigsten Begriffe, die in den folgenden Kapiteln benötigt werden, vor. Das Buch gliedert sich dann in drei Teile, wobei im ersten Teil, den Kapiteln 2 bis 8, die symmetrischen Verfahren behandelt werden. In Kapitel 2 werden historische Verfahren, wie die bereits erwähnte Cäsar-Chiffre und Vigenère-Chiffre dargestellt. Die grundlegenden Begriffe der symmetrischen Kryptografie werden in den Kapiteln 3 bis 5 dargestellt. Im Vordergrund stehen dabei das formale Modell zur Beschreibung kryptografischer Verfahren von Shannon und die Begriffe perfekte Sicherheit und effiziente Sicherheit. Kapitel 6 und 7 zeigen, wie man praktische symmetrische Verfahren konstruiert. In Kapitel 6 werden die Stromchiffren, Verfahren die etwa im Mobilfunk eingesetzt werden, vorgestellt. Ein weiterer Schwerpunkt dieses Kapitels ist die Analyse linearer Schieberegister, die man zur Konstruktion von Stromchiffren verwenden kann. Kapitel 7 behandelt die zweite Klasse symmetrischer Verfahren, die Blockchiffren. Es werden die beiden prominentesten Vertreter, der DES und sein Nachfolger der AES, ausführlich dargestellt. Abgeschlossen wird das Gebiet der symmetrischen Verfahren durch Kapitel 8, in dem die wichtigsten Betriebsmodi vorgestellt werden. Betriebsmodi beschreiben, wie man eine Blockchiffre auf lange Nachrichten anwendet.

Der zweite Teil des Buches gilt den Public-Key-Verfahren. Kapitel 9 gibt eine kurze Einführung in die Public-Key-Kryptografie, so wie einen Vergleich mit den symmetrischen Verfahren. Kapitel 10 und 11 beschäftigen sich mit den beiden wichtigsten Public-Key-Verfahren, dem RSA-Algorithmus bzw. dem ElGamal-Verschlüsselungsverfahren. Im zwölften Kapitel werden weitere Public-Key-Verfahren, wie das Rabin-Verschlüsselungsverfahren vorgestellt. Um die Sicherheit von Public-Key-Verschlüsselungsverfahren formal beschreiben zu können, werden in Kapitel 13 die Begriffe polynomielle Ununterscheidbarkeit und semantische Sicherheit eingeführt. Die Sicherheit der RSA- und der ElGamal-Signatur wird in Kapitel 14 diskutiert.

Der dritte Teil des Buches beschäftigt sich mit kryptografischen Anwendungen. Kapitel 15 behandelt die Konstruktion von Hashfunktionen und das Problem der Nachrichtenauthentizität. Kapitel 16 ist von besonderer Bedeutung, da dort die Zero-Knowledge-Protokolle behandelt werden, die einen wichtigen Baustein für komplexere kryptografische Protokolle bilden. Die Schlüsselverwaltung ist das zentrale Thema des siebzehnten Kapitels, dem sich ein Kapitel über Teilnehmerauthentifikation anschließt. In Kapitel 19 werden die wichtigsten Schlüsseletablierungsprotokolle dargestellt und im zwanzigsten Kapitels geht es um Protokolle, an deren Durchführung mehr als zwei Parteien beteiligt sein können. Beispielsweise um ein Geheimnis aufzuteilen. Kapitel 21 geht der Frage nach, wie man Anonymität in kryptografischen Anwendungen erreichen kann. Zwei der wichtigsten Anwendungen, das elektronische Geld und die elektronischen Wahlen, werden hier dargestellt. Internetsicherheit ist das Thema von Kapitel 22. Hier werden das Secure Sockets Layer Protokoll und Pretty Good Privacy vorgestellt. Im abschließenden letzten Kapitel findet sich eine Einführung in das Gebiet der Quantenkryptografie und des Quantencomputing.

Das Buch ist ein Buch, das sich zum Selbststudium, aber auch zum Gebrauch neben Vorlesungen eignet. Obwohl die Kryptografie eine mathematische Disziplin ist, benötigt man nur relativ wenige explizite mathematische Vorkenntnisse. Man braucht ein bisschen Algebra und Zahlentheorie (vor allem bei den Public-Key-Algorithmen) und in manchen Kapiteln Grundkenntnisse der Stochastik. Die meisten benötigten Begriffe und Ergebnisse werden in diesem Buch noch einmal erarbeitet, aber natürlich setzen wir eine gewisse Routine bei der mathematischen Argumentation voraus. Die Übungsaufgaben dienen zur Vertiefung des Stoffes.

Für die zweite Auflage wurde das gesamte Buch noch einmal gründlich durchgesehen. Wir haben eine große Zahl von Ungenauigkeiten verbessert, auf die wir dankenswerterweise von Lesern hingewiesen wurden. Außerdem wurden die Sicherheitsapekte von Anwendungen wie Mobilfunk, elekronischem Geld oder CMACs neu aufgenommen.

Gießen, im Oktober 2009

Albrecht Beutelspacher
Heike Neumann
Thomas Schwarzpaul

Inhaltsverzeichnis

1 Aufgaben und Grundzüge der Kryptografie

Seit es Kommunikation zwischen Menschen gibt, gibt es auch das Bedürfnis nach vertraulicher Kommunikation. Sender und Empfänger von Nachrichten wollen nicht, dass ihre Nachrichten von Dritten gelesen werden. Die Menschen haben sich sehr unterschiedliche Verfahren einfallen lassen, um einander geheime Nachrichten zu übermitteln: Manche haben versucht, die Existenz der Nachricht an sich zu verstecken, zum Beispiel indem sie sie in Bildern versteckt haben oder mit Zitronensaft als Tinte geschrieben haben. Dabei ist einer nicht eingeweihten Person gar nicht klar, dass es hier eine geheime Nachricht gibt. Andere haben ihre Botschaften „verschlüsselt", indem sie den Text mittels eines vorher vereinbarten geheimen Verfahrens unleserlich gemacht haben. Nur der Empfänger, der die Botschaft lesen sollte und auch das geheime Verfahren kannte, kann es rückgängig machen und gewinnt daraus die Nachricht.

Besonders im militärischen und politischen Bereich sind zahlreiche historische Beispiele für das Verbergen und Verschlüsseln von Nachrichten bekannt. Die Kryptografie, die Wissenschaft vom Entwerfen und „Brechen" von Verschlüsselungsverfahren, spielte jahrhundertelang die Rolle einer Geheimwissenschaft, zu der nur wenige Zugang hatten. Mit der weltweiten Verbreitung von Computernetzen ist die Kryptografie zu einer Schlüsseltechnologie zur Absicherung von Kommunikation geworden. Mit den neuen Kommunikationsmedien hat die Kryptografie auch neue Aufgaben wie Authentizität, Anonymität oder Verbindlichkeit von Nachrichten übernommen.

Der Begriff „Kryptografie" lässt sich heute am besten so eingrenzen: Kryptografie ist eine öffentliche mathematische Wissenschaft, in der Vertrauen geschaffen, übertragen und erhalten wird.

Dass sich die Kryptografie als Teildisziplin der Mathematik etabliert hat, liegt vor allem daran, dass die Mathematik wie keine andere Wissenschaft dazu geeignet ist, kryptografische Fragestellungen zu modellieren und zu analysieren. Die „Sicherheit" eines Verfahrens lässt sich damit quantifizieren und im Bestfall sogar mathematisch beweisen. Benutzer kryptografischer Verfahren müssen also nicht mehr darauf vertrauen, dass das von ihnen gewählte Verfahren wirklich gut ist, sondern sie können sich mit Hilfe der mathematischen Analyse von dessen Güte selbst überzeugen. Insbesondere sind alle diese Erkenntnisse öffentlich zugänglich.

Das bedeutet also, dass heute für die Bewertung der Sicherheit kryptografischer Algorithmen und Mechanismen objektive Kriterien zur Verfügung stehen. Daneben gibt es aber noch weitere Gründe dafür, warum viele moderne Applikationen (Mobilfunk, Pay-TV, E-Commerce etc.) ohne Kryptografie nicht vorstellbar sind:

- Kryptografische Verfahren sind maßgeschneidert für den Einsatz in digitalen Medien.

- Kryptografische Mechanismen können im Prinzip beliebig sicher gemacht werden. In vielen Fällen kann man durch die Verlängerung des Schlüssels die Betrugswahrscheinlichkeit beliebig klein machen. In der Regel bewirkt ein kleiner Zuwachs der Komplexität des Verfahrens einen exponentiellen Zuwachs in der Komplexität eines Angriffs auf den Algorithmus.

In solchen modernen Anwendungen wird Kryptografie zur Umsetzung von sehr unterschiedlichen Eigenschaften der Applikationen eingesetzt:

- **Vertraulichkeit**
  Kryptografisch kann man Vertraulichkeit erreichen, indem der Sender die Nachricht so verändert, dass sie für jeden Außenstehenden völlig unsinnig zu sein scheint. Nur der Empfänger kann durch die geheime Zusatzinformation („Schlüssel") die ursprüngliche Nachricht zurückgewinnen.

- **Authentizität**
  Man unterscheidet zwischen *Teilnehmerauthentizität* und *Nachrichtenauthentizität*. Teilnehmerauthentizität ist gegeben, wenn ein Teilnehmer seine Identität zweifelsfrei nachweisen kann. Nachrichtenauthentizität liegt vor, wenn sich der Empfänger einer Nachricht zweifelsfrei vom Ursprung der Nachricht überzeugen kann. Verfahren, die eine Authentizität gewährleisten sollen, heißen *Authentifikations*- oder auch *Authentikationsverfahren*. Die letzteren beiden Begriffe werden im Rahmen des Buches synonym verwendet.

- **Integrität**
  Die Integrität von Daten ist gewahrt, wenn Daten nicht unbemerkt verändert werden können.

- **Verbindlichkeit**
  Ein Teilnehmer A übermittelt einem Teilnehmer B eine Nachricht. Er tut dies *verbindlich*, wenn B anschließend Dritten gegenüber nachweisen kann, dass die Nachricht tatsächlich von A stammt. Dies ist mehr als nur die Nachrichtenauthentizität. Die Nachricht wäre auch dann authentisch, wenn sich B zwar davon überzeugen kann, dass sie von A stammt, dies aber nicht selbst beweisen kann.

- **Anonymität**
  In manchen Situationen ist es wünschenswert, dass nicht nur der Inhalt einer Nachricht verborgen bleibt, sondern auch die Identität des Senders oder des Empfängers oder sogar die Tatsache, dass diese beiden miteinander kommunizieren.

Viele Autoren unterscheiden zwischen den Begriffen „Kryptografie" und „Krypto-logie": Sie betrachten „Kryptologie" als den Oberbegriff über zwei Teildisziplinen: die „Kryptografie", dem Entwurf von Verschlüsselungsverfahren, und die „Krypto-analyse" (Kryptanalyse), der Analyse von Verschlüsselungsverfahren.

1.1 Geheimhaltung - Vertraulichkeit - der passive Angreifer

Der älteste Zweig der Kryptografie beschäftigt sich mit dem vertraulichen Aus-tausch von Nachrichten durch Verschlüsselung. Das Ziel ist es, eine Nachricht so zu verändern, dass nur der berechtigte Empfänger in der Lage ist, die Nachricht zu verstehen. Dazu verwendet der berechtigte Empfänger eine Information, die entweder nur er oder außer ihm nur der Sender der Nachricht kennt. Eine solche zusätzliche Information heißt **Schlüssel**. Die unveränderte Nachricht nennt man den **Klartext**, die veränderte und damit unlesbare Nachricht heißt **Geheim-** oder **Chiffretext**. Ein Verschlüsselungsalgorithmus besteht aus einer Funktion f mit

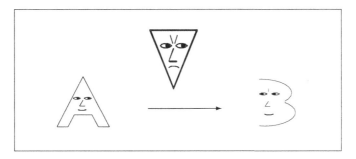

Abbildung 1.1 Der passive Angreifer

zwei Eingabewerten: dem Klartext m und einem Schlüssel K. Die Ausgabe der Funktion ist der Geheimtext c:

$$c := f_K(m)$$

Völlig gleichbedeutend verwenden wir die Schreibweise $c := f(K,m)$. Der Schlüs-sel K ist ein gemeinsames Geheimnis zwischen Sender und Empfänger. Das Ver-schlüsselungsverfahren, das wir hier beschrieben haben, ist in diesem Sinne sym-metrisch, weil beide Teilnehmer über dasselbe Geheimnis verfügen müssen, um das Verfahren durchführen zu können. Eine wesentliche Anforderung an die Ver-schlüsselungsfunktion f_K ist: Der Empfänger muss die Nachricht eindeutig ent-schlüsseln können. Mathematisch gesprochen bedeutet das, dass die Verschlüsse-lungsfunktion f_K umkehrbar sein muss, das heißt, es gibt eine Funktion f^{-1}, die den Geheimtext wieder entschlüsselt:

$$m := f_K^{-1}(c)$$

Der Angreifer, der in diesem Modell betrachtet wird, ist ein **passiver Angreifer**. Er belauscht nur die Kommunikation, greift jedoch nicht ein. Eines der wichtigsten Grundprinzipien der Kryptografie lautet, dass wir dem Angreifer stets zugestehen, dass er alle Informationen hat bis auf das Geheimnis K, das Sender und Empfänger vereinbart haben. Dieses Prinzip ist so wichtig, dass es einen eigenen Namen hat:

Das Prinzip von Kerckhoffs
Der Angreifer kennt die Ver- und Entschlüsselungsfunktion, nur der Schlüssel ist geheim.

Dieses Prinzip hat seine Berechtigung, denn Algorithmen lassen sich ungleich schwerer geheim halten als Schlüssel. Kryptografische Schlüssel sind verhältnismäßig kurze Zeichenketten, wohingegen die Beschreibung eines Algorithmus viele Seiten in Anspruch nehmen kann. Die Praxis zeigt, dass das Geheimhalten des Algorithmus in letzter Konsequenz nur schwer umsetzbar ist. Zu viele Personen gehören normalerweise zum Insiderkreis: die Designer des Algorithmus, seine Analytiker, die Programmierer etc.

Prominente Beispiele dafür, dass Algorithmen sich schwer geheim halten lassen, sind die Algorithmen A5 und Comp128. Ersterer wird verwendet, um Mobilfunkgespräche zu verschlüsseln, der zweite wird ebenfalls im Mobilfunk zur Authentifikation der Teilnehmer eingesetzt. Durch einen „anonymen" Hinweis ist der A5 an die Öffentlichkeit gelangt. Der Comp128 konnte mittels *Reverse Engineering* rekonstruiert werden. Das bedeutet, dass es Kryptografen gelungen ist, einen Algorithmus zu konstruieren, der die gleichen Ausgaben produziert wie Comp128. In beiden Fällen hat sich nachträglich herausgestellt, dass die Algorithmen nicht die erhoffte Sicherheit bieten.

Im bisherigen Modell braucht nicht nur der Empfänger einer verschlüsselten Nachricht den passenden Schlüssel, sondern auch der Sender der Nachricht, um den entsprechenden Geheimtext zu produzieren. Jahrhundertelang ging man davon aus, dass es keine Alternative zu dieser Vorgehensweise gibt. Bei genauerer Betrachtung stellt sich heraus, dass der Empfänger eine Information haben muss, die ihm die effiziente Entschlüsselung des Geheimtextes ermöglicht, während der Angreifer ohne diese Zusatzinformation den Text nicht entschlüsseln kann. Dass auch der *Sender* die gleiche geheime Information besitzen muss, ist nicht notwendig.

In einer Veröffentlichung von 1976 haben W. Diffie und M. Hellman zum ersten Mal ernsthaft die Frage gestellt, ob es nicht eine Alternative zu der Annahme gibt, dass Sender und Empfänger ein gemeinsames Geheimnis besitzen müssen. Auf diese beiden Autoren geht das Konzept der **asymmetrischen Kryptografie** (oder auch **Public-Key-Kryptografie**) zurück.

Hierbei hat jeder Teilnehmer T zwei Schlüssel: einen öffentlichen Schlüssel E (enciphering - Verschlüsseln) und einen privaten (geheimen) Schlüssel D (deciphering - Entschlüsseln). Diese Namen sind wörtlich zu nehmen. Jeder Teilnehmer publiziert seinen öffentlichen Schlüssel und hält nur seinen privaten Schlüssel vor den anderen Teilnehmern geheim. Verschlüsselt wird folgendermaßen: Wenn Teil-

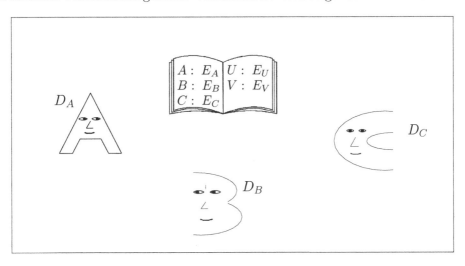

Abbildung 1.2 öffentliche Schlüssel

nehmer A an B eine Nachricht senden will, so stellt er als erstes B's öffentlichen Schlüssel fest. Er wendet B's öffentlichen Schlüssel auf die Nachricht an, die er ihm schicken will, und erhält einen Geheimtext. Diesen sendet er an B. Da nur B über den passenden privaten Schlüssel verfügt, kann nur er den Geheimtext entschlüsseln. Um daraus ein sinnvolles Verschlüsselungsverfahren zu gewinnen,

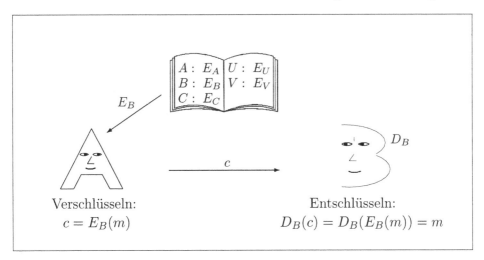

Abbildung 1.3 Asymmetrische Verschlüsselung

müssen wir folgende Forderungen stellen:

- **Eindeutige Entschlüsselung**: Für alle Nachrichten m ist

$$D_T(E_T(m)) = m.$$

• **Public-Key-Eigenschaft**: Es ist unmöglich, aus der Kenntnis von E_T auf D_T zu schließen.

Die erste Eigenschaft garantiert, dass der Empfänger tatsächlich die vom Sender beabsichtigte Nachricht entschlüsselt, während die Public-Key-Eigenschaft dafür sorgt, dass der Empfänger der Nachricht einen echten Vorsprung gegenüber einem Angreifer hat: Der private Schlüssel ist die Zusatzinformation, ohne die der Angreifer die Nachricht nicht entschlüsseln kann.

Eine Public-Key-Verschlüsselung kann man sich an Hand des folgenden Beispiels verdeutlichen: B's öffentlicher Schlüssel hat die Funktion eines Briefkastens. Dieser trägt B's Namen und lässt sich auch nur von ihm öffnen.

Jeder kann diesen Briefkasten benutzen, um B eine vertrauliche Nachricht zukommen zu lassen. In der Public-Key-Kryptografie bedeutet das, dass jeder mit B's öffentlichem Schlüssel Nachrichten für B verschlüsseln kann. Andererseits kann nur B den Briefkasten öffnen. Nur er besitzt den passenden privaten Schlüssel. Man beachte, dass in diesem Szenario jeder Systemteilnehmer nur genau einen

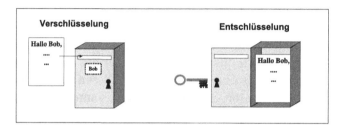

Abbildung 1.4 Briefkastenbeispiel

geheimen Schlüssel braucht: seinen eigenen. Alle anderen Schlüssel (die Briefkästen) sind öffentlich, insbesondere muss man keine besondere Sorgfalt für deren Speicherung aufwenden. In einem System mit symmetrischen Verschlüsselungsverfahren mit N Teilnehmern hingegen braucht jeder Teilnehmer $N - 1$ geheime Schlüssel, für jeden potentiellen Kommunikationspartner einen. Um es noch ein-

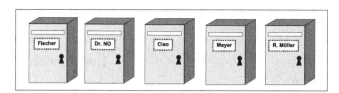

Abbildung 1.5 öffentliche Schlüssel

mal zu betonen: Der Sender einer Nachricht muss keinerlei Geheimnis verwenden. Zum Verschlüsseln einer Nachricht verwendet er den öffentlichen Schlüssel des *Empfängers*.

Wir werden uns im zweiten Teil dieses Buches ausführlich mit der Public-Key-Kryptografie beschäftigen. Dabei wird es nicht nur um konkrete asymmetrische

Verschlüsselungsverfahren gehen, sondern auch um viele weitere Einsatzmöglichkeiten der Public-Key-Kryptografie, die symmetrische Verfahren nicht besitzen. Public-Key-Verfahren können nämlich **digitale Signaturen** realisieren.

1.2 Authentifikation und Integrität

Bei den Sicherheitszielen Authentifikation und Integrität ist das Angreifermodell ein anderes als bei der Vertraulichkeit: Der Angreifer ist nicht mehr *passiv*, sondern greift *aktiv* in die Kommunikation ein. Die Authentizität einer Nachricht garantiert, dass die Nachricht auch tatsächlich vom angegebenen Sender stammt. Für die Integrität einer Nachricht fordert man, dass die Nachricht nicht verändert

Abbildung 1.6 Der aktive Angreifer: Stammt eine Nachricht vom angegebenen Sender?

worden ist. Der Empfänger soll die Sicherheit haben, dass er genau die Nachricht empfangen hat, die der angegebene Absender auch geschickt hat. Man kennt in

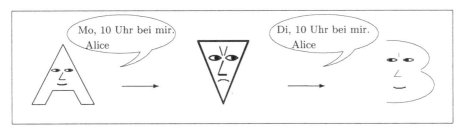

Abbildung 1.7 Der aktive Angreifer: Ist die Nachricht unverändert?

der Kryptografie im Wesentlichen zwei Verfahren, die die Nachrichtenauthentizität und -integrität sicherstellen: **Message Authentication Codes (MACs)** und **digitale Signaturen**.

In beiden Fällen spielen die so genannten **Hashfunktionen** (oder auch digitale Fingerabdrücke) eine wichtige Rolle. Eine Hashfunktion komprimiert eine beliebig lange Zeichenkette auf eine kleine, aber sehr charakteristische Zeichenkette. Von einer Hashfunktion verlangt man, dass es sehr schwer ist, für einen bestimmten Wert eine Zeichenkette zu finden, die gerade auf den gegebenen Wert abgebildet wird. Hashfunktionen sind Einwegfunktionen - es ist schwer, sie zu invertieren. Außerdem soll es auch schwer sein, zwei Texte zu finden, die auf den gleichen Wert abgebildet werden.

Aus diesen Eigenschaften erklärt sich der Begriff **digitaler Fingerabdruck**. Ein Hashwert ist für einen Text charakteristisch wie ein Fingerabdruck für einen Menschen. Auch hier ist es schwer, den „passenden" Menschen zu finden, der zu einem bestimmten Fingerabdruck gehört - und es ist auch schwer, zwei Menschen zu finden, die einen zum Verwechseln ähnlichen Fingerabdruck haben.

Wie kann man digitale Fingerabdrücke zur Authentifikation einsetzen? Bei den Message Authentication Codes haben zwei Teilnehmer wieder ein gemeinsames Geheimnis. Der Sender hängt an seine Nachricht dieses Geheimnis an und berechnet für das Ergebnis den digitalen Fingerabdruck. Dieser vom gemeinsamen Geheimnis abhängige Fingerabdruck heißt ein **MAC**. Dann sendet er die Nachricht und den MAC. Der Empfänger kann die Authentizität und Integrität der Nachricht dadurch prüfen, dass er den MAC verifiziert: er hängt ebenfalls das Geheimnis an die Nachricht und berechnet den Fingerabdruck. Wenn sein Abdruck mit dem geschickten identisch ist, so kann der Empfänger davon ausgehen, dass die Nachricht nicht verändert worden ist und vom angegebenen Sender stammt.

Eine andere Möglichkeit, die Authentizität und Integrität zu erreichen, sind die **digitalen Signaturen**. Sie sind eine Besonderheit der Public-Key-Kryptografie. Jeder Teilnehmer besitzt einen privaten und einen dazu passenden öffentlichen Schlüssel. Mit Hilfe des privaten Schlüssels kann der Teilnehmer eine digitale Signatur erstellen, während jeder andere Teilnehmer mit dem öffentlichen Schlüssel die Signatur verifizieren kann. In vielen praktischen Fällen signiert der Sender jedoch nicht die ganze Nachricht, sondern nur einen digitalen Fingerabdruck der Nachricht. Digitale Signaturen leisten sogar noch mehr als MACs: während ein MAC nur vom Empfänger überprüft werden kann, kann eine Signatur wie eine handschriftliche Unterschrift von jedem verifiziert werden. Digitale Signaturen erreichen damit sogar eine Verbindlichkeit für Nachrichten.

Neben der Nachrichtenauthentizität ist man in vielen Situationen aber auch daran interessiert, dass sich ein Benutzer authentifiziert, zum Beispiel wenn er eine EC-Karte zum Abheben von Geld von einem Konto verwendet. Dann will die Bank natürlich eine Bestätigung, dass es sich tatsächlich um den „richtigen" Kunden handelt. In solchen Situationen fordert man vom Benutzer den Beweis, dass er über ein bestimmtes geheimes Wissen verfügt wie ein Passwort oder eine Geheimzahl (PIN - Personal Identification Number). Das Sicherheitsziel in diesen Situationen ist die **Teilnehmerauthentizität**.

Natürlich kann man die Benutzerauthentifikation auch ganz anders erreichen: Indem man kein geheimes Wissen abfragt, sondern ein unveränderliches, eindeutiges Merkmal überprüft. Darunter fallen zum Beispiel die biometrischen Verfahren, die menschliche Fingerabdrücke oder die Struktur der Iris überprüfen oder eine Gesichts- oder Stimmerkennung durchführen. Kryptografie ist immer nur ein möglicher Lösungsweg, häufig kann man die gleichen Sicherheitsziele auch auf ganz anderem Weg erreichen.

1.3 Andere Sicherheitsmechanismen: Steganographie, physikalische Sicherheit

Die Kryptografie ist nur ein Teilbereich der Informationssicherheit. Ein nahe verwandtes Gebiet, das ähnliche Sicherheitsziele auf einem ganz anderen Weg erreicht als die Kryptografie, ist die **Steganografie**. Hier geht es nicht darum, eine Nachricht unleserlich zu machen, sondern von der Existenz der Nachricht überhaupt abzulenken. Im Gegensatz zu den Teilnehmern A und B in den obigen Szenarien, die offen miteinander kommunizieren, wird hier die **Kommunikationsbeziehung** geheim gehalten. Beispiele hierfür sind das Verstecken von Botschaften in Bildern oder die Kennzeichnung von Buchstaben in einem „harmlosen" Text. Ein bekanntes Beispiel für letzteres ist die Nachricht, die Halder und Heise in ihrem Buch „Einführung in die Kombinatorik" im Königsberger Brückenproblem versteckt haben. Beide Gebiete decken aber nur einen Teil der Sicherheitsproblematik von Kommunikation in Netzen ab. Um die Kommunikation konsequent abzusichern, muss man vieles andere bedenken:

Die **Netzwerksicherheit** beschäftigt sich mit dem Schutz von digitalen Kommunikationsnetzen gegen gezieltes und ungezieltes Fehlverhalten von Benutzern. Dazu gehört das Absichern des Systems gegen möglicherweise unbeabsichtigt falsche Eingaben von Benutzern ebenso wie der Schutz gegen Viren, trojanische Pferde, Würmer und ähnliches. Eines der wichtigsten Ziele in diesem Zusammenhang ist die so genannte **Verfügbarkeit**. Es soll einem Angreifer nicht möglich sein, das System vollständig zu blockieren oder zum Absturz zu bringen. Angriffe, die auf die Verfügbarkeit abzielen, heißen **Denial-of-Service-Angriffe**. Solche Angriffe können durchaus schweren Schaden verursachen.

Das dritte große Gebiet der Sicherheitstechnik umfasst die physikalische Sicherheit. Das Angreifermodell geht davon aus, dass nicht die Algorithmen oder die Software angegriffen wird, sondern die Kommunikationsgeräte manipuliert werden. Dazu zählt die Manipulation von Chipkarten ebenso wie das Ausspähen von Schlüsseln oder Passwörtern mittels der Messung von Strahlung, Strom- oder Zeitverbrauch.

1.4 Dienste, Mechanismen, Algorithmen

Die Beispiele der bisherigen Abschnitte haben gezeigt, dass Sicherheit sehr viele Teilaspekte hat. Um die Sicherheit eines komplexen Systems angemessen analysieren zu können, unterscheidet man **Sicherheitsdienste**, **Sicherheitsmechanismen** und **Sicherheitsalgorithmen**. Der Begriff **Sicherheitsdienst** ist der allgemeinste und beschreibt, welches allgemeine Sicherheitsziel ein Verfahren erreicht. Nach dem bisher Gesagten wissen wir bereits, dass die Kryptografie Vertraulichkeitsdienste, Authentifikationsdienste, Verbindlichkeitsdienste etc. anbietet.

	Schichten	Beispiele
Was kann passieren?	Bedrohungen	Verlust der Vertraulichkeit
Welche Maßnahmen?	Dienste	Vertraulichkeit
Welche Mittel?	Mechanismen	Verschlüsselung
Welches mathematische Verfahren?	Algorithmen	DES, RSA

Abbildung 1.8 Das ISO-Sicherheitsmodell

Ein Sicherheitsdienst wird mit einem speziellen **Mechanismus** durchgesetzt. Der Dienst **Vertraulichkeit** beispielsweise wird kryptografisch mittels einer Verschlüsselung umgesetzt. Es gibt jedoch auch ganz andere Wege, um den Dienst Vertraulichkeit zu realisieren: Es sind zum Beispiel steganografische Methoden denkbar. Oder Sender und Empfänger kommunizieren mittels eines vertrauenswürdigen Boten, der Briefe überbringt.

Die detaillierte Beschreibung, wie ein Sicherheitsdienst umgesetzt wird, ist die der konkreten Implementierung. Hat man sich entschieden, den Dienst Vertraulichkeit mittels einer kryptografischen Verschlüsselung durchzusetzen, so bleibt zu entscheiden, welcher konkrete **Algorithmus** benutzt werden soll.

Teil I

Symmetrische Verschlüsselungen

2 Historisches

2.1 Monoalphabetische Chiffren

2.1.1 Transpositionen

Eines der ältesten Beispiele für eine Verschlüsselung ist die **Skytala**. Sie wird erwähnt von dem griechischen Historiker Plutarch, der berichtet, dass die spartanischen Generäle die Skytala als Verschlüsselungsgerät benutzt haben. Sender und Empfänger besaßen jeweils einen Zylinder mit gleichem Radius. Der Sender wickelte ein Band aus Pergament um seinen Zylinder und schrieb anschließend die Nachricht der Länge nach auf das Pergament. Um die Nachricht lesen zu können, musste man das Band wiederum um einen Zylinder wickeln, der den gleichen Radius wie der Zylinder des Senders hat.

Formal handelt es sich dabei um eine **Transposition** (Verwürfeln der Klartextzeichen). Dabei werden die Buchstaben nicht durch andere Buchstaben oder Zeichen ersetzt, sondern werden an eine andere Stelle des Textes geschrieben. Transpositionen sind also Permutationen der Stellen des Klartextes.

Eine umfassende Darstellung der Geschichte der Kryptografie findet sich in [Ka].

2.1.2 Cäsar-Chiffren

Eine weitere historische Quelle, die eine Verschlüsselung erwähnt, ist die Cäsarbiografie von Sueton. Sueton schreibt, dass Cäsar für seine geheime Kommunikation so vorgegangen sei, dass er „a" durch „d" ersetzt habe, „b" durch „e" und so weiter. Diese Chiffre heißt **Cäsar-Chiffre**. Wir verallgemeinern dieses Verfahren dahingehend, dass das Geheimtextalphabet eine zyklische Verschiebung des Klartextalphabets um eine gewisse Anzahl von Stellen ist. Das heißt, dass jeder Buchstabe des Alphabets durch den entsprechenden Buchstaben des verschobenen Alphabets ersetzt wird. Diese Chiffren heißen daher auch **Verschiebechiffren**. Der Schlüssel ist der Buchstabe, auf den „a" abgebildet wird. Es gibt 26 verschiedene Verschiebechiffren: Um eine solche Chiffre zu brechen, braucht man nur alle 26 Möglichkeiten zu testen. Das Ausprobieren aller möglichen Schlüssel heißt auch **vollständige Schlüsselsuche**.

```
A B C D E F G H I  J K L M N O P Q R S  T U V W X Y Z
D E F G H I  J K L M N O P Q R S T U V W X Y Z A B C

Klartext        C A E S A R
Geheimtext      F D H V D U
```

Abbildung 2.1 Cäsar-Chiffre

2.1.3 Monoalphabetische Chiffren

Man kann Verschiebechiffren stark verallgemeinern und dabei die Schlüsselanzahl erheblich vergrößern. Man verschiebt das Alphabet nicht nur, sondern permutiert das gesamte Alphabet und ersetzt jeden Klartextbuchstaben durch den entsprechenden Buchstaben des permutierten Alphabets. Man spricht hier auch von einer **Substitution** oder **monoalphabetischen Chiffre**. Im Gegensatz zu einer Transposition werden hier nicht die Stellen der Klartextbuchstaben permutiert, sondern das Geheimtextalphabet ist eine Permutation des Klartextalphabets. Insgesamt gibt es $26! \approx 4 \cdot 10^{26}$ verschiedene Permutationen des natürlichen Alphabets und damit ebenso viele Möglichkeiten zu verschlüsseln. Damit ist keine vollständige Suche mehr möglich. (Zum Vergleich: Realistisch ist heute eine vollständige Schlüsselsuche im Bereich von 10^{16} Schlüsseln). Trotz der riesigen Schlüsselmenge lassen sich monoalphabetische Chiffren leicht angreifen, und zwar mit einer **statistischen Analyse**. Bei einer monoalphabetischen Chiffrierung bleiben die Buchstabenhäufigkeiten erhalten; sie werden lediglich permutiert. Daher kann man aus der Häufigkeit der Geheimtextzeichen auf die Klartextzeichen schließen. Beispielsweise wird der häufigste Geheimtextbuchstabe dem „e" entsprechen. Eine Möglichkeit, sich vor einer statistischen Analyse zu schützen,

Buchstabe	*e*	*n*	*i*	*r*	*s*	*a*	*t*	*u*
%	18,46	11,42	8,02	7,14	7,04	5,38	5,22	5,01

Abbildung 2.2 Buchstabenhäufigkeit der deutschen Sprache

bietet die so genannte **homophone** Chiffrierung: Für häufigere Zeichen gibt es mehrere Möglichkeiten zur Chiffrierung. Genauer gesagt werden jedem Klartextzeichen so viele Geheimtextzeichen zugeordnet, wie es seiner Häufigkeit entspricht. Hat das Geheimtextalphabet 100 Zeichen, so werden 18 davon dem „e" zugeordnet, denn dessen relative Häufigkeit beträgt in der deutschen Sprache rund 18%. Homophone Chiffren haben den großen Nachteil, dass sie im Allgemeinen zu einer erheblichen Verlängerung der Nachrichten führen.

2.2 Polyalphabetische Chiffren

2.2.1 Vigenère-Chiffre

Die **Vigenère-Chiffre** wurde um 1500 von mehreren Personen unabhängig voneinander entwickelt: Johannes Trithemius, Giovanni Battista Della Porta und Blaise de Vigenère. Letzterem, einem französischen Diplomaten, verdankt dieses Beispiel einer polyalphabetischen Chiffre ihren Namen. Er hat das Verfahren im Jahre 1586 veröffentlicht. Sender und Empfänger der Nachricht vereinbaren im Vorfeld ein gemeinsames Schlüsselwort, das als Schlüssel verwendet wird. Zur Verschlüsselung wird es so oft hintereinander geschrieben, bis die Länge des Klartextes erreicht ist. Die Verschlüsselung erfolgt mit Hilfe des Vigenère-Quadrats. Es handelt sich dabei um 26 Alphabete, die jeweils um einen Buchstaben gegeneinander verschoben sind. Um einen Klartextbuchstaben zu verschlüsseln verwendet

```
Klartext A B C D E F G H I J K L M N O P Q R S T U V W X Y Z
         A B C D E F G H I J K L M N O P Q R S T U V W X Y Z
         B C D E F G H I J K L M N O P Q R S T U V W X Y Z A
         C D E F G H I J K L M N O P Q R S T U V W X Y Z A B
         D E F G H I J K L M N O P Q R S T U V W X Y Z A B C
         E F G H I J K L M N O P Q R S T U V W X Y Z A B C D
         F G H I J K L M N O P Q R S T U V W X Y Z A B C D E
         G H I J K L M N O P Q R S T U V W X Y Z A B C D E F
         H I J K L M N O P Q R S T U V W X Y Z A B C D E F G
         I J K L M N O P Q R S T U V W X Y Z A B C D E F G H
         J K L M N O P Q R S T U V W X Y Z A B C D E F G H I
         K L M N O P Q R S T U V W X Y Z A B C D E F G H I J
         L M N O P Q R S T U V W X Y Z A B C D E F G H I J K
         M N O P Q R S T U V W X Y Z A B C D E F G H I J K L
         N O P Q R S T U V W X Y Z A B C D E F G H I J K L M
         O P Q R S T U V W X Y Z A B C D E F G H I J K L M N
         P Q R S T U V W X Y Z A B C D E F G H I J K L M N O
         Q R S T U V W X Y Z A B C D E F G H I J K L M N O P
         R S T U V W X Y Z A B C D E F G H I J K L M N O P Q
         S T U V W X Y Z A B C D E F G H I J K L M N O P Q R
         T U V W X Y Z A B C D E F G H I J K L M N O P Q R S
         U V W X Y Z A B C D E F G H I J K L M N O P Q R S T
         V W X Y Z A B C D E F G H I J K L M N O P Q R S T U
         W X Y Z A B C D E F G H I J K L M N O P Q R S T U V
         X Y Z A B C D E F G H I J K L M N O P Q R S T U V W
         Y Z A B C D E F G H I J K L M N O P Q R S T U V W X
         Z A B C D E F G H I J K L M N O P Q R S T U V W X Y
```

Abbildung 2.3 Vigenère-Quadrat

man das Alphabet, das mit dem jeweiligen Schlüsselbuchstaben beginnt. Wir betrachten das in Abbildung 2.4 dargestellte Beispiel: Eine modernere Darstellung dieses Verschlüsselungsverfahrens ist die folgende: Zur Verschlüsselung des Klartextes, der als Buchstabenfolge vorliegt, werden alle Buchstaben a, ..., z in Zahlen 0, ..., 25 übersetzt. Die Verschlüsselung besteht darin, dass die Klartextzahl zur

Klartext	V	O	M	E	I	S	E	B	E	F	R	E	I	T	S	I
Schlüssel	C	A	E	S	A	R	C	A	E	S	A	R	C	A	E	S
Geheimtext	X	O	Q	W	I	K	G	B	I	X	R	V	K	T	W	A

Abbildung 2.4 Vigenère-Verschlüsselung

entsprechenden Schlüsselzahl modulo 26 addiert wird. Das Entschlüsseln geschieht durch Subtraktion der entsprechenden Schlüsselzahlen.

Die Vigenère-Chiffre galt 350 Jahre lang als sicher. Die Analyse gelingt zu Beginn des 20. Jahrhunderts und nutzt folgende Tatsache aus: Kennt man die Länge des Schlüsselwortes, so kann man die Analyse auf die entsprechenden Verschiebechiffren zurückführen.

2.2.2   Grundidee der Kryptoanalyse

Entscheidend für die Analyse ist die Länge des Schlüsselwortes. Kennt man sie, so hat man im Prinzip nur noch die entsprechenden Verschiebechiffren zu brechen. Es gibt zwei Möglichkeiten, die Schlüssellänge zu bestimmen: den **Kasiski-** und den **Friedman-Angriff**. Man braucht jeweils einen langen Geheimtext.

2.2.3   Der Kasiski-Angriff

Der Kasiski-Angriff nutzt aus, dass gleiche Klartextbuchstaben identisch verschlüsselt werden, wenn sie unter dem gleichen Schlüsselwortbuchstaben verschlüsselt werden. Damit werden auch Sequenzen aus gleichem Klartext identisch verschlüsselt, wenn die jeweils ersten Buchstaben unter den gleichen Schlüsselwortbuchstaben verschlüsselt werden. Wenn man gleiche Sequenzen im Geheimtext findet, so bedeutet dies, dass der Abstand zwischen den Sequenzen ein Vielfaches der Schlüsselwortlänge sein muss.

Betrachten wir das Beispiel in Abbildung 2.5. Der Abstand zwischen der Geheimtextfolge „sgfgmjv" beträgt 24 Zeichen, zwischen „gml" genau 39. Beides sind Vielfache der Schlüssellänge, oder anders formuliert: Die Schlüssellänge teilt beide Werte. Als Schlüssellänge kommt also jeder gemeinsame Teiler in Frage. Die beiden Zahlen haben aber nur einen gemeinsamen Teiler: 3. Damit ist die Schlüssellänge gefunden.

2.2.4   Der Friedman-Angriff

Ein Nachteil des Kasiski-Angriffs ist, dass er keine systematische Bestimmung der Schlüsselwortlänge ermöglicht, sondern der Angreifer zunächst Glück braucht, um eine oder mehrere Sequenzen, die sich wiederholen, zu finden. Insbesondere

```
I  c h w  i    l    l  n  i  c h  t m  i  t  i h m  t  a n  z  e n . I   c   h  w  i    l    l
k  e y k  e    y    k  e y k  e y k  e y k  e y k  e y k  e  y k  e   y   k  e  y  k  e    y    k
s  g f g  m    j    v  r g m  l  r w m r s  l  k d e l  j  i  l . s   g   f  g  m  j    v
```

```
m  i  t  n  i    e m  a n  d e m  t    a n  z  e n . U n  d s  e    l    b  s    t  w e n  n
e  y  k  e  y    k  e y k  e y k  e    y k  e y k  e y k  e y k  e    y    k  e    y  k e y  e
q  g  d  r  g    o  q y x  h c w  x    y x  d c x . Y l  n w c  v    f    q    d  a  c x  r
```

```
i  c h e s  w  o  l    l    t e , d a n n n  i  c h  t m  i  t   d e m . D e   r   w a
y  k e y k  e  y  k    e    y k e y k e y k  e  y k  e y k  e y   k e y k  e   y   k e y
g  m l c c  a  m  v    p    r o , h y x r l  s  g f  d q g  d h c w . H c   b   a y
```

```
e  r e z  i   e m  l    i  c h w e  i  t u n  t  e n  a u  f   d e r    L   i    s    t e
k  e y k  e   y k  e    y  k e y k  e y k e  y  k e  y k  e   y k e    y   k    e    y k
o  v c j  m   c w  p    g  m l u o m r e r r  o  r y  e j  b   o v J    s   w    r    o
```

```
d  e r l  e    t  z  t  e n  z  e h n . I  c h  h a  b e g  e   s  e h   e   n  w  i    e
e  y k e  y    k  e  y  k e  y  k e y k e  y k  e y  k e y  k   e  y k   e   y  k  e    y  k e
h  c b p  c    d  d  r  o r  x  o l l . S  g f  r e  z o k  c   c  i f   o   r  u  s    i
```

```
e  r t a  n    z  t . E s  s  i  e h  t    a u s  w  i  e  e t w a s  d a   s   m a  n
y  k e y  k    e  y k e y  k  e  y k  e    y k e  y  k  e  y k e y k  e y   k   e y  k e y
c  b x y  x    d  r o w q  s  i  f d  e    s c a  g  o  v  r g v q n  e q   w   e e
```

```
i  n  d e r W  a l  p  u  r  g  i    s n  a c h  t  t r e  i    b  t
k  e  y k e y  k e  y  k  e  y  k    e y  k e y  k  e y k  e    y  k
s  r  b o v u  k p  n  e  v  e  s    w l  a g f  d  x p o  m    z  d
```

Abbildung 2.5 Kasiski-Angriff, aus D. Parker „Der Walzer"

ermöglicht ihm das Auffinden von zwei identischen Sequenzen zunächst nur eine Reduzierung der möglichen Schlüsselwortlängen, denn jeder Teiler des Abstandes zwischen den Sequenzen kommt als Schlüsselwortlänge in Frage.

Der Friedman-Angriff verfolgt einen anderen Ansatz: man analysiert die im Geheimtext noch vorhandene sprachliche Redundanz. Ein Maß hierfür ist der so genannte **Friedmansche Koinzidenzindex**. Aus diesem Wert leitet man eine Schätzung für die Schlüsselwortlänge ab.

Um ein Maß für die Redundanz des Geheimtextes zu finden, betrachtet man eine beliebige Folge von Buchstaben der Länge n. Es bezeichne n_i die Häufigkeit des i-ten Buchstabens des Alphabets.

Wie groß ist die Wahrscheinlichkeit, dass man beim Ziehen von zwei Buchstaben zweimal den gleichen Buchstaben findet? Es gibt genau $\frac{n_i(n_i-1)}{2}$ Paare, so dass beide Komponenten des Paares der gleiche Buchstabe sind. Also ist die Wahrscheinlichkeit, dass man gerade den i-ten Buchstaben zweimal zieht gleich

$\frac{\frac{n_i(n_i-1)}{2}}{\frac{n(n-1)}{2}}$. Summiert man über die 26 Buchstaben, so erhält man die Wahrscheinlichkeit, dass man irgendeinen Buchstaben zweimal zieht

$$\sum_{i=1}^{26} \frac{n_i(n_i-1)}{(n(n-1))} = \frac{1}{n(n-1)} \sum_{i=1}^{26} n_i(n_i-1).$$

Diesen Ausdruck $I := \frac{1}{n(n-1)} \sum_{i=1}^{26} n_i(n_i-1)$ nennt man den **Friedmanschen Koinzidenzindex** eines Textes. Jetzt versuchen wir, den Friedmanschen Koinzidenzindex auf andere Weise auszurechnen. Angenommen, wir wissen, wie häufig ein Buchstabe in einer bestimmten Sprache ist. Es sei p_i die Wahrscheinlichkeit für das Auftreten des i-ten Buchstabens.

Wie groß ist jetzt die Wahrscheinlichkeit, zwei gleiche Buchstaben zu ziehen? Hier ist die Frage leicht zu beantworten. Die Wahrscheinlichkeit beträgt $= \sum_{i=1}^{26} p_i^2$. Diese Zahl ist unabhängig von einem vorliegenden Text. Dafür ist sie charakteristisch für eine Sprache. So gilt für die deutsche Sprache $\sum_{i=1}^{26} p_i^2 = 0{,}0762$ und für die englische Sprache $\sum_{i=1}^{26} p_i^2 = 0{,}0611$.

Für einen zufälligen Text, das heißt für einen Text, bei dem alle Buchstaben gleich wahrscheinlich sind, ist $\sum_{i=1}^{26} p_i^2 = \sum_{i=1}^{26} (\frac{1}{26})^2 = \frac{1}{26} = 0{,}0385$.

Für einen Text liegt der Koinzidenzindex I im Allgemeinen in der Größenordnung von $\sum_{i=1}^{26} p_i^2$ der entsprechenden Sprache.

Kryptoanalyse der Vigenère-Chiffre
Angenommen, die Länge des Schlüsselwortes ist ℓ. Wir tragen den Geheimtext zeilenweise in ein Schema ein, wie dies in Bild 2.6 gezeigt ist. In jeder Spalte haben

1	2	3	...	ℓ
$\ell+1$	$\ell+2$	$\ell+3$	...	2ℓ
$2\ell+1$	$2\ell+2$	$2\ell+3$	...	3ℓ

Abbildung 2.6 Schlüssellänge

wir damit eine Verschiebechiffre, denn alle Buchstaben einer Spalte wurden unter dem gleichen Schlüsselwortbuchstaben verschlüsselt. Insbesondere ist der Koinzidenzindex pro Spalte von der gleichen Größenordnung wie der der benutzten Sprache.

Angenommen, der Klartext stammt aus der deutschen Sprache. Auch hier führen wir wieder das gleiche Experiment durch und ziehen zwei Buchstaben. Die beiden Buchstaben sind gleich mit der Wahrscheinlichkeit von ungefähr 0,0762, wenn sie aus der gleichen Spalte stammen, und mit der Wahrscheinlichkeit von ungefähr 0,0385, falls sie nicht aus der gleichen Spalte stammen. Hierbei gehen wir davon aus, dass bei genügend langem Schlüsselwort die Auswahl von Buchstaben aus verschiedenen Spalten unabhängig ist und damit die Wahrscheinlichkeit, zweimal den gleichen Buchstaben zu ziehen, $= 0.0385$ ist. In jeder Spalte gibt es $\frac{n}{\ell}$ Buchstaben. Das heißt, die Anzahl der Paare von Buchstaben aus der gleichen Spalte ist $\frac{n(n/\ell-1)}{2}$. Die Anzahl der Paare aus verschiedenen Spalten ist $\frac{n(n-n/\ell)}{2}$. Die erwartete Anzahl von Paaren aus gleichen Buchstaben ist also:

$$\#Paare = 0{,}0762\frac{n(n/\ell-1)}{2} + 0{,}0385\frac{n(n-n/\ell)}{2}.$$

Daher ist die Wahrscheinlichkeit, aus dem vorliegenden Text zweimal den gleichen Buchstaben zu ziehen:

$$\frac{\#Paare}{\frac{n(n-1)}{2}} = \frac{0{,}0762 \cdot n(n/\ell-1) + 0{,}0385 \cdot n(n-n/\ell)}{n(n-1)}.$$

Wie wir uns oben überlegt haben, ist dies eine Approximation für den Koinzidenzindex I. Stellt man diese Gleichung nach ℓ um, so erhält man eine Formel für die Schlüssellänge:

$$\ell = \frac{0{,}0377n}{(n-1) \cdot I - 0{,}0385n + 0{,}0762}.$$

2.3 Übungen

1. Die folgende Nachricht ist mit einer Verschiebechiffre verschlüsselt: „pittw".
   Wie lautet der Klartext?

   (a) „Gruss"

   (b) „Hallo"

   (c) „Ciao"

2. Der folgende Text ist mit einer Verschiebechiffre verschlüsselt.
   Lpulu nhuglu kbtwmlu, kburslu buk zapsslu Olyizaahn shun dhy pjo bualy
   ilkybljrluk uplkypnly Dvsrlukljrl kbyjo lpul lpnluabltspjo vlkl Shukzjohma
   nlypaalu, ipz pjo, hsz kpl Zjohaalu klz Hilukz olyhizhurlu, khz zjodlytblapnl
   Ohbz Bzoly cvy tpy splnlu zho.
   (aus E.A. Poe: „Der Untergang des Hauses Usher")

3. Der folgende Text ist monoalphabetisch verschlüsselt.
   Ocs yif jcs Cvtirsfcv scvsf udscvsv bfivzesocoatsv Rif, jcs Oatstsfszijs tcsoo,
   jio scvzcks Deuid cv jsf Msjcvi, jio yistfsvj jsf kivzsv Viatx ebbsv yif. So yif
   So yif mivatmid kivz dssf, mivatmid oioosv jfsc ejsf pcsf Dsgxs jifcv. Ysvv
   so irsf pedd yif, im tisgbckoxsv zycoatsv zysc gvj jfsc Gtf viatxo, tesfxs miv
   lsjso Yefx, jio jcs ivjsfsv Kisoxs oikxsv, gvj uim mcx lsjsm cvo Ksonfisat.
   (aus E. Canetti, „Die Stimmen von Marakesch")

4. Entschlüsseln Sie folgenden Geheimtext:

⊣△ Ξ★∼♠Υ◁∼⋈♠◁⋈   ℘Ξ∼♣∼∩⋈⌇◁♣♠ ♭◁◊♠◁   ⊣⋈
⊙♣Ξ⋈∇♣⊣★∼ ◁⊣⋈ △Ξ⋈⋈, ⌇◁♣Υ∩ ⌇◁⋈
⊖◁⋈Ξ♭♡♠◁⋈   ∩⋈⌇ Ξ◊♡★∼◁∩♭⊣★∼♡♠◁⋈
⊖◁♡♠Ξ♭♠◁⋈ ⌇⊣◁♡◁♣ Ξ⋈ ⊖◁⋈⋈⊣Ξ♭◁⋈ ∩⋈⌇
Ξ◊♡★∼◁∩♭⊣★∼◁⋈   ⊖◁♡♠Ξ♭♠◁⋈ ⋈⊣★∼♠ Ξ♣△◁⋈
◁∠∂★∼◁ ⊖◁∼∂◁♣♠◁. ♡◁⊣⋈◁ ⊖◁◁♡★∼⊣★∼♠◁
♡∂♭♭ ∼⊣◁♣ ◁♣ΥΞ◁∼♭♠ †◁♣⌇◁⋈. ◁♣ ∼⊣◁♡♡
℘◁Ξ⋈−◊Ξ∠♠⊣♡♠◁ ⊖♣◁⋈∂∩⊣♭♭◁, ∩⋈⌇ †◁⋈⋈
♡◁⊣⋈ ⋈Ξ△◁⋈ ⊣△ ⊖◁◁⊖◁⋈♡Ξ♠Υ Υ∩
⌇◁⋈ ⋈Ξ△◁⋈ Ξ⋈⌇◁♣◁♣ ⊖◁⋈⊣Ξ♭◁♣ ♡★∼◁∩♡Ξ♭◁,
†⊣◁ ◁♠†Ξ ⌇◁ ♡Ξ⌇◁♡, ♡Ξ⊣⋈♠♡−℘∩♡♠♡,
⊙∂∩★∼◁♡, ◊∂⋈Ξ∠Ξ♣♠◁♡ ∩♡†., ∼◁∩♠◁ ⊣⋈
⊘◁♣⊖◁♡♡◁⋈∼◁⊣♠ ⊖◁♣Ξ♠◁⋈ ⊣♡♠, ♡∂
♡⊣★∼◁♣ ⋈⊣★∼♠♡ ⌇◁♡∼Ξ♭◊, †◁⊣♭
⊖♣◁⋈∂∩⊣♭♭◁ ⌇⊣◁♡◁⋈ ◊◁♣∩◁∼△♠◁♣♣◁⋈
⊙ ⊣⋈♡♠◁◁♣△Ξ◁⋈⋈◁♣◁ Ξ⋈ ♡◁♭◊◊♡♠♠−
∼◁◊∩⋈⋈⊖, △◁⋈♡⊣★∼◁⋈⊘◁♣★∼◁♠◁♠♠∩⊖,
⊣△△∂♣Ξ♭⊣♠Ξ◁♠, ∇∩♣Υ Ξ⋈ ⊖∂♠♠♭∂⊖◁⊣⊖◁⊣♠
⋈Ξ★∼⊖◁♡♠Ξ⋈⌇◁⋈ ∼Ξ◁♡◁.

(aus P. Süßkind: „Das Parfum")

5. Bezugnehmend auf Aufgabe 3: Erhöht es die Sicherheit eines Kryptosystems, wenn statt des lateinischen Alphabets ein anderes verwendet wird?

6. Der Klartext lautet „Gruss", das Schlüsselwort „Tulpe". Wie lautet die Vigenère-Verschlüsselung?

   (a) „tgjkn"
   (b) „mopsa"
   (c) „zlfhw"

7. Der folgende Text ist mit dem Vigenère-Verfahren chiffriert. Bestimmen Sie zunächst die Schlüssellänge und rekonstruieren Sie anschließend den Text!
   Stt woyej lllkisef Tfmekc fatr ek gy. Mazeef oy dwx Yaune lskftwzp dsy Eedkqof jceasll, mto dak Dtasxe ss lnvkcef Kydw lcayzp nsis jwslnvkx, dwx pr fonhl clr. Nopl kvlelkc, ady pr at oej Rlgw clr, vgcuwhpr fgnh ra oefqpn, ogd maz the mpsunlh, kuwllk pr ra oee Ynhdads cuxmwt, yiunes aye waxvlais amydej jpm Raqadr. Lbwx oak clr nopl kvlelkc. Ae gyfstr wsxpn woyfsis nmx oak Kceamyik ayd kktnw Lzlyky.
   (aus P. Auster: „Stadt aus Glas")

8. Beweisen Sie folgende Aussage:

$$\min_{\substack{p_i \in [0,1] \\ \sum_{i=1}^{26} p_i = 1}} \sum_{i=1}^{26} p_i^2 = 0{,}0385.$$

9. Was ist eine Substitution?

   (a) Jedes Klartextzeichen wird stets durch das gleiche Geheimtextzeichen ersetzt.

   (b) Eine Permutation der Klartextzeichen.

   (c) Eine Permutation der Geheimtextzeichen.

3 Formalisierung und Modelle

3.1 Das Modell von Shannon

Zu den Aufgaben der Kryptografie gehören neben der Vertraulichkeit vor allem die Authentizität und Integrität von Nachrichten. Die Vertraulichkeit ist nicht nur historisch das beste untersuchte Sicherheitsziel, sondern es stellt sich auch heraus, dass man mit den Methoden, die man zur Umsetzung von Vertraulichkeit konstruiert, auch andere Sicherheitsziele erreichen kann. Daher beschäftigt sich der erste Teil dieses Buches mit der Vertraulichkeit. Das formale Modell zur Beschreibung des kryptografischen Mechanismus der Verschlüsselung stammt von Claude Shannon aus den 40er Jahren des 20.-ten Jahrhunderts. Nachdem die Kryptografie Jahrhunderte lang eine Geheimwissenschaft gewesen ist, war diese Veröffentlichung, [Sh49], eine Initialzündung für die Entwicklung hin zu einer öffentlichen und mathematischen Wissenschaft.

Das Modell geht davon aus, dass Sender und Empfänger ein gemeinsames Geheimnis, den Schlüssel, besitzen. Außerdem können beide auf einen Verschlüsselungs- und einen Entschlüsselungsalgorithmus zugreifen. Der Angreifer ist passiv, das heißt, er kann den Kommunikationskanal abhören, er greift jedoch nicht in dem Sinne in die Kommunikation ein, dass er Nachrichten verändert, löscht oder mehrfach verschickt. Der Kommunikationskanal ist unsicher in dem Sinne, dass er abgehört werden kann. Implizit setzt man dabei voraus, dass die Nachrichten fehlerfrei übertragen werden. Da es in der Realität aber keine fehlerfreien Kanäle gibt, verwendet man **fehlerkorrigierende Codes**, um die Fehlerrate zu senken, siehe zum Beispiel [Hi], [HQ].

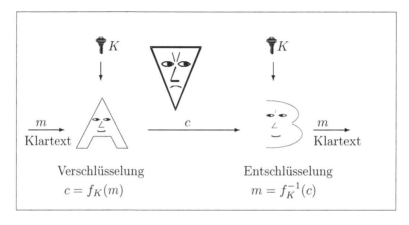

Abbildung 3.1 Das Modell von Shannon

3.2 Mathematische Formalisierung

Um den Begriff der **Verschlüsselung** formalisieren zu können, werden folgende Bezeichnungen eingeführt. Mit Σ bezeichnen wir ein **Alphabet**, dessen Elemente **Zeichen** genannt werden. Eine endliche Folge von Zeichen heißt ein **Wort**.

Verschlüsselungen operieren auf Wörtern. Der einfacheren Darstellung wegen geht man meist davon aus, dass sowohl die Klartexte als auch die Geheimtexte mit demselben Alphabet gebildet werden.

Beispiele für Alphabete sind:

$\Sigma_1 = \{A, B,..., Z\}$, das Alphabet der lateinischen Buchstaben;

$\Sigma_2 = \{0, 1\}$, das binäre Alphabet der **Bits**;

$\Sigma_3 = \{00, 01,..., FF\}$, das Alphabet der **Bytes**, wobei „00" für das Byte 00000000, „01" für das Byte 00000001 und „FF" für das Byte 11111111 stehen.

Oft hat Σ eine Gruppenstruktur, zum Beispiel kann man Σ_1 als $\mathbb{Z}_{26}$ interpretieren, Σ_2 als $\mathbb{Z}_2$ ($= GF(2)$), Σ_3 als $\mathbb{Z}_{2^8}$ oder sogar als $GF(2^8)$.

Mit Σ^* bezeichnen wir die Menge aller endlichen Zeichenfolgen (einschließlich der leeren Folge).

Wie bereits erwähnt, operieren Verschlüsselungen auf Wörtern. Die Menge aller Klartexte $\mathcal{M}$ und aller Geheimtexte $\mathcal{C}$ sind Teilmengen von Σ^*.

Eine **Verschlüsselungsfunktion** ist eine injektive Abbildung $\phi : \mathcal{M} \to \mathcal{C}$. Die zugehörige **Entschlüsselung** macht die Verschlüsselung rückgängig. Wendet man also zuerst eine Verschlüsselung auf einen Text m an und anschließend die Entschlüsselung, so erhält man wieder den Text m. Mathematisch formuliert heißt das, dass die Entschlüsselung eine Abbildung $\psi : \mathcal{C} \to \mathcal{M}$ mit $\psi \circ \phi = id|_{\mathcal{M}}$ ist.

Wenn die Verschlüsselungsfunktion ϕ eine bijektive Abbildung ist, so ist die Entschlüsselungsfunktion $\psi = \phi^{-1}$. Mit diesen Formalisierungen können wir definieren, was wir unter einem **Kryptosystem** oder einem **Verschlüsselungsverfahren** verstehen wollen:

Definition 3.1 *Ein* **Kryptosystem** (Verschlüsselungsalgorithmus, Chiffre, *engl.* **cipher**) *ist eine Menge* $\mathcal{F} \subseteq Abb(\mathcal{M}, \mathcal{C})$ *von injektiven Abbildungen, die wir* **Verschlüsselungsfunktionen** *nennen. Sie wird parametrisiert durch eine Menge* $\mathcal{K}$ *von* **Schlüsseln**:

$$\mathcal{F} = \{f_K \mid K \in \mathcal{K}\}$$

Das bedeutet, dass über den Schlüssel die einzelnen Verschlüsselungsfunktionen adressiert werden.

Die Injektivität müssen wir fordern, damit sich die Verschlüsselung rückgängig machen lässt und jedem Geheimtext genau ein Klartext zugeordnet wird.

Bei vielen Algorithmen sind die Schlüssel die Menge von Bitfolgen einer festen Länge.

3.3   Angriffsarten auf Verschlüsselungen

Bisher haben wir nur definiert, was ein Kryptosystem ist, wir haben jedoch noch
nichts dazu gesagt, was wir unter einem *sicheren* Kryptosystem verstehen wollen.
Man beachte, dass die identische Abbildung nach unserer Definition eine Ver-
schlüsselungsfunktion ist. Aber niemand wird sie als sicher bezeichnen wollen.
Als erste Annäherung können wir vielleicht sagen, dass wir von einem sicheren
Kryptosystem erwarten, dass es das Sicherheitsziel der Vertraulichkeit erreicht.
Das heißt, dass es einem Angreifer nicht möglich sein darf, einen Geheimtext zu
entschlüsseln.

Dazu muss man zunächst klären, was der Angreifer kann. Wenn er beispielsweise in der Lage ist, dem Sender unbemerkt beim Schreiben seiner Nachricht
zuzusehen, so ist diese Nachricht nicht vertraulich. Wir müssen daher als erstes
beschreiben, was wir unter einem realistischen Angriff verstehen wollen.

Wir müssen außerdem formulieren, wann genau wir eine Verschlüsselungsfunktion als „geknackt" ansehen wollen. Ist eine Verschlüsselungsfunktion bereits
unsicher, wenn es einem Angreifer gelingt, einzelne Buchstaben zu entschlüsseln?
Oder erst, wenn er ein ganzes Wort entschlüsselt hat? Wenn er den gesamten Text
lesen kann? Oder sehen wir ein Kryptosystem erst dann als gebrochen an, wenn
der Angreifer den geheimen Schlüssel von zwei Teilnehmern bestimmen kann?

Die Sicherheit einer Verschlüsselung lässt sich also durch zwei charakteristische Merkmale beschreiben: Zum einen, in welchem Szenario ein Angriff durchgeführt wird, und zum anderen, wie viel Information ein Angreifer durch diesen
Angriff gewinnen kann.

Wir beginnen mit den verschiedenen Angriffsarten. Angriffe unterscheiden
sich danach, über wie viele Informationen ein Angreifer verfügt. Wir gehen zwar
davon aus, dass der Angreifer stets passiv ist, das heißt, dass er nur Nachrichten abhören kann. Aber unter Umständen hat er zusätzliche Informationen, zum
Beispiel kann ihm durch Zufall ein Klartext in die Hände geraten, zu dem er
den passenden Geheimtext abgehört hat. Er verfügt damit über bedeutend mehr
Informationen als ein Angreifer, der nur einen Geheimtext kennt.

Man kann grundsätzlich die folgenden Angriffe unterscheiden:

- **Angriff mit bekanntem Geheimtext (ciphertext only attack)**   Bei
  diesem Angriff verfügt der Angreifer nur über einen oder mehrere Geheimtexte.

- **Angriff mit bekanntem Klartext (known plaintext attack)** . Der Angreifer kennt nicht nur einen oder mehrere Geheimtexte, sondern auch Teile
  der dazugehörigen Klartexte. Ein Beispielszenario für einen solchen Angriff
  ist die folgende Situation: Der Angreifer hat einen verschlüsselten Brief abgefangen. Für einen Brief ist es relativ leicht zu raten, wie er beginnt und wie
  er endet. Briefe beginnen normalerweise mit einer Anrede wie zum Beispiel
  „Hallo" oder „Sehr geehrter ..." oder „Lieber ...".

- **Angriff mit gewähltem Klartext (chosen plaintext attack)** Der Angreifer kann den Sender manipulieren und sich Klartexte seiner Wahl verschlüsseln lassen. Dies klingt zunächst ein wenig paradox. Solche Angriffe sind zum Beispiel dann möglich, wenn die Verschlüsselungen von einem **Verschlüsselungsgerät** durchgeführt werden. Wenn ein Angreifer in den Besitz eines Verschlüsselungsgerätes kommt, kann er sich von diesem Gerät beliebige Nachrichten verschlüsseln lassen.

- **Angriff mit gewähltem Geheimtext (chosen ciphertext attack)** Auch dieser Angriff ist vor allem dann möglich, wenn die Ver- und Entschlüsselungen von einer Maschine vorgenommen werden.

Die Angriffe unterscheiden sich also darin, auf welche zusätzlichen Informationen ein Angreifer zugreifen kann. Der Angriff, der dem Angreifer die besten Informationen zur Verfügung stellt, ist der Angriff mit gewählten Geheimtexten. Von einer guten Chiffre erwartet man also, dass sie sicher unter einem solchen Angriff ist.

Wir haben zu Beginn des Kapitels festgestellt, dass sich die Sicherheit einer Verschlüsselung durch zwei Dinge beschreiben lässt: zum einen durch die Angriffe, gegen die eine Verschlüsselung anfällig ist, und zum anderen durch die Menge an Information, die ein Angreifer durch den Angriff gewinnt. Grob kann man sicherlich drei verschiedene Erfolgsstufen nennen:

- Der Angreifer kann das gemeinsame Geheimnis von Sender und Empfänger berechnen und damit deren gesamte Kommunikation mitlesen.

- Der Angreifer kann Teile von Nachrichten nach seinem Angriff entschlüsseln.

- Der Angreifer gewinnt durch seinen Angriff überhaupt keine Information.

Besonders erstrebenswert sind natürlich Chiffren, die auch unter einem starken Angriff keinerlei Informationen preisgeben.

Für diese Klassifikationen der Angriffe und der möglichen Erfolge des Angreifers muss man ein formales Modell angeben, um die Sicherheit von konkreten Vorschlägen für Kryptosysteme analysieren zu können. Für die Angriffsarten ist dieses Modell verhältnismäßig einfach zu beschreiben. Bei der theoretischen Sicherheitsanalyse ist man an der konkreten Situation eines Angriffs nicht interessiert. Es spielt hier keine Rolle, auf welche Geräte ein Angreifer Zugriff hat, entscheidend ist nur, über wie viel Information er verfügt. Man simuliert die konkrete Situation daher durch den Einsatz eines so genannten **Orakels**. Der Angreifer kann Anfragen an das Orakel stellen und erhält von ihm gewisse Informationen, wobei das Orakel die angegriffene Verschlüsselungsfunktion kennt. Je nachdem, wie viel Information das Orakel preisgibt, simuliert man die unterschiedlichen Angriffe. Ein Orakel ist also nur ein formales und technisches Hilfsmittel, um Angriffe unabhängig von konkreten Situationen beschreiben zu können.

Kommen wir in diesem Modell noch einmal auf die verschiedenen Angriffe zurück, wobei wir annehmen, dass der Angreifer die Verschlüsselungsfunktion f_K angreift:

- Angriff mit bekanntem Geheimtext. Das Orakel wählt zufällig Klartextnachrichten aus und verschlüsselt sie mit f_K. Die dazu gehörigen Geheimtexte stellt das Orakel dem Angreifer zur Verfügung.

- Angriff mit bekanntem Klartext. Das Orakel wählt zufällig Klartexte aus und berechnet die dazu gehörigen Geheimtexte. Der Angreifer erhält vom Orakel die Klar- und die Geheimtexte.

- Angriff mit gewähltem Klartext. Der Angreifer wählt Klartextnachrichten aus und sendet sie an das Orakel. Das Orakel verschlüsselt die Klartextnachrichten mit f_K und sendet die Geheimtexte an den Angreifer.

- Angriff mit gewähltem Geheimtext. Der Angreifer wählt Geheimtexte aus und sendet sie an das Orakel. Das Orakel entschlüsselt die Nachrichten und sendet die Klartexte zurück an den Angreifer.

Die möglichen Erfolge eines Angreifers sind schwieriger formal zu beschreiben. Das nun folgende Konzept stammt von S. Goldwasser und M. Micali, [GM84]. Um den Erfolg eines Angreifers messen zu können, stellt das Orakel ihm eine Aufgabe. Wenn der Angreifer diese Aufgabe lösen kann, dann war sein Angriff erfolgreich, andernfalls ist er misslungen. Eine solche Aufgabe kann zum Beispiel darin bestehen, dass der Angreifer den vom Orakel benutzten geheimen Schlüssel berechnen soll. Damit kann man die erste der drei oben genannten Erfolgsstufen beschreiben.

Bei dieser Formalisierung stellt sich als erstes die Frage, ob dem Angreifer zuerst die Aufgabe gestellt wird und er dann seinen Angriff durchführt oder umgekehrt. In der Praxis können beide Fälle eintreten, daher legt man sich auch in der Theorie nicht auf eine der beiden Möglichkeiten fest. Man macht stattdessen eine weitere Unterscheidung: Wenn der Angreifer zuerst den Angriff durchführt und anschließend die Aufgabe erhält, so spricht man von einem **direkten Angriff**. Wenn der Angreifer die Aufgabe kennt, bevor er seinen Angriff durchführt und ihn daher schon gezielt auf die Aufgabe abstimmen kann, so heißt der Angriff **adaptiv**.

Für die zweite Erfolgsstufe stellt man dem Angreifer folgende Aufgabe: Das Orakel wählt einen Klartext aus, verschlüsselt ihn mit f_K und sendet den Geheimtext an den Angreifer. Der Angreifer hat Erfolg, wenn er in der Lage ist, Teile des Klartextes anzugeben.

Bei dieser Aufgabe muss man die Angriffsmöglichkeiten des Angreifers ein wenig einschränken. Wenn er einen Angriff mit gewählten Geheimtexten durchführen kann, so darf er sich den Geheimtext aus der Aufgabenstellung nicht vom Orakel entschlüsseln lassen, denn in diesem Fall hätte der Angreifer ja nichts geleistet. Das Orakel hat nur seinen eigenen Geheimtext entschlüsselt.

Wenn man also beweisen will, dass ein Angreifer bei einem Kryptosystem $\mathcal{F}$ nicht in der Lage ist, Klartexte zu berechnen, wenn er einen adaptiven Angriff mit gewählten Klartexten durchführt, so muss man zeigen, dass der Angreifer folgende Aufgabe nicht lösen kann:

1. Das Orakel wählt zufällig eine Verschlüsselungsfunktion $f_K \in \mathcal{F}$ aus.

2. Das Orakel wählt zufällig eine Klartextnachricht m aus, verschlüsselt sie zu $c := f_K(m)$ und sendet den Geheimtext c an den Angreifer.

3. Der Angreifer führt seinen Angriff durch. Das heißt, er kann selbst Klartextnachrichten auswählen, sendet sie an das Orakel und erhält die dazugehörigen Geheimtexte zurück. Man legt sich hier nicht fest, wie viele Nachrichten der Angreifer an das Orakel schicken kann. Meistens setzt man hier voraus, dass der Angriff „realistisch" sein soll in dem Sinne, dass der Angreifer noch in der Lage sein muss, die Ergebnisse zu speichern.

4. Wenn der Angreifer den Klartext m bestimmen kann, hat er die Aufgabe gelöst.

Implizit geht man bei all diesen Formalisierungen davon aus, dass das Prinzip von Kerckhoffs erfüllt ist, das heißt, dass der Angreifer das Kryptosystem $\mathcal{F}$ kennt.

Zwei der drei Erfolgsstufen sind damit auch formal gefasst. Besonders schwierig zu beschreiben ist die dritte Erfolgsstufe, nämlich die Situation, dass der Angreifer keine Information aus seinem Angriff gewinnt.

Wir kommen dazu noch einmal auf das obige Beispiel zurück. Der Angreifer erhält einen Geheimtext mit der Aufgabe, ihn zu entschlüsseln, wobei er verschiedene Anfragen an das Orakel stellen kann. Bei einem konkreten Angriff hat der Angreifer aber unter Umständen viel mehr Informationen als in dieser formalen Beschreibung. Wenn er den Sender und den Empfänger kennt, so hat er vielleicht Vermutungen über den Inhalt der gesendeten Nachricht. Man muss daher immer berücksichtigen, dass ein Angreifer versuchen kann, Klartexte zu raten.

Eine gute Verschlüsselungsfunktion kann in einem solchen Fall nur eines leisten: dass der Angreifer an Hand der Geheimtexte nicht entscheiden kann, ob er richtig geraten hat. Der Angreifer kann also weder die Geheimtexte entschlüsseln noch kann er sie als Test benutzen, ob seine Vermutungen korrekt sind. Der Angriff ist also für den Angreifer nicht von Nutzen. Alle seine Vermutungen haben vor dem Angriff die gleiche Wahrscheinlichkeit, richtig zu sein, wie nach dem Angriff. Dies bedeutet aber gerade, dass der Angreifer durch seinen Angriff keine Information gewonnen hat.

Da die zusätzlichen Informationen über Sender und Empfänger, die ein Angreifer hat, nichts mit der eingesetzten Verschlüsselungsfunktion zu tun hat, geht man bei der formalen Beschreibung so vor, dass man dem Angreifer diese Informationen vorgibt. Das Orakel stellt dem Angreifer wie in Abbildung 3.2 die folgende Aufgabe, wobei die Schreibweise $x \in_R X$ bedeutet, dass ein Element x gemäß einer Gleichverteilung aus der Menge X gewählt wird: Der Angreifer wählt zwei

Klartexte aus und schickt beide an das Orakel. Das Orakel verschlüsselt einen der Klartexte, wobei es zufällig auswählt, welchen von beiden, zum Beispiel indem es eine Münze wirft, und sendet dem Angreifer den Geheimtext zurück. Damit ist der Angreifer in einer optimalen Situation: Er muss nur zwischen zwei Texten wählen, die er sogar selbst bestimmt hat.

Wenn der Angreifer nach seinem Angriff den richtigen Text nur mit einer Wahrscheinlichkeit von 1/2 angeben kann, dann hat er durch den Angriff offensichtlich nichts gewonnen, denn raten konnte er auch vor dem Angriff. Die Verschlüsselungsfunktion hat ihm also keine Information geliefert. Wenn ein Kryp-

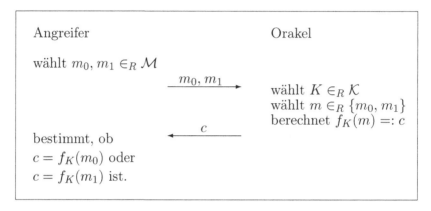

Abbildung 3.2 Sicherheit im Sinne der polynomiellen Ununterscheidbarkeit

tosystem diese Eigenschaft besitzt, so sagt man, dass es **sicher im Sinne der Ununterscheidbarkeit** ist.

Es gibt auch andere Wege, Sicherheit zu definieren, zum Beispiel den Begriff der **perfekten Sicherheit** oder in der Verallgemeinerung den der **semantischen Sicherheit**, auf die wir später noch zurückkommen. Es hat sich aber herausgestellt, dass diese im Wesentlichen äquivalent zur Ununterscheidbarkeit sind. Das heißt, eine Verschlüsselung ist sicher im Sinne der Ununterscheidbarkeit genau dann, wenn sie auch die andere Sicherheitsdefinition erfüllt.

Wir kommen damit zur

Definition 3.2 *Ein Kryptosystem ist* **sicher***, wenn es unter dem stärksten Angriff (einem adaptiven Angriff mit gewählten Geheimtexten) ununterscheidbar ist. Der Angreifer hat also in der oben genannten Situation nur eine Erfolgswahrscheinlichkeit von 1/2.*

Nur wenige Verschlüsselungsverfahren erfüllen diese Definition. In Kapitel 4 werden wir zeigen, dass es so etwas überhaupt gibt. Solche Verschlüsselungsverfahren heißen **perfekt sicher**.

Man kann die Definition aber auch verallgemeinern, um auch die Sicherheit von nicht perfekten Verfahren zu beschreiben. Angenommen, die Erfolgschancen des Angreifers, seine Aufgabe zu lösen, haben sich durch seinen Angriff ein wenig verbessert. Seine Gewinnwahrscheinlichkeit ist nicht mehr $1/2$, sondern $1/2 + \epsilon$. Dieses Epsilon, das er nach seinem Angriff für seinen Erfolg gewonnen hat, nennt man auch den **Vorteil** (engl. advantage) des Angreifers.

Ist $\epsilon = 0$, so hat er tatsächlich nichts gewonnen. Das Verschlüsselungsverfahren ist perfekt ununterscheidbar bzw. perfekt sicher.

Ist $\epsilon > 0$, aber noch „sehr nahe" bei 0, so gewinnt der Angreifer zwar ein bisschen Information, aber wenn seine Erfolgswahrscheinlichkeit nur „unwesentlich" besser als $1/2$ ist, so werden wir das Kryptosystem immer noch nicht „unsicher" nennen wollen. Der Vorteil des Angreifers liefert also ein Maß für die Sicherheit eines Kryptosystems: Je kleiner dieser Vorteil ist, desto besser ist das Kryptosystem. Wir können also Systeme miteinander vergleichen: Das Kryptosystem mit dem kleineren Vorteil ist das bessere.

Was bedeutet es formal, dass der Vorteil des Angreifers angemessen nah bei 0 liegt? Intuitiv erwartet man, dass der Angreifer immer schlechtere Chancen hat, einen Klartext zu raten, je länger der verwendete Schlüssel ist. Teilen Sender und Empfänger nur ein kurzes Geheimnis, so ist es vermutlich weniger sicher als ein gemeinsames langes Geheimnis. Der Vorteil ϵ des Angreifers sollte also mit wachsender Schlüssellänge immer kleiner werden, was bedeutet, dass man das asymptotische Verhalten des Vorteils untersuchen muss. Wenn der Vorteil des Angreifers „hinreichend" klein werden soll, so bedeutet dies formal, dass der Vorteil mit wachsender Schlüssellänge *exponentiell* gegen 0 geht. Zur präzisen Beschreibung dieser Vorstellung dient die folgende Definition.

Definition 3.3 *Es sei $\nu : \mathbb{N} \to \mathbb{R}$ eine Funktion. Die Funktion ν heißt* **unerheblich** *oder* **vernachlässigbar**, *wenn es für jede natürliche Zahl $c \in \mathbb{N}$ ein k_0 gibt, so dass für alle $k \geq k_0$ gilt:*
$$|\nu(k)| \leq k^{-c}.$$

Der Vorteil eines Angreifers ist dann hinreichend klein, wenn er eine in k unerhebliche Funktion ist, wobei k der Sicherheitsparameter des Verschlüsselungsverfahrens ist, also zum Beispiel die Schlüssellänge ist. Diese Definition ist nur dann sinnvoll, falls die Schlüssellängen beliebig groß werden können.

3.4 Übungen

1. Bei der Cäsarchiffrierung ist die Verschlüsselungsfunktion $f_K : \mathbb{Z}_{26} \to \mathbb{Z}_{26}$, $f_K(x) = x + K \bmod 26$

   (a) injektiv.

   (b) bijektiv.

   (c) surjektiv.

2. Welche der folgenden Aussagen ist richtig?

(a) Eine Verschlüsselungsfunktion f_K muss bijektiv sein.

(b) Eine Verschlüsselungsfunktion f_K muss injektiv sein.

(c) Eine Verschlüsselungsfunktion f_K muss surjektiv sein.

(d) Je größer der Schlüsselraum, desto sicherer die Verschlüsselung.

3. Was ist ein Kryptosystem?

(a) Eine Familie von Verschlüsselungsfunktionen.

(b) Ein Verfahren, um Nachrichten geheim zu halten.

(c) Eine bijektive Abbildung von Klartextnachrichten auf Geheimtextnach-richten.

4. Was besagt das Prinzip von Kerckhoffs?

(a) Ein Angreifer kennt stets die Verschlüsselungsfunktion.

(b) Ein Angreifer kennt stets das Kryptosystem.

(c) Ein Angreifer kann sich stets Nachrichten verschlüsseln lassen.

5. Welcher Angriff liegt vor? Ein Angreifer kann sich vom Sender beliebige Nach-richten verschlüsseln lassen. Der Sender schickt schließlich die Nachricht c an den Empfänger.

(a) Ein direkter Angriff mit gewählten Klartexten.

(b) Ein adaptiver Angriff mit gewählten Klartexten.

(c) Ein adaptiver Angriff mit bekannten Klartexten.

6. Welcher Angriff ist hier möglich? Eines der bekanntesten Internet-Verschlüs-selungsverfahren (SSL) verschlüsselt nicht nur die Klartextnachricht, sondern stellt jeder Nachricht ein so genanntes Padding voran. Dieses besteht aus ei-ner Zufallszahl, deren Länge variabel ist. Damit die Entschlüsselungsfunktion erkennt, wo der Text tatsächlich beginnt, wird das Padding stets durch 02X beendet.

(a) Ein direkter Angriff mit bekannten Klartexten.

(b) Ein adaptiver Angriff mit bekannten Geheimtexten.

(c) Ein direkter Angriff mit bekannten Geheimtexten.

7. Worauf zielt ein Angriff wie in der letzten Aufgabe?

(a) Teilweises Entschlüsseln der Nachricht.

(b) Vollständiges Entschlüsseln der Nachricht.

(c) Berechnung des Schlüssels.

8. Der Angreifer erhält ein Kryptosystem $\mathcal{F}$ und ein „Entschlüsselungsorakel" $\mathcal{O}$. $\mathcal{O}$ verfügt über eine Entschlüsselungsfunktion f_K aus $\mathcal{F}$ und entschlüsselt dem Angreifer auf Anfrage Geheimtexte. Der Angreifer wählt die Geheimtexte c_1, ..., c_n und lässt sich diese von $\mathcal{O}$ entschlüsseln. Dann bekommt er einen Geheimtext c. Der Angreifer gewinnt, wenn er c entschlüsseln kann. Dies modelliert einen ...

   (a) direkten Angriff mit bekannten Klartexten,

   (b) adaptiven Angriff mit bekannten Geheimtexten,

   (c) direkten Angriff mit gewählten Geheimtexten.

9. Der Angreifer erhält ein Kryptosystem $\mathcal{F}$ und ein „Verschlüsselungsorakel" $\mathcal{O}$. $\mathcal{O}$ verfügt über eine Verschlüsselungsfunktion f_K aus $\mathcal{F}$ und verschlüsselt dem Angreifer auf Anfrage Klartexte. Der Spieler wählt die Klartexte m_1, ..., m_n und lässt sich diese von $\mathcal{O}$ verschlüsseln. Dann bekommt er einen Geheimtext c. Anschließend sendet er weitere Klartexte m_{n+1}, ..., m_s an $\mathcal{O}$, die er sich ebenfalls verschlüsseln lässt. Der Angreifer gewinnt, wenn er c entschlüsseln kann. Dies modelliert einen ...

   (a) direkten Angriff mit bekannten Klartexten.

   (b) adaptiven Angriff mit bekannten Geheimtexten.

   (c) adaptiven Angriff mit gewählten Klartexten.

10. Wenn der Angreifer das untenstehende Spiel mit einer Wahrscheinlichkeit von $3/4$ gewinnt, dann ist das Kryptosystem ....

   (a) sicher.

   (b) ununterscheidbar.

   (c) nicht sicher.

Angreifer		Orakel
wählt $m_0, m_1 \in_R \mathcal{M}$		
	$\xrightarrow{\quad m_0, m_1 \quad}$	wählt $K \in_R \mathcal{K}$
		wählt $m \in_R \{m_0, m_1\}$
		berechnet $f_K(m) =: c$
bestimmt, ob $c = f_K(m_0)$ oder $c = f_K(m_1)$ ist.	$\xleftarrow{\quad c \quad}$	

4   Perfekte Sicherheit

Im letzten Kapitel wurde definiert, dass ein Kryptosystem perfekt sicher ist, wenn der Angreifer keinen Vorteil hat. Im Allgemeinen ist es aber schwer zu beweisen, dass ein Kryptosystem diese Eigenschaft hat. In diesem Kapitel werden wir einen anderen Zugang zur perfekten Sicherheit beschreiben, mit dem man sehr einfach bestimmen kann, ob ein Kryptosystem diese Eigenschaft hat.

Ausgangspunkt ist ein allmächtiger[1] Angreifer, der zwei Personen A und B belauscht und den Inhalt einer Nachricht bestimmen will, die A an B geschickt hat. Dazu hat der Angreifer zwei Möglichkeiten:

1. Möglichkeit: Ohne den Geheimtext gesehen zu haben, kann er raten. Dass A an B die Nachricht „xwdjk" schickt, ist unwahrscheinlich, dagegen ist es wahrscheinlich, dass die Nachricht „hallo B" enthält.

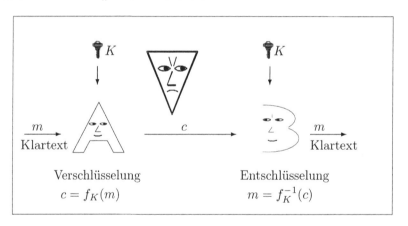

Abbildung 4.1 Das Modell

Jeder Klartext hat also eine **a priori Wahrscheinlichkeit**. Dabei handelt es sich um eine Wahrscheinlichkeit, die bereits vor dem Angriff feststeht und mit dem Angriff auch nichts zu tun hat. Die a priori Wahrscheinlichkeit unterscheidet zwischen Buchstabenfolgen, die in einer Sprache ein sinnvolles Wort ergeben, und solchen, die nicht zu dieser Sprache gehören. Die a priori Wahrscheinlichkeit ist umso größer, je häufiger ein Wort in einer Sprache vorkommt. Ohne also einen Angriff durchgeführt zu haben, hat der Angreifer bereits eine gewisse Vorinformation über den Klartext, wenn er weiß, in welcher Sprache die Nachricht verfasst ist.

---

[1] Ein allmächtiger Angreifer kann auf beliebig große Rechner- und Speicherressourcen zugreifen.

2. Möglichkeit: Der Angreifer versucht nach dem Angriff Rückschlüsse auf den Klartext zu ziehen. Klartexte haben damit eine **a posteriori Wahrscheinlichkeit**, mit der sie auftreten. Denn bestimmte Klartexte sind jetzt weniger wahrscheinlich als vorher, für andere Klartexte ist die Wahrscheinlichkeit größer geworden.

Um dies zu verstehen, betrachten wir folgendes Beispiel: Angenommen, der Angreifer weiß, dass A und B mit einer Verschiebechiffre arbeiten. Wenn der Angreifer die Nachricht „nohuh" abfängt, so weiß er, dass die Klartextnachricht nicht „hallo" gewesen sein kann. Denn in diesem Fall müssten zwei Buchstaben im Inneren des Wortes identisch sein: Das „l" würde zweimal zu dem gleichen Geheimtextbuchstaben verschlüsselt werden. Jetzt hat „hallo" die a posteriori Wahrscheinlichkeit Null.

Intuitiv ist ein Verschlüsselungsverfahren „sicher", wenn der Geheimtext keinerlei Informationen über den Klartext preisgibt. Wir können diese Aussage jetzt präzisieren: Der Angreifer darf durch die Kenntnis des Geheimtextes keine Information über den Klartext hinzugewinnen. Das Auftreten eines bestimmten Klartextes muss nach erfolgtem Angriff genauso wahrscheinlich sein wie vor dem Angriff. Mit anderen Worten: Die a priori Wahrscheinlichkeit und die a posteriori Wahrscheinlichkeit müssen gleich sein.

4.1 Formalisierung der perfekten Sicherheit

Wir bezeichnen mit $\mathcal{M}$ die Menge der Klartexte, mit $\mathcal{C}$ die Menge der Geheimtexte und mit $\mathcal{K}$ die Menge der Schlüssel. $\mathbf{X}$, $\mathbf{Y}$ und $\mathbf{K}$ seien Zufallsvariablen. Das Konzept der Zufallsvariablen hat sich als Instrument für eine präzise stochastische Formalisierung bewährt. Die hier eingeführte Notation wird zwar erst wieder in Kapitel 13 benötigt, aber dort ist sie unverzichtbar, und der Nutzen dieser Schreibweise zeigt sich insbesondere bei der formalen Beschreibung der Sicherheit von Public-Key-Verfahren. Für Sicherheitsbeweise ist eine exakte stochastische Schreibweise unabdingbar. Im Folgenden bezeichnen:

- $P(\mathbf{X} = x)$ die Wahrscheinlichkeit, dass $\mathbf{X}$ den Wert x aus $\mathcal{M}$ annimmt;

- $P(\mathbf{Y} = y)$ die Wahrscheinlichkeit, dass $\mathbf{Y}$ den Wert y aus $\mathcal{C}$ annimmt;

- $P(\mathbf{K} = K)$ die Wahrscheinlichkeit, dass $\mathbf{K}$ den Wert K aus $\mathcal{K}$ annimmt;

- $P(\mathbf{X} = x, \mathbf{Y} = y)$ die Wahrscheinlichkeit, dass $\mathbf{X}$ den Wert x aus $\mathcal{M}$ annimmt und $\mathbf{Y}$ den Wert y aus $\mathcal{C}$;

- $P(\mathbf{X} = x \,|\, \mathbf{Y} = y)$ die bedingte Wahrscheinlichkeit, dass $\mathbf{X}$ den Wert x annimmt unter Annahme, dass $\mathbf{Y}$ den Wert y hat.

Zwei auf $\mathcal{M}$ und $\mathcal{C}$ diskret verteilte Zufallsvariablen $\mathbf{X}$ und $\mathbf{Y}$ heißen **unabhängig**, wenn $P(\mathbf{X} = x, \mathbf{Y} = y) = P(\mathbf{X} = x)P(\mathbf{Y} = y)$ für alle $x \in \mathcal{M}$ und $y \in \mathcal{C}$ gilt. Allgemein ist $P(\mathbf{X} = x, \mathbf{Y} = y) = P(\mathbf{X} = x \,|\, \mathbf{Y} = y)P(\mathbf{Y} = y)$.

Satz 4.1 *(Bayes'sche Formel, vgl. zum Beispiel [KrZi]) Wenn $P(\mathbf{Y} = y) > 0$ ist, so gilt:*

$$P(\mathbf{X} = x \mid \mathbf{Y} = y) = \frac{P(\mathbf{X} = x)P(\mathbf{Y} = y \mid \mathbf{X} = x)}{P(\mathbf{Y} = y)}.$$

$\mathbf{X}$ und $\mathbf{Y}$ sind unabhängig genau dann, wenn gilt:

$$P(\mathbf{X} = x \mid \mathbf{Y} = y) = P(\mathbf{X} = x)$$

für alle $x \in \mathcal{M}$ und $y \in \mathcal{C}$. Die a priori Wahrscheinlichkeit eines Klartextes x entspricht $P(\mathbf{X} = x)$, die a posteriori Wahrscheinlichkeit nach einem Angriff mit abgefangenem y entspricht $P(\mathbf{X} = x \mid \mathbf{Y} = y)$. Wir können damit die entscheidende Definition dieses Abschnitts formulieren:

Definition 4.1 *Ein Kryptosystem heißt* **perfekt sicher***, wenn die a priori Wahrscheinlichkeit eines beliebigen Klartextes gleich seiner a posteriori Wahrscheinlichkeit bei einem beliebigen Geheimtext ist:*

$$P(\mathbf{X} = x) = P(\mathbf{X} = x \mid \mathbf{Y} = y) \ \textit{für alle } x \in \mathcal{M}, y \in \mathcal{C}.$$

Eine Verschlüsselung ist perfekt sicher, wenn der Angreifer durch seinen Angriff keine Information hinzugewinnen kann. Mit anderen Worten: Das Auftreten eines bestimmten Klartextes ist unabhängig vom Auftreten eines bestimmten Geheimtextes. Oder auch: Der Angreifer kann auch nach dem Angriff nur raten, welchen Klartext A an B gesendet hat. Er kann seine Vermutungen nicht an Hand des Geheimtextes überprüfen.

Betrachten wir noch einmal das obige Beispiel, in dem der Angreifer weiß, dass A und B eine Verschiebechiffre benutzen und er außerdem als Geheimtext das Wort „nohuh" abgefangen hat. Wie wir oben bereits festgestellt haben, kann der Klartext nicht „hallo" lauten. Angenommen, der Angreifer hätte vor seinem Angriff vermutet, dass A an B die Nachricht „hallo" schickt, so kann er nach dem Angriff seine Vermutung testen: Sie trifft nicht zu.

Bei einer perfekt sicheren Chiffre werden die Vermutungen des Angreifers durch den Geheimtext weder bestätigt noch widerlegt. Mit anderen Worten: Der Angreifer merkt nicht einmal, ob er richtig oder falsch geraten hat.

Daher sind Verschiebechiffren nicht perfekt sicher - jedenfalls wenn man Nachrichten mit mehr als einem Buchstaben verwendet.

Wir wollen im Folgenden einige Beispiele von Verschlüsselungsverfahren daraufhin untersuchen, ob sie perfekt sicher sind. Formal muss man dazu jedes Mal nachweisen, dass die a priori Wahrscheinlichkeit und die a posteriori Wahrscheinlichkeit für jeden Klartext übereinstimmen. A priori Wahrscheinlichkeiten sind im Allgemeinen dadurch gegeben, dass den Wörtern einer Sprache bestimmte Auftrittswahrscheinlichkeiten zugeordnet sind. Die wesentliche Aufgabe besteht darin, die a posteriori Wahrscheinlichkeiten auszurechnen.

Die Berechnung der a posteriori Wahrscheinlichkeit

Es sei $P(\mathbf{K} = K)$ die Wahrscheinlichkeit, dass Sender und Empfänger den Schlüssel K aus der Schlüsselmenge $\mathcal{K}$ gewählt haben. Im Allgemeinen kann man davon ausgehen, dass die beiden den Schlüssel unabhängig von dem Klartext, der später verschlüsselt werden soll, gewählt haben. Das bedeutet, dass $\mathbf{X}$ und $\mathbf{K}$ unabhängig voneinander sind. Man fixiert einen Schlüssel K und betrachtet die Menge aller Geheimtexte, die durch diesen Schlüssel erzeugt werden kann: $\mathcal{C}(K) = \{f_K(x) \mid x \in \mathcal{M}\}$. Die Wahrscheinlichkeit, einen bestimmten Geheimtext y zu erhalten, lässt sich berechnen, indem man bestimmt, mit welcher Wahrscheinlichkeit man ein Schlüssel-Klartext-Paar (K, x) hat, sodass $y = f_K(x)$ gilt. Man erhält wegen der Unabhängigkeit der Schlüsselwahl von der Wahl des Klartextes:

$$
\begin{aligned}
P(\mathbf{Y} = y) &= \sum_{K \mid y \in \mathcal{C}(K)} P(\mathbf{K} = K, \mathbf{X} = f_K^{-1}(y)) \\
&= \sum_{K \mid y \in \mathcal{C}(K)} P(\mathbf{K} = K) P(\mathbf{X} = f_K^{-1}(y)).
\end{aligned}
$$

Wir betrachten im Folgenden nur mögliche Geheimtexte, das heißt, solche für die $P(\mathbf{Y} = y) > 0$ gilt.

Die bedingte Wahrscheinlichkeit, dass y auftritt, wenn man weiß, dass der Klartext x ist, lässt sich dadurch bestimmen, dass man die Wahrscheinlichkeit der Schlüssel bestimmt, unter denen x in y verschlüsselt wird:

$$
P(\mathbf{Y} = y \mid \mathbf{X} = x) = \sum_{x \in f_K^{-1}(y)} P(\mathbf{K} = K).
$$

Man beachte, dass die Summe über alle diejenigen Schlüssel gebildet wird, durch die der Klartext x in den Geheimtext y verschlüsselt wird. Dies können durchaus mehrere Schlüssel sein. Mit der Bayes'schen Formel erhält man:

$$
P(\mathbf{X} = x \mid \mathbf{Y} = y) = \frac{P(\mathbf{X} = x) \cdot \sum_{x \in f_K^{-1}(y)} P(\mathbf{K} = K)}{\sum_{K \mid y \in \mathcal{C}(K)} P(\mathbf{K} = K) \cdot P(\mathbf{X} = f_K^{-1}(y))}
$$

Diese Formel stellt einen Zusammenhang her zwischen der a posteriori Wahrscheinlichkeit und Wahrscheinlichkeiten, die man meistens leicht bestimmen kann. Am Beispiel der Cäsar-Chiffre zeigt der nächste Satz den Nutzen dieser Formel.

Satz 4.2 *Unter der Annahme, dass bei einer Verschiebechiffre alle 26 Schlüssel mit der gleichen Wahrscheinlichkeit ausgewählt werden, ist die Verschiebechiffre perfekt sicher - für einbuchstabige Nachrichten.*

Beweis: Vor dem formalen Beweis machen wir uns zunächst intuitiv klar, warum eine Verschiebechiffre für einbuchstabige Nachrichten perfekt sicher ist.

A und *B* haben im Vorfeld einen Buchstaben als geheimen Schlüssel vereinbart. Angenommen, jeder Buchstabe hat die gleiche Wahrscheinlichkeit, gewählt zu werden. *A* übermittelt genau einen Buchstaben an *B*. Er verschlüsselt den Buchstaben mit dem geheimen Schlüssel und sendet den Geheimtextbuchstaben.

Angenommen, *A* hat den Buchstaben „u" gesendet. Was kann der Angreifer daraus schließen?

Er kann raten, welchen Buchstaben *A* wohl verschlüsselt hat. Wie wäre es mit „a"? Wenn *A* und *B* den Schlüsselbuchstaben „u" vereinbart haben, dann würde „a" zu „u" verschlüsselt werden. Das passt also.

Und wenn *A* den Buchstaben „b" verschlüsselt hat? Dann hätte der Schlüsselbuchstabe „t" sein müssen. Kurz gesagt, der Angreifer findet zu jedem Klartextbuchstaben genau einen entsprechenden Schlüsselbuchstaben, der den Klartextbuchstaben in den Geheimtext „u" überführt. Der Geheimtext hilft ihm also nicht weiter.

Genau diesen Sachverhalt versuchen wir jetzt formal zu fassen: Alle Nachrichten und Schlüssel bestehen nur aus genau einem Buchstaben. Wir nummerieren die Buchstaben durch, so dass man die Menge der Klartexte bzw. Geheimtexte bzw. Schlüssel als $\mathbb{Z}_{26}$ auffassen kann: $\mathcal{M} = \mathcal{C} = \mathcal{K} = \mathbb{Z}_{26}$.

Wenn ein Klartext x und ein Schlüssel K gegeben ist, so berechnet sich der Geheimtext durch $y = f_K(x) = x + K \bmod 26$. Gemäß der Voraussetzung sind alle Schlüssel gleichwahrscheinlich: $P(\mathbf{K} = K) = \frac{1}{26}$ für alle $K \in \mathcal{K}$. Da die Verschlüsselungsfunktion eine bijektive Abbildung auf $\mathbb{Z}_{26}$ ist, ist $\mathcal{C}(K) = \mathcal{C} = \mathbb{Z}_{26}$ für jeden Schlüssel K. Also ist die a posteriori Wahrscheinlichkeit:

$$
\begin{aligned}
P(\mathbf{X} = x \mid \mathbf{Y} = y) &= \frac{P(\mathbf{X} = x) \cdot \sum_{x \in f_K^{-1}(y)} P(\mathbf{K} = K)}{\sum_{K \mid y \in \mathcal{C}(K)} P(\mathbf{K} = K) \cdot P(\mathbf{X} = f_K^{-1}(y))} \\
&= \frac{\frac{1}{26} P(\mathbf{X} = x)}{\frac{1}{26} \sum_{K \mid y \in \mathcal{C}(K)} P(\mathbf{X} = y - K \bmod 26)} \\
&= \frac{P(\mathbf{X} = x)}{1} = P(\mathbf{X} = x)
\end{aligned}
$$

Dabei wird verwendet, dass $\sum_{K \mid y \in \mathcal{C}(K)} P(\mathbf{X} = y - K \bmod 26) = 1$ ist. Da $\mathcal{C}(K) = \mathcal{C} = \mathbb{Z}_{26}$ ist, wird hier über alle Schlüssel summiert. Das bedeutet insbesondere, dass $y - K \bmod 26$ alle Klartexte (nämlich ganz $\mathbb{Z}_{26}$) durchläuft. (Beachte, dass y fest ist und K ganz $\mathbb{Z}_{26}$ durchläuft.) Also gilt:

$$
\sum_{K \mid y \in \mathcal{C}(K)} P(\mathbf{X} = y - K \bmod 26) = \sum_{x \in \mathcal{M}} P(\mathbf{X} = x) = 1.
$$

Insgesamt erhält man also, dass die a posteriori Wahrscheinlichkeit gleich der a priori Wahrscheinlichkeit ist. Daraus folgt, dass die Verschiebechiffre für einbuchstabige Nachrichten perfekt sicher ist. □

Nach diesem konkreten Beispiel leiten wir ein Kriterium her, an Hand dessen man allgemein bestimmen kann, ob ein Kryptosystem perfekt sicher ist oder nicht, ohne im Einzelfall die Wahrscheinlichkeiten berechnen zu müssen. Wir benötigen dazu den folgenden Hilfssatz.

Lemma 4.1 *Sei $\mathcal{M}$ eine Menge von Klartexten, $\mathcal{C}$ von Chiffretexten und $\mathcal{K}$ von Schlüsseln. $\mathcal{F} \subseteq Abb(\mathcal{M},\mathcal{C})$ sei eine perfekt sichere Chiffre. Es gelte $P(\mathbf{Y} = y) > 0$ für alle $y \in \mathcal{C}$. Dann gilt: $|\mathcal{K}| \geq |\mathcal{C}| \geq |\mathcal{M}|$.*

Beweis: Die Ungleichung $|\mathcal{C}| \geq |\mathcal{M}|$ folgt aus der Injektivität von $f_K : \mathcal{M} \to \mathcal{C}$. Es bleibt also zu zeigen: $|\mathcal{K}| \geq |\mathcal{C}|$. Dazu machen wir folgende Vorüberlegungen: Wenn $\mathcal{F}$ perfekt sicher ist, so gilt $P(\mathbf{X} = x | \mathbf{Y} = y) = P(\mathbf{X} = x)$ für alle $x \in \mathcal{M}$ und alle $y \in \mathcal{C}$. Aus der Bayes'schen Formel folgt dann

$$P(\mathbf{Y} = y | \mathbf{X} = x) = P(\mathbf{Y} = y) > 0 \text{ für alle } x \in \mathcal{M}, y \in \mathcal{C}.$$

Das bedeutet, dass für einen gegebenen Klartext jeder Geheimtext möglich ist. Also gibt es für jedes Paar (x, y) mindestens einen Schlüssel, so dass gilt:

$$(*) \qquad f_K(x) = y$$

Um die gewünschte Ungleichung zu zeigen, nehmen wir an, es wäre: $|\mathcal{K}| < |\mathcal{C}|$ und führen dies zum Widerspruch zur Eigenschaft (*). Man wählt ein $x \in \mathcal{M}$ fest und betrachte $f_K(x)$ für alle $K \in \mathcal{K}$. Dies liefert maximal $|\mathcal{K}|$ verschiedene Chiffretexte, das heißt es gibt mindestens einen Chiffretext y, zu dem es unter keinem Schlüssel einen passenden Klartext gibt. Dies ist ein Widerspruch zu (*). Also gilt $|\mathcal{K}| \geq |\mathcal{C}|$. $\qquad\qquad\Box$

Der nächste Satz liefert das gewünschte notwendige und hinreichende Kriterium um zu bestimmen, ob ein Kryptosystem perfekt sicher ist.

Satz 4.3 *Es sei $\mathcal{M}$ eine Menge von Klartexten, $\mathcal{C}$ von Chiffretexten, $\mathcal{K}$ von Schlüsseln, $\mathcal{F} \subseteq Abb(\mathcal{M},\mathcal{C})$. Es sei $|\mathcal{M}| = |\mathcal{C}| = |\mathcal{K}|$, und $P(X = x) > 0$ für alle $x \in \mathcal{M}$. Dann gilt: Das Kryptosystem $\mathcal{F}$ ist genau dann perfekt sicher, wenn jeder Schlüssel mit der gleichen Wahrscheinlichkeit vorkommt und für alle $x \in \mathcal{M}$ und $y \in \mathcal{C}$ genau ein Schlüssel existiert mit $f_K(x) = y$.*

Beweis: „$\Rightarrow$" Es sei $\mathcal{F}$ perfekt sicher. Also gibt es zu jedem Paar (x,y) mindestens einen Schlüssel K mit $f_K(x) = y$. Also gilt:

$$|\mathcal{C}| = |\{f_K(x)|K \in \mathcal{K}\}| \leq |\mathcal{K}|.$$

Nach Voraussetzung gilt aber: $|\mathcal{C}| = |\mathcal{K}|$, also gibt es für jedes Paar (x, y) genau einen Schlüssel K mit $f_K(x) = y$.

Bleibt zu zeigen, dass alle Schlüssel gleich wahrscheinlich sind. Es sei $n = |\mathcal{K}|$ und $\mathcal{M} = \{x_i | 1 \leq i \leq n\}$. Es sei $y \in \mathcal{C}$ beliebig, aber fest gewählt. Man nummeriert die Schlüssel so durch, dass gilt: $f_{K_i}(x_i) = y$, $1 \leq i \leq n$. Mit der Bayes'schen Formel folgt:

$$P(\mathbf{X} = x_i \mid \mathbf{Y} = y) = \frac{P(\mathbf{Y} = y \mid \mathbf{X} = x_i) \cdot P(\mathbf{X} = x_i)}{P(\mathbf{Y} = y)}$$

$$= \frac{P(\mathbf{K} = K_i) \cdot P(\mathbf{X} = x_i)}{P(\mathbf{Y} = y)}.$$

Da $\mathcal{F}$ perfekt sicher ist, gilt: $P(X = x_i \mid \mathbf{Y} = y) = P(\mathbf{X} = x_i)$, $1 \leq i \leq n$. Daraus folgt:

$$P(\mathbf{X} = x_i \mid \mathbf{Y} = y) = \frac{P(\mathbf{K} = K_i) \cdot P(\mathbf{X} = x_i)}{P(\mathbf{Y} = y)} = P(\mathbf{X} = x_i)$$

und daher ist $\frac{P(\mathbf{K}=K_i)}{P(\mathbf{Y}=y)} = 1$ bzw. $P(\mathbf{K} = K_i) = P(\mathbf{Y} = y)$. Also haben alle Schlüssel die gleiche Wahrscheinlichkeit $P(\mathbf{K} = K) = 1/|\mathcal{K}|$.

„$\Leftarrow$" Gegeben sind zwei Voraussetzungen:

(1) Es ist $P(\mathbf{K} = K) = 1/|\mathcal{K}|$.

(2) Für jedes Paar (x, y) existiert genau ein Schlüssel K mit $f_K(x) = y$.

Zu zeigen ist: $P(\mathbf{X} = x \mid \mathbf{Y} = y) = P(\mathbf{X} = x)$. Wir zeigen das wiederum mit der Bayes'schen Formel:

$$P(\mathbf{X} = x \mid \mathbf{Y} = y) = \frac{P(\mathbf{X} = x) \cdot P(\mathbf{Y} = y \mid \mathbf{X} = x)}{P(\mathbf{Y} = y)}$$

$$\overset{(2)}{=} \frac{P(\mathbf{X} = x) \cdot P(\mathbf{K} = K)}{P(\mathbf{Y} = y)}$$

$$= \frac{\frac{1}{|\mathcal{K}|} P(\mathbf{X} = x)}{\sum_{x \in \mathcal{M}} P(\mathbf{Y} = y, \mathbf{X} = x)}$$

$$= \frac{\frac{1}{|\mathcal{K}|} P(\mathbf{X} = x)}{\sum_{x \in \mathcal{M}} P(\mathbf{Y} = y \mid \mathbf{X} = x) P(\mathbf{X} = x)}$$

$$\overset{(2)}{=} \frac{\frac{1}{|\mathcal{K}|} P(\mathbf{X} = x)}{\sum_{x \in \mathcal{M}} P(\mathbf{K} = K) P(\mathbf{X} = x)}$$

$$= \frac{\frac{1}{|\mathcal{K}|} P(\mathbf{X} = x)}{\frac{1}{|\mathcal{K}|} \sum_{x \in \mathcal{M}} P(\mathbf{X} = x)} = \frac{\frac{1}{|\mathcal{K}|} P(\mathbf{X} = x)}{\frac{1}{|\mathcal{K}|}} = P(\mathbf{X} = x)$$

Dabei wurde verwendet, dass $\sum_{K|y \in \mathcal{C}(K)} P(\mathbf{X} = f_K^{-1}(y)) = 1$ ist. Dies lässt sich direkt auf die Voraussetzung (2) zurückführen. Denn da es zu jedem Paar (x, y) genau einen Schlüssel K gibt, der x in y überführt, ist $\mathcal{C}(K) = \mathcal{C}$ für alle Schlüssel K und es folgt:

$$\sum_{K|y \in \mathcal{C}(K)} P(\mathbf{X} = f_K^{-1}(y)) = \sum_{K \in \mathcal{K}} P(\mathbf{X} = f_K^{-1}(y)) = \sum_{x \in \mathcal{M}} P(\mathbf{X} = x) = 1.$$

Insgesamt gilt also: $\mathcal{F}$ ist perfekt sicher. $\square$

Interpretation

Aus Satz 4.3 folgt, dass es mindestens so viele Schlüssel geben muss wie Klartexte. Insbesondere bedeutet das, dass die Schlüssel mindestens so lang sein müssen wie die Klartexte. Um einen Datensatz der Länge n vertraulich austauschen zu können, muss also zuvor ein Schlüssel von mindestens derselben Länge vereinbart worden sein.

Auch mit Satz 4.3 erhalten wir sofort, dass eine Verschiebechiffre auf Nachrichten mit nur einem Buchstaben perfekt sicher ist.

Als Folgerung aus Satz 4.3 ergibt sich außerdem, dass die Vigenère-Verschlüsselung mit einem zufälligen Schlüsselwort, das ebenso lang ist wie der Klartext, perfekt sicher ist. Machen wir uns auch am Beispiel der Vigenère-Chiffre noch einmal kurz klar, dass ein Angreifer, unabhängig davon, welche Strategie er verfolgt, um den Klartext zu berechnen, nicht einmal merkt, dass er den korrekten Klartext geraten hat:

Angenommen der Angreifer hat den Geheimtext „KNTMDMHZ" abgefangen. Wenn er annimmt, dass der Schlüssel zwischen A und B „hfpzltht" ist, dann entschlüsselt er das Wort „Dienstag". Nimmt er hingegen an, der Schlüssel war „yfathyfs", so würde er das Wort „Mittwoch" entschlüsseln. Egal, welches Wort mit acht Buchstaben er entschlüsseln will, er findet einen dazu passenden Schlüssel, der es in den abgefangenen Geheimtext überführt. Der Angreifer bemerkt nicht einmal, dass er zufällig den richtigen Klartext geraten hat.

Betrachtet man das gleiche Verschlüsselungsverfahren auf dem binären Alphabet, also auf Bits, so heißt es **Vernam-Chiffre**. Es wird Bit für Bit verschlüsselt: Jeweils ein Klartextbit wird mit je einem Schlüsselbit mit der XOR-Verknüpfung verschlüsselt.

Die XOR-Verknüpfung (Exclusive OR) entspricht der in Abbildung 4.2 dargestellten modulo 2 Addition: Satz 4.3 liefert, dass die Vernam-Chiffre perfekt sicher

$\oplus$	0	1
0	0	1
1	1	0

Abbildung 4.2 XOR-Verknüpfung

ist, falls die Schlüsselfolge wirklich zufällig ist. Was „Zufälligkeit" in diesem Zusammenhang bedeutet, werden wir in Kapitel 6 genauer analysieren. Am besten stellt man sich hier einen physikalischen Zufall vor wie zum Beispiel radioaktiven Zerfall oder Hintergrundrauschen. Wenn der Schlüssel einer Vernam-Chiffre eine echte Zufallsfolge ist, so heißt das Verfahren auch **One-Time-Pad**. Das One-Time-Pad, dass zur Verschlüsselung nur die XOR-Verknüpfung verwendet, zeigt, dass die Güte eines Verschlüsselungsverfahrens nicht nur in der Komplexität der Verschlüsselungsfunktion, sondern in der Zufälligkeit des Schlüssels liegt. Weiterhin gilt Satz 4.3 nur, solange der Sender dem Empfänger nur eine Nachricht sendet. Denn angenommen, der Sender verschlüsselt zwei Nachrichten m_1 und m_2

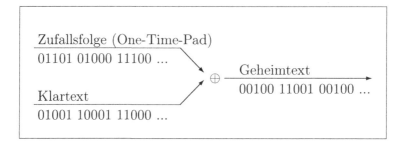

Abbildung 4.3 Vernam-Chiffre

mit dem Schlüssel K und schickt die Geheimtexte c_1 und c_2 an den Empfänger. Es gilt also: $f_K(m_1) = c_1$ und $f_K(m_2) = c_2$. Dann hat der Angreifer doch eine Information gewonnen. Wenn nämlich c_1 und c_2 verschieden sind, so weiß er, dass auch m_1 und m_2 verschieden sein müssen. Gelangt er also nachträglich an die Nachricht m_1, so ist die a posteriori Wahrscheinlichkeit von m_2 eine andere als ihre a priori Wahrscheinlichkeit. Denn dadurch, dass m_1 jetzt nicht mehr als Nachricht in Frage kommt, ist m_2 ein bisschen wahrscheinlicher geworden.

Anders gesagt bedeutet das, dass der Sender und der Empfänger für jede neue Nachricht einen neuen Schlüssel vereinbaren müssen.

Besonders deutlich wird beim One-Time-Pad, dass Sender und Empfänger tatsächlich jedes Mal einen neuen Schlüssel vereinbaren müssen. Nehmen wir an, sie tun es nicht und der Sender schickt zwei Klartextnachrichten m_1 und m_2 jeweils mit dem Schlüssel K verschlüsselt an den Empfänger. Das bedeutet, dass $c_1 = m_1 \oplus K$ und $c_2 = m_2 \oplus K$ übermittelt werden. Angenommen, dem Angreifer gelingt es, diese beiden Geheimtexte abzufangen, und er weiß, dass in beiden Fällen der gleiche Schlüssel verwendet worden ist. Dann kann er die beiden Geheimtexte mit der XOR-Verknüpfung verknüpfen und erhält damit $c_1 \oplus c_2 = m_1 \oplus K \oplus m_2 \oplus K = m_1 \oplus m_2$. Als Ergebnis erhält er also, dass der Klartext m_1 mit Schlüssel m_2 (oder umgekehrt) verschlüsselt worden ist. Klartexte haben aber im Unterschied zu Schlüsseln die Eigenschaft, dass sie aus einer natürlichen Sprache stammen. Da Sprachen sehr redundant sind, weisen solche Texte viele statistische Besonderheiten auf. In Satz 4.3 wurde ausdrücklich festgestellt, dass man eine perfekte Verschlüsselung nur dadurch erreichen kann, dass der Schlüssel zufällig gewählt wird und eben keine statistisch bemerkbaren Eigenheiten aufweist. Die Sicherheit im vorliegenden Fall kann also nicht perfekt sein, und der Angreifer kann möglicherweise durch statistische Untersuchungen die beiden Klartexte herausfinden.

Dass bei jeder neuen Nachricht ein neuer Schlüssel gewählt wird, hat aber Konsequenzen für die möglichen Angriffe des Angreifers. Da für jede neue Nachricht ein neuer Schlüssel verwendet wird, kann er im Prinzip keinen anderen Angriff mehr durchführen als einen Angriff mit bekanntem Geheimtext. Denn wenn er einen Angriff mit selbst gewählten Klartexten oder Geheimtexten durchführt, ist das für ihn nicht von Nutzen. Denn bei der Geheimtextnachricht, die er entschlüsseln will, wurde ein völlig anderer Schlüssel benutzt als bei seinem Angriff.

Man braucht daher bei perfekt sicheren Chiffren nur einen Angriff zu betrachten: den mit bekanntem Geheimtext.

4.2   Perfekte Ununterscheidbarkeit

Wir zeigen jetzt, dass der Sicherheitsbegriff der perfekten Sicherheit zu dem der perfekten Ununterscheidbarkeit passt. Wir werden zeigen, dass perfekt sichere Chiffren insbesondere sicher im Sinne der Ununterscheidbarkeit sind und damit auch das stärkste Sicherheitskriterium aus Kapitel 3 erfüllen. Dabei reicht es aus, Angriffe mit bekanntem Geheimtext zu betrachten. Alle anderen Angriffe sind für den Angreifer von keinem größeren Nutzen.

Satz 4.4 *Wenn ein Kryptosystem $\mathcal{F}$ perfekt sicher ist, dann ist es sicher im Sinne der Ununterscheidbarkeit unter einem Angriff mit bekanntem Geheimtext.*

Beweisskizze: Es sei $\mathcal{F}$ perfekt sicher. Das heißt, dass die a priori Wahrscheinlichkeiten für alle Klartexte x gleich ihren a posteriori Wahrscheinlichkeiten sind. Zu zeigen ist, dass der Angreifer in einem Spiel, das die Ununterscheidbarkeit modelliert, nur mit einer Ratewahrscheinlichkeit von $1/2$ gewinnen kann:

1. Der Angreifer wählt zwei verschiedene Klartexte x_1 und x_2 aus und sendet sie an das Orakel.

2. Das Orakel wählt gemäß der Gleichverteilung auf $\mathcal{K}$ einen Schlüssel $K \in \mathcal{K}$.

3. Anschließend wählt das Orakel mit Wahrscheinlichkeit $1/2$ eine Nachricht x aus $\{x_1, x_2\}$ aus.

4. Das Orakel berechnet $y := f_K(x)$.

5. Der Angreifer erhält x_1, x_2 und y. Der Angreifer soll entscheiden, welche der beiden Klartextnachrichten verschlüsselt wurde. Er gewinnt das Spiel, wenn er die richtige Nachricht angibt.

Wie groß ist die Gewinnwahrscheinlichkeit des Angreifers? Da die Chiffre perfekt sicher ist, folgt, dass die a posteriori Wahrscheinlichkeiten gleich den a priori Wahrscheinlichkeiten sind. Andererseits folgt aus der Konstruktion des Orakels, dass die a priori Wahrscheinlichkeiten für x_1 und x_2 jeweils $1/2$ ist, also ist auch die a posteriori Wahrscheinlichkeit jeweils $1/2$. Damit hat der Angreifer nur eine Gewinnwahrscheinlichkeit von $1/2$. Das ist aber genau die Behauptung. Perfekt sichere Kryptosysteme sind auch perfekt sicher im Sinne der Ununterscheidbarkeit. $\qquad\Box$

Wir wollen jetzt auch die Umkehrung zeigen, nämlich dass diejenigen Kryptosysteme, die perfekt ununterscheidbar sind - bei denen der Angreifer also genau die Ratewahrscheinlichkeit $1/2$ hat -, auch perfekt sicher sind.

Satz 4.5 *Es seien $\mathcal{M}$ die Menge der Klartexte, $\mathcal{K}$ die Menge der Schlüssel, $\mathcal{C}$ die Menge der Geheimtexte. Für alle Geheimtexte y gelte $P(\mathbf{Y} = y) > 0$. Wie in Satz 4.3 nehmen wir an, dass $|\mathcal{M}| = |\mathcal{K}| = |\mathcal{C}|$ gilt.*
Behauptung: Dann ist jedes perfekt ununterscheidbare Kryptosystem perfekt sicher.

Beweis: Es sei $\mathcal{F} \subseteq Abb(\mathcal{M}, \mathcal{C})$ ein Kryptosystem, das perfekt ununterscheidbar ist. Das bedeutet, dass ein Angreifer für alle $m_1, m_2 \in \mathcal{M}$, $c \in \mathcal{C}$ nur mit der Wahrscheinlichkeit $1/2$ feststellen kann, ob m_1 oder m_2 zu c verschlüsselt wurde. Die perfekte Sicherheit des Kryptosystems beweisen wir mit Hilfe von Satz 4.3. Das heißt, dass wir folgende zwei Bedingungen überprüfen müssen: Zu jedem Klartext-Geheimtextpaar (x, y) gibt es genau einen Schlüssel K mit $y = f_K(x)$, und alle Schlüssel sind gleich wahrscheinlich.

Der Angreifer unterliegt keinen Einschränkungen. Nach dem Prinzip von Kerckhoffs kennt der Angreifer das Kryptosystem $\mathcal{F}$ und damit alle Verschlüsselungsfunktionen f_K. Er kann damit für alle Schlüssel Listen von Klartext- und Geheimtextpaaren aufstellen. Obwohl er also sämtliche Bilder der Verschlüsselungsfunktionen kennt, soll er nur raten können, welche der beiden Klartextnachrichten zum Geheimtext c verschlüsselt wurde.

1. Teilbehauptung: Zu jedem Klartext-Geheimtextpaar (x, y) gibt es mindestens einen Schlüssel K mit $y = f_K(x)$. Angenommen zu (x, y) gibt es keinen passenden Schlüssel. Da $P(\mathbf{Y} = y) > 0$ ist, muss es einen Klartext x' und einen Schlüssel K geben mit der Eigenschaft $f_K(x') = y$. Das bedeutet aber Folgendes: wenn der Angreifer die Klartextnachrichten x und x' und den Geheimtext y erhält, dann kann er mit Bestimmtheit sagen, dass nicht x, sondern x' verschlüsselt worden ist. Das bedeutet, dass seine Erfolgswahrscheinlichkeit 1 und das Kryptosystem damit nicht perfekt ununterscheidbar ist. Also war die Annahme falsch, und es gibt zu jedem Klartext-Geheimtextpaar (x, y) mindestens einen Schlüssel K mit $y = f_K(x)$.

2. Teilbehauptung: Ebenso wie in Satz 4.3 gilt, dass es für jedes Klartext-Geheimtextpaar (x, y) genau einen Schlüssel geben muss mit $y = f_K(x)$. Denn wenn wir ein x aus $\mathcal{M}$ fest wählen und unter allen möglichen Schlüsseln verschlüsseln, dann erhalten wir mit der ersten Teilbehauptung:

$$|\mathcal{C}| = |\{f_K(x) | K \in \mathcal{K}\}| \leq |\mathcal{K}|.$$

Die Voraussetzung ist aber $|\mathcal{C}| = |\mathcal{K}|$, also gibt es für jedes Klartext-Geheimtextpaar nur genau einen Schlüssel. Damit haben wir die erste Bedingung aus Satz 4.3 nachgewiesen.
Es bleibt noch zu zeigen, dass alle Schlüssel gleich wahrscheinlich sind. Dies zeigen wir wiederum durch einen Widerspruchsbeweis. Angenommen, es gibt zwei Schlüssel K_1 und K_2 mit $P(\mathbf{K} = K_1) > P(\mathbf{K} = K_2)$. Wir wählen einen Klartext x_1 und bestimmen $y = f_{K_1}(x)$. Anschließend berechnen wir $x_2 = f_{K_2}^{-1}(y)$. Für die beiden Klartexte x_1, x_2 und den Geheimtext y ist die Wahrscheinlichkeit, dass

der Angreifer den korrekten Klartext bestimmt, nicht 1/2, sondern größer. Denn der Schlüssel K_1 ist mit einer größeren Wahrscheinlichkeit ausgewählt worden - und damit ist es wahrscheinlicher, dass x_1 der zu y gehörige Klartext ist. Das Kryptosystem ist also nicht perfekt ununterscheidbar, ein Widerspruch. $\square$

4.3 Übungen

1. Bei der Vernam-Chiffre ist die Verschlüsselungsfunktion $f(x, \cdot) : \{0,1\}^n \to \{0,1\}^n$, $f(x,K) = x \oplus K$

   (a) injektiv.

   (b) bijektiv.

   (c) surjektiv.

2. Die folgende Nachricht ist One-Time-Pad verschlüsselt: „pittw". Wie lautet der Klartext?

   (a) „Gruss"

   (b) „Hallo"

   (c) „Tschö"

3. Was ist perfekte Sicherheit?

   (a) Eine Chiffre ist perfekt sicher, wenn sie keine Information über den Geheimtext preisgibt.

   (b) Eine Chiffre heißt perfekt sicher, wenn die a priori Wahrscheinlichkeit für alle Klartexte gleich der a posteriori Wahrscheinlichkeit ist.

   (c) Eine Chiffre heißt perfekt sicher, wenn die a priori Wahrscheinlichkeit für alle Schlüssel gleich der a posteriori Wahrscheinlichkeit ist.

4. Was besagt der Hauptsatz über perfekte Sicherheit?

   (a) Eine Chiffre ist genau dann perfekt sicher, wenn ihre a priori Wahrscheinlichkeit gleich der a posteriori Wahrscheinlichkeit ist.

   (b) Eine Chiffre ist genau dann perfekt sicher, wenn es zu jedem Klartext/ Geheimtextpaar genau einen Schlüssel gibt und alle Schlüssel gleich wahrscheinlich sind.

   (c) Eine Chiffre ist genau dann perfekt sicher, wenn alle Klartexte gleich wahrscheinlich sind und der Schlüssel genauso lang ist wie die Klartextnachricht.

5. Die Vernam-Chiffre ist

   (a) perfekt sicher, wenn der Schlüssel perfekt zufällig ist.
   (b) perfekt sicher, wenn der Schlüssel gemäß einer Gleichverteilung gewählt
       ist und genauso lang ist wie die Nachricht.
   (c) nie perfekt sicher.

6. Die Cäsar-Chiffre ist perfekt sicher

   (a) Niemals!
   (b) für kurze Nachrichten.
   (c) für einbuchstabige Nachrichten.

7. Die Vigenère-Verschlüsselung ist perfekt sicher,

   (a) wenn der Schlüssel gemäß einer Gleichverteilung gewählt wurde.
   (b) wenn der Schlüssel gemäß einer Gleichverteilung gewählt ist und genauso
       lang ist wie die Nachricht.
   (c) Niemals!

8. Die Nachricht 010101 ist One-Time-Pad zum Geheimtext 101010 verschlüsselt worden. Wie lautet der Schlüssel?

   (a) 000000
   (b) 111111
   (c) 000111

9. Eine perfekt sichere Chiffre ist sicher gegen Angriffe mit gewähltem Geheimtext.

   (a) Das stimmt.
   (b) Niemals!
   (c) Das kommt darauf an.

10. Geben Sie ein Kryptosystem an mit $|\mathcal{K}| \geq |\mathcal{C}| \geq |\mathcal{M}|$, das nicht perfekt sicher
    ist.

11. Beweisen Sie: Wenn ein Kryptosystem perfekt sicher ist mit $|\mathcal{K}| = |\mathcal{C}| = |\mathcal{M}|$,
    dann ist jeder Geheimtext gleich wahrscheinlich.

5 Effiziente Sicherheit - Computational Security

In den bisherigen Sicherheitsbetrachtungen hat der Angreifer keinen Einschränkungen unterlegen. Die Definition von perfekter Sicherheit hängt nicht von den Fähigkeiten des Angreifers ab, sondern liefert Chiffren, die unter allen Umständen, das heißt bedingungslos, sicher sind. Man spricht daher auch von **unbedingter Sicherheit**. Die Ergebnisse aus Kapitel 4 zeigen aber, dass dieser Sicherheitsbegriff für die Praxis nicht geeignet ist. Die Anforderungen für eine perfekt sichere Chiffre sind sehr hoch, so hoch, dass eine Anwendung für den Alltag nicht in Frage kommt. Und tatsächlich benötigt man in der Praxis ja auch gar keine perfekte Sicherheit, denn die real existierenden Angreifer haben weder unbeschränkte Rechen- noch Speicherkapazitäten. In der Praxis hat man es mit effizienten Angreifern zu tun, das heißt solchen, die nur auf eingeschränkte Ressourcen zurückgreifen können. Statt einer perfekten Sicherheit reicht eine **praktische** Sicherheit aus.

5.1 Algorithmen

Um diese eingeschränkten Ressourcen formalisieren zu können und dabei nicht auf den aktuellen Stand der Technik verweisen zu müssen, braucht man Berechnungsmodelle, die etwas darüber aussagen, wie viel Ressourcen an Zeit und Speicherplatz die Lösung eines (mathematischen) Problems benötigt.

Wir brauchen dazu einige Begriffe aus der Informatik: Ein deterministischer Lösungsweg, der eine variable Eingabe hat und stets nach endlicher Zeit mit einer Ausgabe abbricht, heißt ein **Algorithmus**. Es gibt verschiedene formale Modelle, um diesen Begriff zu präzisieren, wie **Turing-Maschinen** oder **Boolsche Schaltkreise**. Am einfachsten ist es, sich unter einem Algorithmus ein Computerprogramm vorzustellen, das in einer bestimmten Programmiersprache geschrieben ist, das eine Eingabe bearbeitet und irgendwann mit einer Ausgabe anhält.

Das gängigste Modell, um in der **Komplexitätstheorie** Algorithmen zu beschreiben, ist das der Turing-Maschine. Man stellt sich darunter einen stark vereinfachten Computer vor, der eine Reihe von Speicherzellen zur Verfügung hat und die Inhalte dieser Speicherzellen entweder lesen kann oder einen neuen Inhalt hineinschreiben kann. Weiterhin hat diese Maschine eine „Zustandskontrolle", die ein Programm festlegt, nach dem entweder gelesen oder geschrieben wird. Ein Algorithmus ist im Wesentlichen nichts anderes als eine solche Zustandskontrolle. Der Algorithmus gibt vor, in welcher Reihenfolge bestimmte Inhalte gelesen oder geschrieben werden. Das Lesen oder Beschreiben genau einer Speicherzelle wird als **Berechnungsschritt** oder **Operation** bezeichnet. Das Modell ist außerordentlich einfach, aber im Prinzip lassen sich alle heutigen Rechner auf Turing-Maschinen zurückführen.

Die Laufzeit L eines Algorithmus zu einer bestimmten Eingabe ist die Anzahl von Operationen, die vom Algorithmus bis zur Ausgabe durchgeführt werden. Die Laufzeit hängt offensichtlich von der Eingabelänge ab: Je länger die Eingabe für einen Algorithmus ist, desto mehr Operationen wird er benötigen, um das Ergebnis zu berechnen. Im Allgemeinen interessiert man sich nicht für die genaue Laufzeit, es reicht, eine obere Schranke zu kennen. Eine obere Schranke für die Laufzeit eines Algorithmus ist durch den „worst case" gegeben, das heißt eine Eingabe einer bestimmten Länge, bei der der Algorithmus besonders viele Operationen durchführen muss. Diese obere Grenze nennt man auch die **Komplexität** (worst case Laufzeit) eines Algorithmus.

Lässt sich die Laufzeit eines Algorithmus durch ein Polynom in der Eingabelänge nach oben abschätzen (gilt also: $L(n) = O(P(n))$ für ein Polynom P), so heißt der Algorithmus **polynomiell**. Polynomielle Laufzeit garantiert, dass sich ein Algorithmus „relativ" schnell durchführen lässt. Um uns dies zu verdeutlichen, betrachten wir den in Abbildung 5.1 beschriebenen Laufzeitenvergleich. Angenommen, ein Computer braucht für eine Operation 10^{-6} Sekunden. Die Ta-

	10	20	30	40	50	60
n	10^{-5} Sek.	$2 \cdot 10^{-5}$ Sek.	$3 \cdot 10^{-5}$ Sek.	$4 \cdot 10^{-5}$ Sek.	$5 \cdot 10^{-5}$ Sek.	$6 \cdot 10^{-5}$ Sek.
n^2	10^{-4} Sek.	$4 \cdot 10^{-4}$ Sek.	$9 \cdot 10^{-4}$ Sek.	0,0016 Sek.	0,0025 Sek.	0,0036 Sek.
n^3	0,001 Sek.	0,008 Sek.	0,027 Sek.	0,064 Sek.	0,125 Sek.	0,216 Sek.
2^n	0,001 Sek.	1 Sek.	17,9 Min.	12,7 Tage	35,7 Jahre	366 Jhrt.
e^n	0,02 Sek.	8,1 Min.	123,7 Tage	74,6 Jhrt.	$1,6 \cdot 10^6$ Jhrt.	$3,6 \cdot 10^{10}$ Jhrt.

Abbildung 5.1 Laufzeitenvergleich

belle verdeutlicht, wie sich die verschiedenen Laufzeiten (n, n^2, n^3, 2^n, e^n) bei verschiedenen Eingabelängen (10, 20, 30, 40, 50, 60) verhalten: Bei der Laufzeit n führt eine Verdopplung der Eingabelänge dazu, dass der Algorithmus auch doppelt so viel Zeit braucht. Bei n^2 und n^3 ist dies keine lineare, sondern eine quadratische bzw. kubische Entwicklung. Wirklich dramatisch ist jedoch die Veränderung bei den exponentiellen Laufzeiten: Eine Verdopplung der Eingabelänge von 20 auf 40 zum Beispiel führt hier dazu, dass der Algorithmus 1097280 bzw. 490122000 mal so lange braucht, um zu einem Ergebnis zu kommen. Algorithmen mit exponentieller Laufzeit sind also bereits für kleine Eingabelängen praktisch nicht mehr durchführbar, bei denen die polynomiellen Algorithmen noch sehr schnell sind.

Zum Vergleich: Im Sommer 2008 konnte der schnellste Rechner der Welt 10^{15} Rechenoperationen pro Sekunde durchführen.

Ein einfaches Beispiel für polynomielle Algorithmen ist die Durchführung der Grundrechenarten: Die Addition oder auch die Multiplikation von Zahlen sind Probleme, die sich mit polynomiellem Zeitaufwand lösen lassen. Für die Umkehrung der Multiplikation hingegen, das heißt die Zerlegung einer natürlichen Zahl in ihre Primfaktoren, ist bis heute kein polynomieller Algorithmus bekannt. Obwohl sich mathematisch beweisen lässt, dass es eine Primfaktorzerlegung gibt und man diese mit Sicherheit auch findet, indem man alle Primzahlen ausprobiert, die von ihrer Größe her in Frage kommen, kann man das Problem dennoch nicht effizient lösen. Bei allen Ansätzen, die man kennt, muss man einen gewissen Teil an Zahlen ausprobieren - und dies dauert einfach zu lange.

Manche Algorithmen liefern nicht in jedem Fall das richtige Ergebnis oder benötigen für ihre Durchführung Zufallseingaben. Diese beiden Typen von Algorithmen heißen **probabilistisch**. Probabilistische, polynomielle Algorithmen heißen auch **effizient**. Für die Kryptografie reicht es nicht aus zu wissen, dass ein Problem deterministisch schwer zu lösen ist. Wenn es einen probabilistischen Algorithmus gibt, der ein Problem schnell, wenn auch nur mit einer gewissen Erfolgswahrscheinlichkeit löst, so ist das Problem für die Kryptografie ungeeignet.

Ein gutes Beispiel für probabilistische Algorithmen findet sich auch im Bereich der Faktorisierungsproblematik : Wie findet man eigentlich Primzahlen? Die „kleineren" Primzahlen kann man in Listen nachlesen. Man kennt bis heute kein „Konstruktionsprinzip" für Primzahlen, das heißt, man kann sich nicht vornehmen, dass man eine Primzahl in einer bestimmten Größenordnung konstruieren will. Man kann nur zufällig Zahlen in dieser Größenordnung wählen und anschließend feststellen, ob es sich um eine Primzahl handelt. Aber wenn man eine sehr große zufällig gewählte Zahl vor sich hat, wie kann man dann feststellen, ob es sich dabei um eine Primzahl handelt?

Man könnte versuchen festzustellen, ob sie zusammengesetzt ist, und sie gegebenenfalls in ihre Primfaktoren zu zerlegen. Wie wir oben schon erwähnt haben, kann dies recht lange dauern. Man kennt mittlerweile zahlreiche Algorithmen, so genannte **Primzahltests**, die mit einer gewissen Fehlerwahrscheinlichkeit angeben, ob eine Zahl eine Primzahl ist oder nicht. Damit handelt es sich bei der Suche nach großen Primzahlen um einen probabilistischen Algorithmus, bei dem probabilistisch zweierlei bedeutet: Zunächst muss man eine Zufallszahl wählen und anschließend kann man nur mit einer gewissen Wahrscheinlichkeit feststellen, ob es sich um eine Primzahl handelt oder nicht.

Um einschätzen zu können, ob sich ein Algorithmus realistischerweise durchführen lässt, zieht man häufig physikalische Konstanten heran. Den Speicherplatz eines Algorithmus kann man oft mit der Anzahl der Atome unserer Galaxis (10^{57}) oder der Anzahl der Atome des Weltalls (10^{77}) vergleichen. Ein Algorithmus, der bei seiner Durchführung zum Beispiel 10^{100} Zahlen speichern muss, ist daher in der Praxis nicht durchführbar.

Laufzeiten von Algorithmen kann man mit der erwarteten Lebensdauer der

Erde (10^9 Jahre) oder dem Alter des Universums (10^{10} Jahre) vergleichen. Algorithmen, deren Laufzeiten diese Zahlen überschreiten, sind ebenfalls unrealistisch.

5.2 Komplexitätstheorie

Die Disziplin, die sich mit der Theorie von Algorithmenlaufzeiten beschäftigt, heißt **Komplexitätstheorie**. Die wichtigste Unterscheidung in der Komplexitätstheorie ist die in Algorithmen mit polynomieller und nichtpolynomieller Komplexität. Die Komplexitätstheorie teilt mathematische Probleme in Klassen ein, wobei in einer Klasse Probleme zusammengefasst werden, deren Lösungsalgorithmen ähnliche Laufzeiten haben. Die beiden wichtigsten Klassen sind **P** und **NP**.

In der Klasse **P** sind diejenigen Probleme enthalten, zu deren Lösung es Algorithmen mit polynomieller Laufzeit gibt. Dazu gehören zum Beispiel das Addieren oder Multiplizieren von Zahlen. Die Klasse **NP** wird etwas anders definiert. Man fragt hierbei nicht danach, welche Laufzeit ein Algorithmus zur Lösung des Problems hat, sondern wie aufwändig es ist, eine gegebene Lösung zu *verifizieren*. In der Klasse **NP** fasst man alle Probleme zusammen, bei denen der Aufwand zur Verifikation einer Lösung polynomiell ist. Die Faktorisierung natürlicher Zahlen beispielsweise liegt in **NP**, denn die Faktorisierung ist leicht zu überprüfen: Die gegebenen Faktoren werden multipliziert und das Ergebnis mit der gegebenen Zahl verglichen.

Man kann sich leicht davon überzeugen, dass **P** eine Teilmenge von **NP** ist. Es ist jedoch offen, ob **P** $\neq$ **NP** gilt. Das heißt, die Frage, ob es in **NP** Probleme gibt, die keinen polynomiellen Lösungsalgorithmus haben und damit „schwierig zu lösen" sind, ist ungeklärt. Um diese Vermutung zu beweisen, liegt es nahe zu untersuchen, ob man in **NP** besonders schwierige Probleme identifizieren kann. Dabei hat sich herausgestellt, dass in der Tat einige Probleme in **NP** „schwieriger" sind als andere. Die Klasse der schwierigsten Probleme in **NP** sind die **NP-vollständigen Probleme**. Wenn man auch nur für ein einziges dieser Probleme einen Lösungsalgorithmus mit polynomieller Laufzeit findet, so folgt daraus bereits, dass alle Probleme in **NP** in polynomieller Zeit lösbar sind und damit **P** = **NP** gilt. In diesem Sinne ist die Bezeichnung „die schwierigsten Probleme" zu verstehen. Beispiele für **NP**-vollständige Probleme sind das Travelling-Salesman-Problem oder die Isomorphie von Graphen.

5.3 Effiziente Sicherheit

Kommen wir zurück zur Definition von Sicherheit, wenn wir keinen allmächtigen Angreifer als Gegner haben, sondern „nur" eine Turing-Maschine, also einen realistischen effizienten Angreifer. Wir haben zwei Sicherheitsbegriffe für Verschlüsselungen kennen gelernt, nämlich die perfekte Sicherheit und die Ununterscheid-

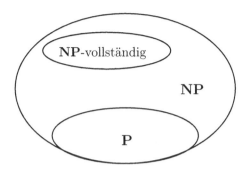

Abbildung 5.2 Vermutete Struktur von **NP**

barkeit. Es stellt sich die Frage, ob und welchen der Begriffe man geeignet verallgemeinern kann. Bei der perfekten Sicherheit fordert man, dass die a priori Wahrscheinlichkeiten von Klartexten ebenso groß sind wie ihre a posteriori Wahrscheinlichkeiten. über die Fähigkeiten des Angreifers wird hier nichts ausgesagt. Bei der Ununterscheidbarkeit ist das anders: Hier fordert man, dass ein Angreifer bei zwei Klartexten und einem Geheimtext nicht in der Lage sein darf zu entscheiden, welcher der beiden Klartexte verschlüsselt worden ist. In diesem Fall haben wir nicht die Eigenschaften des Kryptosystems definiert, sondern Sicherheit daran festgemacht, was ein Angreifer kann und welchen Erfolg er damit hat. Diese Definition ist besser dazu geeignet, dem Angreifer verschiedene Attribute zuzuordnen und Sicherheit stets als „sicher gegen diesen Typ von Angreifer" zu definieren.

Bei dieser Definition müssen wir praktisch nichts tun, um sie zu verallgemeinern. Wir müssen lediglich hinzufügen, dass es sich bei dem Angreifer um einen effizienten Angreifer, das heißt um einen mit polynomieller Laufzeit, handelt.

Definition 5.1 *Ein Kryptosystem $\mathcal{F}$ heißt* **sicher im Sinne der polynomiellen Ununterscheidbarkeit***, wenn ein effizienter Angreifer folgendes Spiel höchstens mit einer Wahrscheinlichkeit von $1/2 + \epsilon$, wobei ϵ eine im Sicherheitsparameter vernachlässigbare Funktion ist, gewinnt:*

- *Gegeben ist ein Kryptosystem $\mathcal{F}$. Ein Orakel wählt eine Verschlüsselungsfunktion $f_K \in \mathcal{F}$ gemäß einer Gleichverteilung aus.*

- *Der Angreifer wählt zwei Klartexte m_1 und m_2 aus und sendet sie an das Orakel.*

- *Anschließend verschlüsselt das Orakel eine der beiden Nachrichten und erhält den Geheimtext c. Das Orakel trifft seine Entscheidung, welche Nachricht verschlüsselt wird, zufällig, zum Beispiel indem es eine Münze wirft.*

- *Der Angreifer erhält c. Der Angreifer muss entscheiden, welche der beiden Klartexte verschlüsselt worden ist. Der Angreifer gewinnt das Spiel, wenn er die richtige Nachricht angeben kann.*

Wie bereits in Kapitel 3 können wir diese Definition dahin gehend verallgemeinern, dass wir Kryptosysteme danach unterscheiden, um wie viel besser der Angreifer ist, das heißt, wir können wieder den Vorteil des Angreifers betrachten. Damit können wir dann auch Kryptosysteme als sicher definieren, bei denen der Vorteil des Angreifers nur klein genug ist.

5.4 Übungen

1. Stellen Sie analog zu Tabelle 5.1 einen Laufzeitenvergleich für einen Rechner zusammen, der pro Sekunde 10^{12} Operationen berechnen kann.

2. Einer der besten Faktorisierungsalgorithmen hat eine Laufzeit von

$$O(e^{1.9 \cdot (\ln n)^{1/3} \cdot (\ln \ln n)^{-2/3}}),$$

   wobei ln der natürliche Logarithmus zur Basis e und n die Zahl ist, die faktorisiert werden soll. Wie lange braucht ein Rechner, der pro Sekunde 10^{12} Operationen berechnen kann, um eine Zahl der Länge 2048 Bit mit diesem Algorithmus zu faktorisieren?

3. Zeigen Sie, dass eine perfekt ununterscheidbare Chiffre sicher im Sinne der polynomiellen Ununterscheidbarkeit ist.

6 Stromchiffren

Für eine perfekt sichere Chiffre muss der Schlüssel ebenso lang sein wie der Klartext, und er muss gemäß einer Gleichverteilung ausgewählt werden. Insbesondere bedeutet das, dass Sender und Empfänger bereits im Vorfeld einen Schlüssel vereinbaren müssen, der mindestens so lang ist wie die Nachricht, die später gesendet werden soll, wobei für jede Nachricht ein neuer Schlüssel gewählt werden muss. In der praktischen Umsetzung hat man damit mindestens zwei Probleme: Die Schlüsselvereinbarung ist aufwändig, und auch die Schlüsselspeicherung ist schwierig, wenn sehr lange Schlüssel geheim gehalten werden müssen, vgl. Kapitel 17. Insbesondere müssen die Schlüssel gleichverteilt ausgewählt werden, und während aus der mathematischen Sicht klar ist, was das bedeutet, ist es unklar, wie man das in der Praxis umsetzen kann. Sender und Empfänger könnten ein Zufallsexperiment durchführen, dessen Ausgang gleichverteilt ist, was sich in der Praxis aber nur schwer umsetzen lässt.

Ausgehend vom One-Time-Pad kann man zur Konstruktion von praktischen Chiffren zwei Wege einschlagen: Man versucht, durch Nachahmung eines zufälligen Schlüssels die Sicherheit zu erreichen, das heißt, Sender und Empfänger wählen keinen langen Schlüssel, sondern sie vereinbaren nur ein kurzes Geheimnis und zusätzlich ein Verfahren, mit dem sie im Bedarfsfall daraus den gewünschten langen Schlüsselstrom generieren können.

Will man keinen Schlüsselstrom erzeugen, sondern für jede Verschlüsselung denselben relativ kurzen Schlüssel verwenden, so kann man das One-Time-Pad nicht verwenden, wie wir aus Kapitel 4 wissen. Dann muss man also eine andere Verschlüsselungsfunktion als das simple XOR-Verknüpfen mit dem Schlüssel auswählen.

Anders ausgedrückt: Um praktisch anwendbare und gleichzeitig sichere Kryptosysteme zu bekommen, investiert man entweder in die aufwändige Erzeugung des Schlüssels oder in die komplexe Verschlüsselungsfunktion (wobei man dann den Schlüssel „einfach" umsetzen kann). Im ersten Fall erhält man eine **Stromchiffre**, im zweiten eine **Blockchiffre**. Im Mittelpunkt dieses Kapitels stehen die Stromchiffren. Die Kernfrage ist, wie man mittels eines Computers Zahlen „zufällig" generiert. Das wichtigste Hilfsmittel hierzu sind die so genannten **linearen Schieberegister**, mit deren Eigenschaften wir uns detailliert beschäftigen werden.

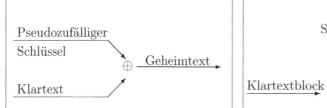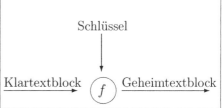

Abbildung 6.1 Stromchiffren und Blockchiffren

6.1 Pseudozufallszahlen

Im Prinzip muss man für eine gleichverteilte Schlüsselauswahl ein Zufallsexperiment mit gleichverteilter Ausgabe durchführen. Ein solches Zufallsexperiment kann zum Beispiel das Messen von radioaktiven Zerfallsprozessen oder von Hintergrundrauschen sein. Will man einen n Bit langen Schlüssel auswählen, so könnte man auch einen n-fachen Münzwurf mit einer fairen Münze durchführen.

Nur wenige Computer sind tatsächlich auch in der Lage, solche Zufallsexperimente durchzuführen bzw. entsprechende Messungen vorzunehmen. Die Kernfrage dieses Kapitels ist, ob und wie ein Computer eine Zufallszahl wählen kann, der keinen Zugriff auf ein Zufallsexperiment hat.

Ein Computer im Sinne einer deterministischen Maschine kann keine echten Zufallszahlen erzeugen. Computer können nur deterministische Programme ausführen, das heißt, es ist in jedem Moment eindeutig bestimmbar, in welchem Zustand der Rechner im nächsten Moment sein wird. Die erste Antwort ist also negativ: Wirkliche Zufallszahlen kann ein solcher Rechner nicht wählen.

Rein intuitiv braucht man einen „echten" Zufall auch gar nicht. Bei kryptografischen Anwendungen würde man erwarten, dass die Sicherheit einer Verschlüsselung nur wenig darunter leidet, wenn die Verteilung der Schlüssel minimal von einer echten Gleichverteilung abweicht. Die Frage ist also: Ist es vielleicht möglich, dass Computer Zahlen auswählen, die „so aussehen", als seien sie zufällig zustande gekommen? Tatsächlich gibt es verschiedene Methoden, von denen man glaubt, dass sie fast zufällige Zahlen generieren, die als kryptografische Schlüssel geeignet sind. Man nennt solche Zahlen auch **Pseudozufallszahlen**; ein Verfahren zur Erzeugung von Pseudozufallszahlen heißt **Pseudozufallsgenerator**.

Wir werden uns in diesem Kapitel auf die Erzeugung von pseudozufälligen Bitstrings beschränken, das heißt von Pseudozufallszahlenfolgen aus Nullen und Einsen. Im Wesentlichen bedeutet das also, dass der Computer hierzu einen n-fachen fairen Münzwurf nachahmen muss.

Im nächsten Abschnitt werden die Eigenschaften von Pseudozufallsgeneratoren beschrieben und die Mittel erläutert, mit denen man die Güte eines Pseudozufallsgenerators beurteilen kann.

6.2   Statistische Tests

Die entscheidende Forderung an einen Pseudozufallsgenerator ist die **Nichtvorhersagbarkeit** der Bits. Diese Eigenschaft ist zum Beispiel beim One-Time-Pad zwingend notwendig. Ein Angreifer, der ein beliebig langes Stück einer von einem Computer erzeugten Folge kennt, soll keine wesentlich bessere Erfolgswahrscheinlichkeit als $1/2$ haben, das nächste Bit der Folge vorherzusagen. Bei einem n-fachen Münzwurf ist dieses Kriterium erfüllt, denn hierbei wird jedes Bit unabhängig von allen Vorgängern bestimmt, so dass die Wahrscheinlichkeit für eine 1 in jedem Experiment $1/2$ ist.

Wenn wir einen beliebig starken Angreifer zulassen, müssen wir fordern, dass der perfekte Pseudozufallsgenerator n Bitstrings gemäß einer Gleichverteilung auswählt. Wie in Kapitel 4 können wir aber auch hier die Forderungen abschwächen, indem wir nur effiziente Angreifer zulassen und ihnen eine Erfolgswahrscheinlichkeit zugestehen, die ein wenig, aber eben nur unwesentlich, von $1/2$ abweicht.

Definition 6.1 *Ein Pseudozufallsgenerator PZG erfüllt das Kriterium der Nichtvorhersagbarkeit, wenn die Erfolgswahrscheinlichkeit eines effizienten Angreifers A, das i-te Bit vorherzusagen, nur unerheblich von $1/2$ abweicht, das heißt, wenn es für jede natürliche Zahl $c \in \mathbb{N}$ ein k_0 gibt, so dass für alle $k \geq k_0$ gilt:*

$$P(A(PZG, k, a_1, ..., a_{i-1}) = 1 \mid a_i = 1) \leq 1/2 + \nu(k),$$

wobei c die Eingabelänge des Pseudozufallszahlengenerators, k den Sicherheitsparameter, ν eine vernachlässigbare Funktion und a_i das i-te Ausgabebit des Pseudozufallszahlengenerators bezeichnet.

Die Vorhersage $A(PZG, k, a_1, ..., a_{i-1})$ des Angreifers A bedeutet, dass der Angreifer den Generator, den Sicherheitsparameter und alle bisherigen Ausgabebits kennt, nicht aber die Eingabe des Pseudozufallszahlengenerators.

Man kann schnell sehen, dass diese Definition noch immer zu restriktiv ist. Denn ein deterministischer Rechner kann nur endlich viele Zustände annehmen, und in jedem Zustand ist der nächste eindeutig feststellbar. Daher wird die Ausgabe des Computers periodisch werden. Spätestens wenn er alle Zustände einmal durchlaufen hat, muss er wieder in einen bereits durchlaufenen Zustand, und von da ab wiederholt sich die Ausgabe nur noch. Das bedeutet, dass eine Pseudozufallszahlenfolge eines deterministischen Computers stets nach einer eventuellen Vorperiode vollständig periodisch ist. Wenn der Angreifer einen Zyklus der Folge kennt, dann kann er natürlich jedes weitere Bit vorhersagen. Das bedeutet, dass wir in der Definition 6.1 zusätzlich voraussetzen müssen, dass alle auftretenden Ausgabebits aus demselben Zyklus stammen. Dies führt zur einer leicht abgewandelten Definition.

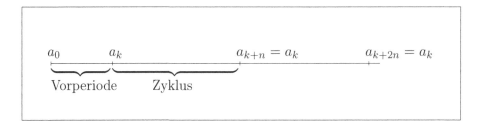

Abbildung 6.2 Struktur einer Pseudozufallszahlenfolge

Definition 6.2 *Gegeben sei ein Pseudozufallsgenerator PZG mit der Perioden-länge p. Der Pseudozufallsgenerator PZG erfüllt das Kriterium der Nichtvorher-sagbarkeit, wenn die Erfolgswahrscheinlichkeit eines effizienten Angreifers A, das i-te Bit eines Zyklus vorherzusagen, nur unerheblich von 1/2 abweicht, das heißt, wenn es für jede natürliche Zahl $c \in \mathbb{N}$ ein k_0 gibt, so dass für alle $k \geq k_0$ gilt:*

$$P(A(PZG, k, a_1, ..., a_{i-1}) = 1 \mid a_i = 1) \leq 1/2 + \nu(k),$$

wobei $i \leq p$ und ν eine vernachlässigbare Funktion ist.

Bis heute ist kein Weg bekannt, um für einen gegebenen Pseudozufallsgenerator zu beweisen, ob das Kriterium der Nichtvorhersagbarkeit erfüllt ist. Das wichtigste Hilfsmittel, um die Güte eines Pseudozufallszahlengenerators einzuschätzen, sind **statistische Tests**. Statistische Tests sind ein Gradmesser dafür festzustellen, wie gut ein Computer die physikalische Situation eines Münzwurfes nachahmt und damit wie gut das Kriterium der Nichtvorhersagbarkeit erfüllt wird. Sie prüfen statistische Eigenschaften, die man von einer gleichverteilten Zufallsfolge erwartet. Beispielsweise kann man sagen, dass eine Pseudozufallszahlenfolge nicht gut ist, wenn sie deutlich mehr Einsen als Nullen enthält.

Man kennt sehr viele solcher statistischen Tests wie zum Beispiel Frequenz-tests, Gap-Tests, Poker-Tests, Run-Tests, Kollisionstests und Korrelationstests, [Kn]. Ein einzelner Test prüft im Allgemeinen nur ein spezielles statistisches Merk-mal. Insbesondere bedeutet das, dass statistische Tests k.o.-Kriterien sind: Dass eine Pseudozufallszahlenfolge sie besteht, heißt nicht, dass sie gut ist. Es gilt nur die Umkehrung: Sie ist ungeeignet, wenn sie einen Test nicht besteht.

Es lässt sich zeigen, dass jede Folge, die das Nichtvorhersagbarkeitskriterium erfüllt, auch jeden anderen statistischen Test besteht. Die Umkehrung gilt aber nicht.

6.3 Lineare Schieberegister

Nach der Beschreibung der theoretischen Anforderungen an einen Pseudozufalls-generator steht in diesem Abschnitt das weitaus wichtigste Hilfsmittel zur Kon-struktion guter Pseudozufallsgeneratoren im Vordergrund. Es handelt sich dabei um so genannte **Schieberegister**. Ein Schieberegister der Länge n besteht aus n Speicherzellen, die in einer Reihe gekoppelt sind. Jede Speicherzelle kann genau einen Wert enthalten. Weiterhin gehört zu einem Schieberegister die so genannte Rückkopplungsfunktion R, die die Inhalte der Speicherzellen miteinander verknüpft.

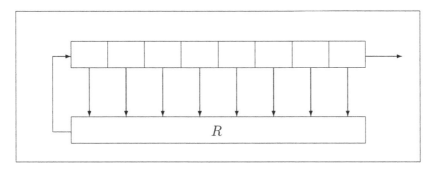

Abbildung 6.3 Schieberegister

Der Zustand eines Schieberegisters wird mit der Zeit verändert. Zu Beginn enthält jede Speicherzelle einen Startwert, die so genannte **Initialisierung**. Nach jedem Zeittakt wird mittels der Funktion R ein neuer Wert berechnet, der Inhalt der rechten äußeren Zelle wird ausgegeben, alle Speicherzelleninhalte werden um eine Stelle nach rechts verschoben und der neu errechnete Wert in die linke äußere Speicherzelle eingefügt.

Die n Ausgaben des Schieberegisters bilden die Pseudozufallszahlenfolge der Länge n. In der Regel betrachtet man nur binäre Zufallsfolgen, daher enthält jede Speicherzelle genau ein Bit. Technisch realisiert man ein binäres Schieberegister durch eine Reihe von seriell gekoppelten Speicherzellen (so genannte **Flip-Flops**), wobei nach jedem Takt der Inhalt der Zellen um eine Stelle weitergeschoben wird.

Wenn zwei Kommunikationspartner mit einem Schieberegister gemeinsam einen Schlüsselstrom erzeugen wollen, so müssen sie im Vorfeld zwei Dinge vereinbaren: die Initialbelegung des Registers und die Rückkopplungsfunktion R.

Schieberegister sind vor allem deswegen interessant, weil sie sich technisch leicht realisieren lassen. Besonders günstig wirkt sich aus, dass sich die Ausgabe sehr schnell berechnen lässt. Wie effizient ein Schieberegister ist, hängt von der Rückkopplungsfunktion R ab. Im Folgenden betrachten wir nur Schieberegister, bei denen die Speicherinhalte Bits sind und die Rückkopplungsfunktion eine lineare Abbildung ist. Solche Register heißen **lineare Schieberegister**. Sie spielen bei der Erzeugung von Pseudozufallszahlen eine überragende Rolle. Dies hat zwei Gründe: Schieberegister mit einer linearen Rückkopplungsfunktion lassen sich mathematisch leicht beschreiben und gut analysieren. Daher kann man sehr präzise Aussagen über die Qualität der ausgegebenen Pseudozufallszahlenfolge machen. Der andere Grund ist weniger theoretischer als praktischer Natur: Lineare Schieberegister lassen sich besonders leicht implementieren und sind unter den Registern die effizientesten.

Die Grundlage der mathematischen Beschreibung linearer Schieberegister ist der Körper $GF(2)$ (oft auch mit $\mathbb{F}_2$ bezeichnet), das heißt der Körper mit den zwei Elementen 0 und 1. Die Verknüpfungen $+/\cdot$ sind die Addition bzw. die Multiplikation modulo 2. Die Addition entspricht der XOR-Verknüpfung.

Der Zustand eines Schieberegisters der Länge n mit binären Speicherinhalten lässt sich eindeutig beschreiben durch ein n-Tupel über $GF(2)$, das heißt durch ein Element $(s_0, ..., s_{n-1}), s_i \in GF(2)$ des Vektorraums $(GF(2))^n$. Die Rückkopplungsfunktion R ist demzufolge eine Funktion, die jedem binären n-Tupel ein Bit zuordnet, formal also eine Abbildung von $(GF(2))^n$ nach $GF(2)$.

Bei einem **linearen Schieberegister** ist R eine lineare Abbildung, das heißt:

$$s_n = R(s_0, ..., s_{n-1}) = c_0 s_0 + ... + c_{n-1} s_{n-1}$$

mit c_i, $s_n \in GF(2)$, $i = 0, ..., n-1$, beziehungsweise in der allgemeinen Form:

$$s_{n+k} = \sum_{j=0}^{n-1} c_j s_{k+j}.$$

Bei einem linearen Schieberegister der Länge n müssen zwei Teilnehmer also die Initialbelegung von n Bit und n Koeffizientenbits der Rückkopplungsabbildung vereinbaren, um einen gemeinsamen Schlüsselstrom erzeugen zu können. Diese $2n$ Bit spielen die Rolle des gemeinsamen geheimen Schlüssels.

Wir haben im vorigen Abschnitt festgestellt, dass alle Pseudozufallszahlenfolgen periodisch sind. Wir wollen uns im Folgenden damit beschäftigen, welche Periodenlängen lineare Schieberegister haben.

Im Extremfall ist die Periodenlänge 1. Wenn die erste Speicherzellenbelegung zum Beispiel nur aus Nullen besteht, dann kommt es nicht darauf an, welche Gestalt die lineare Rückkopplungsfunktion genau hat, es wird stets das Bit 0 erzeugt. Wir werden als Nächstes zeigen, dass die Periodenlänge einer linearen Schieberegisterfolge auch nicht beliebig groß werden kann.

Lemma 6.1 *Eine Schieberegisterfolge eines linearen Schieberegisters der Länge n hat höchstens die Periode $2^n - 1$.*

Beweis: Mit n Speicherzellen sind überhaupt nur 2^n verschiedene Zustände möglich. Das bedeutet, dass 2^n eine obere Grenze für die Periodenlänge ist. Da ein lineares Schieberegister den Nullzustand $(0, ..., 0)$ wieder in den Nullzustand überführt, hat eine Folge, in der der Nullzustand auch nur einmal auftritt, die Periodenlänge 1. Alle anderen Zustände zusammen können also maximal einen Zyklus der Länge $2^n - 1$ beschreiben.

Damit haben wir eine obere und eine untere Grenze für die Periodenlänge von linearen Schieberegisterfolgen gefunden. $\Box$

Besonders interessant sind solche Folgen, deren Periode möglichst lang ist, denn bei ihnen hat es ein Angreifer schwerer, das jeweils nächste Bit vorherzusagen. Besonders erstrebenswert ist die Konstruktion von linearen Schieberegistern mit maximaler Periodenlänge.

Im nächsten Abschnitt wird analysiert, welche Kriterien eine lineare Rück-kopplungsfunktion erfüllen muss, damit jede durch dieses Register erzeugte Pseu-dozufallszahlenfolge maximale Periodenlänge hat. Dazu wird das Problem der Bestimmung der Periodenlänge einer linearen Schieberegisterfolge zunächst auf einen mathematischen Bereich übertragen, der sehr bekannt ist und für den man viele Ergebnisse kennt, nämlich auf **formale Potenzreihen**.

Definition 6.3 *Es sei $(s_i)_{i \geq 0}$ eine Folge mit $s_i \in GF(2)$. Dann heißt die Potenz-reihe*

$$S(X) = \sum_{i=0}^{\infty} s_i X^i$$

die **erzeugende Funktion** *der Folge.*

Es scheint durchaus nicht auf der Hand zu liegen, Potenzreihen zur Analyse von linearen Schieberegisterfolgen zu benutzen. Tatsächlich lässt sich aber sehr leicht folgender Zusammenhang zeigen:

Lemma 6.2 *Die Folge $(s_i)_{i \geq 0}$ hat genau dann die Periode r, wenn gilt:*

$$S(X) = \frac{s_0 + s_1 X + s_2 X^2 + \ldots + s_{r-1} X^{r-1}}{1 - X^r}$$

Beweis: Grundsätzlich gilt:

$$S(X) - X^r S(X) = \sum_{i=0}^{\infty} s_i X^i - \sum_{i=0}^{\infty} s_i X^{i+r}$$

$$= s_0 + s_1 X + s_2 X^2 + \cdots + s_{r-1} X^{r-1} + \sum_{i=0}^{\infty} (s_{r+i} - s_i) X^{i+r}.$$

„$\Rightarrow$" Da nach Voraussetzung die Folge die Periode r hat, also $s_i = s_{r+i}$ für alle $i \geq 0$ gilt, ist $\sum_{i=0}^{\infty}(s_{i+r} - s_i)X^{i+r} = 0$. Damit folgt:

$$S(X) - X^r S(X) = (1 - X^r)S(X) = s_0 + s_1 X + s_2 X^2 + \cdots + s_{r-1} X^{r-1}.$$

Division durch $1 - X^r$ liefert die Behauptung:

$$S(X) = \frac{s_0 + s_1 X + s_2 X^2 + \cdots + s_{r-1} X^{r-1}}{1 - X^r}.$$

„$\Leftarrow$" Nach Voraussetzung ist $S(X) = \frac{s_0 + s_1 X + s_2 X^2 + \cdots + s_{r-1} X^{r-1}}{1 - X^r}$. Also ist

$$\sum_{i=0}^{\infty} (s_{r+i} - s_i) X^{i+r} = 0.$$

Nach dem Identitätssatz für Potenzreihen bedeutet das: $s_i = s_{r+i}$ für alle $i \geq 0$.

Das bedeutet, dass r ein Vielfaches der Periodenlänge der Folge ist. Dass es keine Zahl $r' < r$ gibt, die auch eine Periode von $(s_i)_{i \geq 0}$ ist, sieht man daran, dass alle Folgenglieder, die einen kleineren Index als r haben, auftreten. Wäre r' eine Periode, dürften keine Folgenglieder mit Index größer gleich r' auftreten. □

Lemma 6.2 sagt aus, dass man das Problem noch unter einem anderen Gesichtspunkt sehen kann. Man kennt die Periode eines linearen Schieberegisters, wenn man weiß, wie man die erzeugende Funktion als rationale Funktion darstellen kann, das heißt, als Quotient aus zwei Polynomen, deren Grad sich nur um 1 unterscheidet. Wir wollen diesen Zusammenhang noch ein wenig genauer beleuchten.

Definition 6.4 *Das* **Rückkopplungspolynom** *eines linear rückgekoppelten Schieberegisters der Länge n mit Koeffizienten $c_0, ..., c_{n-1}$ ist definiert als:*

$$f(X) := X^n - \sum_{j=0}^{n-1} c_j X^j.$$

Das **reziproke Rückkopplungspolynom** *definiert man wie folgt:*

$$f^*(X) := X^n f(\frac{1}{X}) = 1 - \sum_{j=1}^{n} c_{n-j} X^j$$

Der nächste Satz liefert den entscheidenden Zusammenhang zur Untersuchung von Periodenlängen. Er liefert eine weitere Aussage darüber, wie die erzeugende Funktion als Quotient zweier Polynome dargestellt werden kann.

Satz 6.1 *Sei $f(X)$ das Rückkopplungspolynom eines linearen Schieberegisters, das die Folge $(s_i)_{i \geq 0}$ erzeugt. Dann existiert ein Polynom $g(X)$ mit $\mathrm{Grad}(g) < \mathrm{Grad}(f)$ und*

$$S(X) = \sum_{i=0}^{\infty} s_i X^i = \frac{g(X)}{f^*(X)}.$$

Beweis: Es ist $S(X) = \frac{f^*(X)}{f^*(X)} S(X) = \frac{f^*(X)S(X)}{f^*(X)}$. Wir müssen zeigen, dass $f^*(X)S(X)$ ein Polynom vom Grad $< n$ ist. Dazu berechnen wir die Koeffizienten dieses Produktes.

Zur Erinnerung: Sind $a(X)$ und $b(X)$ zwei Potenzreihen, so ist ihr Produkt definiert als:

$$a(X)b(X) = \sum_{i=0}^{\infty} c_i X^i \text{ mit } c_i := \sum_{j=0}^{i} a_j b_{i-j}.$$

Wir fassen das reziproke Rückkopplungspolynom als unendliche Potenzreihe auf und schreiben f^* als $f^*(X) = 1 - \sum_{i=1}^{n} c_{n-i} X^i = 1 - \sum_{i=1}^{\infty} c_i^* X^i$ und setzen $c_i^* := c_{n-i}$ für $i < n$ und $c_i^* = 0$ für alle $i \geq n$. Damit können wir das Produkt $f^*(X)S(X)$ folgendermaßen berechnen:

$$f^*(X)S(X) = \left(1 - \sum_{i=1}^{\infty} c_i^* X^i\right)\left(\sum_{i=0}^{\infty} s_i X^i\right)$$

$$= \sum_{i=0}^{\infty} s_i X^i - \left(\sum_{i=1}^{\infty} c_i^* X^i\right)\left(\sum_{i=0}^{\infty} s_i X^i\right)$$

$$= \sum_{i=0}^{\infty} s_i X^i + \sum_{i=0}^{\infty} d_i X^i = \sum_{i=0}^{\infty} (s_i + d_i)X^i$$

mit $d_i = \sum_{j=0}^{i} -c_j^* s_{i-j}$.

Behauptung: Das Produkt ist ein Polynom vom Grad $< n$, das heißt, dass die Koeffizienten für $i \geq n$ gleich Null sind. Für ein festes $i \geq n$ können wir $i = n+k$ für ein $k \in \mathbb{N}$ schreiben. Damit ist:

$$d_i = \sum_{j=0}^{i} -c_j^* s_{i-j} = \sum_{j=0}^{n+k} -c_j^* s_{n+k-j} = \sum_{j=0}^{n} -c_j^* s_{n+k-j},$$

denn wie oben definiert ist $c_j^* = 0$ für $j \geq n$. Wegen der Definition $c_i^* := c_{n-i}$ für $i < n$ können wir die letzte Summe weiter umschreiben:

$$d_{n+k} = \sum_{j=1}^{n} -c_j^* s_{n+k-j} = \sum_{j=0}^{n-1} -c_{n-j} s_{n-j+k} = \sum_{j=0}^{n-1} -c_j s_{k+j} = -s_{n+k}.$$

Die letzte Umformung folgt aus der Rekursionsgleichung für den $(n+k)$-ten Zustand des linearen Schieberegisters. Daraus folgt

$$(s_{n+k} + d_{n+k}) = (s_{n+k} - s_{n+k}) = 0.$$

Somit gilt: $g(X) = f^*(X)S(X) = \sum_{i=0}^{n-1}(s_i + d_i)X^i$ und $\mathrm{Grad}(g) < n$, und es ist alles gezeigt. $\qquad\square$

Aus den bisherigen Überlegungen folgt: Hat eine lineare Schieberegisterfolge die Periodenlänge r, so gilt

$$S(X) = \frac{g(X)}{f^*(X)} = \frac{s_0 + s_1 X + s_2 X^2 + \cdots + s_{r-1}X^{r-1}}{1 - X^r},$$

wobei $\mathrm{Grad}(g) < n$ ist. Diese Gleichung verknüpft algebraisch die Registerlänge n mit der Periodenlänge r. Insbesondere stellt die Gleichung einen Zusammenhang her zwischen dem Rückkopplungspolynom und der Periodenlänge jeder Folge, die von diesem Register erzeugt wird. Damit sind wir in der Lage, aus den Eigenschaften der Rückkopplungsfunktion auf die Periodenlänge zu schließen.

Wir erinnern zunächst an den Begriff der Irreduzibilität: Sei K ein Körper. Ein Polynom $f \in K[X]$ heißt **irreduzibel**, wenn für jede Darstellung $f(X) = g(X)h(X)$, g, $h \in K[X]$, gilt: Entweder ist g oder h eine **Einheit**. Eine Einheit ist ein Körperelement ungleich 0. Das nächste Lemma zeigt, dass wir mit einer Zerlegung von f auch stets eine Zerlegung des reziproken Polynoms f^* haben:

Lemma 6.3 *Es seien f, g, $h \in K[X]$. Dann gilt:*

$$f(X) = g(X)h(X) \Leftrightarrow f^*(X) = g^*(X)h^*(X).$$

Beweis: vgl. Übungsaufgabe 1.   □

Aus Lemma 6.3 folgt, dass ein Polynom f genau dann irreduzibel ist, wenn auch f^* irreduzibel ist. Der Grund dafür ist, dass das reziproke Polynom einer Einheit gerade die Einheit selbst ist. Das Polynom f hat also genau dann nur Zerlegungen, von denen ein Faktor eine Einheit ist, wenn auch f^* nur solche Zerlegungen hat. Die letzte Teilaussage, die wir für den Hauptsatz benötigen, betrifft den Grad des reziproken Polynoms. Ist f ein irreduzibles Polynom, so hat das reziproke Polynom von f den gleichen Grad wie f:

Lemma 6.4 *Es sei $n \geq 2$ und $f \in K[X]$ mit $f(X) = \sum_{j=0}^{n} c_j X^j$, $c_n \neq 0$. Wenn f irreduzibel ist, so gilt $c_0 \neq 0$ und $\mathrm{Grad}(f^*) = \mathrm{Grad}(f)$.*

Beweis: Wir zeigen zunächst, dass $c_0 \neq 0$ gilt. Angenommen, dem wäre nicht so. Dann ist

$$f(X) = \sum_{j=0}^{n} c_j X^j = X \left(\sum_{j=0}^{n-1} c_{j+1} X^j \right).$$

Dies ist eine Zerlegung von f, wobei keiner der Faktoren eine Einheit ist (denn $n \geq 2$ und $c_n \neq 0$). Damit ist f nicht irreduzibel, und wir haben einen Widerspruch zur Voraussetzung.

Nun zeigen wir: f^* hat den gleichen Grad wie f. Wir betrachten dazu

$$f^*(X) = \sum_{j=0}^{n} c_j X^{n-j} = \sum_{j=0}^{n} c_{n-j} X^j.$$

Der Leitkoeffizient von f^* ist $c_{n-n} = c_0 \neq 0$. Damit ist $\mathrm{Grad}(f^*) = n = \mathrm{Grad}(f)$.
                                                                            □

Um den Hauptsatz kompakt formulieren zu können, führen wir jetzt noch den Begriff des Exponenten eines Polynoms ein:

Definition 6.5 *Für ein irreduzibles Polynom $f \in K[X]$ heißt die kleinste natürliche Zahl e mit $f \mid (X^e - 1)$ der **Exponent** von f.*

Bemerkungen

a) Jedes Polynom $f \in K[x]$ besitzt einen Exponenten.

b) Wenn $f \mid (X^e - 1)$ gilt, so folgt aus Lemma 6.3 sofort, dass für das reziproke Rückkopplungspolynom $f^* \mid (1 - X^e)$ gilt, denn es ist:
   $(X^e - 1)^* = (1 - X^e)$.

Damit können wir jetzt den entscheidenden Satz über die Periodenlänge einer linearen Schieberegisterfolge formulieren:

Satz 6.2 *Es sei $f(X)$ das Rückkopplungspolynom einer linearen Schieberegisterfolge mit Registerlänge n. Wenn f irreduzibel und e der Exponent von f ist, dann hat jede von diesem Schieberegister erzeugte Folge (mit Ausnahme der Nullfolge) die Periode e.*

Beweis: Es sei $(s_i)_{i\geq0}$ eine beliebige Folge, die vom linearen Schieberegister erzeugt wurde und nicht die Nullfolge ist. Zu zeigen ist, dass sie die Periodenlänge e hat. Da $(s_i)_{i\geq0}$ beliebig gewählt wurde, hat dann jede Ausgabefolge mit Ausnahme der Nullfolge die Periodenlänge e.
Wir wissen bereits, dass sich die erzeugende Funktion dieser Folge folgendermaßen darstellen lässt:

$$S(X) = \frac{g(X)}{f^*(X)} = \frac{s_0 + s_1X + s_2X^2 + \cdots + s_{r-1}X^{r-1}}{1 - X^r},$$

wobei $\text{Grad}(g) < n$ und r die Periode von $(s_i)_{i\geq0}$ ist. Aus Lemma 6.2 folgt, dass r genau dann eine Periode von $(s_i)_{i\geq0}$ ist, wenn $f^*(x)|g(x)(1 - X^r)$ gilt. Da f irreduzibel ist, können wir aus Lemma 6.3 und Lemma 6.4 schließen, dass $\text{Grad}(f^*) = \text{Grad}(f)$ ist und auch f^* irreduzibel ist.
Wegen $\text{Grad}(f^*) = \text{Grad}(f) = n$ und $\text{Grad}(g) < n$ bedeutet das, dass f^* kein Teiler von g sein kann und demzufolge $(1 - X^r)$ teilt. Für ein irreduzibles Rückkopplungspolynom ist also r genau dann eine Periode von $(s_i)_{i\geq0}$, wenn $f^*(x)|(1-X^r)$ bzw. $f(x)|(X^r - 1)$ gilt. Andererseits ist e der Exponent von f. Da e die kleinste Zahl ist mit $f|(X^e - 1)$, folgt, dass $(s_i)_{i\geq0}$ die Periode e hat. $\qquad\square$

Bemerkungen Die folgenden Ergebnisse der Algebra geben wir ohne Beweis wieder:

1. Polynome mit $e = 2^n - 1$ heißen **primitiv**[1].

2. Die Anzahl der primitiven Polynome vom Grad n über $GF(2)$ ist $\frac{\phi(2^n-1)}{n}$, wobei $\phi(m)$ die so genannte **Eulersche Phi-Funktion** ist; $\phi(m)$ gibt an, wie viele Zahlen in $\{1, .., m - 1\}$ teilerfremd zu m sind.

Mit Bemerkungen 1 und 2 sowie Satz 6.2 haben wir gezeigt, dass es lineare Schieberegister mit maximaler Periodenlänge $2^n - 1$ gibt.

---

[1] Man beachte, dass es in der Algebra verschiedene Definitionen von „primitiv" gibt. So heißen zum Beispiel auch Polynome, deren Koeffizienten teilerfremd sind, primitiv.

6.4   Vorhersagbarkeit von linearen Schieberegistern

Die maximale Periodenlänge eines linearen Schieberegisters garantiert allerdings nicht die Sicherheit, wie der folgende Satz zeigt.

Satz 6.3 *Gegeben sei ein lineares Schieberegister der Länge n. Wenn ein Angreifer 2n aufeinander folgende Bits dieses Schieberegisters kennt, so kann er alle weiteren Bits der Folge vorhersagen.*

Beweis: Wir können o.B.d.A. annehmen, dass der Angreifer die ersten $2n$ Bits $s_0, s_1, \ldots, s_{2n-1}$ der Folge kennt. $s_0, s_1, \ldots, s_{n-1}$ liefern ihm die Initialbelegung des Schieberegisters. Um alle Bits vorhersagen zu können, braucht er also noch die Koeffizienten $c_0, c_1, \ldots, c_{n-1}$. Da er aber weiß, dass die letzten n Bits mittels der Rekursionsgleichung des Schieberegisters berechnet worden sind, kann er folgendes Gleichungssystem aufstellen:

$$\sum_{j=0}^{n-1} c_j s_j - s_n = 0$$

$$\sum_{j=0}^{n-1} c_j s_{j+1} - s_{n+1} = 0$$

$$\vdots$$

$$\sum_{j=0}^{n-1} c_j s_{j+n-1} - s_{2n-1} = 0$$

Er hat damit ein lineares Gleichungssystem von n Gleichungen und n Variablen, das mit Sicherheit mindestens eine Lösung besitzt.   □

6.5   Kombinationen von linearen Schieberegistern

Lineare Schieberegister sind für die kryptografische Praxis nicht geeignet, denn nach Satz 6.3 ist ein Angreifer bereits nach einigen wenigen Ausgabebits in der Lage, alle weiteren Bits vorherzusagen. Um ihre technischen Vorteile dennoch nutzen zu können, verwendet man häufig nichtlineare Schieberegister oder Kombinationen von linearen Schieberegistern. Zwei Beispiele für die Kombination von linearen Schieberegistern sind die **Summationsgeneratoren** und die so genannten **Shrinking-Generatoren**.

Bei den Summationsgeneratoren werden die Ausgaben mehrerer linearer Schieberegister miteinander mit der XOR-Verknüpfung verknüpft. Da es sich dabei um eine lineare Kombination handelt, löst dies das Problem der Vorhersagbarkeit noch nicht. Daher taktet man die einzelnen Register unterschiedlich, um auf diese Art und Weise eine nichtlineare Kombination der Register zu erhalten.

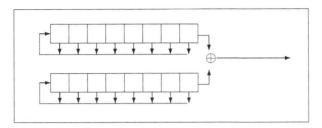

Abbildung 6.4 Summationsgenerator

Bei den Shrinking-Generatoren werden die Register zwar gleich getaktet, aber nicht beide Ausgaben werden verwendet: Ein Register entscheidet darüber, ob die Ausgabe des anderen genutzt wird oder nicht. Wenn im Bild 6.5 das obere Register den Wert „nein" ausgibt, so wird die Ausgabe des unteren verworfen, und der Shrinking-Generator hat in diesem Takt keine Ausgabe. Dadurch erhält der

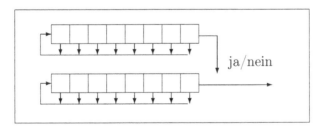

Abbildung 6.5 Shrinking-Generator

Angreifer keine aufeinander folgenden Bits des linearen Schieberegisters und kann damit kein Gleichungssystem aufstellen.

Es gibt für solche Kombinationen von linearen Registern keine geschlossene Theorie. Man weiß, dass Summations- und Shrinking-Generatoren sehr gute statistische Eigenschaften haben können, man kennt aber ebenso Beispiele, bei denen die Kombination zu relativ schwachen Pseudozufallsgeneratoren geführt hat.

6.6 Lineare Komplexität

Wir haben gesehen, dass lineare Schieberegister keine große kryptografische Resistenz gegen Angriffe aufweisen. Wenn n die Länge eines linearen Schieberegisters ist, so kann ein Angreifer bei Kenntnis von $2n$ aufeinander folgenden Bits die gesamte Folge vorhersagen.

Andererseits lässt sich jede endliche Pseudozufallszahlenfolge durch ein lineares Schieberegister erzeugen. Im Zweifelsfall dadurch, dass man die gesamte Folge als Anfangsbelegung eines sehr langen linearen Schieberegisters auffasst. Man kann mit dem **Berlekamp-Massey-Algorithmus** effizient feststellen, was das kürzeste lineare Schieberegister ist, das eine Pseudozufallszahlenfolge erzeugt. Diese Länge heißt die **lineare Komplexität** einer Pseudozufallszahlenfolge.

Für Shrinking-Generatoren zum Beispiel weiß man, dass die lineare Komplexität des Generators in der Größenordnung des Produktes der beiden linearen Schieberegister liegt. Wenn die beiden linearen Schieberegister also zum Beispiel 20 Zellen haben, dann liegt die lineare Komplexität des Shrinking-Generators ungefähr bei 400. Um die Ausgabe dieses Shrinking-Generators also mit einem einfachen linearen Schieberegister simulieren zu können, muss es rund 400 Zellen haben.

Für binäre Folgen der Länge n, die gemäß einer Gleichverteilung ausgewählt werden, liegt der Erwartungswert für ihre lineare Komplexität bei $n/2$.

Wie bei allen Kriterien für Pseudozufallszahlenfolgen ist für eine gute Pseudozufallszahlenfolge eine große lineare Komplexität zwar notwendig, aber nicht hinreichend. Das bedeutet, dass eine Folge mit einer geringen linearen Komplexität sicher nicht kryptografisch gut ist. Eine Folge mit großer linearer Komplexität kann, muss aber nicht kryptografisch gut sein.

6.7 Übungen

1. Beweisen Sie Lemma 6.3.

2. Bestimmen Sie die Periode des in Abbildung 6.6 dargestellten linearen Schieberegisters.

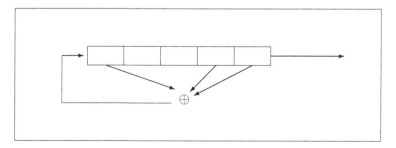

Abbildung 6.6 Lineares Schieberegister

3. Zeigen Sie: über $GF(2)$ teilt der Exponent eines Polynoms vom Grad n stets $2^n - 1$.

4. Bestimmen Sie für die folgenden linearen Schieberegister der Länge $n = 4$ jeweils die Periodenlänge:

   (a) $s_{n+k} = s_k + s_{k+1} + s_{k+2} + s_{k+3}$

   (b) $s_{n+k} = s_k + s_{k+2}$

   (c) $s_{n+k} = s_k + s_{k+1}$

5. Wie viele primitive Polynome vom Grad 4 gibt es über $GF(2)$? Und wie viele lineare Schieberegister der Länge 4 mit maximaler Periodenlänge?

6. Geben Sie für die folgenden Zahlenfolgen jeweils ein möglichst kurzes lineares Schieberegister an, das die Folgen als Ausgabe erzeugt.

   (a) 10101010101010

   (b) 001100110011

   (c) 1001000100001

   (d) 000000000001

7. Bestimmen Sie die Ausgabe eines Summationsgenerators, dessen erstes Register das Rückkopplungspolynom $x^4 + x + 1$ und dessen zweites Register das Rückkopplungspolynom $x^4 + x + 1$ hat.

8. Berechnen Sie die Ausgabe eines Shrinking-Generators, der aus den gleichen linearen Schieberegistern besteht wie der Summationsgenerator aus der vorigen Aufgabe.

9. Neben den Schieberegistern gibt es eine weitere Klasse von Pseudozufallsgeneratoren, die gut untersucht sind: die linearen Kongruenzgeneratoren. Gegeben seien drei natürliche Zahlen a, b, m. Als Initialisierung dient eine weitere natürliche Zahl x_0. Alle weiteren Zahlen werden dann wie folgt berechnet: $x_{i+1} = a \cdot x_i + b \bmod m$.

   (a) Wie groß ist die Periode eines linearen Kongruenzgenerators maximal?

   (b) Gegeben sei die folgende Folge natürlicher Zahlen, die als Ausgabe eines linearen Kongruenzgenerators mit dem Modul $m = 16$ entstanden ist: 3 0 15 4 11 14 8 7 14 9 2 5 6 1 10 13.
       Wie viele Folgenglieder brauchen Sie, um alle weiteren vorhersagen zu können?

   (c) Berechnen Sie den Initialwert x_0.

   (d) Sind lineare Kongruenzgeneratoren für die Praxis geeignet?

7 Blockchiffren

Während bei den Stromchiffren die einzelnen Klartextzeichen mit einem Schlüsselstrom verknüpft werden, so dass die gleichen Klartextzeichen in verschiedene Geheimtextzeichen verschlüsselt werden, werden bei den Blockchiffren die Klartexte *blockweise* mit demselben Schlüssel verknüpft. Ein Beispiel für eine Blockchiffre ist die Cäsar-Chiffre. Die Idee dieser Chiffre besteht darin, einen Klartext in einzelne Buchstaben zu zerlegen und die Buchstaben des Klartextes anschließend einzeln jeweils gleich zu verschlüsseln, indem sie durch Buchstaben des Geheimtextalphabets ersetzt werden. In Kapitel 2 wurde gezeigt, dass es sich hierbei nicht um eine sichere Verschlüsselung handelt, da man durch eine vollständige Schlüsselsuche oder eine statistische Analyse den Schlüssel leicht bestimmen kann.

Blockchiffren verallgemeinern die Grundidee der Cäsarchiffrierung: Bei einer **Blockchiffre** wird der Klartext in Abschnitte gleicher Länge, in so genannte **Blöcke**, zerlegt, und auf jeden Block wird dieselbe Verschlüsselungsfunktion angewendet. Dieses Kapitel behandelt die Eigenschaften von Blockchiffren sowie einige Sicherheitsanforderungen, die Blockchiffren erfüllen müssen, und die prominentesten Vertreter der Blockchiffren. Der Data Encryption Standard (DES) und der Advanced Encryption Standard (AES) werden ausführlich in den Abschnitten 7.6 und 7.7 vorgestellt.

Es bezeichnet Σ ein Alphabet mit s Zeichen. Die Menge Σ^* ist die Menge aller endlichen Zeichenfolgen dieses Alphabets. Die Menge $\mathcal{M}$ der Klartexte und die Menge $\mathcal{C}$ der Geheimtexte seien Teilmengen von Σ^*.

Definition 7.1 *Eine* **Blockchiffre mit Blocklänge** *n ist ein Kryptosystem $\mathcal{F}$, bei dem jeder Klartext m zunächst in Blöcke m_1, m_2, m_3, ... der Länge n zerlegt wird, die anschließend mittels einer Verschlüsselungsfunktion $f_K \in \mathcal{F}$ in die Geheimtextblöcke $c_i := f_K(m_i)$ überführt werden.*

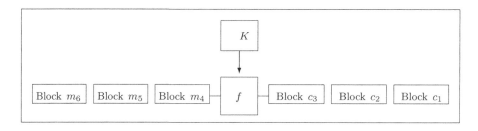

Abbildung 7.1 Blockchiffre

Da nicht alle Klartexte eine Länge haben, die ein Vielfaches der Blocklänge n

ist, wird der letzte Block aufgefüllt, bis er die passende Länge hat. Diese Vorgehensweise heißt **Padding**. Man kennt und verwendet in der Praxis verschiedene Paddingverfahren, die sich in ihren Auswirkungen auf die Sicherheit der Blockchiffren unterscheiden. Paddingverfahren müssen daher sorgfältig auf die einzelnen Blockchiffren abgestimmt werden, [D95].

Da Verschlüsselungsfunktionen injektiv sein müssen und die Geheimtextblöcke aus Effizienzgründen nicht länger als die Klartextblöcke sein sollten, jede Verschlüsselungsfunktion $f_K \in \mathcal{F}$ also die Menge der Klartexte $\mathcal{M} \subseteq \Sigma^n$ auf die Menge der Geheimtexte $\mathcal{C} \subseteq \Sigma^n$ abbildet, folgt sofort, dass es sich bei einer Blockchiffre um eine Menge von Permutationen auf der Menge der Zeichenketten der Länge n handelt.

Wenn das Alphabet s Buchstaben hat und $\mathcal{F}$ auf n-Zeichen-Blöcken operiert, so gibt es $(s^n)!$ viele solcher Permutationen. Je nach dem, wie groß s und n sind, hat man also eine große Auswahl an möglichen Verschlüsselungsfunktionen. Eine Blockchiffre hat die Aufgabe, eine geeignete Teilmenge aller Permutationen auszusuchen.

In der Praxis verwendet man häufig das Alphabet $\{0, 1\}$. In diesem Fall kommen $(2^n)!$ Blockchiffren mit der Blocklänge n in Frage. Wenn auch die Schlüssellänge gleich n ist, dann umfasst ein Kryptosystem nur einen kleinen Teil dieser Permutationen, denn wenn der Schlüssel aus n Bit besteht, so gibt es 2^n Schlüssel, und damit „nur" 2^n Verschlüsselungsfunktionen.

Bei Blockchiffren müssen also zwei Parameter festgelegt werden: die Blocklänge und die Schlüssellänge. Typischerweise und eher aus praktischen als aus theoretischen Überlegungen heraus wählt man beides ungefähr gleich lang. In der Praxis sind Blocklängen von 64, 128 oder auch 256 Bit üblich.

Unabhängig davon, wie groß die Blocklänge gewählt wird, werden gleiche Klartextblöcke zu den gleichen Geheimtextblöcken verschlüsselt. Das Auftreten von gleichen Klartextblöcken ist bei einer großen Blocklänge zwar unwahrscheinlicher, dennoch ist diese Eigenschaft eine grundsätzliche Schwäche von Blockchiffren, die ein Angreifer ausnutzen kann. In der Praxis verwendet man daher verschiedene **Betriebsarten** von Blockchiffren, siehe Kapitel 8, um diese Schwäche zu beseitigen.

7.1 Vollständige Schlüsselsuche

Ein Angriff, den man bei einer Blockchiffre grundsätzlich durchführen kann, ist die so genannte **vollständige Schlüsselsuche** (engl. brute force attack oder exhaustive search). Bei diesem Angriff benötigt der Angreifer nur ein Klartext/Geheimtextpaar (m,c). Es handelt sich also um einen Angriff mit bekanntem Klartext (known plaintext attack).

Wie der Name schon sagt, besteht der Angriff darin, alle Schlüssel auszuprobieren und zu testen, ob sie den Klartext m in den Geheimtext c verschlüsseln. Das heißt, der Angreifer testet für alle Schlüssel $K \in \mathcal{K}$, ob $f_K(m) = c$ gilt. Wenn der Angreifer den Schlüsselraum durchsucht hat, also $|\mathcal{K}|$ Verschlüsselungsoperationen durchgeführt hat, so hat er einen oder mehrere mögliche Schlüssel gefunden. Denn es kann mehrere Schlüssel geben, die m in c überführen, daher hat der Angreifer am Ende dieses Angriffs nur eine Kandidatenliste für den richtigen Schlüssel. Um den richtigen Schlüssel zu finden, muss er dann den Angriff für ein weiteres Klartext/Geheimtextpaar oder auch mehrere weitere Klartext/Geheimtextpaare durchführen.

Während der Angriff einen hohen Rechenaufwand benötigt, hat er nur einen geringen Speicherbedarf.

7.2 Wertetabellen

Ein weiterer Angriff, der auf jede Blockchiffre anwendbar ist, ist ein Angriff mit **Wertetabellen**. Im Gegensatz zur vollständigen Schlüsselsuche handelt es sich hier um einen Angriff mit gewähltem Klartext (chosen plaintext attack).

Der Angreifer bereitet sich zunächst folgendermaßen vor:

- Er wählt einen Klartext m.

- Für alle Schlüssel berechnet er $f_K(m)$.

- Er speichert alle Ergebnisse in einer Tabelle.

Für den eigentlichen Angriff lässt er sich m verschlüsseln und vergleicht c mit den Tabellenwerten. Bei einer Übereinstimmung hat er einen möglichen Schlüssel gefunden.

In der Vorbereitungsphase muss der Angreifer die Tabelle aufstellen. Der eigentliche Angriff besteht dann nur im Vergleichen des Klartext/Geheimtextpaares mit der Tabelle.

Die Vorbereitungsphase ist also der aufwändige Teil des Angriffs, der allerdings nur einmal durchgeführt werden muss. Denn die Erstellung der Wertetabelle ist unabhängig vom Schlüssel, der zwischen Sender und Empfänger verwendet wird. Im Gegensatz zur vollständigen Schlüsselsuche kann man hier also die Kommunikation zwischen mehreren verschiedenen Sendern und Empfängern angreifen.

Dieser Angriff zeichnet sich durch seinen verhältnismäßig geringen Rechenaufwand aus. Denn der eigentliche Angriff besteht nur aus der Suche der passenden Werte in der Tabelle. Die Anzahl der Verschlüsselungen, die der Angreifer durchführen muss, ist $|\mathcal{K}|$, aber diese Berechnungen kann er vor dem eigentlichen Angriff durchführen. Der Angriff hat allerdings den Nachteil, dass ein großer Speicherbedarf besteht.

7.3 Folgerungen

Wir können aus diesen beiden Angriffen ein Kriterium für die Schlüssellänge einer Blockchiffre ableiten. Eine Blockchiffre, die sicher sein soll, muss mindestens sicher sein gegen die vollständige Schlüsselsuche und das Anlegen von Wertetabellen. Betrachten wir zunächst die nötige Rechenkapazität. In beiden Fällen muss der Angreifer $|\mathcal{K}|$ Verschlüsselungsoperationen durchführen. Dabei hängt es natürlich stark von der Rechenkapazität des Angreifers ab, ob er diese Anzahl von Operationen so ohne weiteres durchführen kann. Um eine vernünftige untere Grenze für die Größe des Schlüsselraums angeben zu können, darf man nicht nur vom aktuellen Stand der Technik ausgehen. Im Sommer 2003 konnte der schnellste Rechner der Welt 10^{12} Rechenoperationen pro Sekunde durchführen.

Anstatt sich an schnell ändernden aktuellen Zahlen zu orientieren, versucht man zu schätzen, wie schnell Computer mit der heutigen Technik maximal werden können. Dabei kann man bestimmte physikalische Grenzen wie die Lichtgeschwindigkeit zugrunde legen. Der Schlüsselraum muss dann so groß sein, dass selbst ein solcher optimaler Rechner nicht in vernünftiger Zeit in der Lage ist, eine vollständige Schlüsselsuche durchzuführen.

In der Praxis gelten Schlüssellängen von 64 Bit heute als zu kurz, gängig sind Schlüssellängen von 112, 128 oder 256 Bit. Dies entspricht Schlüsselräumen in der Größenordnung von $2^{112} \approx 10^{34}$, $2^{128} \approx 10^{39}$ beziehungsweise $2^{256} \approx 10^{77}$ Schlüsseln.

Selbst wenn man annimmt, dass das Ausführen einer Blockverschlüsselung nur eine Rechenoperation ist, braucht man bei einer Blockchiffre mit einer Schlüssellänge von 256 Bit rund 10^{77} Rechenoperationen für eine vollständige Suche. Mit dem derzeit schnellsten Rechner (10^{12} Rechenoperationen pro Sekunde) braucht man für den Angriff $3{,}3 \cdot 10^{57}$ Jahre.

Bei solch großen Schlüsselräumen ist auch an das Anlegen einer Wertetabelle nicht zu denken. Denn für jeden Schlüssel muss der Angreifer den Schlüssel und den passenden Geheimtext speichern. Bei einem Schlüsselraum von 10^{77} Schlüsseln muss er also $2 \cdot 10^{77}$ Werte speichern. Da es „nur" 10^{77} Atome im Universum gibt, stellt dies den Angreifer vor eine unlösbare Aufgabe.

Es gibt Angriffe auf Blockchiffren, die eine Kombination der beiden genannten Angriffe, das heißt der vollständigen Schlüsselsuche und dem Anlegen von Wertetabellen, sind. Häufig kann man diese Angriffe verschieden gewichten, so dass man entweder mehr Rechenkapazität und dafür weniger Speicher, oder aber weniger Rechenkapazität und dafür mehr Speicherplatz einsetzen muss. Man spricht in diesen Fällen von einem **Time-Memory-Tradeoff**.

Der bekannteste Angriff dieses Typs stammt von M. Hellman, [He80], der für eine Blockchiffre mit einer Schlüssellänge von n Bit insgesamt $O(n^{2/3})$ Rechenoperationen, Speicherplatz in der Größenordnung von $O(n^{2/3})$ und $O(n)$ Vorberechnungsschritte benötigt.

Grundsätzlich gilt für das Design von Blockchiffren, dass man sie so schnell wie nötig, aber so langsam wie möglich implementieren sollte. Die Verschlüsselung

von Nachrichten muss so effizient sein, dass sie die Kommunikation nicht merk-
lich beeinträchtigt. Wenn man aber eine Blockchiffre über dieses notwendige Maß
hinaus schneller implementiert, nutzt dies nur einem Angreifer, da er für seinen
Angriff ebenfalls deutlich weniger Zeit benötigt.

7.4   Designkriterien

Die beiden oben beschriebenen Angriffe liefern zwar eine untere Grenze für die
Größe des Schlüsselraums einer Blockchiffre, sie geben jedoch keinen Hinweis darauf, wie man eine sichere Blockchiffre konstruiert. Denn beide Angriffe funktionieren bei jeder Blockchiffre, unabhängig davon wie gut oder schlecht sie ist.

Zu den **Designkriterien** für Blockchiffren gehören nicht nur die Sicherheits-
kriterien, sondern auch Anforderungen, die die praktische Einsatzfähigkeit von
Blockchiffren betreffen. Insbesondere muss es möglich sein, Blockchiffren effizient
zu programmieren und einzusetzen.

Jede Verschlüsselungsfunktion einer Blockchiffre ist eine Permutation, die
nicht in der Standardweise aufgeschrieben werden kann. Um eine Permutation auf
n-Bit-Blöcken anzugeben, muss man für jede der Zahlen 1 bis 2^n einen Bildpunkt
angeben, das heißt, man stellt eine Wertetabelle auf. Wertetabellen brauchen jedoch viel Speicherplatz und sind schlecht zu implementieren. Praktisch gesehen
ist es sogar unmöglich, für hinreichend große Blöcke solche Wertetabellen zu speichern. Bei einer Verschlüsselungsfunktion mit einer Blocklänge von 64 Bit müsste
man $2 \cdot 2^{64}$ Bit Speicherplatz für die Klartext/Geheimtextpaare veranschlagen,
das sind 10^9 Gigabyte.

Blockchiffren können also nicht durch Wertetabellen beschrieben werden, sondern es muss eine kompaktere mathematische Beschreibung angegeben werden,
wobei jeder Schlüssel eine Abbildung adressiert.

Eine der wichtigsten Ideen, effiziente Blockchiffren zu konstruieren, ist die der
Produktchiffre.

Dabei handelt es sich um eine Kombination aus mehreren Runden von Substitutionen (im Bild mit „S" bezeichnet) und Transpositionen (im Bild mit „P"
bezeichnet - in der Literatur hat sich bei Blockchiffren statt des Begriffs Transposition der Name Permutation etabliert). In jeder Runde wird der Klartextblock
in kleinere Blöcke zerlegt, auf denen sich Wertetabellen effizient implementieren lassen. Dabei werden die kleineren Klartextblöcke durch Geheimtextblöcke
derselben Länge ersetzt. Die Transposition verändert dann die Reihenfolge der
Geheimtextzeichen. Sie wird nicht mehr auf die kleineren Blöcke angewendet,
sondern auf den gesamten Geheimtextblock. Die Transpositionen sorgen dafür,
dass die kleinen Blöcke nach der Substitution gründlich durchmischt werden und
so eine Verschlüsselung auf dem gesamten Block zustande kommt.

Produktchiffren sind ein effizienter Weg, eine Blockchiffre zu konstruieren,
wobei diese Konstruktion noch keine Sicherheit garantiert.

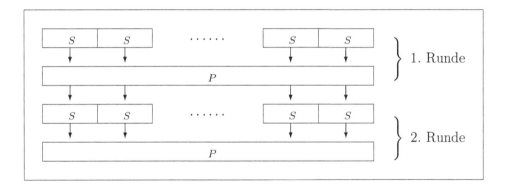

Abbildung 7.2 Produktchiffre

Designkriterien geben an, unter welchen Bedingungen eine Blockchiffre als sicher gelten kann. Claude Shannon hat 1949 zwei wichtige Kriterien formuliert, die eine gute Blockchiffre erfüllen muss, [Sh49]:

- **Konfusion.** Die statistischen Eigenschaften des Chiffretextes lassen sich nicht aus den statistischen Eigenschaften des Klartextes ableiten.

  Ein redundanter Klartext wird also so verschlüsselt, dass der Geheimtext fast zufällig aussieht, insbesondere hat er keine statistischen Auffälligkeiten.

- **Diffusion.** Jedes Klartextbit beeinflusst viele Bits des Chiffretextes. Jedes Schlüsselbit beeinflusst viele Bits des Chiffretextes.

Im Laufe der Jahre wurde die Forderung nach Konfusion konkretisiert:

- **Avalanche Kriterium (Lawineneffekt).** Die Änderung eines Eingabebits zieht die Änderung rund der Hälfte der Ausgabebits nach sich.

- **Striktes Avalanche Kriterium.** Bei Änderung eines Eingabebits ändert sich jedes Ausgabebit mit der Wahrscheinlichkeit 1/2.

- **Nichtlinearität.** Kein Ausgabebit hängt linear von einem Eingabebit ab.

Es gibt zahlreiche weitere Eigenschaften. Die oben genannten sind aber die wichtigsten. Manche dieser Eigenschaften kann man leicht bei einer Blockchiffre nachweisen. So kann man oft präzise angeben, von wie vielen Eingabe- und Schlüsselbits ein Ausgabebit abhängt oder, ob die Abhängigkeit linear ist. Viel schwieriger zu zeigen sind Eigenschaften wie die Konfusion oder das Avalanche-Kriterium. Dazu muss man viele Klartext/Geheimtextpaare kennen und statistisch analysieren.

7.5 Feistel-Chiffren

In der Praxis hat sich eine Klasse von Blockverschlüsselungen als besonders effizient bewährt, die so genannten **Feistel-Chiffren**. Sie wurde entwickelt von H.
Feistel, [F73], und besteht aus mehreren Runden. In jeder Runde wird eine schlüs-
selabhängige Funktion F_K angewendet. Der Klartext wird hierfür in zwei Hälften
L_0 und R_0 zerlegt (die Buchstaben L und R stehen für die linke und die rechte
Hälfte des Klartextes). Auf den jeweils rechten Teil wird die Rundenfunktion F_K
angewendet. Anschließend wird die XOR-Verknüpfung dieses Chiffrats mit dem
linken Block berechnet.

Formal wird der Klartext $m = (L_0, R_0)$ in n Runden in den Geheimtext
$c = (L_n, R_n)$ überführt. In der i-ten Runde wird aus (L_{i-1}, R_{i-1}) nach folgendem
Schema das Paar (L_i, R_i) errechnet:

$$L_i := R_{i-1}$$
$$R_i := F(K_i, R_{i-1}) \oplus L_{i-1}$$

Man beachte, dass K_i der Schlüssel der i-ten Runde ist. Dabei ist K_i der Run-

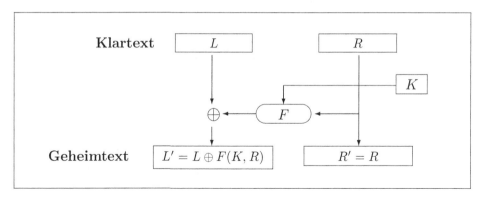

Abbildung 7.3 Verschlüsseln mit Feistel-Chiffre

denschlüssel, der aus dem Schlüssel K abgeleitet wird. Die Entschlüsselung kann
dann in der i-ten Runde durch Anwenden der Funktion F auf die rechte Hälfte
erfolgen:

$$R_{i-1} := L_i$$
$$L_{i-1} := F(K_i, R_{i-1}) \oplus R_i$$

Das Interessante an diesem Typ von Chiffre ist, dass man die gleiche Funktion
zum Ver- und Entschlüsseln verwenden kann. Die Anzahl der Runden wird aus
Effizienzgründen so klein wie möglich und aus Sicherheitsgründen so groß wie
nötig gewählt.

Zur Entschlüsselung muss lediglich die Reihenfolge der Rundenschlüssel umgekehrt werden.

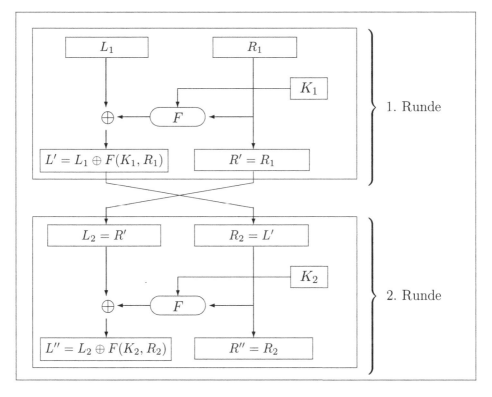

Abbildung 7.4 Feistel-Chiffren: Verschlüsseln

Eigenschaften von Feistel-Chiffren Wir fassen kurz die Eigenschaften von Feistel-Chiffren zusammen:

- Das Ver- und Entschlüsseln geschieht mit dem gleichen Algorithmus, die Schlüssel werden lediglich in umgekehrter Reihenfolge angewendet. Das bedeutet insbesondere, dass man nur einen Typ von Funktion implementieren muss.

- Der Algorithmus besitzt eine große Effizienz, da nur jeweils auf der halben Blocklänge die Rundenfunktion F angewandt wird.

- Die Rundenfunktion F muss nicht injektiv sein. Man hat hier deutlich mehr Freiheiten, F zu wählen. Auch bei der Untersuchung der Sicherheit kann man sich im Wesentlichen auf die Eigenschaften der Rundenfunktion F beschränken.

Wir werden im nächsten Abschnitt den wichtigsten Vertreter einer Feistel-Chiffre kennen lernen: den DES. Die Rundenfunktion ist dabei eine Produktchiffre.

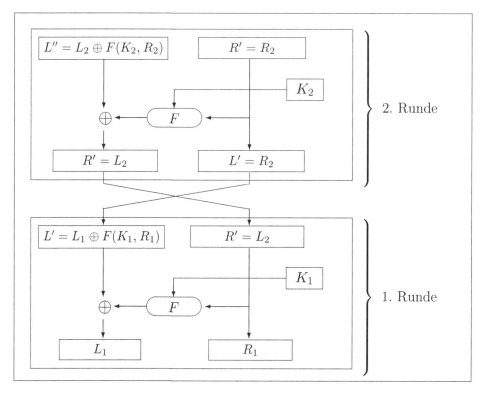

Abbildung 7.5 Feistel-Chiffren: Entschlüsseln

7.6 Der Data Encryption Standard - DES

Der **Data Encryption Standard (DES)** wurde 1977 als Standard publiziert
und stellt einen Präzedenzfall dar, da hier zum ersten Mal ein Algorithmus standardisiert wurde, das heißt, dass alle Details veröffentlicht wurden, vgl. [NBS46].
 Beim DES handelt es sich um eine Weiterentwicklung des Lucifer-Algorith-
mus (IBM) mit Beteiligung der NSA (National Security Agency der USA). Der
DES ist eine Blockchiffre mit 64 Bit langen Ein- und Ausgabeblöcken und einer
Schlüssellänge von 64 Bit, wobei es sich um 56 effektive Schlüsselbits und 8 Paritätsbits handelt. Das heißt, dass 56 Schlüsselbits zufällig ausgewählt werden,
wobei nach sieben solcher Bits ein Paritätsbit eingefügt wird, um Eingabe- und
Übertragungsfehler zu entdecken. Insgesamt hat man also einen Schlüsselraum
von 2^{56} ($\approx 7 \cdot 10^{16}$) Schlüsseln.

7.6.1 Das Schema

Der DES ist eine Feistel-Chiffre mit insgesamt 16 Runden. Zur Verschlüsselung
wird der Klartext zunächst in Blöcke mit je 64 Bit aufgeteilt. Jeder Block wird
einer Eingangspermutation unterworfen und dann in zwei 32-Bit-Blöcke zerlegt.

Auf den rechten Block wird dann die Rundenfunktion F angewendet. Das Ergebnis der Rundenfunktion wird mittels der XOR-Operation mit dem linken Block verknüpft und bildet die rechte Seite der neuen Runde. Der ursprüngliche rechte Block wird zum linken Block der neuen Runde.

Nach 16 Runden werden die 64 Bit einer Ausgangspermutation unterzogen. Die Ausgabe der Permutation bildet den Geheimtext. Eingangs- und Ausgangspermutation sind invers zueinander.

Die Eingangs- und Ausgangspermutation spielen für die Sicherheit des Algorithmus keine Rolle, denn sie sind öffentlich bekannt und können daher von jedem Angreifer berechnet werden. Der Sinn dieser Permutationen liegt darin, dass sie sich leichter in Hardware implementieren lassen.

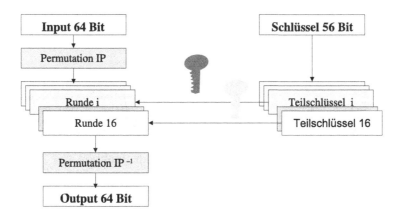

Abbildung 7.6 Das Schema des DES

7.6.2 Die Rundenfunktion

Die Rundenfunktion ist eine Produktchiffre. In jeder Runde werden zunächst aus den 56 Schlüsselbits 48 Bits ausgewählt. Die Rundenfunktion F expandiert den rechten 32-Bit-Block auf 48 Bit und addiert die 48 Schlüsselbits mittels der XOR-Verknüpfung auf. Die resultierenden 48 Bits werden in acht Blöcke zu je sechs Bits aufgeteilt. Diese 6-Bit-Blöcke sind die Eingabe für die so genannten **S-Boxen** (Substitutionsboxen), die jeweils einen 6 Bit-Block durch einen vier Bit langen Block substituieren. Auf diese Weise erhält man wieder 32 Bits. Diese werden noch einmal permutiert, und dann wird die XOR-Verknüpfung dieser 32 permutierten Bits mit dem linken Block berechnet. Im Folgenden werden wir die einzelnen Bestandteile der Rundenfunktion genauer untersuchen.

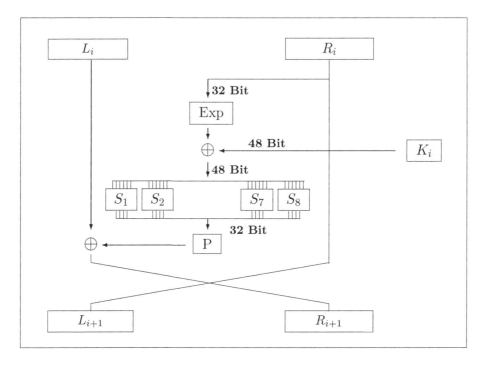

Abbildung 7.7 Die DES-Rundenfunktion

Die Expansionsabbildung

Die Expansionsabbildung expandiert 32 Bit auf 48 Bit. Die 32 Bit werden in 4-Bit-Blöcke aufgeteilt. Jeder Block erhält dann zusätzlich jeweils ein Randbit seiner beiden Nachbarn.

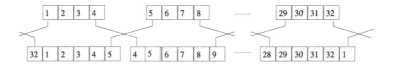

Abbildung 7.8 Expansionsabbildung des DES

Die S-Boxen

Die S-Boxen sind die eigentlichen Substitutionen der Blockchiffre und der einzige nichtlineare Anteil des DES. Jede S-Box ist eine 4×16 Matrix, wobei in jeder Zeile eine Permutation der Zahlen von $0, \ldots, 15$ steht.

Die Eingabe zu jeder der acht S-Boxen besteht aus je 6 Bits. Die beiden Randbits entscheiden darüber, welche Zeile der S-Box verwendet wird, wohingegen die inneren vier Bits substituiert werden. Die Ausgabe besteht nur aus 4 Bits.

Betrachten wir als Beispiel die dritte S-Box. Bei einer Eingabe von „111000" ent-

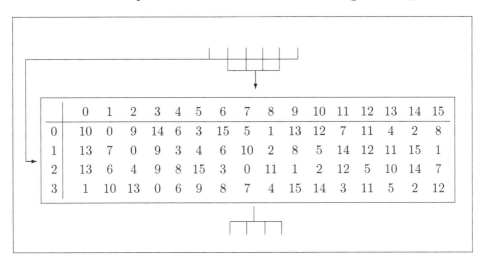

Abbildung 7.9 Beispiel: S-Box S_3

scheiden die beiden äußeren Bits, also „1" und „0", über die Zeile, in der der Wert abgelesen werden soll. „10" ist die Binärdarstellung der 2, also muss man in der Zeile 2 nachschauen. Die inneren vier Bits „1100" - die Binärdarstellung der 12 - entscheiden über die Spalte. In der Zeile 2 und Spalte 12 findet sich der Eintrag „5". Die Ausgabe der S-Box ist daher „0101".

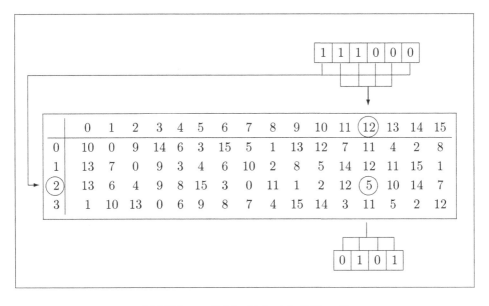

Abbildung 7.10 Beispiel: S-Box S_3

Permutation

Die Ausgabe der acht S-Boxen besteht aus insgesamt 32 Bits, die anschließend wie folgt permutiert werden:

$$\begin{pmatrix} 1 & 2 & 3 & 4 & 5 & 6 & 7 & 8 & 9 & 10 & 11 & 12 & 13 & 14 & 15 & 16 \\ 9 & 17 & 23 & 31 & 13 & 28 & 2 & 18 & 24 & 16 & 30 & 6 & 26 & 20 & 10 & 1 \end{pmatrix}$$
$$\begin{pmatrix} 17 & 18 & 19 & 20 & 21 & 22 & 23 & 24 & 25 & 26 & 27 & 28 & 29 & 30 & 31 & 32 \\ 8 & 14 & 25 & 3 & 4 & 29 & 11 & 19 & 32 & 12 & 22 & 7 & 5 & 27 & 15 & 21 \end{pmatrix}$$

Abbildung 7.11 Permutation des DES

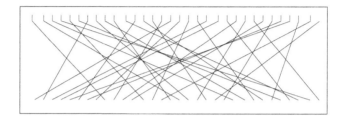

Abbildung 7.12 Die Permutation des DES (schematisch)

Zusammenspiel der Einzelkomponenten

Welche Rolle die einzelnen Bausteine spielen, lässt sich am besten verstehen, wenn man den Einfluss eines einzelnen Bits in einer Runde beobachtet. Betrachten wir zunächst eines der Bits, das bei der Expansion nicht verdoppelt wird. Es beeinflusst eine S-Box und wird durch die Permutation so verteilt, dass es für die nächste Runde vier der kleineren Blöcke beeinflusst.

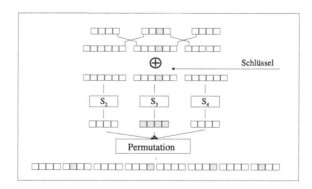

Abbildung 7.13 Einfluss eines Bits

Noch deutlicher wird die Situation, wenn wir eines der Randbits betrachten. Durch die Verdopplung bei der Expansion beeinflusst es sogar zwei S-Boxen, und die

Permutation verteilt diesen Einfluss auf sieben der acht möglichen Unterblöcke für die nächste Runde.

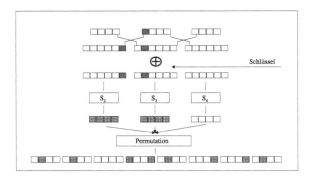

Abbildung 7.14 Einfluss eines Randbits

Man kann zeigen, dass nach fünf Runden jedes Bit der Ausgabe von jedem Bit der Eingabe abhängt.

7.6.3 Schlüsselauswahl

Der DES benutzt einen externen Schlüssel von 64 Bit Länge, wobei jedes achte Bit ein Paritätsbit ist. Damit hat der DES eine effektive Schlüssellänge von 56 Bit, denn nicht alle 2^{64} möglichen Schlüssel werden auch als DES-Schlüssel akzeptiert, sondern nur 2^{56}. Für jede Runde braucht man einen Rundenschlüssel von 48 Bit, das heißt, für jeden Rundenschlüssel werden aus den 56 externen Schlüsselbits 48 ausgewählt.

Wie dies genau geschieht, beschreibt die Schlüsselauswahlfunktion. Sie besteht aus zwei Teilen:

- Die Funktion PC-1 (Permuted Choice 1) teilt die 56 Bit des externen Schlüssels in zwei Register C und D ein.

- Die Funktion PC-2 (Permuted Choice 2) wählt aus jedem Block 24 Bits aus.

Die Funktion PC-1 ist in Abbildung 7.15 beschrieben. Man kann sehen, dass die Paritätsbits des externen Schlüssels (die Bits mit den Nummern 8, 16, 24, ..., 64) nicht für die interne Schlüsselauswahl benutzt werden. Die Einteilung in die Register C und D für die Schlüsselauswahl wird durch die Spalten des externen Schlüssels bestimmt. Die erste, zweite, dritte Spalte und die erste Hälfte der vierten Spalte bilden die Zeilen des Registers C, die verbleibenden Bits werden analog in das Register D eingeordnet. Diese Einteilung hat den Vorteil, dass sie sehr leicht in Hardware implementiert werden kann. Die Abbildung PC-2 wählt aus jedem Register pro Runde 24 Bit aus. Diese Auswahlfunktion ist in Abbildung 7.16 zu sehen. Sie ist für jede Runde dieselbe. Um dennoch unterschiedliche

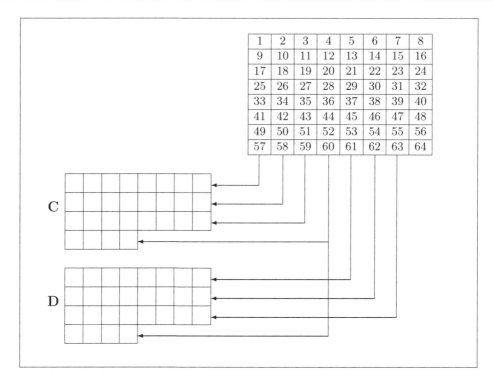

Abbildung 7.15 Die Schlüsselauswahl des DES: PC-1

Rundenschlüssel zu erhalten, werden die Einträge der Register C und D in jeder Runde bei der Verschlüsselung um ein bis zwei Stellen nach links, bei der Entschlüsselung um dieselbe Stellenzahl nach rechts geshiftet.

14	17	11	24	1	5	3	28	15	6	21	10
23	19	12	4	26	8	16	7	27	20	13	2
41	52	31	37	47	55	30	40	51	45	33	48
44	49	39	56	34	53	46	42	50	36	29	32

Abbildung 7.16 Die Schlüsselauswahl des DES: PC-2

7.6.4 Eigenschaften des DES, Ergebnisse, Bewertung

Anfang der neunziger Jahre sind zwei erfolgversprechende Angriffe entwickelt worden, nämlich die lineare und die differentielle Kryptoanalyse. Diese Angriffe haben sich jedoch im Wesentlichen als „akademisch", das heißt als nicht praxisrelevant, herausgestellt. Das bedeutet, dass sie kaum effizienter sind als die vollständige Schlüsselsuche.

Die Expansionsabbildung, die S-Boxen und die Rundenzahl des DES sind gegen die differentielle Kryptoanalyse ausgelegt. Diese drei Faktoren sind verantwortlich dafür, dass sich die differentiellen Kryptoanalyse praktisch nicht effizienter als eine vollständige Schlüsselsuche durchführen lässt.

Die größte Schwäche des Algorithmus ist der verhältnismäßig kurze 56-Bit-Schlüssel. Im Sommer 1999 hat ein speziell für den DES konstruierter Rechner namens Deep Crack mit Hilfe von 100.000 weiteren PCs einen DES-Schlüssel durch einen Brute Force Angriff (vollständige Schlüsselsuche) in 22 Stunden und 15 Minuten berechnet. Mit der entsprechenden Hardware kann man also heute mit dem DES verschlüsselte Nachrichten zeitnah entschlüsseln.

Da der Algorithmus insbesondere im Bankenbereich weltweit verbreitet ist, ist er ein attraktives Ziel für Angriffe. Er ist für den praktischen Einsatz nicht mehr empfehlenswert. Der Grund dafür ist aber ausschließlich die geringe Schlüssellänge des DES. Man kennt bis heute keinen „echten" Angriff auf den DES. Wir werden später darauf zurückkommen, wie man den Algorithmus dennoch auch für sicherheitstechnisch sensible Anwendungen einsetzen kann, vgl. Kapitel 8.

7.7 Der Advanced Encryption Standard (AES)

Angesichts der erfolgreichen vollständigen Schlüsselsuche beim DES hat das National Institute of Standardization der USA (das National Bureau of Standardization - NBS - hat sich inzwischen umbenannt in NIST) einen angemessenen Nachfolger für den DES gesucht. Im Gegensatz zu den 70er Jahren des 20. Jahrhunderts, als es mit Lucifer von IBM nur einen Bewerber gab, haben sich diesmal 25 Kandidaten beworben. Es gab verschiedene Runden, die die Bewerber passieren mussten. Die Analyseergebnisse der Algorithmen wurden stets veröffentlicht. Die aussichtsreichsten Kandidaten der letzten Runden waren:

- Mars, [BCDetal98],

- RC6, [RRSY98],

- Serpent, [ABK98],

- Twofish, [SKWWHF98],

- Rijndael, [DR98], [DR].

Im Herbst 2000 hat sich das National Institute of Standardization für Rijndael entschieden. Der Algorithmus Rijndael heißt seitdem AES. Diese Entscheidung wurde mit Effizienzaspekten begründet, insbesondere sind die anderen Algorithmen nicht weniger sicher als Rijndael.

7.7.1 Das Schema des AES

Der AES-Algorithmus ist im Gegensatz zum DES keine Feistel-Chiffre, sondern ein so genanntes Substitutions-Permutations-Netzwerk, das heißt eine Produktchiffre.

Eine wesentliche Anforderung an den neuen Algorithmus war, dass er flexible Block- und Schlüssellängen haben sollte. Der AES ermöglicht in seiner standardisierten Form eine Blocklänge von 128 Bit und Schlüssellängen von 128 Bit, 192 Bit und 256 Bit (Rijndael selbst sieht eine Blocklänge von 128, 160, 192, 224 oder 256 Bit vor und erlaubt auch Schlüssellängen von 160 oder 224 Bit). Die Rundenzahl liegt zwischen 10 und 14 und hängt von der Schlüssellänge ab. Im

Blocklänge 128	
Schlüssellänge	Rundenzahl
128	10
192	12
256	14

Abbildung 7.17 Block- und Schlüssellängen beim AES

Wesentlichen laufen alle Runden gleich ab. Die Ausnahme ist die letzte Runde. Vor der ersten Runde wird ein Rundenschlüssel mit dem Klartext XOR-verknüpft. Da dieser Schlüssel zu keiner Runde gehört, heißt er der „nullte Rundenschlüssel". Der Grund dafür ist die Struktur der Rundenfunktion.

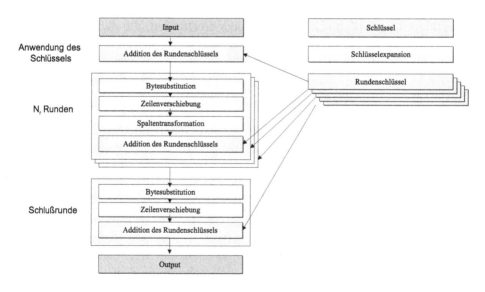

Abbildung 7.18 Schema des AES

Der AES operiert auf so genannten **States**. Der Klartext und die Zwischenergebnisse werden in Form einer 4x4-Matrix geschrieben, deren Einträge Bytes sind. Die Matrix wird spaltenweise von oben nach unten und von links nach rechts angeordnet. Auch die Rundenschlüssel werden nach dem gleichen Prinzip in einer Matrix angeordnet.

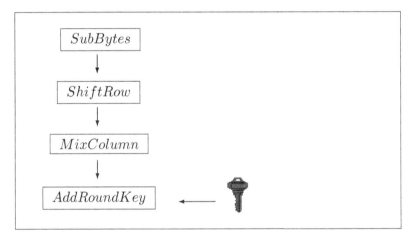

Abbildung 7.19 Datenstruktur: ein State

Die Rundenfunktion besteht aus vier Bausteinen:

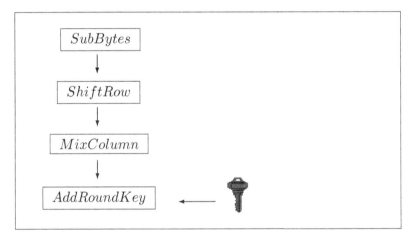

Abbildung 7.20 Die Rundenfunktion des AES

Die erste Abbildung **SubBytes** ist die Substitutionsabbildung der Rundenfunktion. Wie der Name schon sagt, werden hierbei Bytes eines States substituiert. Die Abbildungen **ShiftRow** und **MixColumn** sind im Prinzip die Permutationsabbildungen der Rundenfunktion. Dabei operiert ShiftRow auf Zeilen und MixColumn auf Spalten eines States. Im letzten Schritt wird der Rundenschlüssel mit dem Zwischenergebnis XOR-verknüpft.

In der nullten Runde wird nur der Rundenschlüssel addiert, während die anderen Abbildungen der Rundenfunktion nicht angewendet werden. Der Grund dafür ist, dass die ersten drei Abbildungen öffentlich bekannt sind, das heisst, jeder Angreifer könnte sie selbst durchführen, ohne den Schlüssel zu kennen. Wenn man jedoch erst den Schlüssel addiert, so kann der Angreifer die Eingabe der ersten Runde nicht bestimmen.

Aus demselben Grund sieht auch die letzte Runde anders aus als die vorangegangenen. Man kann zeigen, dass die Abbildung MixColumn mit der Schlüsseladdition vertauscht werden kann, ohne das Ergebnis zu ändern. Auch hier kann ein Angreifer die Abbildung MixColumn invertieren, ohne den Schlüssel zu kennen. Die letzte sicherheitsrelevante Operation ist also die Addition des Schlüssels. Daher wird in der letzten Runde die Abbildung MixColumn nicht angewendet.

Ein wichtiges Merkmal des AES ist es, dass er auf Byte-, nicht auf Bitebene arbeitet. Das heißt, dass der Algorithmus intern auf einzelnen Bytes operiert. Dies ist ein wesentlicher Unterschied zum DES, der nur auf Bitebene operiert. Der Algorithmus zeichnet sich vor allem durch seine starke algebraische Struktur aus. Fast alle Teilschritte werden als Operationen auf dem endlichen Körper mit $2^8 = 256$ Elementen beschrieben.

7.7.2 Algebraische Grundlagen

Entscheidend für das Verständnis des AES ist, dass die Bytes als Elemente des Körpers $GF(2^8)$ aufgefasst werden. Dadurch kann man Bytes nicht nur addieren, sondern auch multiplizieren. Zur Darstellung von Elementen aus $GF(2^8)$ kennt man verschiedene Möglichkeiten. (Algebraisch gesprochen: Es gibt verschiedene isomorphe Körper mit 256 Elementen.) Beim AES wird eine Polynomdarstellung verwendet, das heißt, dass Bytes als Polynome vom Grad kleiner oder gleich sieben mit Koeffizienten aus $GF(2)$ aufgefasst werden:
Man geht dabei von $GF(2)[x]$ aus, dem Ring aller Polynome mit Koeffizienten aus $GF(2)$. Es sei m aus $GF(2)[x]$ ein irreduzibles Polynom vom Grad 8. Dann ist $GF(2)[x]/(m)$, das ist die Menge aller Polynome, deren Grad kleiner oder gleich sieben ist, ein Körper mit 256 Elementen, [Me]. Dabei spielt es keine Rolle, welches irreduzible Polynom man verwendet. Der AES verwendet standardmäßig $m(x) = x^8 + x^4 + x^3 + x + 1$ als irreduzibles Polynom. Das heißt: Der Grundkörper des Algorithmus ist

$$GF(2)[x]/(x^8 + x^4 + x^3 + x + 1).$$

Zunächst wird jedem Byte ein Polynom zugeordnet. Dies geschieht so, dass man die einzelnen Bits als Koeffizienten des Polynoms verwendet. Es wird also zum Beispiel dem Byte „0000 0011" das Polynom $x + 1$ zugeordnet und „1000 0001" entspricht $x^7 + 1$. Statt der Bytes werden die Polynome miteinander verknüpft. Die Addition ist dabei die „normale" Addition von Polynomen über $GF(2)$.
Beispiel: Addiere $x + 1$ und $x^7 + 1$:

$$(x + 1) + (x^7 + 1) = x^7 + x + (1 + 1) = x^7 + x.$$

Die Multiplikation ist etwas komplizierter, da man stets modulo $m(x)$ rechnen muss. Wir betrachten folgendes Beispiel:

$$\begin{aligned}
(x+1) \cdot (x^7 + x^6 + x^5 + x^4 + x^2 + x) &= x^8 + x^4 + x^3 + x \\
&= (x^8 + x^6 + x^3 + x + 1) + 1 \\
&= m(x) + 1.
\end{aligned}$$

Das Ergebnis in $GF(2^8)$ ist also: $(x+1)(x^7 + x^6 + x^5 + x^4 + x^2 + x) = 1$. In der Sprache der Bytes bedeutet das, dass gilt:

$$\text{„0000 0011"} \cdot \text{„1111 0110"} = \text{„0000 0001"}.$$

7.8 Die Rundenfunktion

Die Abbildung SubBytes Die Abbildung SubBytes ist die Substitutionsabbildung des AES. Sie ist der einzige nichtlineare Teil. Es handelt sich um eine mathematische Operation auf dem Körper $GF(2^8)$, die man für die Implementierung auch als Wertetabelle angeben kann. Auf jedes Byte a werden die beiden folgenden Operationen angewandt:

1. Es wird die Inverse in $GF(2^8)$ berechnet: $a \rightarrow a^{-1}$.

2. Dieses neue Byte wird einer affinen Transformation unterzogen, das heißt, mit einer binären Matrix M multipliziert, und zum Ergebnis wird ein Byte b addiert:
$$a^{-1} \rightarrow M \cdot a^{-1} \oplus b$$

(Der AES gibt spezielle Werte für M und b vor.)

Die Matrixmultiplikation und die Addition eines weiteren Bytes sind lineare Abbildungen. Der wesentliche nichtlineare Anteil ist die erste Operation, die Invertierung des Bytes.

Man weiß von der Invertierung, dass sie in hohem Maße nichtlinear ist. Man kann den Grad an Linearität einer Abbildung dadurch messen, dass man feststellt, wie gut sie sich durch lineare Funktionen approximieren lässt. Eine in hohem Maße nichtlineare Substitution ist ein Garant für die Konfusionseigenschaft der Chiffre, [Ny93].

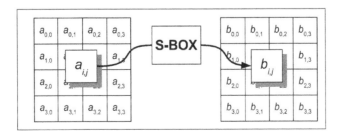

Abbildung 7.21 Die Abbildung SubBytes

ShiftRow Die Abbildung ShiftRow ist eine Permutation auf den Zeilen der State-Matrix. Die Permutation besteht dabei nur aus zyklischen Linksshifts auf Byte-Ebene. Um wie viele Bytes verschoben wird, hängt von der genauen Blocklänge ab. Die erste Zeile wird nie verschoben, die zweite Zeile um $C1$ Bytes, die dritte um $C2$ Bytes und die vierte um $C3$ Bytes. Im Falle einer Blocklänge von 128 Bit wird die zweite Zeile um $C1 = 1$ Byte, die dritte um $C2 = 2$ Bytes und die dritte um $C3 = 3$ Bytes verschoben.

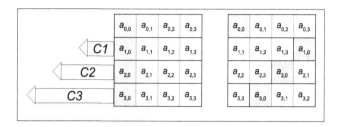

Abbildung 7.22 Die Abbildung ShiftRow

MixColumn Die Abbildung MixColumn operiert auf den Spalten der State-Matrix. Jede Spalte besteht aus vier Bytes a_{0i}, a_{1i}, a_{2i} und a_{3i}, die als Koeffizienten eines Polynoms über $GF(2^8)$ vom Grad kleiner oder gleich 3 aufgefasst werden. Aus der ersten Spalte $(a_{00}, a_{10}, a_{20}, a_{30})$ wird also das Polynom $a_{30}x^3 + a_{20}x^2 + a_{10}x + a_{00}$. Dieses Polynom wird mit einem festen Polynom $c(x) =' 03'x^3 +' 01'x^2 +' 01'x +' 02'$ modulo $(x^4 + 1)$ multipliziert.

Die Zahlen $'03'$, $'01'$ und $'02'$ sind dabei als zwei Halbbytes zu lesen: $'03'$ bedeutet also, dass die ersten vier Bits $'0000'$ sind und die restlichen Bits $'0011'$. Die Multiplikation mit $c(x)$ lässt sich beim Entschlüsseln wieder rückgängig machen. Zwar ist das Polynom $x^4 + 1$ nicht irreduzibel über $GF(2^8)$, daher erhält man hier keinen Körper. Die beiden Polynome $x^4 + 1$ und $c(x)$ sind aber teilerfremd, und daher existiert das inverse Polynom zu $c(x)$ modulo $(x^4 + 1)$.

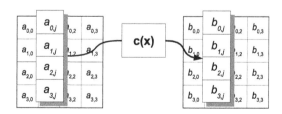

Abbildung 7.23 Die Abbildung MixColumn

AddRoundKey Der Rundenschlüssel hat die gleiche Anzahl an Wörtern wie die State-Matrix. Er wird byteweise mittels der XOR-Verknüpfung mit der Matrix addiert.

7.8.1 Schlüsselauswahl

Da der Rundenschlüssel ebenso lang sein muss wie die State-Matrix, braucht man insgesamt (Rundenanzahl +1) · (Anzahl der Wörter pro Matrix) viele Schlüssel-wörter. Sind die Blocklänge und die Schlüssellänge jeweils 128 Bit, so braucht man insgesamt $(10+1)\cdot 16 = 176$ Wörter, das heißt 1408 Bits. Es stehen aber nur 128 bzw. 192 oder 256 externe Schlüsselbits zur Verfügung. Daher muss zunächst eine Expansion durchgeführt werden.

Anschließend werden die Rundenschlüssel aus dem expandierten Schlüssel ausgewählt.

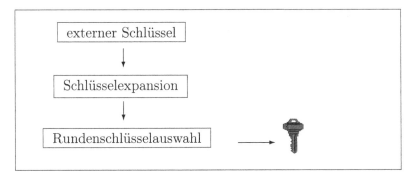

Abbildung 7.24 Schlüsselauswahl des AES

Die Expansion geschieht sukzessive, indem man aus den schon bekannten Schlüssel-selteilen neue Schlüsselbits zusammensetzt. Wie genau das geschieht, hängt von der Länge des externen Schlüssels ab. Betrachtet man beispielsweise einen 128 Bit langen externen Schlüssel, der aus vier Wörtern besteht, so wird das fünfte Wort berechnet, indem das erste und das vierte Wort mittels der XOR-Verknüpfung ver-knüpft werden. Das sechste Wort entsteht aus der XOR-Verknüpfung des zweiten mit dem fünften Wort. Für die Wörter $i = 4, 8, 12, 16, \ldots$ geht man so vor: Das

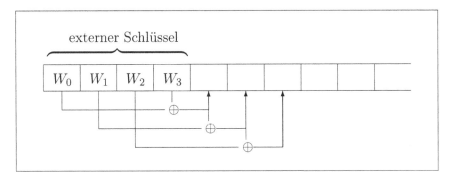

Abbildung 7.25 Schlüsselexpansion des AES

Wort $i-1$ wird zunächst um 4 Stellen rotiert, anschließend wird die nichtlineare Abbildung **SubBytes** angewendet und eine Rundenkonstante addiert.

Dann wird für die nächsten Wörter wieder das Verfahren des sukzessiven XOR-Verknüpfens angewendet.

Die Wörter werden nacheinander als Rundenschlüssel verwendet. In der nullten Runde verwendet man also die ersten vier, fünf oder sechs Wörter, je nachdem, wie groß die Blocklänge ist. In der ersten Runde kommen dann die nächsten vier, fünf oder sechs Wörter an die Reihe.

7.8.2 Entschlüsselung

Jede Operation des AES lässt sich invertieren. Die Entschlüsselung besteht in der Anwendung der einzelnen Umkehrfunktionen, wobei die Rundenschlüssel in umgekehrter Reihenfolge addiert werden.

7.8.3 Bewertung

Der AES zeichnet sich durch sein transparentes algebraisches Design aus und ist gegen alle bis heute bekannten Angriffe auf Blockchiffren, insbesondere gegen die differentielle und lineare Kryptoanalyse, sicher. Ein Grund dafür liegt in der Reihenfolge der Einzelabbildungen Substitution, Permutation, Addition des Rundenschlüssels, die sich als besonders resistent gegen die lineare Kryptoanalyse erwiesen hat.

Die Abbildungen ShiftRow und MixColumn brechen die Datenstruktur auf und gewährleisten so die Konfusion und Diffusion des AES-Algorithmus.

Die Datenstruktur des AES-Algorithmus lässt sich gut auf 8-Bit- oder 32-Bit-Rechnern implementieren, was zur hohen Effizienz des Algorithmus beiträgt.

Allerdings ist es in der Literatur umstritten, ob nicht gerade das einfache algebraische Design ein Schwachpunkt des Algorithmus ist. Einerseits sind mathematische Sicherheitsbeweise für Blockchiffren nur denkbar, wenn sich die Chiffre gut mathematisch beschreiben lässt. Aber andererseits ist es denkbar, dass sich diese mathematische Beschreibung als Ausgangspunkt für einen effizienten Angriff benutzen lässt.

7.9 Übungen

1. Analysieren Sie die Feistel-Chiffren mit den folgenden Rundenfunktionen:

   (a) $F = 0$,

   (b) $F = id$,

   (c) $F = K$, wobei K ein fester symmetrischer Schlüssel ist.

2. Es sei x ein Bitstring der Länge 64 und $\overline{x}$ das bitweise Komplement von x. Weiterhin bezeichnet $y = DES_K(x)$ die DES-Verschlüsselung von x unter dem Schlüssel K. Zeigen Sie, dass gilt:

$$\overline{y} = DES_{\overline{K}}(\overline{x}).$$

3. Ein Schlüssel K für den DES-Algorithmus heißt ein **schwacher Schlüssel**, wenn $DES_K(DES_K(x)) = x$ für alle Bitstrings x der Länge 64 Bit gilt. Zeigen Sie, dass die folgenden vier Schlüssel, die in hexadezimaler Schreibweise angegeben sind, schwache Schlüssel sind:

$$
\begin{array}{cccc}
0101 & 0101 & 0101 & 0101 \\
FEFE & FEFE & FEFE & FEFE \\
1F1F & 1F1F & 1F1F & 1F1F \\
E0E0 & E0E0 & E0E0 & E0E0
\end{array}
$$

4. Zeigen Sie, dass man beim AES die Reihenfolge der Abbildung MixColumn und der Schlüsseladdition ändern kann, ohne das Ergebnis zu verändern.

5. Wenden Sie auf die folgende State-Matrix die Abbildung MixColumn an:

$$
\begin{pmatrix}
0 & 1 & 0 & 1 & 1 & 0 & 1 & 0 \\
1 & 1 & 1 & 0 & 0 & 1 & 0 & 0 \\
0 & 0 & 0 & 1 & 1 & 1 & 0 & 1 \\
0 & 0 & 1 & 1 & 1 & 0 & 0 & 1
\end{pmatrix}
$$

8 Kaskadenverschlüsselungen und Betriebsmodi

8.1 Kaskadenverschlüsselungen

Der DES ist ein Beispiel für einen sicheren Algorithmus, der über viele Jahre einer intensiven Kryptoanalyse standgehalten hat, der aber in der Praxis nicht mehr als sicher gelten kann, weil der Schlüsselraum zu klein ist. Es gibt also keinen echten Angriff auf den Algorithmus, nur sind die Rechner mittlerweile so schnell, dass es praktisch möglich ist, eine vollständige Schlüsselsuche durchzuführen. Die Frage ist, ob man einen solchen Algorithmus aufgeben muss, oder ob man ihn als Baustein nicht doch weiterverwenden kann. Die einfachste Idee ist, den Algorithmus mehrfach hintereinander anzuwenden in der Hoffnung, dass eine doppelte oder dreifache Verschlüsselung auch doppelt oder dreifach so schwer zu brechen ist wie eine einfache Verschlüsselung. Man spricht dann von einer **Mehrfach**- oder **Kaskadenverschlüsselung**. Dieser Abschnitt beschäftigt sich mit der Frage, ob mehrfache Verschlüsselungen tatsächlich einen Gewinn an Sicherheit bringen.

Für eine Klasse von Verschlüsselungen kann man sofort ein negatives Ergebnis angeben. Wenn die Verschlüsselungsfunktionen eine Gruppe bilden, dann handelt es sich bei einer Doppelverschlüsselung nur um eine effektive Einfachverschlüsselung, das heißt, man erhält keinen Zuwachs an Sicherheit.

Lemma 8.1 *Sei $\mathcal{F} \subseteq Abb(\mathcal{M}, \mathcal{C})$ ein Verschlüsselungsverfahren. Wenn $(\mathcal{F}, \circ)$ eine Gruppe ist, wobei „$\circ$" für die Hintereinanderausführung zweier Verschlüsselungen steht, so ist keine effektive Verlängerung der Schlüssellänge durch eine Mehrfachverschlüsselung zu erreichen. (Die Aussage gilt sogar dann, wenn $\mathcal{F}$ nur eine Halbgruppe ist.)*

Beweis: Es seien K_1, $K_2 \in \mathcal{K}$ zwei beliebig gewählte Schlüssel und $m \in \mathcal{M}$ ein Klartext. Angenommen, ein Angreifer fängt den Geheimtext c ab. Da $\mathcal{F}$ eine Gruppe ist, gibt es einen Schlüssel K_3 mit der Eigenschaft $f_{K_3} = f_{K_1} \circ f_{K_2}$. Insbesondere ist $c = f_{K_1}(f_{K_2}(m)) = f_{K_3}(m)$. Das bedeutet, dass der Angreifer lediglich K_3 benötigt, um c entschlüsseln zu können, und nicht K_1 und K_2. Insbesondere heißt das, dass eine Doppelverschlüsselung die vollständige Schlüsselsuche für den Angreifer im Vergleich zu einer einfachen Verschlüsselung nicht erschwert. Und damit ändert sich auch die effektive Schlüssellänge nicht. $\square$

Eine Mehrfachverschlüsselung mit verschiedenen Schlüsseln ist also nur dann sinnvoll, wenn das Kryptosystem *keine* Gruppe ist. In [Co85] wurde gezeigt, dass es sich beim DES *nicht* um eine Gruppe handelt. Damit stellt sich die Frage, welchen Zuwachs an Sicherheit man durch Mehrfachverschlüsselungen erreichen kann. Auch hier hat man zunächst ein negatives Ergebnis: Eine Doppelverschlüsselung führt nie zu einer Verdopplung der effektiven Schlüssellänge. Der Grund dafür liegt in dem von Merkle und Hellman 1981 präsentierten **Meet-in-the-middle-Angriff**, [MH81].

Es sei ein Kryptosystem $\mathcal{F}$ gegeben. Angenommen, der Angreifer besitzt ein Klartext/Geheimtextpaar (m, c) und er weiß, dass eine Doppelverschlüsselung verwendet wurde. Das heißt, er weiß, dass es zwei Schlüssel K_1 und K_2 gibt mit $c = f_{K_1}(f_{K_2}(m))$. Um den Angriff durchzuführen, stellt der Angreifer zwei Listen auf. Die erste Liste umfasst $f_K(m)$ für alle $K \in \mathcal{K}$, und die zweite Liste enthält $f_K^{-1}(c)$ für alle $K \in \mathcal{K}$.

Alle Übereinstimmungen in diesen Tabellen liefern Schlüsselpaare, die durch eine Doppelverschlüsselung m in c überführen. Wenn es in obigen Listen mehr als eine Übereinstimmung gibt, so benötigt der Angreifer noch mehr Klartext/Geheimtextpaare, um das passende Schlüsselpaar zu finden. Andernfalls hat der Angreifer das Schlüsselpaar (K_1, K_2) gefunden.

Dieser Angriff ist deutlich effizienter als eine vollständige Schlüsselsuche nach den beiden verwendeten Schlüsseln. Denn um die Listen aufzustellen, muss der Angreifer nur $|\mathcal{K}|$ Verschlüsselungen und $|\mathcal{K}|$ Entschlüsselungen durchführen. Wenn man annimmt, dass der Aufwand für eine Verschlüsselung ebenso groß ist wie für eine Entschlüsselung, dann liegt der Aufwand insgesamt bei $2 \cdot |\mathcal{K}|$ Rechenkomplexität und ebenso viel Speicherkomplexität. Eine vollständige Schlüsselsuche hat aber eine Komplexität von $|\mathcal{K}|^2$, da der Angreifer beide Schlüssel finden muss. Bei diesen Überlegungen lassen wir den Aufwand für den Vergleich der Listen außer Acht.

Da der DES einen Schlüsselraum von 2^{56} Schlüsseln hat, bedeutet dieses Ergebnis, dass der Meet-in-the-middle-Angriff eine Komplexität von $2 \cdot 2^{56} = 2^{57}$ Operationen hat, während eine vollständige Schlüsselsuche nach zwei verschiedenen Schlüsseln eine Komplexität von $(2^{56})^2 = 2^{112}$ Operationen hat. Mit anderen Worten heißt das, dass durch eine Doppelverschlüsselung mit dem DES die effektive Schlüssellänge nur ein Bit größer geworden ist.

Der Angriff hat nicht unbedingt praktische Relevanz. Er zeigt nur, dass eine doppelte Verschlüsselung praktisch keinen Zuwachs an Sicherheit bringt.

Der Meet-in-the-middle-Angriff lässt sich grundsätzlich für alle Kaskadenverschlüsselungen durchführen. Bei einer Dreifachverschlüsselung stellt der Angreifer auch zwei Listen auf, allerdings ist die erste Liste hier deutlich komplexer als bei einer Doppelverschlüsselung: In der ersten Liste steht $f_{K_1}(f_{K_2}(m))$ für alle $K_1, K_2 \in \mathcal{K}$, während die zweite Liste unverändert bleibt: $f_K^{-1}(c)$ für alle $K \in \mathcal{K}$.

Um die erste Liste zu bestimmen, muss der Angreifer insgesamt $|\mathcal{K}|^2$ Verschlüsselungsoperationen durchführen, wohingegen er für die zweite Liste nur $|\mathcal{K}|$ Entschlüsselungen braucht. Wenn man wiederum davon ausgeht, dass Ver- und Entschlüsselungen denselben Aufwand benötigen, so liegt die Komplexität des Angriffs auf eine Dreifachverschlüsselung in der Größenordnung von $|\mathcal{K}|^2 + |\mathcal{K}|$, dies entspricht einer Verdoppelung der Schlüssellänge.

8.1.1 Two-Key-Triple-DES

Um eine Verdoppelung der Schlüssellänge zu erreichen, muss man also eine Drei-fachverschlüsselung durchführen. Der **Two-Key-Triple-DES** oder auch kurz **Triple-DES**[1] ist ein praktisches Beispiel hierfür. Der Chiffretext wird folgenderma-ßen berechnet:

$$c := DES(K_1, DES^{-1}(K_2, DES(K_1, m))).$$

An Stelle von zwei Schlüsseln kann man auch drei verschiedene Schlüssel ver-wenden (Three-Key-Triple-DES). Eine genaue Analyse des Meet-in-the-middle-Angriffs in Hinsicht auf den Speicherbedarf und die Anzahl der nötigen Opera-tionen zeigt, dass man durch die Verwendung eines dritten unabhängigen Schlüs-sels noch etwas mehr Sicherheit erreichen lässt als bei Verwendung von nur zwei Schlüsseln.

Das Schema „Verschlüsseln-Entschlüsseln-Verschlüsseln" hat vor allem einen praktischen Zweck: Setzt man die beiden Schlüssel K_1 und K_2 gleich, so ist der Algorithmus identisch mit dem einfachen DES. Damit können Sender und Emp-fänger auch dann noch miteinander kommunizieren, wenn der eine den Triple-DES und der andere nur den DES benutzen will.

Mehrfachverschlüsselungen lassen sich auch mit mehreren verschiedenen Al-gorithmen durchführen. Man kennt dazu folgendes Ergebnis:

Satz 8.1 *Eine Kaskade ist stets mindestens so stark wie das stärkste Einzelglied in der Kaskade.*

Beweis: siehe [K94].   □

Der Satz ist auch anwendbar, wenn man denselben Algorithmus iteriert. In diesem Fall besagt er, dass man den Algorithmus dadurch nicht schwächt. Insbesondere ist der Triple-DES mindestens so sicher wie der DES.

Etwas früher und mit anderen mathematischen Mitteln hat J. Massey 1993 gezeigt, dass eine Kaskade stets mindestens so stark wie die erste eingesetzte Verschlüsselung ist, siehe [MM93].

8.2 Betriebsmodi

Blockchiffren können jeweils nur Nachrichten verarbeiten, deren Länge genau der geforderten Blocklänge entspricht. Um auch Nachrichten größerer Länge ver-schlüsseln zu können, ist die nächstliegende Idee, die langen Nachrichten aufzu-teilen und in einzelnen Blöcken zu verarbeiten.

Dieses Vorgehen hat deutliche Nachteile:

---

[1] In der Literatur findet sich auch die abkürzende Schreibweise 3DES für den Triple-DES.

- Gleiche Blöcke werden stets gleich verschlüsselt. Dies ermöglicht insbesondere bei langen Geheimtexten Angriffe.

- Der Empfänger der verschlüsselten Nachricht erkennt nicht unbedingt, ob ein Angreifer während der Übertragung Blöcke gelöscht oder hinzugefügt hat.

- Der Empfänger der verschlüsselten Nachricht muss stets einen gesamten Geheimtextblock abwarten, bevor er ihn entschlüsseln kann. Dies ist in der Praxis ein Nachteil gegenüber den Stromchiffren, bei denen die Entschlüsselung zeichenweise geschieht, der Empfänger also nicht darauf warten muss, bis ein Geheimtextblock ganz vorliegt.

Die Verfahren, die vorgeben, wie Blockchiffren auf lange Nachrichten angewendet werden, heißen **Betriebsarten** oder **Betriebsmodi** von Blockchiffren (engl. modes of operation). Betriebsmodi unterscheiden sich hinsichtlich ihrer Effizienz, Sicherheit und Fehlerfortpflanzung. Welche man in einem konkreten Fall verwendet, hängt von den speziellen Forderungen an die Effizienz und Sicherheit ab.

Die wichtigsten fünf Betriebsarten sind der **Electronic-Codebook-Modus** (ECB), der **Cipher-Block-Chaining-Modus** (CBC), sowie der **Counter-Modus** (CTR), der **Cipher-Feedback-Modus** (CFB) und der **Output-Feedback-Modus** (OFB), wobei die beiden letzteren die Blockchiffre als Baustein für eine Stromchiffre einsetzen. Man spricht in diesem Fall davon, dass ein Betriebsmodus **stromorientiert** ist.

Abgesehen vom Counter-Modus wurden alle Modi zum ersten Mal für den Einsatz des DES in FIPS 81, [FIPS81], standardisiert. Es gibt einige Varianten der Modi in anderen Standards wie ISO 8732 oder ISO/IEC 10116. Der Counter-Modus wurde von W. Diffie und M. Hellman, [DH79], präsentiert.

8.2.1 Der Electronic-Codebook-Modus

Das einfachste Verfahren, nämlich das Anwenden der Blockchiffre auf die einzelnen Klartextblöcke, heißt Electronic-Codebook-Modus (ECB).

Es bezeichnet f_K eine Verschlüsselungsfunktion mit dem Schlüssel K. Beim Electronic-Codebook-Modus wird jeder Klartextblock m_i unabhängig von allen anderen zum Geheimtextblock c_i verschlüsselt:

$$c_i := f_K(m_i).$$

Auch die Entschlüsselung erfolgt blockweise. Wie oben bereits angedeutet, weist der Electronic-Codebook-Modus einige wesentliche Nachteile in puncto Sicherheit auf. Erstens werden gleiche Blöcke identisch verschlüsselt. Wir haben bereits bei der Cäsar-Chiffre gesehen, dass dies eine ideale Angriffsfläche ist. Ist der Klartext und damit auch der Geheimtext nur lang genug, so ist eine statistische Analyse möglich, so dass der Angreifer den Schlüssel bestimmen kann.

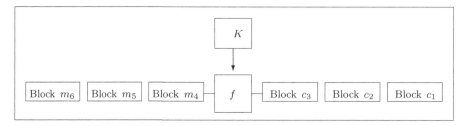

Abbildung 8.1 Electronic-Codebook-Modus

Noch deutlicher sieht man die Schwäche des ECB-Modus, wenn man einen Angriff mit gewählten Klartextnachrichten zulässt. Angenommen, der Angreifer erhält zwei Klartextnachrichten und einen Geheimtext, und er soll bestimmen, welcher Klartext verschlüsselt wurde. Wenn der Klartext aus zwei (oder mehr) Blöcken besteht, zum Beispiel $m_1 m_2$ oder $m_1' m_2'$, dann besteht auch der Geheimtext aus zwei Blöcken $c_1 c_2$. Der Angreifer kann einen Angriff mit gewähltem Klartext durchführen. Geschickterweise übernimmt er dabei einen Klartextblock. Angenommen, es ist $m_1 \neq m_1'$. Er lässt sich dann die Nachricht $m_1 m_2^*$ verschlüsseln, wobei m_2^* irgendeine vom Angreifer beliebig gewählte Nachricht ist. Er erhält einen Geheimtext $c_1^* c_2^*$. Jetzt muss er nur noch vergleichen, ob c_1^* identisch mit dem Geheimtextblock c_1 ist. Sind die beiden Blöcke identisch, so ist in $c_1 c_2$ die Nachricht $m_1 m_2$ verschlüsselt worden. Sind die beiden Blöcke nicht identisch, so ist $m_1' m_2'$ verschlüsselt worden. Seine Erfolgschance, die beiden Klartexte mit Hilfe des Geheimtextes unterscheiden zu können, liegt also bei 1.

Gemäß Definition 5.1 handelt es sich hier also nicht um eine sichere Verschlüsselung. Für die Praxis schwerer wiegend ist, dass der Angreifer zahlreiche andere Möglichkeiten hat, den Geheimtext (und damit auch den Klartext, den der Empfänger entschlüsselt) unbemerkt zu manipulieren. Das Vertauschen, Löschen oder Hinzufügen von Blöcken kann der Empfänger bestenfalls dadurch bemerken, dass der entschlüsselte Klartext keinen Sinn ergibt.

Bei einem Einsatz des ECB-Modus ist also darauf zu achten, dass diese Probleme keine Rolle spielen, das heißt, dass nur kurze Nachrichten verschlüsselt werden und die genannten Angriffe nicht möglich oder sinnvoll sind oder durch andere Maßnahmen unschädlich gemacht werden. Beispiele hierfür sind die Speicherung und Übermittlung von kurzen Schlüsseln, so genannten **Sitzungsschlüsseln**, vgl. Kapitel 19, und Passwörtern.

8.2.2 Cipher-Block-Chaining-Modus

Beim Cipher-Block-Chaining-Modus (CBC) werden die Blöcke nicht unabhängig voneinander verschlüsselt. Um einen Block zu verschlüsseln, wird der vorangegangene Geheimtextblock mit dem Klartextblock verknüpft und das Ergebnis verschlüsselt. Die Verknüpfung ist eine Gruppenverknüpfung auf den Klartexten, meistens die XOR-Verknüpfung. Der CBC ist kein strom- sondern ein blockorientierter Modus, das heißt, dass der Empfänger den gesamten Geheimtextblock braucht, um den entsprechenden Klartext lesen zu können.

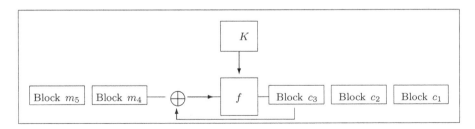

Abbildung 8.2 Cipher-Block-Chaining-Modus

Dabei hat man das Problem, dass man für den ersten Klartextblock noch keinen Geheimtextblock zur Verfügung hat. Statt eines Geheimtextblockes verwendet man für den ersten Klartextblock einen Initialisierungsblock oder Initialisierungswert c_0.

Die Verschlüsselung wird also folgendermaßen durchgeführt:

$$c_i = f_K(m_i \oplus c_{i-1}),$$

wobei c_0 der Initialisierungsblock ist. Der Initialisierungsblock muss nicht geheim gehalten werden; er wird ebenso wie die Geheimtextblöcke an den Empfänger übermittelt.

Der Empfänger kann den Klartext entschlüsseln, indem er den i-ten Geheimtextblock mit der Blockchiffre entschlüsselt und anschließend das Inverse des $(i-1)$-ten Geheimtextblockes addiert:

$$m_i = f_K^{-1}(c_i) \oplus (c_{i-1})^{-1}$$

Handelt es sich bei der Verknüpfung um eine XOR-Verknüpfung, dann muss der Empfänger den $(i-1)$-ten Geheimtextblock nicht invertieren, sondern kann ihn direkt addieren:

$$m_i = f_K^{-1}(c_i) \oplus c_{i-1}.$$

Abgesehen davon, dass man eine XOR-Verknüpfung pro Block zusätzlich anwenden muss, ist der CBC-Modus ebenso effizient wie der ECB-Modus. Man hat also durch die Verkettung der Blöcke keinen zusätzlichen Aufwand, denn eine XOR-Verknüpfung ist im Vergleich zur einer Verschlüsselung praktisch vernachlässigbar.

Beim CBC-Modus hängt jeder Geheimtextblock c_i von allen vorangegangenen Geheimtexten ab. Dies hat den Vorteil, dass ein Vertauschen oder Löschen von Geheimtextblöcken bemerkt wird. Da man zur Entschlüsselung des i-ten Klartextblockes sowohl den i-ten als auch den $(i-1)$-ten Geheimtextblock braucht, bemerkt der Empfänger ein Vertauschen oder Löschen von Blöcken. Fehlt beispielsweise gerade der i-te Geheimtextblock, so kann der Empfänger den $(i+1)$-ten Geheimtextblock zwar entschlüsseln, doch erhält er keine sinnvolle Ausgabe. Alle weiteren Geheimtextblöcke kann er aber wieder korrekt entschlüsseln.

Sind der i-te und der $(i+1)$-te Block vertauscht, so kann der Empfänger die Blöcke $i+1$ und $i+2$ zwar entschlüsseln, was jedoch keine sinnvolle Ausgabe liefert, während er von da ab jedoch alle weiteren Blöcke korrekt entschlüsseln kann. In beiden Fällen bemerkt der Empfänger also, an welchen Stellen ein Angreifer den Geheimtext manipuliert hat.

Der CBC-Modus ist **selbstsynchronisierend** in dem Sinne, dass ein Fehler in Block j den übernächsten Block $j+2$ nicht betrifft, da dieser korrekt entschlüsselt werden kann. In der Literatur wird der Begriff unterschiedlich gebraucht. Manche Autoren verwenden ihn ausschließlich für Stromchiffren.

Auch einen Fehler im Geheimtext bemerkt der Empfänger. Tritt gerade im i-ten Geheimtextblock ein Fehler auf, das heißt, es wird c_i' an Stelle von c_i übertragen, so misslingt die Entschlüsselung des i-ten und des $(i+1)$-ten Geheimtextblockes, denn den $(i+1)$-ten Geheimtextblock entschlüsselt man zu $m_{i+1}' = f_K^{-1}(c_{i+1}) \oplus c_i'$.

Der $(i+2)$-te Block wird aber korrekt zu $m_{i+2} = f_K^{-1}(c_{i+2}) \oplus c_{i+1}$ entschlüsselt, wenn c_{i+1} und c_{i+2} keinen Fehler enthalten.

Dabei spielt es keine Rolle, ob der Fehler zufällig (also zum Beispiel durch eine Störung auf dem Übertragungskanal) aufgetreten ist oder bewusst von einem Angreifer induziert wurde. Man sagt auch, dass sich ein Fehler nur über zwei Blöcke fortpflanzt. Dies ist ein kleiner Nachteil gegenüber dem ECB-Modus, bei dem ein Fehler in einem Block keinen anderen Block betrifft. Der wesentliche Vorteil ist aber, dass mehr Fehler bemerkt werden.

Ein bekanntes und historisch interessantes Beispiel für eine CBC-Verschlüsselung ist das so genannte **Autokey-Verfahren** von Vigenère. Die Klartext- und Geheimtextmenge ist jeweils das lateinische Alphabet, interpretiert als $\mathbb{Z}_{26}$ zusammen mit der Addition modulo 26. Als „Verschlüsselungsfunktion" wird die Identität auf $\mathbb{Z}_{26}$ gewählt. Man wählt also einen Startwert c_0 aus $\mathbb{Z}_{26}$ und verschlüsselt die einzelnen Buchstaben $b_1, ..., b_n$ durch die Verknüpfung mit dem jeweils letzten Geheimtextbuchstaben: $c_i := c_{i-1} + b_i \bmod 26$. Etwas allgemeiner kann man diese Chiffrierung auch so auffassen:

$$c_1 := f_{c_0}(m_0)$$
$$c_i := f_{c_{i-1}}(m_{i-1}).$$

Wir betrachten ein Beispiel: Der Startwert sei X. Dann wird der Klartext folgendermaßen verschlüsselt: Bei diesem Verfahren muss der Startwert allerdings

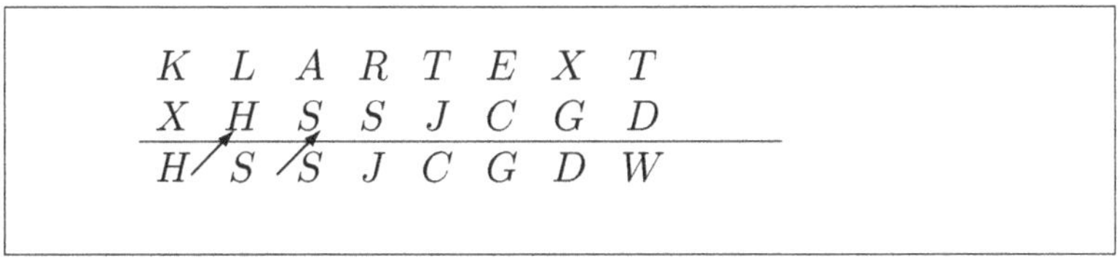

$$
\begin{array}{cccccccc}
K & L & A & R & T & E & X & T \\
X & H & S & S & J & C & G & D \\
\hline
H & S & S & J & C & G & D & W
\end{array}
$$

Abbildung 8.3 Autokey-Verschlüsselung

geheim gehalten werden; er spielt hier die Rolle des Schlüssels. Daher ist die Autokey-Verschlüsselung ebenso unsicher wie die Cäsarverschlüsselung. Denn hier braucht man nur 26 verschiedene Startwerte durchzuprobieren und kann dann den gesamten Text entschlüsseln.

Von Bellare, Desai, Jokipii und Rogaway, [BDJR97], stammt folgendes theoretische Ergebnis: Die CBC-Verschlüsselung ist unter einem Angriff mit gewählten Klartexten mindestens so sicher wie die zugrunde liegende Blockchiffre. Am Beispiel der Autokey-Verschlüsselung können wir das sofort verifizieren: Die zugrunde liegende Blockchiffre ist die Cäsarchiffrierung mit einer vollständigen Schlüsselsuche durch einen Schlüsselraum von 26 Schlüsseln. Die Autokey-Verschlüsselung hat denselben Schlüsselraum.

Unter einem Angriff mit gewählten Geheimtexten ist die CBC-Verschlüsselung allerdings nicht sicher. Wir machen uns dies an einem einfachen Beispiel klar: Es sei eine Blockchiffre f_K gegeben, die auf Bits operiert. Der Angreifer erhält zwei Klartexte m_1 und m_1' und einen Geheimtext $c_0 c_1$, wobei c_0 jeweils ein Initialisierungswert ist, den der Angreifer kennt.

Der Angreifer kann sich beliebige Geheimtexte von einem Orakel entschlüsseln lassen (bis auf $c_0 c_1$). Dann manipuliert der Angreifer den Initialisierungswert c_0: Er verändert ein beliebiges Bit von c_0, sagen wir das j-te, und erhält damit $\tilde{c}_0$. Er lässt sich $\tilde{c}_0 c_1$ vom Orakel entschlüsseln.

Das Orakel liefert ihm einen Klartext $\tilde{m}_1 = f_K^{-1}(c_1) \oplus \tilde{c}_0$. Die korrekte Entschlüsselung m_1' oder $m_1 = f_K^{-1}(c_1) \oplus c_0$ unterscheidet sich von dieser Antwort des Orakels nur in einem einzigen Bit. Und damit kann der Angreifer unterscheiden, welcher der beiden Klartexte verschlüsselt worden ist.

Was bedeuten diese beiden Ergebnisse? Grundsätzlich ist die CBC-Verschlüsselung sicher, es sei denn, man ist in einer Situation, in der Angriffe mit gewählten Geheimtexten nicht ausgeschlossen werden können. Da der Angriff in vielen Anwendungen nicht realistisch ist, wird dieser Betriebsmodus häufig eingesetzt.

8.2.3 Counter-Modus

Der Counter-Modus ist im Gegensatz zum Cipher-Block-Chaining-Modus ein **stromorientierter** Betriebsmodus. Diese Betriebsart liefert also im Ergebnis eine Stromchiffre, das heißt, zur Entschlüsselung des i-ten Blocks muss man nicht warten, bis der Block vollständig übermittelt wurde, sondern man kann den Geheimtext zeichenweise entschlüsseln.

Wie beim Cipher-Block-Chaining-Modus braucht man beim Counter-Modus einen Initialisierungswert c_0. Im Gegensatz zum Cipher-Block-Chaining-Modus wird aber nicht der Klartext zusammen mit dem vorangegangenen Geheimtextblock verschlüsselt, sondern nur der Initialisierungswert mit dem so genannten **Counter**, das heißt der jeweiligen Blocknummer. Das heißt, dass man den i-ten Geheimtextblock durch $c_i := f_K(c_0 + i) \oplus m_i$ berechnet, wobei c_0 der Initialisierungswert ist. Die Werte von $f_K(c_0 + i)$ bilden einen Schlüsselstrom für die

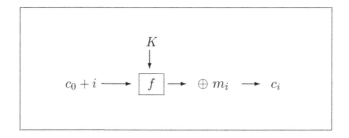

Abbildung 8.4 Counter-Modus

Verschlüsselung der Klartextblöcke m_i. Stromchiffren wie der Counter Modus, deren Schlüsselstrom unabhängig von der Klartextnachricht generiert wird, heißen **synchron**.

Der Counter-Modus ist aber nicht selbstsynchronisierend: Fehlt ein Geheimtextblock, so werden alle folgenden Geheimtextblöcke falsch entschlüsselt. Sender und Empfänger sind dann nicht mehr synchron, das bedeutet, sie benutzen dieselbe Schlüsselfolge für verschiedene Blocknummern.

Ein Vertauschen von Blöcken führt jedoch nur dazu, dass diese beiden Blöcke nicht korrekt entschlüsselt werden. Außerdem gibt es keine Fehlerfortpflanzung: Ein Fehler in c_i bewirkt nur eine falsche Entschlüsselung von m_i.

Der Counter-Modus hat gegenüber dem Cipher-Block-Chaining-Modus verschiedene Vorteile. Zunächst ist der Counter-Modus stromorientiert, insbesondere können die Werte $f_K(c_0 + i)$ im Voraus und parallel zueinander berechnet werden.

Weiterhin muss man im Gegensatz zum Cipher-Block-Chaining-Modus die Umkehrfunktion von f_K nicht bestimmen, f_K muss nicht einmal invertierbar sein.

8.2.4 Cipher-Feedback-Modus

Wie beim CBC-Modus erreicht man mit dem Cipher-Feedback-Modus die Abhängigkeit eines Geheimtextblocks von den vorangegangenen Geheimtextblöcken. Auch hier vereinbaren Sender und Empfänger einen Startwert c_0.

Man erzeugt hier durch die Blockchiffre, die man auf den $(i-1)$-ten Geheimtextblock anwendet, eine klartextabhängige Pseudozufallsschlüsselfolge für eine Stromchiffre:

$$c_i := m_i \oplus f_K(c_{i-1}).$$

Wenn die Klar- und Geheimtexte als Bitfolgen vorliegen und die Verknüpfung eine XOR-Verknüpfung ist, so muss man nicht einmal die Inverse bestimmen, sondern kann die Entschlüsselung direkt berechnen:

$$m_i := c_i \oplus f_K(c_{i-1}).$$

Wie steht es bei diesem Modus mit dem Erkennen von vertauschten oder ge-

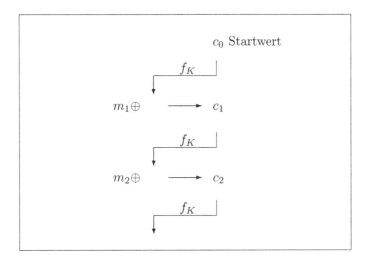

Abbildung 8.5 CFB-Modus

löschten Blöcken? Angenommen, der i-te Geheimtextblock fehlt. Dann kann der Empfänger den i-ten Klartextblock natürlich nicht berechnen. Auch den $(i + 1)$-ten Klartextblock kann er nicht sinnvoll entschlüsseln, denn er würde dazu die Schlüsselbitfolge $f_K(c_{i-1})$ benutzen, tatsächlich bräuchte er aber $f_K(c_i)$. Da er den $(i + 1)$-ten Geheimtextblock aber wieder zur Verfügung hat, kann er den $(i + 2)$-ten Klartextblock wieder korrekt entschlüsseln.

ähnliches gilt für das Vertauschen von Blöcken. Sind die Blöcke c_i und c_{i+1} vertauscht, so misslingt das Entschlüsseln der Klartextblöcke m_i, m_{i+1} und m_{i+2}, alle weiteren Blöcke werden korrekt entschlüsselt.

Ist im i-ten Geheimtextblock ein Fehler aufgetreten, so werden die Klartextblöcke m_i und m_{i+1} falsch entschlüsselt.

Ebenso wie der CBC-Modus ist der CFB-Modus selbstsynchronisierend.

Für den CFB-Modus gelten die gleichen theoretischen Ergebnisse wie für den CBC: Gegen adaptive Angriffe mit gewähltem Klartext ist er mindestens so sicher wie die verwendete Blockchiffre, gegen Angriffe mit gewähltem Geheimtext funktioniert jedoch der gleiche Angriff wie gegen den CBC-Modus.

8.2.5 Output-Feedback-Modus

Auch der Output-Feedback-Modus ist eine stromorientierte Anwendung von Block-chiffren. Auch hier muss man nicht auf den gesamten i-ten Geheimtextblock war-ten, um ihn entschlüsseln zu können, sondern kann zeichenweise dechiffrieren. Anders als im CFB-Modus wird hier allerdings eine klartextunabhängige Pseu-dozufallszahlenfolge berechnet; der OFB ist also ein **synchroner** Betriebsmodus. Sender und Empfänger vereinbaren auch hier einen Startwert s_0. Mit der Block-chiffre verschlüsselt werden nur der Startwert und die jeweiligen iterierten Chif-frate des Startwertes:

$$s_i := f_K(s_{i-1}), \quad i \geq 1.$$

Der Klartext und die vorangegangenen Geheimtextblöcke spielen hier keine Rolle, das bedeutet, dass man diese Pseudozufallsfolge im Voraus berechnen kann, noch bevor feststeht, welcher konkrete Klartext verschlüsselt werden soll. Den Geheim-text erhält man dann durch das Verknüpfen des Klartextes mit der Pseudozufalls-schlüsselfolge:

$$c_i := m_i \oplus s_i.$$

Da dies eine schnell durchzuführende Operation ist, ist dieser Modus besonders gut geeignet, wenn sehr schnell ver- und entschlüsselt werden muss, zum Beispiel wenn gesprochene Sprache in Echtzeit verschlüsselt werden muss.

Sender und Empfänger brauchen beide den Schlüssel und den gemeinsamen Startwert s_0. Im Gegensatz zum Schlüssel muss s_0 aber nicht geheim sein.

Der OFB-Modus ist eine synchrone Chiffre, im Gegensatz zum CBC und zum CFB ist er aber nicht selbstsynchronisierend: Fehlt ein Geheimtextblock, so wer-den alle folgenden Geheimtextblöcke falsch entschlüsselt. Sender und Empfänger sind dann nicht mehr synchron, das bedeutet, sie benutzen dieselbe Schlüsselfolge für verschiedene Blocknummern.

Ein Vertauschen von Blöcken führt jedoch nur dazu, dass diese beiden Blöcke nicht korrekt entschlüsselt werden. Außerdem gibt es keine Fehlerfortpflanzung: Ein Fehler in c_i bewirkt nur eine falsche Entschlüsselung von m_i. Für den OFB gelten die schon bekannten Ergebnisse: Auch er ist sicher gegen adaptive Angriffe mit gewähltem Klartext, nicht jedoch gegen solche mit gewähltem Geheimtext.

8.3 Übungen

1. Führen Sie die adaptiven Angriffe mit gewählten Geheimtexten gegen den CFB und den OFB explizit durch!

2. Unter welchen Umständen erhält man beim CBC- und beim CFB-Modus bei gleichen Klartexten auch die gleichen Geheimtexte?

3. Bei welchen Modi müssen die Startwerte geheim gehalten werden?

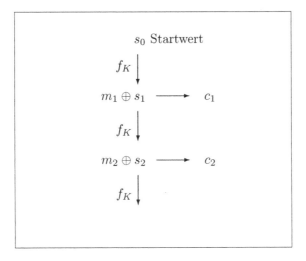

Abbildung 8.6 OFB-Modus

- CBC
- CFB
- OFB
- Bei keinem der drei.

4. Ist es sinnvoll, stets den gleichen Startwert zu benutzen?

- Ja.
- Nein.
- Das kommt auf die konkrete Situation an.

5. Welcher der folgenden Modi ist stromorientiert?

- ECB
- CBC
- CFB
- OFB

6. Welche Konsequenzen hat ein Vertauschen oder Löschen von Blöcken beim Counter-Modus? über wie viele Blöcke pflanzen sich Fehler fort?

7. Zeigen Sie, dass sich beim CFB-Modus ein Fehler im i-ten Geheimtextblock nur über zwei Klartextblöcke fortpflanzt.

8. Welchen Vorteil haben stromorientierte Betriebsarten gegenüber den blockorientierten?

- Stromchiffren sind generell sicherer als Blockchiffren.

- Stromchiffren ermöglichen eine schnellere Entschlüsselung als Blockchiffren.

- Stromchiffren brauchen weniger Speicherplatz als Blockchiffren.

9. Verschlüsseln Sie den Klartext „Kryptografie" im (i) CBC-, (ii) CFB-, (iii) OFB-Modus, wobei als Blockchiffre eine Cäsarchiffrierung mit dem Schlüssel D und der Startwert X verwendet werden. Was fällt Ihnen auf? Welche Geheimtexte erhalten Sie?

- XKEFXTKTNQYJQ
- XKUEYFDYMYGML
- XLOSEDUVCWMJR

Teil II

Asymmetrische Kryptografie

9 Einführung in die Public-Key-Kryptografie

9.1 Public-Key-Verschlüsselung

Die bisherigen Kapitel haben sich mit der so genannten **symmetrischen Kryptografie** beschäftigt, bei der je zwei Teilnehmer einen Schlüssel benötigen, der vor allen anderen Teilnehmern geheim gehalten werden muss. Wenn man sich ein großes Netzwerk von Teilnehmern vorstellt, in dem eine vertrauliche Kommunikation zwischen je zwei Teilnehmern realisiert werden soll, so hat die Symmetrie unmittelbare Konsequenzen:

(1) Wenn es N Teilnehmer gibt, so muss jeder Teilnehmer $N-1$ Schlüssel geheim speichern.

(2) Wenn ein neuer Teilnehmer hinzukommt, müssen alle Teilnehmer ihre Schlüsseldatei aktualisieren.

(3) Sender und Empfänger müssen einen gemeinsamen Schlüssel vereinbaren.

(4) Sender und Empfänger müssen sich gegenseitig darin vertrauen, dass keiner den gemeinsamen Schlüssel preisgibt.

Die symmetrische Kryptografie geht davon aus, dass nicht nur der Empfänger einer verschlüsselten Nachricht den passenden Schlüssel besitzt, sondern auch der Sender der Nachricht, um den entsprechenden Geheimtext zu produzieren. Im Gegensatz dazu entwickelten W. Diffie und M. Hellman in ihrer Bahn brechenden Veröffentlichung aus dem Jahr 1976 das Konzept der **asymmetrischen Kryptografie** (oder auch **Public-Key-Kryptografie**), [DH76]. Ausgangspunkt der Public-Key-Kryptografie ist die Erkenntnis, dass bei einem Verschlüsselungsverfahren grundsätzlich nur der Empfänger einen echten Vorteil gegenüber dem Angreifer braucht. Die Frage war, ob auch der Sender über ein geheimes Wissen verfügen muss, das der Angreifer nicht hat.

Bei einem **Public-Key-Kryptosystem** hat jeder Teilnehmer T zwei Schlüssel: einen **öffentlichen Schlüssel** $E = E_T$ (enciphering) und einen privaten Schlüssel $D = D_T$ (deciphering). Jeder, der einem Teilnehmer eine verschlüsselte Nachricht schicken will, benötigt dessen öffentlichen Schlüssel. Man kann sich beispielsweise ein öffentlich zugängliches Verzeichnis für öffentliche Schlüssel vorstellen. Wenn A an B eine Nachricht senden will, so sucht er als erstes B's öffentlichen Schlüssel heraus oder lässt ihn sich direkt von B schicken. Er wendet B's öffentlichen Schlüssel auf die Nachricht an, die er ihm schicken will, und erhält einen Geheimtext. Diesen sendet er an B. Da nur B über den passenden

Abbildung 9.1 öffentliche Schlüssel

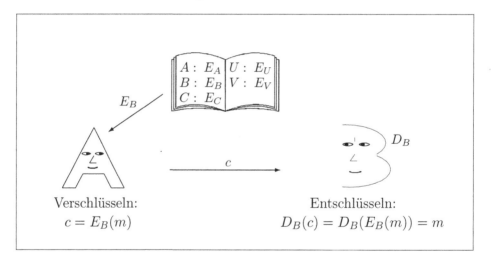

Abbildung 9.2 Asymmetrische Verschlüsselung

privaten Schlüssel verfügt, kann nur er den Geheimtext entschlüsseln. Damit es sich hierbei um ein sinnvolles Verschlüsselungsverfahren handelt, muss der Empfänger natürlich auch hier die Nachrichten eindeutig entschlüsseln können. Bei den Public-Key-Verschlüsselungsverfahren braucht man aber eine zusätzliche Eigenschaft. Denn der Angreifer hat in einem Public-Key-Verfahren von vornherein mehr Informationen als bei einem symmetrischen Verfahren: er kennt den öffentlichen Schlüssel, der für die Verschlüsselung verwendet wurde. Wenn er also in der Lage ist, den passenden privaten Schlüssel zu berechnen, dann kann er alle Nachrichten mitlesen. Für ein sinnvolles Verschlüsselungsverfahren muss man fordern, dass es dem Angreifer nicht möglich ist, aus dem öffentlichen Schlüssel eines Teilnehmers dessen privaten Schlüssel zu berechnen. Damit ergeben sich zwei

Anforderungen:

(1) **Eindeutige Entschlüsselung**: Für alle Nachrichten m gilt

$$D_T(E_T(m)) = m.$$

Dabei bezeichnet E_T die Anwendung des Verschlüsselungsalgorithmus in Abhängigkeit vom öffentlichen Schlüssel des Teilnehmers T. Die Schlüssel müssen also in diesem Sinne zusammenpassen, dass D_T die Wirkung von E_T aufhebt. Das Anwenden des privaten Schlüssels macht die Anwendung des öffentlichen Schlüssels rückgängig.

(2) **Public-Key-Eigenschaft**: Es ist praktisch unmöglich, aus der Kenntnis des öffentlichen Schlüssels E_T auf den privaten Schlüssel D_T zu schließen. Wenn sich die Public-Key-Eigenschaft umsetzen lässt, dann muss der Sender einer Nachricht keinerlei Geheimnis verwenden. Zum Verschlüsseln einer Nachricht verwendet er nur den öffentlichen Schlüssel des Empfängers.

Wenn die Eigenschaften (1) und (2) erfüllt sind, spricht man von einem **asymmetrischen** oder **Public-Key-Verschlüsselungsverfahren**.

Um ein Public-Key-Verschlüsselungsverfahren anzugeben, muss man drei Verfahren beschreiben: die Schlüsselerzeugung, die Verschlüsselung und die Entschlüsselung. Die Schlüsselerzeugung ist bei den asymmetrischen Verfahren im Allgemeinen deutlich komplexer als bei den symmetrischen Verfahren, denn der öffentliche Schlüssel muss in enger Beziehung zum privaten Schlüssel stehen, ohne dass man den privaten Schlüssel aus dem öffentlichen berechnen kann. Bei den symmetrischen Verfahren hingegen reicht es aus, eine Pseudozufallszahl als Schlüssel zu verwenden.

Public-Key-Verschlüsselungsverfahren haben gegenüber den symmetrischen Verfahren einen entscheidenden Vorteil: Sender und Empfänger können spontan vertraulich kommunizieren, das heißt, dass sie nicht zunächst einen gemeinsamen Schlüssel vereinbaren müssen. Alles, was der Sender braucht, ist der öffentliche Schlüssel des Empfängers. Das bedeutet insbesondere, dass jeder Teilnehmer in einem Netzwerk nur noch zwei Schlüssel zu speichern braucht: seinen eigenen öffentlichen Schlüssel und seinen eigenen privaten Schlüssel. Die öffentlichen Schlüssel der anderen Teilnehmer kann er in einem öffentlichen Verzeichnis nachsehen oder sich direkt von seinen Kommunikationspartnern unverschlüsselt übermitteln lassen.

Die wichtigsten Vertreter der Public-Key-Verfahren sind der **RSA-Algorithmus** (vgl. Kapitel 10) und die **Diffie-Hellman-Schlüsselvereinbarung** bzw. die **ElGamal-Verschlüsselung** (vgl. Kapitel 11), deren Arithmetik auf großen Zahlen beruht. Sie haben jedoch auch Nachteile. Erstens gibt es im Vergleich zu den symmetrischen Verfahren nur sehr wenige Public-Key-Verschlüsselungsverfahren, deren Sicherheit zudem auf ähnlichen mathematischen Annahmen beruht. Wenn sich eines dieser Verfahren als unsicher herausstellen sollte, kann man im Unterschied zu den symmetrischen Verschlüsselungsverfahren nicht so leicht auf eine Alternative zurückgreifen.

Zweitens sind alle bis heute bekannten Verfahren zur asymmetrischen Verschlüsselung wegen der Arithmetik großer Zahlen sehr langsam, wohingegen sich die symmetrischen Verfahren sehr effizient implementieren lassen. In der Praxis verwendet man daher so genannte **Hybridverfahren** (Mischverfahren), die die jeweiligen Vorteile der symmetrischen und asymmetrischen Kryptografie kombinieren. Der Sender einer Nachricht wählt zunächst einen symmetrischen Schlüssel und verschlüsselt seine Nachricht unter diesem Schlüssel mit einem symmetrischen Algorithmus wie zum Beispiel dem DES oder AES oder einem anderen symmetrischen Verfahren. Anschließend verschlüsselt er nur den symmetrischen Schlüssel mit dem öffentlichen Schlüssel des Empfängers. Das langsame Public-Key-Verschlüsselungsverfahren wird also nur benutzt, um den relativ kurzen symmetrischen Schlüssel zu übertragen.

Bei diesem Vorgehen lässt sich also spontane vertrauliche Kommunikation auch effizient umsetzen: Die Teilnehmer müssen keine gemeinsamen geheimen Schlüssel vereinbaren und können ihre Nachrichten dennoch mit einem schnellen symmetrischen Verfahren verschlüsseln. Grundsätzlich hat jedes Public-Key-

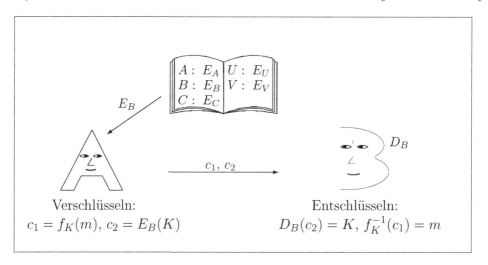

Abbildung 9.3 Hybride Verschlüsselung

Verfahren noch ein drittes Problem: Der Sender einer Nachricht muss einwandfrei feststellen können, dass der öffentliche Schlüssel, den er zum Verschlüsseln benutzt, auch tatsächlich dem Empfänger gehört, dem er die Nachricht senden will. Man spricht von der **Authentizität** der Schlüssel. Wenn es einem Angreifer gelingt, seinen eigenen öffentlichen Schlüssel als den eines anderen Teilnehmers auszugeben, so kann er dessen Nachrichten lesen. Wir werden im Kapitel 17 auf dieses Problem zurückkommen und darstellen, dass dieses Problem mit den Mitteln der Public-Key-Kryptografie lösbar ist.

9.2 Digitale Signaturen

Diffie und Hellman haben in ihrer Veröffentlichung nicht nur den Grundstein für die asymmetrischen Verschlüsselungsverfahren gelegt, sondern auch beobachtet, dass sich asymmetrische Verschlüsselungsverfahren unter Umständen nicht nur für die Vertraulichkeit, sondern auch für die Sicherheitsziele Authentizität und Verbindlichkeit verwenden lassen. Wenn das Verfahren die Eigenschaft hat, dass nicht nur $D_T(E_T(m)) = m$, sondern auch $E_T(D_T(m)) = m$ gilt, dann kann man das Verschlüsselungsverfahren auch als **digitales Signaturverfahren** verwenden.

Von einer digitalen Signatur erwartet man, dass sie im Prinzip ein äquivalent zur handschriftlichen Unterschrift ist. Das bedeutet vor allem, dass die Signatur fälschungssicher ist. Es darf keinem Unbefugten möglich sein, eine Signatur zu fälschen, jeder kann die Signatur überprüfen, und der Signierer kann nicht leugnen, die Unterschrift geleistet zu haben.

In einem Netzwerk, in dem jeder Teilnehmer einen öffentlichen und einen privaten Schlüssel besitzt, kann man ein digitales Signaturverfahren folgendermaßen realisieren. Ein Teilnehmer T, der eine Nachricht m signieren will, wendet seinen privaten Schlüssel D_T auf die Nachricht m an und erhält damit eine Signatur $sig = D_T(m)$. Diese Signatur kann nur der Teilnehmer T für diese Nachricht erstellt haben. Jeder andere Teilnehmer kann die Signatur mit Hilfe des öffentlichen Schlüssels von T verifizieren: Gilt $E_T(sig) = m$, so ist die Signatur korrekt, denn es ist: $E_T(sig) = E_T(D_T(m)) = m$. Ein so definiertes digitales Signaturverfahren

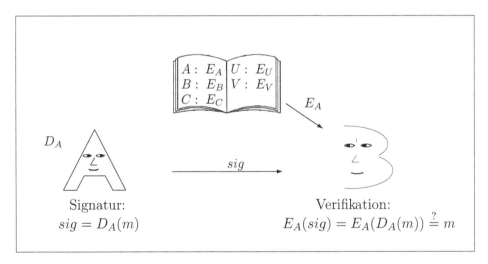

Abbildung 9.4 Digitale Signatur

hat die folgenden Eigenschaften:

(1) Nur Teilnehmer T kann eine Signatur erzeugen, da nur er den privaten Schlüssel kennt.

(2) Er kann daher die Unterschrift nicht ableugnen. Man sagt auch, die Signatur gewährleistet die **Verbindlichkeit** der Nachricht.

(3) Jeder kann mit T's öffentlichem Schlüssel die Echtheit der Signatur überprüfen.

Allgemein definiert man ein digitales Signaturverfahren folgendermaßen: Es besteht aus drei Algorithmen, der Schlüsselerzeugung, dem Signaturalgorithmus und der Verifikation. Bei der Schlüsselerzeugung werden ein privater und ein öffentlicher Schlüssel generiert. Der Signaturalgorithmus berechnet in Abhängigkeit einer Nachricht und des privaten Schlüssels eine Signatur. Der Verifikationsalgorithmus erhält als Eingabe eine Signatur, eine Nachricht und einen öffentlichen Schlüssel und hat als Ausgabe die Werte „wahr" oder „falsch". Er prüft, ob die drei Eingaben im richtigen Zusammenhang zueinander stehen. Man fordert, dass er als Ausgabe „wahr" liefert, wenn die Signatur die Ausgabe des Signaturalgorithmus zu dieser Nachricht und dem zu dem öffentlichen Schlüssel passenden privaten Schlüssel ist.

Für die Sicherheit des Verfahrens muss man zusätzlich fordern, dass es praktisch nicht möglich ist, ohne den privaten Schlüssel eine gültige Signatur zu erzeugen, das heißt eine Signatur, die von der Verifikation akzeptiert wird.

Allerdings muss auch hier die Authentizität der öffentlichen Schlüssel gewährleistet sein. Wenn es einem Angreifer gelingt, seinen öffentlichen Schlüssel als den eines anderen Teilnehmers auszugeben, so kann er in dessen Namen Signaturen erstellen, während die echten Signaturen des Teilnehmers nicht mehr verifiziert werden können.

Ebenso wie die Public-Key-Verschlüsselungsverfahren sind auch alle bis heute bekannten Signaturverfahren sehr langsam. Ein weiterer Nachteil ist, dass die Signatur ebenso lang ist wie die Nachricht, das bedeutet, dass sich die Nachrichtenlänge insgesamt verdoppelt. ähnlich wie bei den hybriden Verfahren behilft man sich hier mit einem Trick: Bevor ein Teilnehmer eine Nachricht signiert, wendet er zunächst eine **Hashfunktion** auf die Nachricht an (vgl. Kapitel 15). Eine Hashfunktion bildet einen beliebig langen Bitstring auf einen Bitstring fest vorgegebener Länge ab. Das bedeutet, dass sie jede Nachricht auf eine bestimmte Länge komprimiert. Weiterhin fordert man zwei Eigenschaften von einer Hashfunktion:

(1) **Einweg-Eigenschaft**: Zu jeder Nachricht lässt sich effizient der passende Hashwert berechnen. Die Umkehrung soll jedoch praktisch nicht möglich sein: Zu einem vorgegebenen Hashwert ist es nicht möglich, eine Nachricht zu finden, die auf diesen Hashwert abgebildet wird.

(2) **Kollisionsresistenz**: Es ist praktisch nicht möglich, zwei verschiedene Nachrichten zu finden, die auf den gleichen Hashwert abgebildet werden. Die Betonung liegt hier auf „es ist praktisch nicht möglich", eine Kollision zu finden, denn natürlich gibt es Kollisionen. Der Grund dafür liegt darin, dass es unendlich viele Nachrichten, aber nur endlich viele Hashwerte gibt, eine Hashfunktion also nicht injektiv ist.

Wenn ein Teilnehmer also eine Nachricht signiert, so wendet er zunächst eine Hashfunktion auf die Nachricht an und signiert dann nur den Hashwert. Man spricht hier von **Hash-and-Sign-Verfahren**, (vgl Kapitel 15). Die gewünschten Eigen-

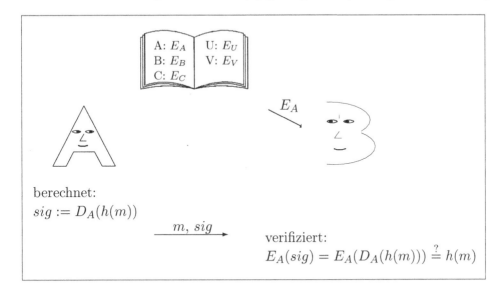

Abbildung 9.5 Hash-and-Sign-Signaturen

schaften einer Signatur bleiben auch bei der Verwendung von Hashfunktionen erhalten: Die Fälschungssicherheit, die Verifizierbarkeit und die Verbindlichkeit gelten zwar zunächst nur für den Hashwert. Die Fälschungssicherheit und Verbindlichkeit übertragen sich aber auf die Nachricht, denn kein Angreifer kann aus einem Hashwert eine passende Nachricht berechnen oder zwei Nachrichten finden, die den gleichen Hashwert und damit auch die gleiche Signatur haben.

Digitale Signaturen finden in vielen Situationen Verwendung. Ohne sie sind viele komplexe Anwendungen wie elektronisches Geld oder elektronische Wahlen undenkbar.

Während die asymmetrischen Verschlüsselungsverfahren die Vertraulichkeit von Nachrichten garantieren, sorgen digitale Signaturen für die Authentizität und die Verbindlichkeit von Nachrichten. In der Praxis sind häufig sowohl die Vertraulichkeit als auch die Authentizität und Verbindlichkeit von Nachrichten erwünscht. Man kann dies dadurch erreichen, dass man eine Nachricht erst signiert, und anschließend werden Nachricht und Signatur verschlüsselt. Man spricht hier von einem **kryptografischen Umschlag**. Obwohl es zunächst keine Rolle zu spielen scheint, ob man die Nachricht erst signiert und dann verschlüsselt oder erst verschlüsselt und dann signiert, so macht es doch juristisch einen großen Unterschied. Wenn jemand einen Geheimtext signiert, so versteht er zum Zeitpunkt der Unterschrift die Nachricht nicht mehr. Unter Umständen ist ihm also nicht bewusst, was er unterschreibt. (Man stellt sich die entsprechende Situation bei einem Brief vor: Die Unterschrift steht auf dem Umschlag und nicht unter dem Brief.) Eine

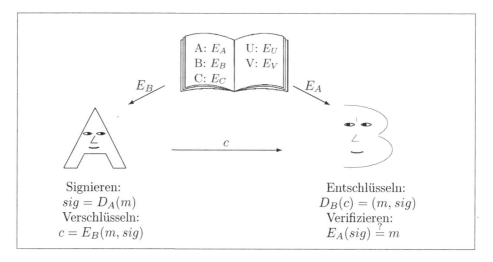

Abbildung 9.6 Kryptografischer Briefumschlag

solche Signatur kann keine Gültigkeit haben.

9.3   Einwegfunktionen

Um die mathematischen Anforderungen zu beschreiben, die die Public-Key-Kryptografie benötigt, haben sich zwei Konzepte als nützlich herausgestellt, das der **Einwegfunktion** und das der **Trapdoor-Einwegfunktion**. Eine Einwegfunktion ist eine Abbildung, die die Einweg-Eigenschaft besitzt, das heißt, dass es für diese Abbildung leicht ist, zu einem Wert das dazugehörige Bild zu bestimmen, während es praktisch unmöglich ist, zu einem Bild ein passendes Urbild zu berechnen. Eine Trapdoor-Einwegfunktion ist eine Einwegfunktion mit einer speziellen weiteren Eigenschaft: Sie besitzt zwar die Einweg-Eigenschaft, allerdings gibt es eine Zusatzinformation, die das leichte Berechnen von Urbildern möglich macht.

Definition 9.1 *Eine Abbildung $f : \{0, 1\}^* \to \{0, 1\}^*$ heißt eine* **Einwegfunktion**, *wenn die folgenden beiden Eigenschaften erfüllt sind:*

(1) Es gibt einen polynomiellen Algorithmus, der bei Eingabe von $x \in \{0, 1\}^*$ den Wert $f(x)$ berechnet.

(2) Für jeden probabilistischen polynomiellen Algorithmus A gibt es eine vernachlässigbare Funktion ν_A, so dass für alle hinreichend großen Zahlen $k \in \mathbb{N}$ gilt:

$$P[f(z) = y \mid x \in_R \{0, 1\}^k, y := f(x), z \leftarrow A(1^k, y)] \leq \nu_A(k).$$

Die erste Eigenschaft besagt, dass sich Funktionswerte effizient berechnen lassen. Die zweite Eigenschaft formalisiert die Forderung nach der Unmöglichkeit, die Funktion zu invertieren: Wenn eine Zahl $x \in \{0, 1\}^k$ zufällig ausgewählt wird und y der Funktionswert von f an der Stelle x ist, dann hat ein Angreifer A, der als Eingabe nur k und y erhält, nur eine vernachlässigbare Chance, ein Urbild von y zu berechnen.

Definition 9.2 *Eine Abbildung* $f : \{0, 1\}^* \to \{0, 1\}^*$ *heißt eine* **Trapdoor-Einwegfunktion***, wenn* f *eine Einwegfunktion ist und es einen probabilistischen polynomiellen Algorithmus* I *und eine Zusatzinformation* $t \in \{0, 1\}^*$ *gibt mit der Eigenschaft:*

$$\text{Für alle } x \in \{0, 1\}^* \text{ ist } I(f(x), t) = z \text{ mit } f(x) = f(z).$$

Bei einer Trapdoor-Einwegfunktion gibt es also eine Information t, die es einem Algorithmus I ermöglicht, ein Urbild von $f(x)$ zu bestimmen.

Der Nutzen von Trapdoor-Einwegfunkionen für die Public-Key-Kryptografie besteht darin, dass diese Funktionen Kandidaten für asymmetrische Verschlüsselungen sind. Ein Teilnehmer T wählt eine Trapdoor-Einwegfunktion, bei der er die Zusatzinformation kennt. Der Sender einer Nachricht an T kann die Trapdoor-Einwegfunktion auf die Nachricht anwenden und das Ergebnis an T senden. Unter der Annahme, dass nur T die Zusatzinformation kennt, kann auch nur T die Nachricht entschlüsseln.

Ob Einwegfunktionen und Trapdoor-Einwegfunktionen existieren, ist bis heute unklar. Die Frage hängt mit der komplexitätstheoretischen Fragestellung zusammen, ob $\mathbf{P} = \mathbf{NP}$ ist. Wenn sich zeigen lässt, dass $\mathbf{P} = \mathbf{NP}$ gilt, so gibt es keine Einwegfunktionen (und damit auch keine Public-Key-Kryptografie). Die Umkehrung gilt allerdings nicht. Denn für die Existenz einer Einwegfunktion braucht man nicht nur, dass die Laufzeit im schlechtesten Fall nicht polynomiell ist, sondern sogar, dass sie durchschnittlich nicht polynomiell ist.

9.4 Vergleich Symmetrische-Asymmetrische Algorithmen

Obwohl in diesem Kapitel noch keine konkreten Algorithmen für Public-Key-Verfahren vorgestellt worden sind, sollen hier tabellarisch die Unterschiede zwischen symmetrischen und asymmetrischen Verfahren zusammengestellt werden.

Symm. Algorithmen	vs.	Asymm. Algorithmen
Sehr viele	Anzahl	sehr wenige
kann sehr gut sein	Sicherheit	kann sehr gut sein
in der Regel sehr gut	Performance	nicht gut
ja	Vorheriger Schlüssel-austausch notwendig	nein
nein	Möglichkeit der digitalen Signatur	ja
Verschlüsselung	typisches Einsatzgebiet	Signaturen Schlüsselaustausch

Abbildung 9.7   Vergleich symmetrische-asymmetrische Kryptografie

10   Der RSA-Algorithmus

Das wohl bekannteste Beispiel eines Public-Key-Verschlüsselungsverfahrens ist der **RSA-Algorithmus** (so benannt nach seinen drei Erfindern Rivest, Shamir, Adleman im Jahr 1977, [RSA78]). Seine Sicherheit beruht auf der Schwierigkeit, Zahlen zu faktorisieren. Wir geben zunächst einen Überblick über den Algorithmus und stellen anschließend die mathematischen Grundlagen zusammen, die man zum Verständnis dieses Algorithmus benötigt. Die letzten Abschnitte beschäftigen sich mit der Sicherheitsanalyse des RSA.

10.1   Überblick

Wie bereits erwähnt, beruht die Sicherheit des RSA-Algorithmus auf dem Problem der Faktorisierung. Man nutzt dabei aus, dass es leicht ist, Zahlen zu multiplizieren, dass man aber keinen Algorithmus kennt, der effizient die Primfaktorzerlegung einer beliebigen Zahl angeben kann. Mit anderen Worten: Man vermutet, dass es sich bei der Multiplikation ganzer Zahlen um eine Einwegfunktion handelt.

Man wählt	zwei große Primzahlen p und q
berechnet	$n = p \cdot q$
berechnet	$\phi(n) = (p-1)(q-1)$
wählt	e teilerfremd zu $\phi(n)$
und bestimmt	d mit $ed \bmod \phi(n) = 1$

Geheime Parameter bei der Schlüsselerzeugung: $p, q, \phi(n)$

Privater Schlüssel des Teilnehmers: d

öffentlicher Schlüssel des Teilnehmers: e, n

Abbildung 10.1   Schlüsselerzeugung beim RSA-Algorithmus

Bei der Schlüsselerzeugung wählt jeder Teilnehmer in einem Netzwerk zwei große Primzahlen p und q und bildet das Produkt $n = pq$. Das Produkt n ist ein Teil des öffentlichen Schlüssels. Die Primzahlen hält der Teilnehmer geheim. Jeder Teilnehmer bestimmt dann $\phi(n) = (p-1)(q-1)$, die Anzahl aller zu n teilerfremden Zahlen, die kleiner sind als n. ϕ ist die Eulersche Phi-Funktion. Anschließend wählt er zwei Zahlen e und d mit der Eigenschaft:

$$ed \equiv 1(\mathrm{mod}\ \phi(n)).$$

Die Zahl e („enciphering") ist der zweite Teil seines öffentlichen Schlüssels, die Zahl d („deciphering") ist sein privater Schlüssel.

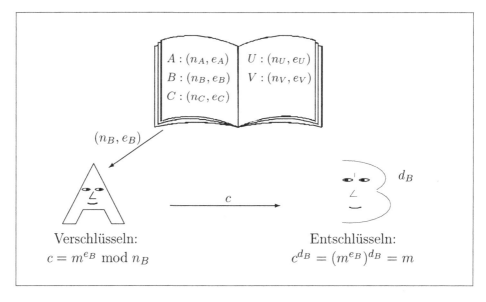

Abbildung 10.2 Ver- und Entschlüsselung beim RSA-Algorithmus

Bei der Verschlüsselung einer Nachricht m geht der Sender folgendermaßen vor: Er ermittelt den öffentlichen Schlüssel (n, e) des Empfängers und berechnet:

$$c := m^e \bmod n.$$

Der Geheimtext c wird an den Empfänger gesendet. Der Empfänger kann die Nachricht durch Anwenden seines privaten Schlüssels entschlüsseln:

$$c^d \bmod n = m.$$

Der **Satz von Euler** garantiert, dass die Entschlüsselung gelingt, das heißt, dass der Empfänger genau die Nachricht entschlüsselt, die der Sender übermitteln wollte. Denn der Satz von Euler besagt, dass für zwei Zahlen e und d mit $ed \equiv 1 \bmod \phi(n)$ gilt: $m^{ed} \bmod n = m$, falls m und n teilerfremd sind.

Der RSA-Algorithmus lässt sich nicht nur als asymmetrisches Verschlüsselungsverfahren einsetzen, sondern auch als digitale Signatur. Die Teilnehmer erzeugen die Signaturschlüssel ebenso wie die Verschlüsselungsschlüssel. Ein Teilnehmer kann eine Nachricht m signieren, indem er seinen privaten Schlüssel auf die Nachricht anwendet: $sig := m^d \bmod n$.

Diese Signatur lässt sich mittels des öffentlichen Schlüssels (n, e) des Teilnehmers verifizieren, indem man ihn auf die Signatur anwendet. Wenn gilt: sig^e mod $n = m$, dann ist die Signatur echt, gilt die Gleichung nicht, so ist die Signatur nicht gültig.

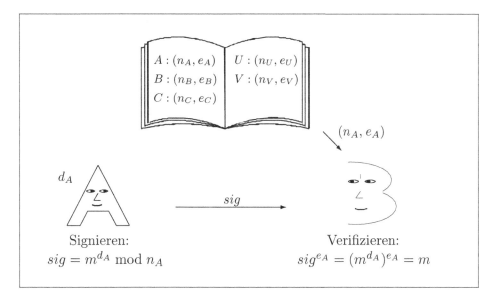

Abbildung 10.3 Signatur mit dem RSA-Algorithmus

10.2 Die Schlüsselerzeugung

Der erste Schritt besteht darin, zwei Primzahlen zu wählen, so dass die Faktorisierung ihres Produktes schwierig ist. Das bedeutet insbesondere, dass die Primzahlen so groß sein müssen, dass ein Ausprobieren aller Primzahlen als Teiler von n praktisch nicht machbar ist. Mit diesem Schritt verbinden sich verschiedene Fragen:

1. Gibt es überhaupt genügend Primzahlen in der gewünschten Größenordnung?

2. Wie findet man Primzahlen?

3. Gibt es spezielle Bedingungen, die man an die Primzahlen stellen muss, so dass das Produkt besonders schwer zu faktorisieren ist?

Zur ersten Frage: Typischerweise wählt man heute Primzahlen in der Größenordnung von mindestens 1024 Bit, das heißt Zahlen von der Größenordnung 2^{1024}. Der Modul n hat damit eine Größe von 2048 Bit.

Es gibt rund 2^{1013} Primzahlen in dieser Größenordnung (das ist eine Zahl mit 305 Dezimalstellen). Denn laut Primzahlsatz ist $x/\ln x$ eine Approximation für die Anzahl der Primzahlen. Wenn $\pi(x)$ die Anzahl der Primzahlen bezeichnet, die kleiner als x sind, so erhält man für Primzahlen mit 1024 Bit:

$$\pi(2^{1024}) - \pi(2^{1023}) \approx \frac{2^{1024}}{\ln 2^{1024}} - \frac{2^{1023}}{\ln 2^{1023}} = \frac{2^{1024}}{1024 \cdot \ln 2} - \frac{2^{1023}}{1023 \cdot \ln 2}$$
$$\approx \frac{2^{1023}}{1024 \cdot \ln 2} \approx 2^{1013}.$$

Zur zweiten Frage: Wie findet man Primzahlen? Es gibt keine Formel, mit der man Primzahlen berechnen kann. Im Prinzip geht man so vor, dass man zufällig eine Zahl in der gewünschten Größenordnung auswählt und versucht herauszufinden, ob es sich dabei um eine Primzahl handelt. Man kann mit so genannten **Primzahltests** wie zum Beispiel dem **Miller-Rabin-Test**, [Mi76], [Ra80], oder **Agarwal-Saxena-Kayal-Test**, [ASK02], bestimmen, ob eine Zahl eine Primzahl ist oder nicht. Der Primzahlsatz besagt, dass man nicht allzu viele Zahlen testen muss.

Wir betrachten als Beispiel Primzahlen der Länge 1024 Bit. Nach obiger Abschätzung sind von den 2^{1023} Zahlen dieser Länge rund 2^{1013} Primzahlen. Die Wahrscheinlichkeit, dass eine zufällig ausgewählte Zahl eine Primzahl ist, ist etwa 2^{-10}. Wenn man von vornherein die geraden Zahlen ausschließt, verbessert sich die Wahrscheinlichkeit auf 2^{-9}. Man hat also im Mittel nach rund 512 Versuchen eine Primzahl der gewünschten Größe gefunden.

Zur dritten und letzten Frage: Gibt es spezielle Bedingungen an die Primzahlen, so dass das Produkt besonders schwer zu faktorisieren ist? Im Folgenden werden nur die wichtigsten Fakten zusammengestellt. Grundsätzlich wird es mit größeren Primzahlen immer schwieriger, ihr Produkt zu faktorisieren. Zu den besten Faktorisierungsalgorithmen gehören der **Pollard's Rho-Algorithmus**, [Pol75], das **Quadratische Sieb**, [Pom84], und das **Zahlkörpersieb** (number field sieve), [Pol93]. Auf einiges sollte man bei der Auswahl der Primzahlen achten:

1. Die Primzahlen p und q sollten sich nicht zu stark unterscheiden, denn sonst arbeitet das Zahlkörpersieb zu effizient.

2. Die Primzahlen sollten aber auch nicht zu nah beieinander liegen, denn andernfalls kann man mittels der **Fermat-Faktorisierung**, [Pom82], effizient faktorisieren.

3. $(p+1)$ und $(p-1)$ sollten möglichst wenig „kleine" Primteiler haben. Andernfalls ist **Pollard's-$(p+1)$- bzw. $(p-1)$-Algorithmus**, [Pol74], [Wi82], sehr effizient.

Für manche Anwendungen braucht man sogar, dass nicht nur p und q Primzahlen sind, sondern auch dass $(p-1)/2$ und $(q-1)/2$ Primzahlen sind. Primzahlen, die diese Eigenschaft besitzen, heißen in der Literatur auch oft **starke Primzahlen**.

Nach der Auswahl der Primzahlen müssen die beiden Exponenten e und d bestimmt werden. Der öffentliche Exponent e kann frei gewählt werden; er muss nur teilerfremd zu $\phi(n)$ sein. Man wählt häufig Zahlen, mit denen es sich besonders effizient rechnen lässt. Um entscheiden zu können, mit welchen Exponenten man besonders effizient rechnen kann, betrachten wir den **Square-and-Multiply-Algorithmus**, einen der effizientesten Algorithmen zur Exponentiation.

Der Square-and-Multiply-Algorithmus In einer Gruppe G soll für $g \in G$ und $k \in \mathbb{N}$, $k < |G|$, die k-te Potenz von g berechnet werden. Naiv könnte man folgendermaßen vorgehen:

$$\underbrace{g \cdot g \cdots g}_{k \text{ mal}} \cdot$$

Das bedeutet, dass man insgesamt $(k-1)$ Multiplikationen durchführen muss. Speziell in der Gruppe $\mathbb{Z}_n^*$ liefert das eine Laufzeit von:

$$k \cdot O((\log\ n)^2) = O(k \cdot (\log\ n)^2) = O(n(\log\ n)^2).$$

Der Square-and-Multiply-Algorithmus ist deutlich effizienter: Man zerlegt den Exponenten k in seine Binärdarstellung:

$$k = \sum_{i=0}^{\ell} b_i 2^i,$$

wobei $b_i \in \{0, 1\}$ und $\ell = \lceil \log k \rceil$ ist ($\lceil \log k \rceil$ bezeichnet die kleinste ganze Zahl, die größer als $\log k$ ist.). Man berechnet dann:

$$g, \quad g^2, \quad g^4 = (g^2)^2, \quad g^8 = (g^4)^2, \ldots$$

Anschließend multipliziert man die entsprechenden Ergebnisse miteinander, für die $b_i \neq 0$ ist.

Man hat also einen Aufwand von $\ell = \lceil \log k \rceil$ Quadrierungen (= Multiplikationen) und maximal weitere ℓ Multiplikationen. Insgesamt hat man also eine Größenordnung von rund 2ℓ Multiplikationen. Für $\mathbb{Z}_n^*$ hat man damit insgesamt einen Aufwand von $2\ell O((\log\ n)^2) = O(\log\ k)O((\log\ n)^2) = O((\log\ n)^3)$.

Dass dies tatsächlich eine deutliche Verbesserung darstellt, sieht man, wenn man sich die Größenordnung der beim RSA-Algorithmus verwendeten Zahlen vor Augen führt. Die Nachricht m und der Exponent e liegen beide in der Größenordnung von 2048 Bit. Mit dem naiven Ansatz müsste man eine Zahl mit rund 600 Dezimalstellen $10^{600} (\approx 2^{2048})$ mal mit sich selbst multiplizieren. Mit dem Square-and-Multiply-Algorithmus braucht man hingegen nur $10^{10} (\approx 2^{33})$ Multiplikationen.

Beispiel: Man berechne $3^{17} \bmod 23$. Dazu zerlegt man den Exponenten in seine Binärdarstellung: $17 = 2^4 + 1$. Dann berechnet man:

$$3 \bmod 23 = 3 \qquad\qquad 3^2 = 9 \;(\bmod\; 23)$$

$$3^4 = 81 \equiv 12 \;(\bmod\; 23) \qquad\qquad 3^8 = \left(3^4\right)^2 \equiv 12^2 \equiv 6 \;(\bmod\; 23)$$

$$3^{16} \equiv 6^2 \equiv 13 \;(\bmod\; 23)$$

Damit erhält man:

$$3^{17} = 3^{16} \cdot 3 \equiv 13 \cdot 3 = 39 \equiv 16 \;(\bmod\; 23).$$

Der Square-and-Multiply-Algorithmus ist dann besonders schnell, wenn die Basis klein ist und die Binärdarstellung des Exponenten sehr wenige Einsen hat. Die Basis, das heißt die Nachricht, die verschlüsselt werden soll, kann man nicht beeinflussen. Aber bei der Wahl des öffentlichen Exponenten hat man gewisse Freiheiten. Daher werden als öffentliche Exponenten häufig die Zahlen $e = 3$ oder $e = 2^{16} + 1 = 65537$ gewählt; in Binärschreibweise lauten diese Zahlen: 11 bzw. 10000000000000001. Außerdem sind beide Primzahlen, so dass sie mit großer Wahrscheinlichkeit teilerfremd zu $\phi(n)$ sind.

Zur Berechnung des dazu passenden privaten Schlüssels d mit

$$e \cdot d \equiv 1 \;(\bmod\; n)$$

verwendet man den **erweiterten Euklidischen Algorithmus**. Man wendet ihn auf e und $\phi(n)$ an und bestimmt mit der **Vielfachsummendarstellung** die Zahl d.

Definition 10.1 *Es seien a und b zwei ganze Zahlen. Die größte natürliche Zahl, die sowohl a als auch b teilt, heißt der* **größte gemeinsame Teiler** *von a und b und wird mit $ggT(a,b)$ bezeichnet.*

Der Euklidische Algorithmus berechnet den größten gemeinsamen Teiler zweier natürlicher Zahlen. Es seien $a_0, a_1 \in \mathbb{N}$, oBdA sei $a_0 \geq a_1$. Dann existieren eindeutig bestimmte Zahlen $a_2 > a_3 > a_4 > ... > a_m > a_{m+1} = 0$ und $q_1, q_2, ..., q_m \in \mathbb{N}$ mit

$$
\begin{aligned}
a_0 &= q_1 a_1 + a_2 & 0 &< a_2 < a_1 \\
a_1 &= q_2 a_2 + a_3 & 0 &< a_3 < a_2 \\
&\;\;\vdots \\
a_{m-2} &= q_{m-1} a_{m-1} + a_m & 0 &< a_m < a_{m-1} \\
a_{m-1} &= q_m a_m + a_{m+1} & 0 &= a_{m+1}.
\end{aligned}
$$

Das Verfahren bricht nach endlich vielen Schritten ab, und es gilt: $ggT(a_0, a_1) = a_m$. Denn aus der ersten Gleichung folgt $ggT(a_0,a_1) = ggT(a_1,a_2)$, aus der zweiten $ggT(a_1, a_2) = ggT(a_2, a_3)$, usw., und aus der letzten Gleichung folgt

$$ggT(a_{m-1}, a_m) \;=\; ggT(a_m, a_{m+1}) = a_m.$$

Lemma 10.1 (Lemma von Bézout) *Zu $a_0, a_1 \in \mathbb{N}$ existieren ganze Zahlen u und v mit $ggT(a_0, a_1) = u \cdot a_0 + v \cdot a_1$.*

Diese Darstellung des größten gemeinsamen Teilers zweier Zahlen heißt auch **Vielfachsummendarstellung**. Das Lemma ist eine unmittelbare Folgerung aus dem Euklidischen Algorithmus. Die Zahlen u und v erhält man durch das Zurückrechnen des Euklidischen Algorithmus, vgl. Übungsaufgabe 5. Beides zusammen - Euklidischer Algorithmus und die Vielfachsummendarstellung - heißt der **erweiterte Euklidische Algorithmus**.

Für die Schlüsselerzeugung des RSA-Verfahrens wendet man den erweiterten Euklidischen Algorithmus auf $\phi(n)$ und e an. Da die beiden Zahlen teilerfremd sind, erhält man zwei ganze Zahlen d und k mit der Eigenschaft:

$$ed + k\phi(n) = 1 \Leftrightarrow ed \equiv 1 \; (\text{mod } \phi(n)).$$

Die Zahl d ist dann der gesuchte geheime Exponent.

Beispiel. Die Primzahlen seien 3 und 5, das heißt, der Modul ist 15. Dann ist $\phi(15) = 2 \cdot 4 = 8$. Als öffentlicher Exponent kann hier die Zahl 3 gewählt werden, denn dann ist e teilerfremd zu $\phi(15)$. Das Anwenden des Euklidischen Algorithmus auf die Zahlen 8 und 3 liefert:

$$8 = 2 \cdot 3 + 2$$
$$3 = 1 \cdot 2 + 1$$
$$2 = 2 \cdot 1 + 0.$$

Der größte gemeinsame Teiler ist erwartungsgemäß 1, und mit diesen Gleichungen erhält man die Vielfachsummendarstellung:

$$1 = 3 - 1 \cdot 2 = 3 - (8 - 2 \cdot 3) = 3 \cdot 3 - 1 \cdot 8.$$

Es ist also $1 = 3 \cdot 3 - 1 \cdot 8$, bzw. $1 \equiv 3 \cdot 3 - 1 \cdot 8 \equiv 3 \cdot 3 \; (\text{mod } 8)$. Also ist $3 \cdot 3 \equiv 1 \; (\text{mod } 8)$, und der private Schlüssel ist $d = 3$.

10.3 Verschlüsseln und Entschlüsseln

Wie bereits erwähnt, ist die wichtigste mathematische Grundlage für die Korrektheit des RSA-Algorithmus der **Satz von Euler**.

Alle Berechnungen des RSA-Algorithmus finden im Restklassenring $\mathbb{Z}_n$ statt. Im Prinzip braucht man also nur die Zahlen von 0 bis $n - 1$ zu betrachten. Die Addition und Multiplikation sind jeweils modulo n durchzuführen. Eine besondere Rolle spielt eine Unterstruktur dieses Restklassenrings, nämlich die Menge derjenigen Zahlen, die sich bezüglich der Multiplikation invertieren lassen. Dies sind genau alle zu n teilerfremden Zahlen aus $\mathbb{Z}_n$. Diese Untermenge erhält eine eigene Bezeichnung:

$$\mathbb{Z}_n^* = \{a \in \mathbb{Z}_n \mid ggT(n, a) = 1\}.$$

Man kann nachrechnen, dass $\mathbb{Z}_n^*$ zusammen mit der Multiplikation modulo n eine Gruppe ist. Inverse Elemente lassen sich effizient mit dem erweiterten Euklidischen Algorithmus bestimmen: Es sei $a \in \mathbb{Z}_n^*$. Das heißt, es gilt $ggT(a, n) = 1$.

1. Schritt: Wende auf n und a den Euklidischen Algorithmus an.

2. Schritt: Berechne ganze Zahlen u und v mit $u \cdot a + v \cdot n = 1$.

Dann ist:

$$u \equiv a^{-1} \pmod{n},$$

das heißt, dass u modulo n die zu a inverse Zahl bezüglich der Multiplikation ist.

Nicht nur die Menge $\mathbb{Z}_n^*$ selbst, sondern auch ihre Ordnung, das heißt die Anzahl ihrer Elemente, spielt eine große Rolle für den RSA-Algorithmus. Die Ordnung dieser Menge ist die Anzahl der zu n teilerfremden Zahlen, die kleiner als n sind, das heißt, es gilt: $|\mathbb{Z}_n^*| =: \phi(n)$, wobei ϕ die **Eulersche Phi-Funktion** ist. Für Primzahlen lässt sich $\phi(p)$ leicht berechnen: Wenn p eine Primzahl ist, so ist $\phi(p) = p - 1$. Außerdem ist für eine Primzahl p und eine natürliche Zahl $\alpha \geq 1$:

$$\phi(p^\alpha) = (p - 1)p^{\alpha-1} \text{ (vgl. Übungsaufgabe 8).}$$

Für eine zusammengesetzte natürliche Zahl kann man ϕ bestimmen, wenn man die Faktorisierung von n kennt: Wenn $n = p_1^{\alpha_1} \cdot p_2^{\alpha_2} \cdots p_r^{\alpha_r}$ für paarweise verschiedene Primzahlen p_i ist, so gilt:

$$\phi(n) = \phi(p_1^{\alpha_1})\phi(p_2^{\alpha_2}) \cdots \phi(p_r^{\alpha_r}).$$

Mit diesen Vorbereitungen können wir den Satz von Euler formulieren und beweisen:

Satz 10.1 (Satz von Euler) *Es sei* $a \in \mathbb{Z}$, $n \in \mathbb{N}$. *Dann gilt: Wenn* a *und* n *teilerfremd sind, das heißt, wenn* $ggT(a, n) = 1$ *gilt, folgt:*

$$a^{\phi(n)} \equiv 1 \pmod{n}.$$

Beweis: Es sei $\mathbb{Z}_n^* = \{j_1, j_2, \ldots, j_{\phi(n)}\}$. Da a teilerfremd zu n ist, ist auch $a \cdot j_i \in \mathbb{Z}_n^*$ für alle $i \in \{1, \ldots, \phi(n)\}$.

Außerdem gilt $a \cdot j_i \mod n \neq a \cdot j_k \mod n$ für $i \neq k$. Denn andernfalls wäre n ein Teiler von $a \cdot (j_i - j_k)$. Da a und n teilerfremd sind, müsste n ein Teiler von $(j_i - j_k)$ sein, was nur der Fall ist, wenn $j_i - j_k = 0$ gilt, denn j_i und j_k sind kleiner als n, und damit ist auch ihre Differenz betragsmäßig kleiner als n. Daraus lässt sich Folgendes schließen:

$$\prod_{i=1}^{\phi(n)} a \cdot j_i \equiv \prod_{i=1}^{\phi(n)} j_i \pmod{n}.$$

Diese äquivalenz kann man folgendermaßen umformen:

$$\prod_{i=1}^{\phi(n)} a \cdot j_i \equiv \prod_{i=1}^{\phi(n)} j_i \pmod{n}$$

$$\Leftrightarrow \quad a^{\phi(n)} \prod_{i=1}^{\phi(n)} j_i \equiv \prod_{i=1}^{\phi(n)} j_i \pmod{n}$$

$$\Leftrightarrow \quad a^{\phi(n)} \equiv 1 \pmod{n},$$

und damit ist die Behauptung bewiesen. $\qquad\qquad\qquad\qquad\qquad\qquad$ $\square$

Es gibt zwei wichtige Folgerungen aus dem Satz von Euler:

Korollar 10.1 (1. Folgerung: Der „kleine" Satz von Fermat) *Es sei p eine Primzahl und $a \in \mathbb{Z}$ eine zu p teilerfremde ganze Zahl. Dann gilt:*

$$a^{p-1} \equiv 1 \pmod{p}.$$

Diese Aussage sieht man sofort, wenn man im Satz von Euler die Zahl n durch die Primzahl p ersetzt und beachtet, dass $\phi(p) = p - 1$ ist. Der kleine Satz von Fermat ist also „nur" ein Spezialfall des Satzes von Euler. Die zweite Folgerung bezieht sich direkt auf die Situation des RSA-Algorithmus.

Korollar 10.2 (2. Folgerung.) *Es seien p und q zwei verschiedene Primzahlen und $n = pq$. Dann gilt für alle $a \in \mathbb{Z}$ und alle $k \in \mathbb{Z}$:*

$$a^{k\phi(n)+1} \equiv a \pmod{n}.$$

Man beachte, dass hier eine Voraussetzung aus den letzten beiden Sätzen fehlt: Die Zahl a muss nicht teilerfremd zu n sein.
Beweis: 1. Fall: Wenn a und n teilerfremd sind, so folgt die Behauptung direkt aus dem Satz von Euler.
2. Fall: Angenommen, a und n haben einen gemeinsamen Teiler. Dabei können zwei Fälle auftreten: a ist ein Vielfaches von n, oder a besitzt nur genau einen Primteiler gemeinsam mit n.

(a) $n|a$. Dann ist $a \equiv 0 \pmod{n}$ und $a^{k\phi(n)+1} \equiv 0^{k\phi(n)+1} \equiv 0 \equiv a \pmod{n}$

(b) $p|a$, $q \nmid a$. Dann ist $a \equiv 0 \pmod{p}$ und damit

$$a^{k\phi(n)+1} \equiv 0^{k\phi(n)+1} \equiv 0 \equiv a \pmod{p}$$

und mit Korollar 10.1

$$a^{k\phi(n)+1} \equiv a^{k(q-1)(p-1)+1} \equiv (a^{(q-1)})^{k(p-1)} \cdot a \equiv 1^{k(p-1)} \cdot a \equiv a \pmod{q}.$$

Insgesamt gilt also: $a^{k\phi(n)+1} \equiv a \pmod{n}$. $\square$

Mit diesen mathematischen Grundlagen kann man nun leicht die eindeutige Entschlüsselung des RSA-Algorithmus verifizieren: Der Algorithmus operiert grundsätzlich nur auf $\mathbb{Z}_n$. Es können also nur Nachrichten verschlüsselt werden, die Zahlen zwischen 0 und $n-1$ sind. Wenn n eine Länge von 2048 Bit hat, so sind dies rund 256 Byte (also etwa ebenso viele Buchstaben). Wenn eine Nachricht zu lang ist, so muss man sie in Blöcke entsprechender Größe zerlegen und blockweise verschlüsseln.

Verschlüsseln. Es sei (n, e) der öffentliche Schlüssel des Empfängers. Der Sender berechnet $c = m^e \bmod n$. c ist der Geheimtext.

Entschlüsseln. Der Empfänger berechnet: $c^d \equiv m^{ed} = m^{k\phi(n)+1}$, für ein geeignetes $k \in \mathbb{Z}$. Die 2. Folgerung aus dem Satz von Euler liefert:

$$m^{k\phi(n)+1} \bmod n = m$$

für alle Nachrichten m.

Da der Empfänger die Primfaktoren p und q von n kennt, kann er zur Entschlüsselung folgendermaßen vorgehen: Er berechnet $c^d \bmod p$ und $c^d \bmod q$ und bestimmt aus diesen Zwischenergebnissen $c^d \bmod n$. Er verwendet dazu den **chinesischen Restsatz** (Chinese remainder theorem - CRT):

Satz 10.2 *Es seien n_1 und n_2 teilerfremde natürliche Zahlen und a_1 und a_2 beliebige ganze Zahlen. Dann ist die Menge aller $x \in \mathbb{Z}$ mit*

$$x \equiv a_1 \pmod{n_1}$$
$$x \equiv a_2 \pmod{n_2}.$$

genau eine Restklasse modulo $n_1 \cdot n_2$. Mit anderen Worten gilt: $\mathbb{Z}_{n_1 n_2} \cong \mathbb{Z}_{n_1} \times \mathbb{Z}_{n_2}$. Wenn $1 = u \cdot n_1 + v \cdot n_2$ die Vielfachsummendarstellung von n_1 und n_2 ist, dann ist ein Repräsentant dieser Restklasse gegeben durch $x_0 = u \cdot n_1 \cdot a_2 + v \cdot n_2 \cdot a_1$.

Beweis: siehe Übungsaufgabe 9. $\square$

Da die Primzahlen deutlich kleiner als der Modul sind, ist diese Vorgehensweise signifikant effizienter als die direkte Berechnung von $c^d \bmod n$.

Signatur. Zur Generierung einer RSA-Signatur geht man analog zum Verschlüsselungsverfahren vor: Das Signieren entspricht der Entschlüsselung, das heißt der Exponentiation mit dem privaten Schlüssel. Die Verifikation geschieht durch die Exponentiation der Signatur mit dem öffentlichen Schlüssel und entspricht der Verschlüsselung.

10.4 Der RSA-Pseudozufallsgenerator

Der RSA-Algorithmus lässt sich nicht nur als Verschlüsselungs- und Signaturverfahren einsetzen, sondern man kann ihn auch benutzen, um Pseudozufallszahlen zu generieren.

Dazu wählt man zwei Primzahlen p und q, so dass das Produkt $n = pq$ schwierig zu faktorisieren ist. Weiterhin wählt man einen Startwert x_0, der teilerfremd zu n ist. Die folgenden Werte berechnen sich nach der Vorschrift:

$$x_{i+1} = x_i^e \bmod n.$$

Die Ausgabe des Generators ist das jeweils letzte Bit von x_i, $i \in \mathbb{N}$.

Gegenüber den Schieberegistern hat der RSA-Generator den Nachteil, dass er deutlich weniger effizient ist. Der Vorteil besteht in der mathematischen Beweisbarkeit seiner Sicherheit: Man kann zeigen, dass ein Brechen des Generators, das heißt eine Vorhersage des jeweils nächsten Bit mit einer besseren als der Ratewahrscheinlichkeit $1/2$, bedeutet, dass die Faktorisierung kein schweres Problem ist, sondern es einen effizienten Algorithmus geben muss, der zusammengesetzte Zahlen faktorisiert, [ACGS88].

10.5 Die Sicherheit des RSA-Algorithmus

Die bisherigen Überlegungen haben sich nur auf die Korrektheit und die Einsatzmöglichkeiten des Algorithmus bezogen. Dieser Abschnitt beschäftigt sich mit der Sicherheit des Algorithmus.

Die erste Frage, die sich im Zusammenhang mit der Sicherheit stellt, ist, ob das RSA-Verfahren über die Public-Key-Eigenschaft verfügt. Das heißt, dass es praktisch nicht möglich sein darf, aus dem öffentlichen Schlüssel eines Teilnehmers den dazugehörigen privaten Schlüssel zu berechnen.

Die beiden folgenden Sätze präzisieren die Formulierung „die Sicherheit des RSA-Algorithmus beruht auf der Schwierigkeit, große Zahlen zu faktorisieren". Sie zeigen, dass das Berechnen des privaten Schlüssels aus dem öffentlichen Schlüssel äquivalent zur Faktorisierung ist. Wenn es also keinen effizienten Algorithmus zur Faktorisierung gibt, so gibt es auch keinen effizienten Algorithmus, der private Schlüssel berechnen kann.

Satz 10.3 *Gegeben sei eine Zahl n, die das Produkt zweier verschiedener Primzahlen ist. Dann sind für jeden effizienten Angreifer A äquivalent:*

(i) A kann bei Eingabe von n die Primfaktoren p und q von n berechnen.

(ii) A kann bei Eingabe von n die Zahl $\phi(n)$ berechnen.

Beweis: „(i) $\Rightarrow$ (ii)": Angenommen, A kann bei Eingabe von n die Primzahlen p und q bestimmen. Dann berechnet A die Zahl $\phi(n)$ wie folgt: $\phi(n) = (p-1)(q-1)$.

„(ii) $\Rightarrow$ (i)": Voraussetzung ist, dass der Angreifer A bei Eingabe von n den Wert $\phi(n)$ bestimmen kann. Zu zeigen ist, dass er dann auch p und q berechnen kann. Der Angreifer hat also zwei Gleichungen, die er nach p und q auflösen muss:

$$n = pq \quad \text{und} \quad \phi(n) = (p-1)(q-1).$$

Es gilt:

$$\begin{aligned}
n - \phi(n) - 1 &= pq - (p-1)(q-1) - 1 \\
&= pq - (pq - p - q + 1) - 1 \\
&= p + q - 2 \\
&= \phi(p) + \phi(q).
\end{aligned}$$

Ingesamt hat man also:

$$n - \phi(n) - 1 = \phi(p) + \phi(q). \tag{10.1}$$

Andererseits gilt auch:

$$\begin{aligned}
\phi(p) - \phi(q) &= \sqrt{(\phi(p) - \phi(q))^2} \\
&= \sqrt{(\phi(p) + \phi(q))^2 - 4\phi(p)\phi(q)} \\
&= \sqrt{(n - \phi(n) - 1)^2 - 4\phi(n)},
\end{aligned}$$

also

$$\phi(p) - \phi(q) = \sqrt{(n - \phi(n) - 1)^2 - 4\phi(n)}. \tag{10.2}$$

Addiert man die Gleichungen 10.1 und 10.2, so erhält man:

$$2 \cdot \phi(p) = n - \phi(n) - 1 + \sqrt{(n - \phi(n) - 1)^2 - 4\phi(n)}.$$

Da der Angreifer n und $\phi(n)$ kennt, kann er mittels dieser Gleichung also $\phi(p)$ bestimmen. Wegen $\phi(p) = p - 1$ hat er damit auch p, und wegen $n = pq$ kann er auch q berechnen. $\qquad \square$

Satz 10.4 *Gegeben sei eine Zahl n, die das Produkt zweier Primzahlen ist. Für jeden effizienten Angreifer A sind äquivalent:*

(i) A kann bei Eingabe von n die Primfaktoren p und q von n bestimmen.

(ii) A kann bei Eingabe von n und einer zu $\phi(n)$ teilerfremden Zahl e eine Zahl d berechnen mit $ed \equiv 1 \pmod{\phi(n)}$.

Beweis:„(i) ⇒(ii)":Dies folgt mittels des erweiterten Euklidischen Algorithmus genauso wie bei der Schlüsselerzeugung des RSA-Verfahrens.

„(ii)⇒(i)": Angenommen, der Algorithmus kann bei Eingabe von n und e die Zahl d bestimmen, für die gilt: $ed \equiv 1 \pmod{\phi(n)}$. Aus $ed \equiv 1 \pmod{\phi(n)}$ folgt $ed - 1 = k\phi(n)$ für ein $k \in \mathbb{Z}$. Angenommen, der Angreifer kann eine Zahl $a \in \mathbb{Z}_n^*$ und eine natürliche Zahl s finden mit den Eigenschaften:

$$a^{2s} \equiv 1 \pmod{n} \tag{10.3}$$

$$a^s \not\equiv \pm 1 \pmod{n}. \tag{10.4}$$

Dann kann man aus 10.3 Folgendes schließen:

$$n \mid (a^{2s} - 1), \text{ also}$$
$$n \mid (a^s - 1)(a^s + 1).$$

Aus 10.4 folgt aber, dass n weder $(a^s - 1)$ noch $(a^s + 1)$ teilt. Da n aber das Produkt teilt, ist in jedem der Faktoren jeweils genau einer der Primfaktoren von n enthalten. Berechnet man also den größten gemeinsamen Teiler von n und $(a^s - 1)$, so findet man einen Primfaktor von n.

Man kann zeigen, dass sich s und a effizient finden lassen, wobei der Algorithmus probabilistisch ist, man hat also unter Umständen einige Fehlversuche. Wir wollen dies hier aber nicht explizit ausführen. Details finden sich zum Beispiel in [Ko]. □

Mit den letzten beiden Sätzen ist gezeigt, dass kein Angreifer aus einem öffentlichen Schlüssel den zugehörigen privaten Schlüssel berechnen kann, es sei denn, er kann faktorisieren. Eine Konsequenz aus den beiden vorangegangenen Sätzen ist, dass jeder Teilnehmer nicht nur seinen eigenen öffentlichen Exponenten wählen muss, sondern auch einen eigenen Modul.

Die Sätze 10.3 und 10.4 beweisen, dass das RSA-Verfahren die Public-Key-Eigenschaft besitzt. Das ist aber nicht äquivalent zum Brechen des RSA-Verfahrens. Denn ein Angreifer interessiert sich möglicherweise nicht für den privaten Schlüssel, sondern nur für den Inhalt der Geheimtexte. Um die Geheimtexte zu entschlüsseln gibt es aber vielleicht einen Algorithmus, der ohne die Kenntnis des privaten Schlüssels auskommt.

Man konnte bisher nicht zeigen, dass man nur dann entschlüsseln kann, wenn man den privaten Schlüssel kennt. Die Vermutung, dass es keinen effizienten Algorithmus gibt, der aus einem Geheimtext den passenden Klartext bestimmen kann, ist in der Kryptografie so wichtig, dass sie einen eigenen Namen hat: die **RSA-Annahme**.

Annahme 10.1 (RSA-Annahme) *Es sei n eine aus zwei verschiedenen Primzahlen p und q zusammengesetzte Zahl, wobei die beiden Primzahlen jeweils eine Länge von k Bit haben. Weiterhin sei eine zu $\phi(n)$ teilerfremde Zahl e gegeben. Dann gilt: Für jeden probabilistischen polynomiellen Algorithmus A ist die Wahrscheinlichkeit, dass er bei Eingabe von k, n, e und y mit $x^e \bmod n$ die Zahl x*

berechnen kann, vernachlässigbar. Das heißt, für jedes A gibt es eine vernachläs-
sigbare Funktion ν und eine natürliche Zahl k_0, so dass für alle $k \geq k_0$ gilt:

$$P[A(k, n, e, x^e \bmod n) = x \mid x \in_R \mathbb{Z}_n^*] < \nu(k).$$

Mit anderen Worten vermutet man, dass es sich bei der RSA-Funktion um eine Trapdoor-Einwegfunktion handelt. Ein Angreifer, der nur den Schlüssel (n, e)
und einen Geheimtext $y = x^e \bmod n$ kennt, hat praktisch keine Chance, den
Urbildpunkt x zu bestimmen. Es gibt aber eine Zusatzinformation, die die Invertierung der Funktion möglich macht, nämlich die Primfaktorzerlegung von n
beziehungsweise der private Schlüssel d.

Für die Sicherheit einiger Protokolle braucht man manchmal nicht nur die
RSA-Annahme, sondern eine stärkere Vermutung: Ein Angreifer kann nicht einmal
dann einen Urbildpunkt bestimmen, wenn er selbst den öffentlichen Exponenten
wählen kann.

Annahme 10.2 (Starke RSA-Annahme) *Es sei n eine aus zwei Primzahlen p*
und q zusammengesetzte Zahl, wobei die beiden Primzahlen jeweils eine Länge von
k Bit haben. Dann gilt: Für jeden probabilistischen polynomiellen Algorithmus A
ist die Wahrscheinlichkeit, dass er bei Eingabe von k, n und einer Zufallszahl $y \in$
$\mathbb{Z}_n^*$ zwei Zahlen x und e mit $y = x^e \bmod n$ berechnen kann, vernachlässigbar. Das
heißt, für jedes A gibt es eine vernachlässigbare Funktion ν und eine natürliche
Zahl k_0, so dass für alle $k \geq k_0$ gilt:

$$P[A(k, n, y) = (x, e) \text{ mit } x^e \bmod n = y \mid y \in_R \mathbb{Z}_n^*] < \nu(k).$$

Wir werden im Kapitel 13 den Sicherheitsbegriff bei Public-Key-Verschlüsselungsverfahren formal definieren und in diesem Zusammenhang die Sicherheit des RSA-
Verschlüsselungsverfahrens genauer analysieren.

10.6   Homomorphie der RSA-Funktion

Die RSA-Verschlüsslung hat eine besondere Eigenschaft, denn mathematisch gesehen ist die RSA-Verschlüsselung ein *Homomorphismus*. Anders ausgedrückt bedeutet das, dass das Produkt zweier Geheimtexte gerade der Geheimtext des
Produktes ist. Genauer gesagt gilt, dass das Produkt zweier Geheimtexte der
Verschlüsselung des Produktes zweier Klartexte entspricht.

Satz 10.5 *Es sei ein öffentlicher RSA-Schlüssel (n, e) gegeben. Dann ist die Ab-*
bildung $RSA : \mathbb{Z}_n^* \to \mathbb{Z}_n^*$, $x \to x^e$, ein bijektiver Gruppenhomomorphismus, also
insbesondere eine Permutation auf $\mathbb{Z}_n^*$.

Beweis:

1. Bijektivität. Es genügt, die Injektivität zu zeigen, da $\mathbb{Z}_n^*$ eine endliche Menge ist. Es sei d der zu (n, e) gehörige private Schlüssel. Gegeben sei ein $y \in \mathbb{Z}_n^*$. Angenommen, es gibt $x_1, x_2 \in \mathbb{Z}_n^*$ mit

$$RSA(x_1) = x_1^e = y,$$
$$RSA(x_2) = x_2^e = y$$

Dann folgt aus dem Satz von Euler (10.1): $x_1 = x_1^{ed} = y^d = x_2^{ed} = x_2$.

2. Homomorphie. Gegeben seien $x_1, x_2 \in \mathbb{Z}_n^*$. Es ist:

$$RSA(x_1) \cdot RSA(x_2) = x_1^e \cdot x_2^e = (x_1 \cdot x_2)^e = RSA(x_1 \cdot x_2).$$

$\square$

Die Homomorphie-Eigenschaft der RSA-Funktion ist ambivalent: Einerseits ist sie in vielen Anwendungen nützlich, denn durch sie lassen sich viele erwünschte Eigenschaften von Protokollen leicht umsetzen. Andererseits ist sie oft die Ursache für Angriffe auf Protokolle.

10.7 Konkrete Implementierungen

Obwohl die Sicherheit des RSA-Algorithmus gut untersucht ist und er allgemein als sicher gilt, ist eine konkrete Implementierung stets sorgfältig zu überprüfen. Dass ein sicherer Algorithmus in bestimmten Situationen dennoch unsicher verwendet werden kann, lässt sich an folgendem Beispiel verdeutlichen:

Aus Effizienzgründen wurde vorgeschlagen, für alle Teilnehmer den öffentlichen Schlüssel $e = 3$ zu wählen. Angenommen, es gibt drei Teilnehmer A, B, C mit den öffentlichen Schlüsseln $(n_A, 3)$, $(n_B, 3)$, $(n_C, 3)$. Man kann davon ausgehen, dass die drei Moduln n_A, n_B, n_C paarweise teilerfremd sind. (Andernfalls wären bereits zwei davon faktorisiert.) Angenommen, alle drei Teilnehmer erhalten die gleiche Nachricht m, die jeweils unter dem öffentlichen Schlüssel $e = 3$ chiffriert worden ist:

$$c_A = m^3 (\mathrm{mod}\ n_A)$$
$$c_B = m^3 (\mathrm{mod}\ n_B)$$
$$c_C = m^3 (\mathrm{mod}\ n_C).$$

Ein Angreifer fängt diese drei Chiffrate ab. Er kennt die Nachricht m nicht, weiß aber, dass alle drei Geheimtexte den gleichen Inhalt haben. Er kann sich mit dem chinesischen Restsatz ein m' berechnen mit $0 < m' < n_A \cdot n_B \cdot n_C$ und $m' \equiv c_X (\mathrm{mod}\, n_X)$ für $X \in \{A, B, C\}$.

Falls $0 \leq m < min\{n_A, n_B, n_C\}$ ist, so ist $m^3 < n_A \cdot n_B \cdot n_C$ und damit $m' = m^3$ (in $\mathbb{Z}$). In $\mathbb{Z}$ ist es jedoch einfach, dritte Wurzeln zu berechnen.

Heute wählt man oft $e = 2^{16} + 1$ als öffentlichen Exponenten. Dieser Angriff funktioniert offensichtlich nur in einer sehr speziellen Situation. Sie ist aber nicht unrealistisch. Gerade in elektronischen Kommunikationssystemen werden Nachrichten häufig automatisch an mehrere Teilnehmer verschickt und bieten dem Angreifer genau die von ihm gewünschte Situation. Allerdings ist der Angriff verhältnismäßig schwach, denn der Angreifer kann dann nur eine Nachricht entschlüsseln. Die Schlüssel der Teilnehmer werden nicht angegriffen.

Bei diesem Angriff wurde nicht direkt der RSA-Algorithmus angegriffen, sondern nur ein konkretes Anwendungsszenario. Wir werden auf Angriffe dieses Typs noch einmal ausführlich in Kapitel 19 zurückkommen.

10.8 Übungen

1. In der Praxis ist es heute üblich, den RSA-Modul n in der Größe von 2048 Bit zu wählen. Wie viele Bits bzw. Dezimalstellen müssen demzufolge die Primzahlen p und q haben?

2. Zeigen Sie:

    (a) $f \in \mathbb{Z}[X]$ und $a \equiv b \pmod{n} \Rightarrow f(a) \equiv f(b) \pmod{n}$.

    (b) $c \in \mathbb{Z}\setminus\{0\}$ und $ac \equiv bc \pmod{nc} \Rightarrow a \equiv b \pmod{n}$.

3. Wie viele Primzahlen mit 1024 Bit gibt es ungefähr? Wie viele mit 2048 Bit?

4. Berechnen Sie 5^{23} mod 29.

5. Beweisen Sie Lemma 10.1.

6. Bestimmen Sie die Vielfachsummendarstellung von 217 und 431.

7. Zeigen Sie, dass für $n \in \mathbb{N}$ die Menge $\mathbb{Z}_n^*$ bezüglich der Multiplikation eine Gruppe ist.

8. Eigenschaften der Eulerschen Phi-Funktion.

    (a) Es sei p eine Primzahl und $\alpha \geq 1$. Zeigen Sie: $\phi(p^\alpha) = (p-1)p^{\alpha-1}$.

    (b) Es seien a und b zwei teilerfremde Zahlen. Zeigen Sie: $\phi(a \cdot b) = \phi(a) \cdot \phi(b)$.

9. Beweisen Sie den chinesischen Restsatz 10.2.

10. Es sei $m \in \mathbb{Z}_n^*$ und $e \in \mathbb{Z}_{\phi(n)}$, n habe 1024 Bits. Berechnen und vergleichen Sie die Laufzeiten für die Berechnung von m^e mod n mit dem Chinesischen Restsatz und ohne ihn.

11. Nach der ersten Folgerung aus dem Satz von Euler gilt für jede Primzahl p und jede zu p teilerfremde Zahl a: $a^{p-1} \equiv 1 \pmod{p}$. Die Umkehrung des Satzes gilt nicht:

   - Eine ungerade zusammengesetzte Zahl n mit $a^{n-1} \equiv 1 \pmod{n}$ heißt **Fermatsche Pseudoprimzahl** zur Basis a. Zeigen Sie: 341, 561 und 645 sind Fermatsche Pseudoprimzahlen zur Basis 2.

   - Eine ungerade zusammengesetzte Zahl n mit $a^{n-1} \equiv 1 \pmod{n}$ für alle $a \in \mathbb{N}$ mit $ggT(a, n) = 1$ heißt **Carmichael-Zahl**. Zeigen Sie: 561 ist eine Carmichael-Zahl.

12. Gibt es beim RSA-Verfahren „schwache Schlüssel", das heißt Exponenten e mit $m^e \equiv m \pmod{n}$?

11 Der diskrete Logarithmus, Diffie-Hellman-Schlüsselvereinbarung, ElGamal-Systeme

Wir haben im letzten Abschnitt ein Public-Key-System, nämlich den RSA-Algorithmus kennen gelernt; dessen Sicherheit beruht auf dem Faktorisierungsproblem. Diffie und Hellman, die Erfinder der Public-Key-Kryptografie, haben in ihrer Veröffentlichung von 1976 ein anderes mathematisches Problem benutzt, um ein Public-Key-System, die Diffie-Hellman-Schlüsselvereinbarung, zu entwerfen: **den diskreten Logarithmus**. Dabei handelt es sich um das folgende Problem: Gegeben seien eine Primzahl p und zwei ganze Zahlen g, y. Gesucht ist eine ganze Zahl x mit der Eigenschaft $g^x \bmod p = y$. Gesucht ist also der Logarithmus von y zur Basis g, allerdings nicht über den reellen Zahlen, sondern modulo einer Primzahl, daher auch der Name *diskreter* Logarithmus. Bis heute kennt man keinen effizienten Algorithmus, der dieses Problem lösen kann. Wie die Faktorisierung gilt auch das Problem des diskreten Logarithmus heute als „schwieriges" Problem.

1984 hat dann Taher ElGamal ein Verschlüsselungs- und ein Signaturverfahren veröffentlicht, deren Sicherheit auf dem Problem des diskreten Logarithmus beruht.

11.1 Überblick über die Diffie-Hellman-Schlüsselvereinbarung

Mit der **Diffie-Hellman-Schlüsselvereinbarung** lässt sich ein typisches Problem der symmetrischen Kryptografie sehr elegant lösen. Um eine symmetrische Verschlüsselung durchführen zu können, müssen Sender und Empfänger zunächst einen Schlüssel vereinbaren, was die Möglichkeiten einer spontanen Kommunikation zwischen Sender und Empfänger stark einschränkt.

Bei der Diffie-Hellman-Schlüsselvereinbarung können zwei Teilnehmer A und B öffentlich ein gemeinsames Geheimnis erzeugen. Das Protokoll funktioniert wie folgt:

Die beiden Teilnehmer einigen sich zunächst auf eine Primzahl p und eine ganze Zahl g. Diese Zahlen können öffentlich vereinbart werden. Anschließend wählt jeder der beiden Teilnehmer geheim eine Zufallszahl a bzw. b und potenziert g mit seiner Zufallszahl: $h_A := g^a \bmod p$ und $h_B := g^b \bmod p$.

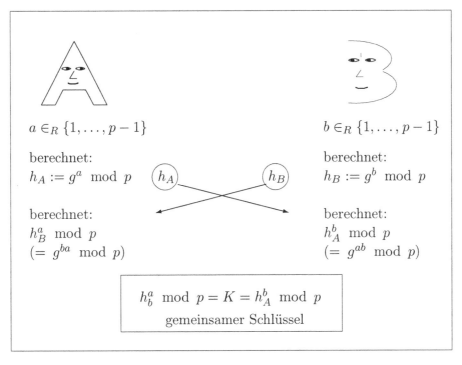

$a \in_R \{1, \dots, p-1\}$ $b \in_R \{1, \dots, p-1\}$

berechnet: berechnet:

$h_A := g^a \bmod p$ h_A h_B $h_B := g^b \bmod p$

berechnet: berechnet:

$h_B^a \bmod p$ $h_A^b \bmod p$

$(= g^{ba} \bmod p)$ $(= g^{ab} \bmod p)$

$$h_b^a \bmod p = K = h_A^b \bmod p$$

gemeinsamer Schlüssel

Abbildung 11.1   Diffie-Hellman-Schlüsselvereinbarung

Diese Werte schicken sich die Teilnehmer gegenseitig zu. Auch dies kann wieder öffentlich geschehen. Im letzten Schritt potenzieren beide die gesendeten Zwischenergebnisse mit ihren jeweiligen Zufallszahlen. Das heißt, A berechnet $h_B^a \bmod p$, und B berechnet $h_A^b \bmod p$.

Wie man leicht sieht, erhalten beide das gleiche Ergebnis K, denn es ist:

$$h_B^a \bmod p = g^{ba} \bmod p = g^{ab} \bmod p = h_A^b \bmod p.$$

A und B können damit in aller öffentlichkeit ein gemeinsames Geheimnis erzeugen. Denn ein Angreifer müsste, um an das Geheimnis zu gelangen, aus $g^a \bmod p$ und $g^b \bmod p$ das Geheimnis $g^{ab} \bmod p$ berechnen können. Man vermutet, dass es hierfür keinen effizienten Algorithmus gibt.

11.2   Mathematische Details

Es sei im folgenden p stets eine Primzahl. Dann ist $\mathbb{Z}_p$ ein Körper und $\mathbb{Z}_p^* = \mathbb{Z}_p \setminus \{0\}$ zusammen mit der Multiplikation eine Gruppe. Diese Gruppe hat $|\mathbb{Z}_p^*| = \phi(p) = p - 1$ Elemente, damit ist die Ordnung dieser Gruppe $p - 1$. Nach dem Satz von Euler gilt dann für alle Elemente a aus $\mathbb{Z}_p^*$:

$$a^{p-1} \equiv 1 \pmod{p}.$$

Es handelt sich hier sogar um eine zyklische Gruppe, das bedeutet, dass es mindestens ein **erzeugendes Element** in dieser Gruppe gibt. Es gibt also mindestens ein Element g in $\mathbb{Z}_p^*$ mit der Eigenschaft, dass sich jedes andere Element aus $\mathbb{Z}_p^*$ als eine Potenz von g schreiben lässt. Ein erzeugendes Element heißt oft auch eine **Primitivwurzel** (engl. **generator**). Erzeugende Elemente in $\mathbb{Z}_p^*$ sind genau die Elemente der Ordnung $p-1$. Der nächste Satz macht eine Aussage über die Anzahl der erzeugenden Elemente.

Satz 11.1 *Es sei p eine Primzahl. Dann gibt es genau $\phi(p-1)$ erzeugende Elemente in $\mathbb{Z}_p^*$.*

Beweis: Da $\mathbb{Z}_p^*$ zyklisch ist, gibt es mindestens ein erzeugendes Element $g \in \mathbb{Z}_p^*$. Das heißt, dass gilt: $\mathbb{Z}_p^* = <g> = \{1, g, g^2, \ldots, g^{p-1}\}$.
Behauptung: Die erzeugenden Elemente von $\mathbb{Z}_p^*$ sind genau die i-ten Potenzen von g mit $ggT(i, p-1) = 1$. Dies ist offensichtlich äquivalent zur Aussage des Satzes, denn die Anzahl der i-ten Potenzen von g, für die $ggT(i, p-1) = 1$ gilt, ist gerade $\phi(p-1)$.
Wir zeigen als erstes, dass g^i für $ggT(i, p-1) = d > 1$ kein erzeugendes Element ist. Wir setzen $i = d \cdot i'$ und $p - 1 = d \cdot n'$. Dann ist:

$$(g^i)^{n'} = g^{d \cdot i' \cdot n'} = (g^{d \cdot n'})^{i'} = (g^{p-1})^{i'} = 1^{i'} = 1$$

Das heißt, das Element g^i hat maximal die Ordnung $n' < p - 1$ und kann damit kein erzeugendes Element sein. Betrachten wir andererseits ein Element g^i mit $ggT(i, p-1) = 1$. Mit dem erweiterten Euklidischen Algorithmus findet man ganze Zahlen u, v mit

$$u \cdot i + v \cdot (p-1) = 1.$$

Angenommen, g^i hätte eine Ordnung $n' < p-1$. Dann ist: $(g^{n'})^{i \cdot u} = 1$ und $(g^{n'})^{(p-1) \cdot v} = 1$ und damit auch $(g^{n'})^{i \cdot u} \cdot (g^{n'})^{(p-1) \cdot v} = 1$. Damit folgt:

$$1 = (g^{n'})^{i \cdot u} \cdot (g^{n'})^{(p-1) \cdot v} = (g^{n'})^{i \cdot u + (p-1) \cdot v} = g^{n'}.$$

Diese Gleichung sagt aus, dass g nur die Ordnung $n' < p - 1$ hätte und damit kein erzeugendes Element wäre. Das ist aber ein Widerspruch zur Voraussetzung. Also hat g^i die Ordnung $p - 1$ und die Behauptung ist gezeigt. □

Satz 11.1 besagt, dass es in einer zyklischen Gruppe nicht nur ein erzeugendes Element gibt, sondern verhältnismäßig viele. Man kennt allerdings keinen Algorithmus, der erzeugende Elemente konstruieren kann. Zur Bestimmung von erzeugenden Elementen geht man daher ähnlich wie bei den Primzahlen vor: Man wählt ein Element zufällig aus und testet, ob es sich um ein erzeugendes Element handelt. Es gibt effiziente Tests, mit denen man feststellen kann, ob ein Element die passende Ordnung hat, wobei man dazu die Primfaktorzerlegung von $p - 1$ braucht, vgl. Übungsaufgabe 3, und der Satz 11.1 sagt aus, dass man im Mittel nicht lange nach einem erzeugenden Element suchen muss.

11.3 Das Problem des diskreten Logarithmus

Es sei p eine Primzahl, g ein erzeugendes Element von $\mathbb{Z}_p^*$ und x eine ganze Zahl. Die Funktion $\exp : \mathbb{Z} \to \mathbb{Z}_p^*, x \mapsto g^x \bmod p$ heißt **diskrete Exponentialfunktion**. Die Umkehrfunktion der diskreten Exponentialfunktion heißt **diskrete Logarithmusfunktion**. Wenn g ein erzeugendes Element von $\mathbb{Z}_p^*$ ist, dann gibt es zu jedem Element aus $\mathbb{Z}_p^*$ den diskreten Logarithmus, denn jede Zahl aus $\mathbb{Z}_p^*$ lässt sich als Potenz von g darstellen. Die kleinste natürliche Zahl x mit $y = g^x \bmod p$ heißt der **diskrete Logarithmus von y zur Basis g**.

Wenn g kein erzeugendes Element ist, dann gibt es nicht unbedingt zu jedem $y \in \mathbb{Z}_p^*$ einen diskreten Logarithmus. Im folgenden setzen wir voraus, dass ein erzeugendes Element g von $\mathbb{Z}_p^*$ gegeben ist.

Man kennt bis heute keinen effizienten Algorithmus zur Bestimmung von diskreten Logarithmen. Die Abbildung 11.2 zeigt, dass die diskrete Exponentialfunktion sich chaotischer verhält als ihr stetiges Pendant.

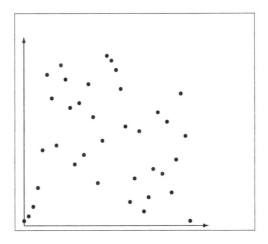

Abbildung 11.2 Der diskrete Charme der Exponentialfunktion

Ein naiver Ansatz zur Bestimmung von diskreten Logarithmen ist das Ausprobieren aller in Frage kommenden Zahlen. Da g ein erzeugendes Element ist, ist die Ordnung von g die Zahl $p - 1$, das bedeutet insbesondere, dass $g^{p-1} \bmod p = g^0 = 1$ ist, und man den diskreten Logarithmus einer beliebigen Zahl $y \in \mathbb{Z}_p^*$ nur in der Menge $\{0, \ldots, p-2\}$ suchen muss. Wenn p eine sehr große Primzahl ist, so ist eine solche vollständige Suche praktisch undurchführbar.

Ein weniger naiver Ansatz zur Berechnung von diskreten Logarithmen, der deutlich effizienter als die vollständige Suche ist, ist der **Baby-Step-Giant-Step-Algorithmus**. Allerdings ist auch dieser Algorithmus nicht effizient. Er hat also keine polynomielle Laufzeit.

11.4   Der Baby-Step-Giant-Step-Algorithmus

Gegeben sei eine Primzahl p und $g,y \in \mathbb{Z}_p^*$, gesucht ist

$$\log_g y =: x.$$

Der Baby-Step-Giant-Step-Algorithmus wählt als erstes eine Zahl $t \in \mathbb{N}$ aus, die größer als $\sqrt{p-1}$ ist. Der diskrete Logarithmus von y lässt sich dann schreiben als $x = q \cdot t + r$ mit $0 \le r < t$. Diese Gleichung lässt sich folgendermaßen umformen:

$$y = g^x = g^{q \cdot t + r} \Leftrightarrow y \cdot g^{-r} = g^{q \cdot t}$$

Der Baby-Step-Giant-Step-Algorithmus sucht dann zwei Zahlen r und q mit der Eigenschaft, dass $y \cdot g^{-r} = g^{q \cdot t}$ gilt. Dazu werden zwei Listen angelegt:

Baby-Step Liste: $y \cdot g^{-r}$ für alle r mit $0 \le r < t$
Giant-Step Liste: $g^{q \cdot t}$ für alle q mit $0 \le q < t$

Nach der Berechnung der Listen sucht der Algorithmus nach einem Eintrag, der in beiden Listen vorkommt. Dieser Eintrag liefert den diskreten Logarithmus x.

Wenn man annimmt, dass die Suche in den beiden Listen im Vergleich zu den modularen Exponentiationen vernachlässigbar ist, dann beträgt die Komplexität dieses Algorithmus $O(\sqrt{p-1})$. Dies ist zwar eine deutliche Verbesserung gegenüber der vollständigen Suche, die eine Komplexität von $O(p-1)$ hat, allerdings ist die Komplexität nicht polynomiell in $\log p$ und damit nicht effizient.

Bemerkung: Der Baby-Step-Giant-Step-Algorithmus ist insofern beachtenswert, als dass es sich hier um einen so genannten **generischen** Algorithmus handelt. Das bedeutet, dass er auf jeder Gruppe funktioniert und nicht von der speziellen Struktur der Gruppe abhängt.

Eine Variante des Baby-Step-Giant-Step-Algorithmus ist der **Silver-Pohlig-Hellman-Algorithmus:** Dieser Algorithmus lässt sich anwenden, wenn $(p-1)$ vor allem „kleine" Primteiler hat, [PH78].

Der **Index-Calculus-Algorithmus** ist der effizienteste bekannte Algorithmus zur Berechnung von diskreten Logarithmen. Er lässt sich allerdings nicht auf jede Gruppe anwenden. Er berechnet diskrete Logarithmen auf zyklischen Gruppen und endlichen Körpern $GF(p^\alpha)$. Er arbeitet dann besonders effizient, wenn die Primzahl p relativ „klein" ist, [Ad79] .

Bis heute ist kein Algorithmus bekannt, der effizient diskrete Logarithmen bestimmen kann. Da sich die diskrete Exponentialfunktion effizient mittels des Square-and-Multiply-Algorithmus berechnen lässt, vermutet man daher, dass es sich bei der diskreten Exponentialfunktion um eine Einwegfunktion handelt:

Annahme 11.1 (Diskreter Logarithmus) *Gegeben seien eine Primzahl p der Länge k Bit, ein erzeugendes Element $g \in \mathbb{Z}_p^*$ und ein Element h aus $\mathbb{Z}_p^*$. Dann ist für jeden effizienten Algorithmus A die Wahrscheinlichkeit, dass er bei Eingabe von k, p, g und h den diskreten Logarithmus von h zur Basis g berechnet, vernachlässigbar. Das heißt, dass es für jedes A eine vernachlässigbare Funktion ν und ein $k_0 \in \mathbb{N}$ gibt, so dass für alle $k \ge k_0$ gilt:*

$$P[A(k, p, g, h) = a \mid a \in_R \mathbb{Z}] \leq \nu(k).$$

Im Gegensatz zur RSA-Funktion gibt es vermutlich bei der diskreten Exponentialfunktion keine Trapdoor.

11.5 Sicherheit der Diffie-Hellman-Schlüsselvereinbarung

Nach diesen Vorüberlegungen kommen wir auf die Diffie-Hellman-Schlüsselvereinbarung zurück. Die Sicherheit der Diffie-Hellman-Schlüsselvereinbarung hängt eng mit dem Problem des diskreten Logarithmus zusammen. Ein Angreifer, der diskrete Logarithmen in $\mathbb{Z}_p^*$ bestimmen kann, kann offensichtlich auch den gemeinsamen Diffie-Hellman-Schlüssel von A und B berechnen. Damit müssen die öffentlichen Parameter p und g also so gewählt werden, dass kein Angreifer diskrete Logarithmen zu diesen Werten effizient bestimmen kann. Das bedeutet zweierlei: Zum einen muss die Primzahl p so groß gewählt werden, dass es in $\mathbb{Z}_p^*$ schwierig ist, diskrete Logarithmen zu bestimmen. In der Praxis wählt man heute typischerweise Primzahlen in der Größenordnung von 2048 Bit.

Zum anderen muss man die Zahl g so wählen, dass sie eine möglichst große Untergruppe von $\mathbb{Z}_p^*$ erzeugt. Denn angenommen, g hat nur eine kleine Ordnung, dann kann ein Angreifer effizient eine Tabelle der Potenzen von g anlegen. Da $\mathbb{Z}_p^*$ zyklisch ist, bietet es sich an, ein erzeugendes Element zu wählen. Um die Diffie-Hellman-Schlüsselvereinbarung effizienter zu gestalten, wählt man heute anstelle eines erzeugenden Elementes g von $\mathbb{Z}_p^*$ üblicherweise einen Erzeuger g einer Untergruppen G_q von $\mathbb{Z}_p^*$ mit Primzahlordnung q. Liegt die Primzahl p in der Größenordnung von 2048 Bit, so gelten derzeit für die Wahl von q Primzahlen der Größenordnung 224 Bit als untere Grenze.

Mit dieser Parameterwahl kann man sicher stellen, dass kein Angreifer das gemeinsame Geheimnis von A und B berechnen kann, indem er diskrete Logarithmen bestimmt. Man weiß allerdings bis heute nicht, ob der Angreifer nicht auch das Geheimnis $g^{ab} \bmod p$ bestimmen könnte, ohne diskrete Logarithmen zu berechnen.

Die Vermutung, dass es auch ohne die Berechnung von diskreten Logarithmen keinen effizienten Algorithmus gibt, der den Diffie-Hellman-Schlüssel berechnen kann, wird formal so formuliert:

Annahme 11.2 (Diffie-Hellman-Annahme) *Gegeben seien eine Primzahl p der Länge k Bit, ein erzeugendes Element $g \in \mathbb{Z}_p^*$ und zwei Elemente $g^a \bmod p, g^b \bmod p$. Dann ist für jeden effizienten Algorithmus A die Wahrscheinlichkeit, dass er bei Eingabe von k, p, g, $g^a \bmod p$ und $g^b \bmod p$ den Diffie-Hellman-Schlüssel $g^{ab} \bmod p$ berechnet, vernachlässigbar. Das heißt, für jedes A gibt es eine vernachlässigbare Funktion ν und ein $k_0 \in \mathbb{N}$, so dass für alle $k \geq k_0$ gilt:*

$$P[A(k, p, g, g^a \bmod p, g^b \bmod p) = g^{ab} \bmod p \mid a, b \in_R \mathbb{Z}] \leq \nu(k).$$

Man vermutet sogar noch etwas mehr: Ein Angreifer würde nicht einmal merken, dass er den korrekten Wert errechnet hat. Dies ist die so genannte **Diffie-Hellman-Entscheidungsannahme** (Diffie-Hellman-Decision-Annahme, DHD-Annahme, DDH-Annahme). In $\mathbb{Z}_p^*$ gilt die Diffie-Hellman-Decision-Annahme allerdings nicht. Denn ein Angreifer kann in $\mathbb{Z}_p^*$ anhand der Elemente $g^a \bmod p$ und $g^b \bmod p$ nicht nur das Legendre-Symbol (siehe z.B. [Ko]) der Elemente $g^a \bmod p$ und $g^b \bmod p$ effizient berechnen, sondern auch das Legendre-Symbol von $g^{ab} \bmod p$. Die effiziente Berechnung des Legendre-Symbols von $g^{ab} \bmod p$ liefert dem Angreifer also eine erfolgreiche Methode, ein zufällig gewähltes Element g^c aus $\mathbb{Z}_p^*$ von $g^{ab} \bmod p$ zu unterscheiden, weshalb die Diffie-Hellman-Entscheidungsannahme in $\mathbb{Z}_p^*$ nicht gilt. Man vermutet heute, dass die Diffie-Hellman-Entscheidungsannahme auf Untergruppen von $\mathbb{Z}_p^*$ von Primzahlordnung gilt:

Annahme 11.3 (Diffie-Hellman-Entscheidungsannahme) *Gegeben seien der Sicherheitsparameter $k \in \mathbb{N}$, eine Primzahl p mit $|p-1| = \delta + k$ für ein vorgegebnes $\delta \in \mathbb{N}$, eine Primzahl q mit $p = \gamma q + 1$ für ein vorgegebenes $\gamma \in \mathbb{N}$, die eindeutig bestimmte zyklische Untergruppe G_q von $\mathbb{Z}_p^*$ der Primzahlordnung q, ein zufällig gewähltes erzeugendes Element $g \in_R G_q$ und drei zufällig gewählte Elemente $g^a, g^b, g^c \in_R G_q$. Es gibt keinen effizienten Algorithmus, der entscheiden kann, ob $g^{ab} \bmod p = g^c \bmod p$ gilt. Formal bedeutet dies: Für jeden effizienten Algorithmus A gibt es eine vernachlässigbare Funktion ν und ein $k_0 \in \mathbb{N}$, so dass für alle $k \geq k_0$ gilt:*

$$P[A(k,p,g,g^a,g^b,g^c) = 1 \mid a,b \in_R \mathbb{Z}_q, g^c = g^{ab}]^1 \leq \frac{1}{2} + \nu(k).$$

11.6   ElGamal-Verschlüsselung

Die zweite kryptografische Anwendung des diskreten Logarithmus kann man leicht aus der Diffie-Hellman-Schlüsselvereinbarung konstruieren. Es handelt sich um ein Public-Key-Verschlüsselungsverfahren, das nach T. ElGamal benannt ist, der dieses Verfahren im Jahr 1984 publiziert hat, [ElG84].

Angenommen, Teilnehmer B besitzt als öffentlichen Schlüssel eine Primzahl p, ein erzeugendes Element g von $\mathbb{Z}_p^*$ und den Wert $h_B := g^b \bmod p$. Die Primzahl p und das erzeugende Element g können von allen Teilnehmern verwendet werden; in dem Fall sind p und g öffentliche Parameter und weniger Teil des öffentlichen Schlüssels von B. Wenn A an B eine vertrauliche Nachricht m senden will, so wählt A eine Zufallszahl a und berechnet daraus zusammen mit dem öffentlichen Schlüssel h_B von B den gemeinsamen Diffie-Hellman-Schlüssel $K := g^{ab} \bmod p$. Diesen Schlüssel benutzt A als symmetrischen Schlüssel für eine Chiffre f, unter der er die Nachricht m verschlüsselt. An B schickt er nicht nur das Chiffrat c, sondern auch seinen Anteil $g^a \bmod p$ am Diffie-Hellman-Schlüssel.

---

[1] Der übersichtlichkeit halber lassen wir hier jeweils mod p weg.

Als symmetrisches Verschlüsselungsverfahren verwendet man häufig die XOR-Verknüpfung von Klartext und Diffie-Hellman-Schlüssel. Eine Variante der ElGamal-Verschlüsselung ist die Verwendung einer modulo Multiplikation an Stelle der symmetrischen Chiffre. Hierbei berechnet der Sender der Nachricht m den Geheimtext c als $c := K \cdot m \bmod p$, wobei K der Diffie-Hellman-Schlüssel ist.

Das ElGamal-Verschlüsselungsverfahren ist der Diffie-Hellman-Schlüsselvereinbarung so ähnlich, dass man vermuten kann, dass die Sicherheit der beiden Verfahren eng zusammenhängt. In Kapitel 13 werden wir den Zusammenhang genauer untersuchen.

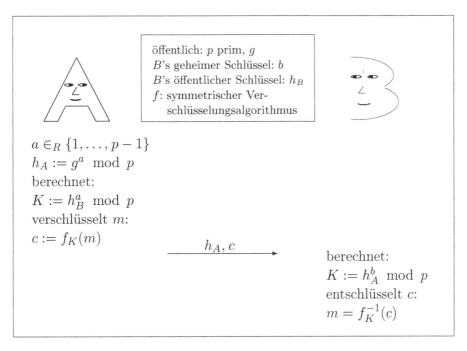

Abbildung 11.3 ElGamal-Verschlüsselung

11.7 ElGamal-Signatur

In 10.1 wurde dargestellt, dass man aus dem RSA-Verschlüsselungsverfahren ein Signaturverfahren konstruieren kann, indem man auf die Nachricht den geheimen Schlüssel anwendet. Dieses Vorgehen funktioniert beim ElGamal-Verschlüsselungsverfahren nicht. Dennoch kann man auch mit der diskreten Logarithmusfunktion ein digitales Signaturschema konstruieren, das allerdings eine völlig andere Gestalt hat als die Verschlüsselungsfunktion. Auch das Signaturschema geht auf T. ElGamal zurück und wurde zusammen mit der ElGamal-Verschlüsselung 1984 vorgestellt.

Ein Teilnehmer A, hat als öffentliche Parameter eine Primzahl p, einen Generator g und als öffentlichen Schlüssel einen Wert $h_A := g^a \bmod p$.

Um eine Nachricht m zu signieren, geht A wie folgt vor: Zunächst wählt er eine Zufallszahl r aus $\mathbb{Z}^*_{p-1}$. Die Einschränkung, dass r teilerfremd zu $p-1$ ist, garantiert, dass r modulo $p-1$ ein inverses Element r^{-1} hat. A berechnet damit $k := g^r \bmod p$ und löst die folgende Kongruenz:

$$s := (m - k \cdot a) \cdot r^{-1} \bmod (p-1).$$

Als Signatur schickt A an B die Werte $sig = (k, s)$. Um die Signatur zu verifizieren, muss B folgende Gleichung prüfen:

$$g^m \bmod p = h_A^k \cdot k^s \bmod p.$$

Stammt die Signatur tatsächlich von A, so ist diese Gleichung erfüllt, denn es ist:

$$h_A^k \cdot k^s \equiv g^{ka+sr} \equiv g^{ka+(m-ka)r^{-1}r} \equiv g^{ka+m-ka} \equiv g^m \pmod{p}.$$

Man beachte, dass A die Nachricht bei diesem Verfahren mitschicken muss, denn B kann sie nicht aus der Signatur rekonstruieren.

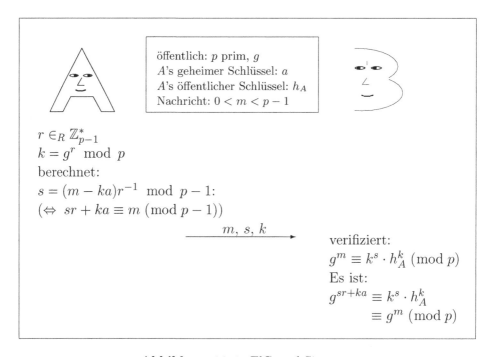

Abbildung 11.4 ElGamal-Signatur

Man kann nicht beweisen, dass die Sicherheit dieses Signaturschemas äquivalent zum Berechnen von diskreten Logarithmen ist. Ein Angreifer, der in der Lage ist, diskrete Logarithmen zu bestimmen, kann den geheimen Schüssel eines Teilnehmers berechnen und damit Signaturen in dessen Namen erstellen. Eine Signatur zu fälschen ist also höchstens so schwer wie das Berechnen von diskreten Logarithmen.

Auf den ersten Blick scheint es auch keinen anderen Weg für die Fälschung von Signaturen zu geben. Ein Angreifer, der eine Signatur ohne Kenntnis des passenden geheimen Schlüssels fälschen will, muss zwei Werte s und k finden mit der Eigenschaft $g^m \bmod p = h_A^k \cdot k^s \bmod p$, wobei h_A der öffentliche Schlüssel des Teilnehmers ist. Wenn er zuerst k wählt und dann versucht, s auszurechnen, so muss er den diskreten Logarithmus von $g^m h_A^{-k} \bmod p$ zur Basis k bestimmen. Wenn er zuerst s wählt, dann muss er noch eine kompliziertere Gleichung lösen, bei der auch wieder ein diskreter Logarithmus zu berechnen ist.

Dies sind aber nur Plausibilitätsüberlegungen, da es weitere Angriffsmöglichkeiten geben kann. Wir werden uns im Kapitel 14 genauer mit der Sicherheit der ElGamal-Signatur beschäftigen.

Es gibt zahlreiche Varianten der ElGamal-Signatur. Bei manchen muss man nur eine etwas veränderte Kongruenz zur Signaturerstellung lösen, bei anderen wird nicht die gesamte Gruppe $\mathbb{Z}_p^*$, sondern nur eine Untergruppe verwendet. Wieder andere operieren auf völlig anderen Gruppen wie zum Beispiel den elliptischen Kurven, vgl. Kapitel 12.

Die hier vorgestellte ElGamal-Signatur ist eine Signatur ohne **message recovery**, das heißt, dass der Empfänger der Signatur die unterschriebene Nachricht nicht aus der Signatur selbst berechnen kann. Im Gegensatz dazu ist das RSA-Signaturverfahren eine Signatur mit message recovery. Es gibt Varianten der ElGamal-Signatur mit message recovery, zum Beispiel die **Nyberg-Rueppel-Signatur**, vgl. Übungsaufgabe 7.

Die ElGamal-Signatur ist bei gleicher Schlüssellänge doppelt so lang wie eine RSA-Signatur. Um die ElGamal-Signatur für den Einsatz effizienter zu machen, sind zahlreiche Varianten der ElGamal-Signatur wie zum Beispiel [Schn89] vorgeschlagen worden. Die wichtigste dieser Varianten ist der **DSA** (digital signature algorithm). Dieser Signaturalgorithmus wurde 1991 vom U.S. National Institute of Standards and Technology (NIST) vorgeschlagen, wurde später als FIPS 186 (U.S. Federal Information Processing Standard), [FIPS186] standardisiert und heißt seitdem DSS für „digital signature standard".

Bei der Schlüsselerzeugung bestimmt der Teilnehmer zunächst eine Primzahl q in der Größenordnung von 160 Bit. Anschließend wird eine Primzahl p mit 512 Bit bestimmt, so dass q ein Teiler von $p - 1$ ist. Hierfür kennt man effiziente Algorithmen. Anschließend bestimmt der Teilnehmer in $\mathbb{Z}_p^*$ ein Element g der Ordnung q. Auch dies ist effizient möglich. Das Element g erzeugt die einzige Untergruppe von $\mathbb{Z}_p^*$ der Ordnung q. Die Werte q, p und g sind Teil des öffentlichen Schlüssels. Als letzten Schritt wählt der Teilnehmer als geheimen Schlüssel eine Zufallszahl x aus $\{1, 2, \ldots, q - 1\}$. Der letzte Teil des öffentlichen Schlüssels ist

$y = g^x \bmod p$.

Für die Signaturerstellung für eine Nachricht m berechnet der Signierer folgendes:

- Er wählt eine Zufallszahl k, $0 < k < q$.

- Er berechnet $r = (g^k \mod p) \mod q$.

- Er bestimmt $k^{-1} \bmod q$.

- Er berechnet $s = k^{-1}(h(m) + xr) \bmod q$, wobei h eine Einweg-Hashfunktion ist, vgl. Kapitel 15.

- Die Signatur der Nachricht m ist das Paar (r, s).

Für die Verifikation einer Signatur (r, s) für eine Nachricht m müssen folgende Operationen durchgeführt werden: Der Verifizierer braucht zunächst den passenden öffentlichen Schlüssel (q, p, g, y).

- Er überprüft, ob $0 < r < q$ und $0 < s < q$ gilt.

- Er bestimmt $w = s^{-1} \bmod q$ und $h(m)$.

- Er berechnet $u_1 = wh(m) \mod q$ und $u_2 = rw \mod q$.

- Er berechnet $v = (g^{u_1} y^{u_2} \mod p) \mod q$.

- Er akzeptiert die Signatur als gültig, falls $v = r$ gilt.

Wenn die Signatur echt ist, dann gelingt die Verifikation:

$$\begin{aligned}
v = g^{u_1} y^{u_2} &= g^{wh(m)} y^{rw} \\
&= g^{s^{-1}h(m)} g^{xrs^{-1}} = g^{s^{-1}(h(m)+xr)} \\
&= g^{k(h(m)+xr)^{-1}(h(m)+xr)} \\
&= g^k = r.
\end{aligned}$$

11.8   Der Blum-Micali-Pseudozufallsgenerator

Ebenso wie die Faktorisierung kann man das Problem des diskreten Logarithmus zur Konstruktion eines Pseudozufallsgenerators verwenden.

Man wählt eine Primzahl p und ein erzeugendes Element g von $\mathbb{Z}_p^*$. Weiterhin wählt man einen Startwert x_0, der teilerfremd zu $p - 1$ ist. Die Ausgabewerte berechnet man, indem man $x_{i+1} := g^{x_i} \bmod p$ berechnet. Das i-te Ausgabebit ist 1, falls $x_i < \frac{p-1}{2}$ ist und 0 sonst.

Für diesen Generator kann man nachweisen, dass eine Vorhersage des nächsten Bits mit einer besseren Wahrscheinlichkeit als $1/2$ zu einem effizienten Algorithmus führt, mit dem man diskrete Logarithmen berechnen kann, [BM84].

11.9 Übungen

1. Es sei p eine Primzahl und g ein erzeugendes Element von $\mathbb{Z}_p^*$. Zeigen Sie:
   $g^k \equiv g^l \,(\mathrm{mod}\ p) \Leftrightarrow k \equiv l(\mathrm{mod}\ p-1)$.

2. Vergleichen Sie die ElGamal-Signatur mit der RSA-Signatur! Welche der beiden Signaturen braucht mehr Rechenschritte? Welche ist länger? Lassen sich bestimmte Rechenschritte im voraus berechnen, noch bevor bekannt ist, welche Nachricht signiert werden soll?

3. Es sei p eine Primzahl und $q := (p-1)/2$ prim. Gegeben sei ein zufälliges Element g aus $\mathbb{Z}_p^*$ (g wurde also gemäß einer diskreten Gleichverteilung ausgewählt). Zeigen Sie: Die Wahrscheinlichkeit dafür, dass g ein erzeugendes Element ist, beträgt $\frac{1}{2} - \frac{1}{2q}$.

4. Zeigen Sie explizit: Wenn es einen effizienten Algorithmus gibt, der in $\mathbb{Z}_p^*$ diskrete Logarithmen berechnen kann, so ist die Diffie-Hellman-Annahme falsch.

5. Betrachten Sie das ElGamal-Verschlüsselungsverfahren: Ersetzen Sie die symmetrische Verschlüsselung durch eine XOR-Verknüpfung von Klartext und Schlüssel. Setzt dieses Vorgehen die Sicherheit des ElGamal-Verfahrens herab?

6. Betrachten Sie das in Abbildung 6 dargestellte Protokoll. Handelt es sich dabei um eine ElGamal-Verschlüsselung? Wie muss B vorgehen, um den Geheimtext zu entschlüsseln?

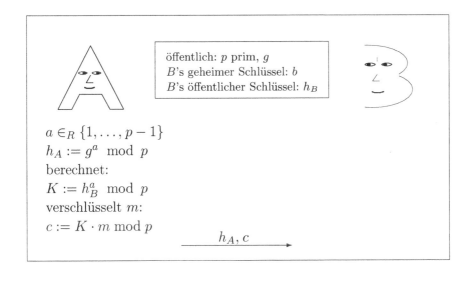

7. Es gibt zahlreiche Varianten des ElGamal-Signatur-Schemas, unter anderem auch eine mit message recovery. Ergänzen Sie im folgenden Protokoll die Verifikationsgleichung. Bezeichnungen: p ist eine Primzahl, g ein erzeugendes Element von $\mathbb{Z}_p^*$, x ist A's geheimer Schlüssel, h_A ist A's öffentlicher Schlüssel und m ist die Nachricht, die A signiert.

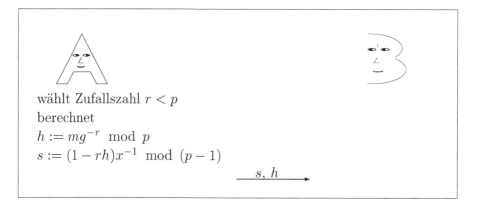

wählt Zufallszahl $r < p$

berechnet

$h := mg^{-r} \mod p$

$s := (1 - rh)x^{-1} \mod (p-1)$

$$\xrightarrow{\quad s,\ h \quad}$$

12 Weitere Public-Key-Systeme

12.1 Verallgemeinerte ElGamal-Systeme - elliptische Kurven

Bereits in Kapitel 11 wurde erwähnt, dass sich die Diffie-Hellman-Schlüsselverein-barung, die ElGamal-Verschlüsselung und die ElGamal-Signatur nicht nur auf $\mathbb{Z}_p^*$ durchführen lassen, sondern dass man die Verfahren auf beliebige Gruppen verall-gemeinern kann. Insbesondere kann man Gruppen auswählen, für die das Problem des diskreten Logarithmus besonders schwer zu lösen ist. Solche Gruppen haben den Vorteil, dass man mit verhältnismäßig kleinen Schlüssellängen auskommt.

Eine Familie von Gruppen, von denen man vermutet, dass in ihnen diskrete Logarithmen besonders schwer zu bestimmen sind, sind die **elliptischen Kur-ven**. Während man für die Gruppe $\mathbb{Z}_p^*$ eine Primzahl von mindestens 2048 Bit braucht, reichen bei einer elliptischen Kurve Zahlen in der Größenordnung von 224 Bit, um eine vergleichbare Sicherheit zu erreichen. Außerdem kann man hier für jede Primzahl eine große Anzahl von passenden Gruppen erzeugen, so dass man eine weitaus größere Auswahl an zugrunde liegenden Gruppen hat als bei den Restklassengruppen $\mathbb{Z}_p^*$.

Auf Grund ihrer geringen Schlüssellängen werden elliptische Kurven heute bevorzugt für Chipkarten eingesetzt. Dieser Abschnitt gibt einen kurzen Überblick über die elliptischen Kurven.

Man betrachtet zunächst Kurven dritten Grades in der xy-Ebene. Diese lassen sich auf die folgende Form bringen:

$$y^2 = x^3 + ax + b,$$

wobei a und b reelle Zahlen sind.

Wenn das Polynom $f(x) = x^3 + ax + b$ drei verschiedene Nullstellen hat, so heißt die Kurve **nichtsingulär**, andernfalls **singulär**. Wir behandeln im Folgen-den nur die nichtsingulären Kurven, da nur sie für kryptografische Zwecke geeignet sind.

Über den reellen Zahlen kann man sich diese Punktmengen gut veranschaulichen. Da ein Polynom dritten Grades über den reellen Zahlen entweder eine oder drei reelle Nullstellen hat, können im Wesentlichen nur die in Abbildung 12.1 darge-stellten beiden Fälle eintreten.

Für solche Kurven kann man eine Verknüpfung von Punkten angeben, so dass die Punktmenge zusammen mit dieser Verknüpfung eine Gruppe bildet.

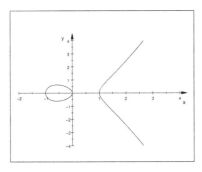 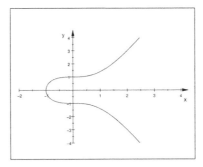

Abbildung 12.1 Elliptische Kurven über den reellen Zahlen

Um die Punkte P und Q miteinander zu verknüpfen, verbindet man sie durch eine Gerade. Man kann durch Lösen einer quadratischen Gleichung leicht zeigen, dass diese Gerade die elliptische Kurve in genau einem weiteren Punkt schneidet. Diesen Punkt bezeichnen wir mit R'. Wenn man diesen Punkt an der x-Achse spiegelt, erhält man den Punkt R, der ebenfalls auf der elliptischen Kurve liegt. Der Punkt R ist die „Summe" der Punkte P und Q:

$$P + Q := R.$$

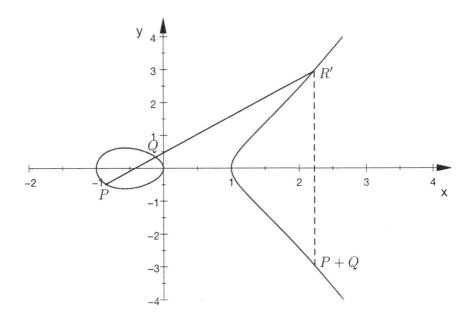

Abbildung 12.2 Addition von Punkten auf einer elliptischen Kurve

Um eine sinnvolle Verknüpfung zu erhalten, muss man noch einige Spezialfälle berücksichtigen.

- Um $P + P$ zu bestimmen, verwendet man die Tangente der Kurve im Punkt P, die die elliptische Kurve wiederum in einem weiteren Punkt schneidet. $2P$ ist dann das Spiegelbild dieses Schnittpunktes.

- Um P und $-P$ zu verknüpfen, geht man folgendermaßen vor: Die Verbindungsgerade zwischen P und $-P$ ist eine Parallele zur y-Achse, und die schneidet die elliptische Kurve sicher nicht in einem weiteren Punkt der affinen xy-Ebene. Wann immer man eine Parallele zur y-Achse erhält, definiert man als Schnittpunkt der Parallelen mit der Kurve den **uneigentlichen** oder **unendlich fernen Punkt** $\mathcal{O}$. Wenn man ihn an der x-Achse spiegelt, erhält man wieder $\mathcal{O}$. Das heißt, man definiert: $P + (-P) = \mathcal{O}$.

- Der unendlich ferne Punkte $\mathcal{O}$ ist das neutrale Element der Verknüpfung, das heißt, es gilt: $\mathcal{O} + P = P + \mathcal{O} = P$ für alle Punkte P der elliptischen Kurve. Anschaulich kann man sich dies so klar machen: Wenn man P und den unendlich fernen Punkt $\mathcal{O}$ verbindet, erhält man eine Parallele zur y-Achse durch den Punkt P. Diese schneidet die Kurve auch in $-P$. Spiegelt man $-P$ an der x-Achse, so erhält man wieder P.

Mit dieser Konstruktionsbeschreibung kann man über den reellen Zahlen explizite Formeln für die Koordinaten des neuen Punktes herleiten. Es sei P gegeben durch die Koordinaten (x_1, y_1) und Q durch (x_2, y_2), wobei $P \neq Q$ ist. Dann erhält man die Koordinaten (x_3, y_3) von $P + Q$ durch

$$x_3 = \left(\frac{y_2 - y_1}{x_2 - x_1} \right)^2 - x_1 - x_2$$
$$y_3 = -y_1 + \left(\frac{y_2 - y_1}{x_2 - x_1} \right) (x_1 - x_3).$$

Für den Fall $P = Q$ ergibt sich:

$$x_3 = \left(\frac{3x_1^2 + a}{2y_1} \right)^2 - 2x_1$$
$$y_3 = -y_1 + \left(\frac{3x_1^2 + a}{2y_1} \right) (x_1 - x_3).$$

Diese Formeln kann man auch dann anwenden, wenn man die Kurven nicht über den reellen Zahlen, sondern über einem anderen Körper betrachtet. Mit diesen Vorüberlegungen können wir elliptische Kurven definieren.

Definition 12.1 *Es sei* $\mathbb{K}$ *ein Körper mit Char* $\mathbb{K} \neq 2{,}3$. *Eine* **elliptische Kurve** *über dem Körper* $\mathbb{K}$ *enthält folgende Punkte:*

- *die Menge aller Punkte (x, y) aus $\mathbb{K} \times \mathbb{K}$, die die folgende Gleichung erfüllen:*

$$y^2 = x^3 + ax + b,$$

wobei a und b aus dem Körper $\mathbb{K}$ stammen und $f(x) = x^3 + ax + b$ ein Polynom mit drei verschiedenen Nullstellen ist;

- *den uneigentlichen Punkt $\mathcal{O}$.*

Bemerkungen.

- Für Körper mit der Charakteristik 2 oder 3 werden elliptische Kurven etwas anders definiert. Wenn $\mathbb{K}$ die Charakteristik 2 hat, so ist eine elliptische Kurve der uneigentliche Punkt $\mathcal{O}$ zusammen mit der Lösungsmenge einer der beiden folgenden Gleichungen:

$$y^2 + cx = x^3 + ax + b \quad \text{oder}$$
$$y^2 + xy = x^3 + ax^2 + b,$$

wobei a, b, c Elemente des Körpers $\mathbb{K}$ sind. Hier spielt es keine Rolle, ob das Polynom mehrfache Nullstellen hat.

Wenn $\mathbb{K}$ die Charakteristik 3 hat, so ist eine elliptische Kurve der uneigentliche Punkt $\mathcal{O}$ zusammen mit der Lösungsmenge der folgenden Gleichung:

$$y^2 = x^3 + ax^2 + bx + c,$$

wobei a, b, c Elemente des Körpers $\mathbb{K}$ sind und das Polynom $f(x) = x^3 + ax^2 + bx + c$ keine mehrfachen Nullstellen hat.

- Den Namen verdanken die Kurven der Tatsache, dass solche Gleichungen bei der Berechnung von Bogenlängen bei Ellipsen auftreten.

Eine elliptische Kurve zusammen mit der beschriebenen Verknüpfung ist eine Gruppe, wobei die Gültigkeit des Assoziativgesetzes recht aufwändig nachgewiesen werden muss, vgl. zum Beispiel [ST].

Man vermutet, dass das Problem des diskreten Logarithmus auf elliptischen Kurven besonders schwer ist. Das bedeutet, dass es keinen effizienten Algorithmus gibt, der für zwei Punkte P und Q einer beliebigen (aber hinreichend großen) elliptischen Kurve eine ganze Zahl n bestimmen kann, so dass $P = nQ$ gilt. Man beachte, dass elliptische Kurven im Gegensatz zu $\mathbb{Z}_p^*$ additiv geschriebene Gruppen sind: Das Problem des diskreten Logarithmus ist also zu bestimmen, was für ein *Vielfaches* der Punkt Q vom Punkt P ist.

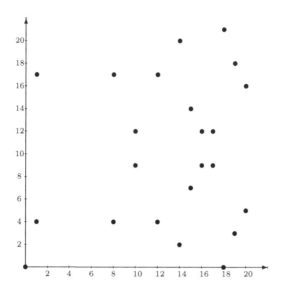

Abbildung 12.3 Elliptische Kurve über $\mathbb{Z}_{23}$

Man kennt bis heute nur Algorithmen mit exponentieller Laufzeit, die dieses Problem lösen. In diesem Sinne ist das Problem des diskreten Logarithmus auf elliptischen Kurven besonders schwer. Für die multiplikative Gruppe $\mathbb{Z}_p^*$ kennt man nämlich Algorithmen mit subexponentieller Laufzeit, also solche, die zwar noch nicht effizient sind, aber doch schon bedeutend schneller durchführbar als solche mit exponentieller Laufzeit.

Die Diffie-Hellman-Schlüsselvereinbarung, die ElGamal-Verschlüsslung und die ElGamal-Signatur lassen sich ohne wesentliche Änderungen auf elliptischen Kurven durchführen. Als Beispiel betrachten wir die Diffie-Hellman-Vereinbarung auf elliptischen Kurven in Abbildung 12.4.

Die beiden Kommunikationspartner vereinbaren zunächst eine elliptische Kurve E und einen Punkt P von E. Ebenso wie im vorherigen Kapitel können dies auch Parameter sein, die für alle Teilnehmer vorgegeben sind. Teilnehmer A wählt eine Zufallszahl a und berechnet den Punkt $aP = Q$. Ebenso wählt B eine Zahl b und berechnet den Punkt $bP = R$. Die Teilnehmer tauschen die Punkte Q und R aus. Da es keinen effizienten Weg gibt, auf elliptischen Kurven den diskreten Logarithmus zu berechnen, kann niemand aus der Kenntnis von Q und R auf die Zahlen a und b schließen. Teilnehmer A berechnet dann den Punkt aR, und Teilnehmer B berechnet den Punkt bQ. Beide haben auf diese Weise denselben Punkt abP bestimmt, den sie als gemeinsames Geheimnis (also zum Beispiel als Schlüssel) verwenden können.

Man vermutet, dass auch auf elliptischen Kurven die Diffie-Hellman-Annahme gilt: Es gibt keinen effizienten Algorithmus, der ohne Kenntnis von a und b aus aP und bP den Diffie-Hellman-Schlüssel abP bestimmen kann.

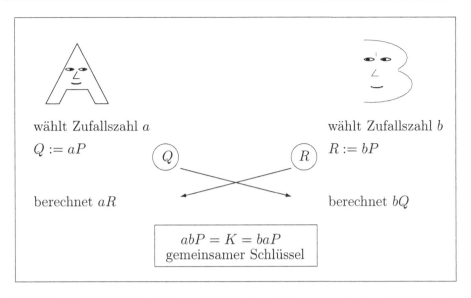

Abbildung 12.4 Diffie-Hellman-Schlüsselvereinbarung auf einer elliptischen Kurve E

Weitere Details zu den elliptischen Kurven finden sich zum Beispiel in [BSS99].

12.2 XTR

Das XTR-Kryptosystem (<u>E</u>fficient and <u>C</u>ompact <u>S</u>ubgroup <u>T</u>race <u>R</u>epresenta-tion), [PBV99], [LV00], ist ähnlich wie die elliptischen Kurven kein eigenstän-diges Verschlüsselungs- und Signaturverfahren, sondern eine weitere mathemati-sche Struktur, auf der die Diffie-Hellman-Schlüsselvereinbarung oder die ElGamal-Systeme umgesetzt werden können.

Es handelt sich dabei um eine multiplikative Untergruppe G der Ordnung q des endlichen Körpers $GF(p^6)$, wobei p und q Primzahlen sind mit der Eigenschaft, dass $q > 6$ und ein Teiler von $p^2 - p + 1$ ist. Diese Eigenschaften gewährleisten, dass q für $s = 1, 2, 3$ kein Teiler von $p^s - 1$ ist, so dass sich G nicht in einen Unterkörper von $GF(p^6)$ einbetten lässt. Wenn g ein erzeugendes Element von G ist, lässt sich jede Potenz von g mittels eines Elements aus $GF(p^2)$ darstellen. Dies bedeutet, dass man für die Darstellung der Untergruppenelemente keine ex-plizite Darstellung von Elementen aus $GF(p^6)$ braucht. Die Arithmetik auf dieser Untergruppe ist daher bei gleichem Sicherheitsniveau deutlich effizienter als auf einer Restklassengruppe $\mathbb{Z}_p^*$.

XTR vereint die jeweiligen Vorteile der Restklassengruppen und der ellipti-schen Kurven. Zum einen handelt es sich im Gegensatz zu den elliptischen Kurven um gut untersuchte mathematische Strukturen, zum anderen ist die Effizienz der Berechnungen vergleichbar mit der auf elliptischen Kurven. Für ein Sicherheitsni-veau, das dem eines RSA-Verfahrens mit 1024 Bit Schlüssellänge entspricht, sind die Schlüssellängen bei XTR mit 170 Bit geringfügig länger als die bei elliptischen Kurven.

12.3 Kryptosysteme auf der Basis der Faktorisierung

12.3.1 Die Rabin-Verschlüsselung und -Signatur

Von Rabin stammt ein Verschlüsselungs- und Signaturverfahren, das ebenso wie der RSA-Algorithmus auf dem Faktorisierungsproblem beruht, [R79]. Der Vorteil des Rabin-Verfahrens ist, dass man *beweisen* kann, dass die Sicherheit der Verschlüsselung bzw. der Signatur äquivalent zum Faktorisierungsproblem ist. Ein Angreifer, dem es gelingt, mit Rabin verschlüsselte Texte zu entschlüsseln oder eine Rabin-Signatur zu fälschen, kann effizient faktorisieren.

Bevor das Verfahren im Detail dargestellt wird, stellen wir einige mathematische Grundlagen zusammen, die für die Funktionsweise des Rabin-Schemas wesentlich sind.

Wie beim RSA-Verfahren betrachtet man Zahlen, die das Produkt zweier Primzahlen sind. Es seien also p und q Primzahlen und $n = pq$. Gesucht sind Lösungen der Gleichung $x^2 = a \bmod n$, wobei a eine zu n teilerfremde ganze Zahl ist. Man kann zeigen, dass man für diese Gleichung zwei Fälle unterscheiden kann:

1. Die Gleichung besitzt eine Lösung. In diesem Fall gibt es genau vier Lösungen $\pm s$, $\pm t$ modulo n, vgl. Übungsaufgabe 1. Man kann diese Lösungen effizient bestimmen, falls man die Primfaktoren von n kennt. Man nennt a in diesem Fall einen **quadratischen Rest** modulo n und jede Lösung x der Gleichung eine **Quadratwurzel** von a modulo n.

2. Die Gleichung besitzt keine Lösung. In diesem Fall heißt a ein **quadratischer Nichtrest** modulo n.

Beispiel.   Die Primzahlen seien 3 und 5. Es ist 4 ein quadratischer Rest modulo 15, denn es ist

$$2^2 \bmod 15 = 7^2 \bmod 15 = 8^2 \bmod 15 = 13^2 \bmod 15 = 4.$$

Andererseits ist 7 ein quadratischer Nichtrest, denn keine ganze Zahl löst die Gleichung $x^2 = 7 \bmod 15$.

Es gibt effiziente Algorithmen, die Quadratwurzeln modulo einer Primzahl berechnen. Dies soll hier nicht bewiesen werden; wir verweisen stattdessen auf [Ko]. Wenn man die Primfaktorzerlegung von n kennt, kann man daher Quadratwurzeln modulo n effizient bestimmen, vgl. Übungsaufgabe 1. Was wir an dieser Stelle beweisen wollen, ist die Umkehrung: Wenn ein Angreifer alle Quadratwurzeln eines quadratischen Rests a modulo n bestimmen kann, wobei n eine aus zwei Primzahlen zusammengesetzte Zahl ist, dann kann er n faktorisieren:

Satz 12.1 *Es seien p, q verschiedene Primzahlen, $n = p \cdot q$, $a \in \mathbb{Z}_n^*$. Gegeben seien die vier Quadratwurzeln $\pm s, \pm t$ von a. Dann kann man n effizient faktorisieren.*

Beweis: Es seien $\pm s$ und $\pm t$ die vier verschiedenen Quadratwurzeln von a modulo n. Nach der Voraussetzung gilt:

$$a \equiv (\pm s)^2 \equiv (\pm t)^2 \;(\mathrm{mod}\; n) \Rightarrow s^2 - t^2 \equiv 0 \;(\mathrm{mod}\; n)$$
$$\Leftrightarrow n \mid (s^2 - t^2)$$
$$\Leftrightarrow n \mid (s + t)(s - t).$$

Angenommen, n wäre ein Teiler von $s - t$. Dann wäre $s \equiv t \;(\mathrm{mod}\; n)$, was nach Voraussetzung nicht der Fall ist. Ebenso kann n kein Teiler von $s + t$ sein, denn dann wäre $s \equiv -t \;(\mathrm{mod}\; n)$, was ebenfalls nach Voraussetzung nicht der Fall ist. Da n aber das Produkt $(s+t)(s-t)$ teilt, bedeutet das, dass genau einer der Primteiler von n die Zahl $s-t$ teilt. Bestimmt man also den größten gemeinsamen Teiler von n und $s-t$, so erhält man einen der Primfaktoren von n. Division liefert auch den zweiten.

Für die Bestimmung der Primteiler muss man also einmal den Euklidischen Algorithmus und eine Division durchführen. Für beides gibt es effiziente Algorithmen. $\qquad\square$

Die vorangegangenen Überlegungen liefern die folgende Aussage: Man kann die Quadratwurzeln modulo n, wobei n eine aus zwei Primzahlen zusammengesetzte Zahl ist, genau dann berechnen, wenn man die Primfaktoren von n bestimmen kann. Das Faktorisierungsproblem ist also äquivalent zum Problem, diskrete Quadratwurzeln zu berechnen.

Das Rabin-Verschlüsselungsverfahren

Schlüsselgenerierung. Jeder Teilnehmer wählt zwei Primzahlen p und q, so dass $n = pq$ schwer zu faktorisieren ist, vgl. Kapitel 10. Der öffentliche Schlüssel ist n, der private Schlüssel ist (p, q).

Verschlüsselung. Um eine Nachricht m an B zu verschlüsseln, verschafft sich A zunächst den öffentlichen Schlüssel von B, der im Folgenden mit n bezeichnet wird. Die Nachricht muss in der Menge $\{0, 1, \ldots, n - 1\}$ liegen und eine gewisse Redundanz besitzen. Das bedeutet, dass nicht jede der Zahlen als Nachricht in Frage kommt, sondern nur eine spezielle Teilmenge von Zahlen, die eine besondere Struktur besitzen. Der Teilnehmer berechnet den Geheimtext c durch $c := m^2 \bmod n$ und sendet c an den Teilnehmer B.

Entschlüsselung. Der Teilnehmer B kann den Geheimtext c entschlüsseln, indem er alle Quadratwurzeln von c bestimmt. Eine der vier Nachrichten ist dann der gesuchte Klartext. Welcher es ist, muss der Empfänger mit Hilfe des Redundanzschemas herausfinden. Mit großer Wahrscheinlichkeit erfüllt nur genau eine der vier Wurzeln die geforderte Redundanz, wodurch der gesuchte Klartext eindeutig bestimmt ist.

Man sieht sofort, dass ein Angreifer, der dieses Verfahren brechen und Geheimtexte entschlüsseln will, zu diesem Zweck Quadratwurzeln bestimmen muss. Da dies genauso schwierig ist wie die Faktorisierung von n, dem öffentlichen Schlüssel von B, bedeutet das, dass das Brechen des Verfahrens und die Faktorisierung äquivalent sind.

Das Rabin-Signaturverfahren

Schlüsselerzeugung. Ebenso wie beim Verschlüsselungsverfahren wählt jeder Teilnehmer zwei Primzahlen p und q, berechnet $n = pq$ und veröffentlicht n. Der private Schlüssel ist (p, q).

Signaturerstellung. Als Nachrichten sind auch hier nur Zahlen zugelassen, die einem gewissen Redundanzschema entsprechen. Dieses Redundanzschema muss so gewählt werden, dass alle Nachrichten quadratische Reste sind.

Wenn der Teilnehmer A eine Nachricht m signieren will, so berechnet er eine Quadratwurzel s von m. Da der Teilnehmer A alle vier Quadratwurzeln berechnen kann, muss er eine davon zufällig auswählen. Die gewählte Quadratwurzel s ist die Signatur zu m.

Verifikation. Ein Teilnehmer B kann die Signatur s zu einer Nachricht m verifizieren, indem er mit Hilfe des öffentlichen Schlüssels n von A Folgendes überprüft:

$$s^2 \bmod n = m.$$

Außerdem muss m das vorgegebene Redundanzschema erfüllen.

Man sieht auch hier sofort, dass das Fälschen einer Signatur die Berechnung von Quadratwurzeln impliziert. Da dies ebenso schwierig ist wie die Faktorisierung, ist auch die Sicherheit des Signaturverfahrens äquivalent zur Faktorisierung.

Obwohl das Rabin-Verfahren ein ähnliches Sicherheitsniveau hat wie der RSA-Algorithmus und auch ebenso effizient ist, wird das Verfahren in der Praxis kaum eingesetzt. Ein Grund hierfür ist, dass man ein geeignetes Redundanzverfahren finden muss, das nicht nur die mathematischen Voraussetzungen erfüllt, sondern sich auch nicht negativ auf die Sicherheitseigenschaften des Rabin-Verfahrens auswirkt.

Der Blum-Blum-Shub-Generator

Auf der Basis von quadratischen Resten lässt sich auch folgender Pseudozufallsgenerator konstruieren:

Man wählt zwei Primzahlen p und q, so dass das Produkt $n = pq$ schwierig zu faktorisieren ist. Weiterhin wählt man einen quadratischen Rest x_0 als Startwert. Die folgenden Werte berechnen sich nach der Vorschrift:

$$x_{i+1} = x_i^2 \bmod n.$$

Die Ausgabe des Generators ist das jeweils letzte Bit von x_i, $i \in \mathbb{N}$.

Man kann zeigen, dass das Faktorisierungsproblem effizient lösbar ist, wenn es für den Blum-Blum-Shub-Generator einen Algorithmus gibt, der bei einer gegebenen Teilfolge von Bits das nächste Bit mit einer besseren Wahrscheinlichkeit als $1/2$ vorhersagen kann, [BBS86].

12.3.2 Paillier-Verschlüsselungen und -Signaturen

Der Vorschlag von Pascal Paillier benutzt wie der RSA das Faktorisierungsproblem als Grundlage, [P99]. Man wählt auch hier zwei große Primzahlen p und q, bestimmt das Produkt $n = pq$; alle Berechnungen werden modulo n^2 durchgeführt. Die Sicherheit beruht hier allerdings nicht auf der RSA-Annahme, sondern auf der Annahme, dass es nicht effizient möglich ist, das n-te **Restklassenproblem** zu lösen:

Gegeben sei ein Modul n und ein Element g aus $\mathbb{Z}_{n^2}^*$, dessen Ordnung größer als n ist. Zu jedem w aus $\mathbb{Z}_{n^2}^*$ existiert ein eindeutiges Paar $(c, z) \in \mathbb{Z}_n \times \mathbb{Z}_n$ mit der Eigenschaft

$$w = g^c z^n \bmod n^2.$$

Der Wert c heißt die n**-te Klasse** von w relativ zum Element g. Die n-te Restklassenannahme besagt, dass es schwierig ist, zu gegebenem n, g, w die Klasse c zu bestimmen.

Man kann zeigen, dass ein Angreifer, der faktorisieren kann, auch die Klassen von Elementen aus $\mathbb{Z}_{n^2}^*$ berechnen kann. Ob auch die Umkehrung gilt, ist unklar. Insofern ist die Situation hier analog zu der des RSA-Algorithmus.

Jeder Teilnehmer besitzt einen öffentlichen Schlüssel (n, g), wobei n das Produkt zweier großer Primzahlen ist und g ein Element aus $\mathbb{Z}_{n^2}^*$ mit einer Ordnung, die größer als n ist. Der private Schlüssel ist die Primfaktorzerlegung von n. Um eine Nachricht m zu verschlüsseln, berechnet der Sender $g^m h^n \bmod n^2$, wobei h eine Zufallszahl ist. Da der Empfänger die Primfaktoren von n kennt, kann er die n-te Restklasse des Geheimtextes berechnen und hat damit die Klartextnachricht gewonnen.

Es gibt auch ein Signaturverfahren, das auf der n-ten Restklassenannahme beruht.

12.4 Kryptosysteme auf anderen schwierigen Problemen

12.4.1 McEliece-Verschlüsselungen

Das Verschlüsselungssystem von McEliece beruht auf Fehler korrigierenden Codes, [Me78]. Die Sicherheit des Verfahrens beruht auf folgendem Problem: Gegeben sei ein Vektorraum V, ein Unterraum U von V und ein Vektor v aus V. Gesucht ist ein Vektor aus U, der von v einen minimalen Abstand hat, vgl. zum Beispiel [Hi], [HQ]. Es ist bekannt, dass das Dekodieren von beliebigen linearen Codes ein *NP*-vollständiges Problem ist, das heißt, dass es sich hierbei um ein besonders schwer zu lösendes Problem handelt.

Dieses Problem kann man folgendermaßen für eine Verschlüsselung verwenden: Man bestimmt einen Code C, für den das Dekodieren effizient möglich ist. Dann „versteckt" man C in einem linearen Code, dessen Dekodierung schwierig ist. Der öffentliche Schlüssel ist die Beschreibung des linearen Codes, während die Beschreibung C der private Schlüssel ist. McEliece hat für C konkrete Codes vorgeschlagen, die so genannten **Goppa Codes**.

Das Verfahren gilt bis heute als sicher, wird aber in der Praxis kaum angewendet, weil die Schlüssellängen im Vergleich zu den anderen Verfahren sehr groß sind. Der öffentliche Schlüssel eines McEliece-Verfahrens liegt in der Größenordnung von mindestens $2^{19} = 524288$ Bits.

12.4.2 Knapsack-Verschlüsselungen

Es gibt eine Reihe von Verschlüsselungssystemen, die auf dem so genannten *Knapsack-Problem* beruhen. Dieses Problem besteht in folgender Aufgabe: Gegeben seien n ganze Zahlen a_1, ..., a_n und eine weitere ganze Zahl y. Gesucht sind natürliche Zahlen x_1, ..., x_n, so dass

$$y = \sum_{i=1}^{n} x_i a_i$$

gilt. Es handelt sich hierbei auch hier um ein **NP**-vollständiges, also besonders schwieriges Problem. Dies gilt sogar dann, wenn die x_i nur aus der Menge $\{0, 1\}$ gewählt werden können.

Für die Schlüsselerzeugung wählt ein Teilnehmer zunächst n Zahlen $a_1, \ldots, a_n$, für die das Knapsack-Problem leicht zu lösen ist. Dann transformiert er diese Zahlen mittels modularer Arithmetik so, dass ein schwer zu lösendes Knapsack-Problem entsteht. Dies ist der öffentliche Schlüssel.

Um zu verschlüsseln, stellt der Sender die Nachricht als Zahlen x_1, ..., x_n dar, berechnet mit dem öffentlichen Schlüssel das dazugehörige y und sendet y an den Empfänger. Dieser kann mittels seines privaten Schlüssels, dem von ihm gewählten leicht zu lösenden Knapsack, die Nachricht wieder entschlüsseln.

Obwohl das zugrunde liegende Problem hier zur Klasse der **NP**-vollständigen Probleme gehört, also besonders schwer zu lösen ist, sind fast alle konkreten Vorschläge für Verschlüsselungssysteme gebrochen worden, wobei in allen Fällen die Transformation mit der modularen Arithmetik angegriffen wurde. Details finden sich zum Beispiel in [MH78], [CR84].

12.4.3 NTRU

Das NTRU-Kryptosystem, das für Verschlüsselungen und Signaturen geeignet ist, benutzt als Grundlage für die Berechnungen von Geheimtexten einen Polynomring, [HPS98]. Die Sicherheit des Systems beruht auf dem so genannten **shortest vector problem**: Gegeben ist ein reeller Vektorraum und ein **Gitter**, das heißt eine Teilmenge des Vektorraums, deren Elemente alle ganzzahligen Linearkombinationen von gewissen Basisvektoren sind. Das Problem des kürzesten Vektors besteht darin, in diesem Gitter einen von Null verschiedenen Vektor zu finden, dessen Länge bezüglich einer vorgegebenen Norm unter allen Gittervektoren minimal ist. Das shortest vector Problem gehört zu den **NP**-vollständigen Problemen.

Einer der besten bekannten Algorithmen zur Bestimmung von kürzesten Vektoren stammt von Lenstra, Lenstra und Lovász, häufig mit „LLL"- oder „L^3"-Algorithmus abgekürzt, [LLL82]. Der LLL-Algorithmus hat polynomielle Laufzeit und liefert eine Approximation für den kürzesten Vektor in einem Gitter. Er ist eines der wichtigsten Instrumente der Kryptoanalyse von Public-Key-Verfahren. Unter anderem wurden verschiedene Knapsack-Verfahren mit dem LLL-Algorithmus angegriffen. Insbesondere sind auch ältere Varianten des NTRU-Kryptosystems mit dem LLL-Algorithmus angegriffen worden.

12.4.4 Hidden Field Equations

Der Vorschlag von Jacques Patarin beruht auf der Schwierigkeit, quadratische Gleichungssysteme in mehreren Variablen über endlichen Körpern zu lösen, [P96]. Als privater Schlüssel dient ein leicht zu lösendes, sehr spezielles Gleichungssystem, der öffentliche Schlüssel ist eine Transformation des privaten Schlüssels, so dass die Gleichungssysteme exakt dieselben Lösungen haben. Ebenso wie bei den Knapsack-Systemen ist hier die Konstruktion sicherer und effizienter Transformationen das größte Problem.

Man kann mit quadratischen multivariaten Gleichungssystemen sowohl Verschlüsselungs- als auch Signaturverfahren konstruieren.

12.5 Übungen

1. Es seien p und q zwei Primzahlen. Zeigen Sie:

(a) Wenn $a \not\equiv 0$ modulo p ein quadratischer Rest ist, dann hat die Kongruenz $x^2 \equiv a \pmod{p}$ genau zwei Lösungen.

(b) Es sei $n = pq$. Wenn $a \not\equiv 0$ modulo n ein quadratischer Rest ist, dann hat die Kongruenz $x^2 \equiv a \pmod{n}$ genau vier Lösungen.

13 Sicherheit von Public-Key-Verschlüsselungsverfahren

Die Sicherheitsbetrachtungen zu den Public-Key-Verschlüsselungsverfahren haben sich bisher auf die Frage beschränkt, ob die Verfahren die **Public-Key-Eigenschaft** erfüllen, das heißt auf die Frage, ob es möglich ist, aus dem öffentlichen Schlüssel eines Teilnehmers dessen privaten Schlüssel zu berechnen. Für ein sicheres Public-Key-Verschlüsselungsverfahren reicht diese Forderung aber nicht aus. So ist es denkbar, dass ein Angreifer zwar nicht den privaten Schlüssel eines Teilnehmers berechnen kann, aber über einen effizienten Algorithmus verfügt, der alle Nachrichten an diesen Teilnehmer entschlüsseln kann. Die bisherigen Sicherheitsbetrachtungen haben also nur die Sicherheit des privaten Schlüssels analysiert, nicht aber die Sicherheit der Geheimtexte.

Um die Qualität eines Public-Key-Kryptosystems beurteilen zu können, muss man verschiedene Angriffsszenarien mit unterschiedlichen Erfolgsmöglichkeiten in Betracht ziehen, vgl. Kapitel 3. Die Überlegungen zur Sicherheit von symmetrischen Verschlüsselungsverfahren aus Kapitel 4 lassen sich aber nicht ohne weiteres auf Public-Key-Verschlüsselungsverfahren übertragen. Denn bei einem Public-Key-Verfahren hat der Angreifer von vornherein mehr Informationen als bei einem symmetrischen Verschlüsselungsverfahren, da er den zum Geheimtext passenden öffentlichen Schlüssel kennt. Um die Sicherheit eines Public-Key-Verfahrens beschreiben zu können, muss zunächst definiert werden, was man unter einem Public-Key-Verschlüsselungsverfahren versteht:

Definition 13.1 *Eine* **Public-Key-Verschlüsselung** *ist ein Tripel* (G, E, D) *von probabilistischen polynomiellen Algorithmen mit den folgenden Eigenschaften:*
Schlüsselgenerierung: G erzeugt bei Eingabe eines Sicherheitsparameters k ein Paar (PK, SK). PK heißt der **öffentliche Schlüssel**, *SK heißt der* **private** *oder* **geheime Schlüssel**.
Verschlüsselung: E berechnet bei Eingabe des öffentlichen Schlüssels PK und einer Nachricht $m \in \{0, 1\}^*$ einen Geheimtext $c \in \{0, 1\}^*$. Wir verwenden dafür zwei Schreibweisen: $c = E(PK, m)$ oder $c = E_{PK}(m)$.
Entschlüsselung: D erhält als Eingabe den Geheimtext c und den geheimen Schlüssel SK und berechnet ein $m' \in \{0, 1\}^*$, wobei $m = m'$ gilt, falls $c = E(PK, m)$ ist.

Bemerkungen

1. Die Notation in diesem Abschnitt orientiert sich an der Standardliteratur, vgl. zum Beispiel [GMR88], [Go].

2. Der Sicherheitsparameter k bestimmt das Sicherheitsniveau einer Public-Key-Verschlüsselung, genauer gesagt die Schlüssellänge. Der Sicherheitsparameter einer RSA-Verschlüsselung ist zum Beispiel die Länge des verwendeten Moduls.

3. Die obige Definition lässt sich noch verallgemeinern, wenn man nur fordert, dass die Entschlüsselung mit großer Wahrscheinlichkeit gelingt.

4. Definition 13.1 unterscheidet sich im Prinzip nicht von der einer symmetrischen Verschlüsselung, abgesehen davon, dass die Schlüsselgenerierung ein Paar von Schlüsseln und nicht nur einen Schlüssel erzeugt. Der wichtige Unterschied zwischen symmetrischen und asymmetrischen Verschlüsselungsverfahren zeigt sich erst bei der Sicherheitsdefinition: Denn hier muss man berücksichtigen, dass der Angreifer bei einer Public-Key-Verschlüsselung im Gegensatz zu einem symmetrischen Verfahren den öffentlichen Schlüssel des Empfängers der Nachricht kennt.

Es gibt zwei grundsätzlich verschiedene Konzepte, wie man die Sicherheit einer Public-Key-Verschlüsselung definieren kann: die **polynomielle Ununterscheidbarkeit** und die **semantische Sicherheit**. In beiden Fällen versucht man, die folgende Forderung zu formalisieren: Alles, was sich bei gegebenem Geheimtext effizient über den Klartext berechnen lässt, lässt sich auch effizient ohne den Geheimtext berechnen. Während die Eigenschaft der polynomiellen Ununterscheidbarkeit eine Verallgemeinerung der Ununterscheidbarkeit aus Kapitel 4 ist, erweitert die semantische Sicherheit den Begriff der perfekten Sicherheit.

Diese beiden Konzepte wurden von S. Goldwasser und S. Micali 1984 entwickelt, [GM84].

13.1 Polynomielle Ununterscheidbarkeit

Die polynomielle Ununterscheidbarkeit greift das Konzept aus Kapitel 3 auf: Der Angreifer wählt zwei Klartexte und erhält zu einem der beiden Klartexte den Geheimtext und soll bestimmen, welcher der beiden Klartexte verschlüsselt worden ist. Wesentlich dabei ist, dass der Angreifer auch den öffentlichen Schlüssel kennt, unter dem der Klartext verschlüsselt worden ist.

Formal lässt sich dies so beschreiben: Es seien ein Public-Key-Verschlüsselungsverfahren (G, E, D) und der Sicherheitsparameter k gegeben. Der Angreifer erhält seine Informationen von einem Orakel, wobei er selbst die Klartextnachrichten auswählt und das Orakel das Public-Key-Schlüsselpaar generiert und einen der Klartexte verschlüsselt.

Die Aufgabe des Angreifers ist es jetzt herauszufinden, welcher der beiden Klartexte vom Orakel verschlüsselt worden ist. Das Verschlüsselungsverfahren heißt sicher, wenn der Angreifer keine bessere Strategie hat, als zu raten, welcher Klartext verschlüsselt worden ist:

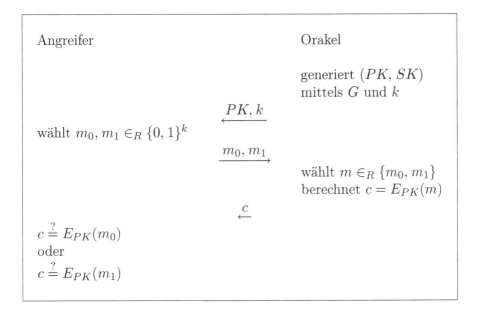

Abbildung 13.1 Polynomielle Ununterscheidbarkeit

Definition 13.2 *Ein Public-Key-Verschlüsselungsverfahren* (G, E, D) *heißt* **polynomiell ununterscheidbar** *bzw.* **sicher im Sinne der polynomiellen Ununterscheidbarkeit***, wenn es für jeden effizienten Algorithmus A (der Angreifer) eine vernachlässigbare Funktion* ν *gibt mit:*

$$P[A(k, PK, m_0, m_1, c) = m \mid c = E(PK, m), m \in_R \{m_0, m_1\}] \leq \frac{1}{2} + \nu(k).$$

Für wachsende Sicherheitsparameter k konvergiert der Ausdruck $1/2 + \nu(k)$ exponentiell gegen $1/2$, denn ν ist eine vernachlässigbare Funktion. Das heißt: Je größer die Schlüssellänge ist, desto näher liegt die Erfolgswahrscheinlichkeit des Angreifers bei der Ratewahrscheinlichkeit. Die exponentielle Konvergenz garantiert, dass bereits eine geringe Verlängerung des Schlüssels zu einer deutlichen Verschlechterung der Erfolgschancen des Angreifers führt.

Public-Key-Verschlüsselungsverfahren, die keine Zufallszahlen verwenden, also gleiche Nachrichten unter dem gleichen Schlüssel auch in den gleichen Geheimtext überführen wie zum Beispiel der RSA-Algorithmus, erfüllen die Anforderungen dieser Definition nicht. Denn in diesem Fall kann der Angreifer den öffentlichen Schlüssel auf beide Klartextnachrichten anwenden (probeweise verschlüsseln) und mit dem Geheimtext vergleichen. Er kann in diesem Fall eindeutig feststellen, welche der beiden Nachrichten verschlüsselt worden ist.

Damit ein Public-Key-Verschlüsselungsverfahren sicher im Sinne der polynomiellen Sicherheit ist, muss es also Zufallszahlen verwenden und gleiche Nachrichten auch unter dem gleichen Schlüssel unterschiedlich verschlüsseln. Ein Beispiel hierfür ist das ElGamal-Verschlüsselungsverfahren. Der Angreifer kann in diesem Fall keine Probeverschlüsselung durchführen, weil er die dazugehörigen Zufallszahlen nicht kennt. Wir kommen auf die **probabilistische** Verschlüsselung später noch einmal zurück.

Dieses Konzept formalisiert die Intuition: Ein Verschlüsselungsverfahren, das sicher im Sinne der polynomiellen Ununterscheidbarkeit ist, gewährleistet, dass der Angreifer bei zwei vorgelegten Klartexten und einem Geheimtext nur raten kann, zu welchem Klartext der Geheimtext gehört. Raten kann er aber auch ohne den Geheimtext. Das heißt, dass der Geheimtext dem Angreifer keinerlei zusätzliche Information liefert, aus der er Rückschlüsse auf den Klartext ziehen kann.

13.2 Semantische Sicherheit

Der Begriff der semantischen Sicherheit wurde alternativ zu dem der polynomiellen Ununterscheidbarkeit entwickelt und zielt auf eine Erweiterung des Shannon-Konzepts der perfekten Sicherheit. Im Gegensatz zu der bei der perfekten Sicherheit beschriebenen Situation geht man hier von einem effizienten Angreifer aus. Bei einer perfekt sicheren symmetrischen Chiffre kann der Angreifer aus dem Geheimtext keinerlei Informationen über den Klartext ableiten.

Dies formalisiert man durch eine Funktion h, die jeder Nachricht eine gewisse Information zuordnet. Die Information besteht aus nur einem Bit und lässt sich so interpretieren, dass die Nachricht eine bestimmte Eigenschaft aufweist, wenn der Funktionswert 1 ist, oder die Eigenschaft nicht aufweist, wenn der Funktionswert 0 ist. Zum Beispiel kann man eine Funktion mit der folgenden Eigenschaft betrachten: $h(m) = 1 \Leftrightarrow$ in m ist ein „e" enthalten. Ein Orakel führt mit dem Angreifer die folgenden beiden Spiele durch:

Spiel 1: Das Orakel wählt einen Sicherheitsparameter k, ein Public-Key-Schlüsselpaar (PK, SK) und eine Nachricht $m \in_R \{0, 1\}^k$, sendet den Sicherheitsparameter k und den öffentlichen Schlüssel PK an den Angreifer und lässt den Angreifer **A** den Wert $h(m)$ raten.
Spiel 2: Das Orakel wählt einen Sicherheitsparameter k, ein Public-Key-Schlüsselpaar (PK, SK) und ein $m \in_R \{0, 1\}^k$, sendet k, PK, sowie den Geheimtext $c = E_{PK}(m)$ an **A** und lässt den Angreifer $h(m)$ raten.

Der Unterschied zwischen den beiden Spielen besteht also darin, dass der Angreifer erraten muss, ob eine bestimmte Eigenschaft auf den Klartext zutrifft oder nicht, wobei er nur in Spiel 2 einen zum Klartext gehörigen Geheimtext erhält.

Definition 13.3 *Ein Public-Key-Verschlüsselungsverfahren* (G, E, D) *heißt* **semantisch sicher***, wenn für alle zufällig gewählten Schlüsselpaare* (PK, SK)*, alle effizienten Angreifer A und alle Funktionen h ein effizienter Algorithmus B und eine vernachlässigbare Funktion* ν *existiert, so dass für alle* $k > k_0$ *gilt:*

$$P[A(k, c, PK) = h(m)] \leq P[B(k, PK) = h(m)] + \nu(k).$$

Das bedeutet, dass jeder Angreifer A, der aus dem öffentlichen Schlüssel und dem Geheimtext Angaben über den dazugehörigen Klartext machen kann, nur unwesentlich besser ist als ein anderer Angreifer B, der den Geheimtext nicht kennt. Da ein Angreifer, der den Geheimtext nicht kennt, nur raten kann, welche Eigenschaften ein zufällig gewählter Klartext hat, besitzt der Angreifer, der den Geheimtext kennt, nur eine unwesentlich bessere Erfolgswahrscheinlichkeit als die Ratewahrscheinlichkeit.

Dieses Konzept beschreibt etwas anderes als das der Ununterscheidbarkeit. In diesem Spiel muss der Angreifer nicht herausfinden, welcher Text verschlüsselt worden ist, sondern er soll an Hand des Geheimtextes Vorhersagen über den Klartext machen. Die Funktion h formalisiert eine solche Vorhersage. Sie formalisiert zum Beispiel die Frage, ob ein Klartext bestimmte Zeichen enthält oder eine bestimmte Struktur hat. Dass eine Chiffre semantisch sicher ist, bedeutet, dass ein effizienter Angreifer, unabhängig davon, ob er den Geheimtext kennt oder nicht, für eine solche Vorhersage nur raten kann. Das heißt, dass er es nicht einmal bemerken würde, dass er eine Eigenschaft des zu einem Geheimtext passenden Klartextes richtig geraten hat. Der Angriff hilft ihm also nicht weiter, um Informationen über den Klartext zu bekommen. Genau das formalisiert aber auch die perfekte Sicherheit von symmetrischen Chiffren. Der einzige Unterschied besteht darin, dass bei der perfekten Sicherheit beliebige Angreifer zugelassen sind, während man sich hier auf effiziente Angreifer einschränkt und dem Angreifer auch mehr Informationen zur Verfügung stehen (nämlich der passende öffentliche Schlüssel).

Bei den symmetrischen Chiffren wurde in Kapitel 4 gezeigt, dass beide Konzepte äquivalent zueinander sind. Es stellt sich die Frage, ob dies auch noch gilt, wenn man die Menge der Angreifer auf die effizienten Angreifer einschränkt. Der folgende Satz besagt, dass die beiden vorgestellten Konzepte denselben Sicherheitsbegriff beschreiben.

Satz 13.1 *Ein Public-Key-Kryptosystem ist genau dann polynomiell ununterscheidbar, wenn es semantisch sicher ist.*

Beweis: siehe [MRS88]. □

Dieser Satz besagt also, dass man auswählen kann, welche Sicherheitseigenschaft eines Kryptosystems man nachweist.

Bemerkungen

1. Die Konzepte der polynomiellen Ununterscheidbarkeit und der semantischen Sicherheit beschreiben nur den geringst möglichen Erfolg, den ein Angreifer haben kann. Ebenso wie bei den symmetrischen Verfahren kann der Angreifer verschiedene Attacken durchführen, die zu unterschiedlichen Sicherheitsniveaus führen. Es reicht also nicht aus zu sagen, dass ein Verschlüsselungsverfahren semantisch sicher ist, sondern man muss auch spezifizieren, unter welchem

Angriff die semantische Sicherheit gegeben ist. Das beste Sicherheitsniveau für eine Public-Key-Verschlüsselung ist die semantische Sicherheit unter einem adaptiven Angriff mit gewählten Geheimtexten.

2. Die oben genannten Begriffe decken nur einen Teil der Sicherheit ab. Tatsächlich geht es um Angriffe gegen nur einen Schlüsselbesitzer. Angriffe wie der gegen den RSA, vgl. Kapitel 10.7, sind hier noch nicht ausgeschlossen. Eine Erweiterung auf das Multi-User-Setting findet sich in [BBM00].

3. Für manche praktische Anwendung braucht man sogar noch mehr als die semantische Sicherheit. Denn die beiden genannten Konzepte beschäftigen sich nur mit dem Sicherheitsziel der Geheimhaltung. Häufig braucht man aber noch mehr: Ein Angreifer darf unter Umständen auch keine Geheimtexte selbst erzeugen können. Angenommen, der Angreifer hat einen bestimmten Geheimtext abgefangen. Er kann zwar den passenden Klartext nicht bestimmen, aber möglicherweise einen weiteren Geheimtext erzeugen, dessen Klartext zu dem ersten Klartext in einer bestimmten Beziehung steht. In manchen Situationen wie zum Beispiel bei Authentifikationen kann dies zu Sicherheitsproblemen führen. 1991 haben Dolev, Dwork und Naor einen Sicherheitsbegriff vorgeschlagen, die so genannte **Non-malleability**, um zu beschreiben, dass ein Angreifer einen solchen Angriff nicht durchführen kann, [DDN91].

Zu diesen Beziehungen zwischen semantischer Sicherheit und Non-malleability verweisen wir auf [BDPR98].

13.3 Die Sicherheit des RSA- und des ElGamal-Verschlüsselungsverfahrens

Wie bereits oben angemerkt, ist der RSA-Algorithmus nicht semantisch sicher.

Satz 13.2 *Das RSA-Verschlüsselungsverfahren ist nicht semantisch sicher (unabhängig davon, welchen Angriff der Angreifer durchgeführt hat).*

Beweis: Wir zeigen, dass der RSA-Algorithmus nicht polynomiell ununterscheidbar ist. Wir betrachten dazu die in Abbildung 13.2 beschriebene Simulation.

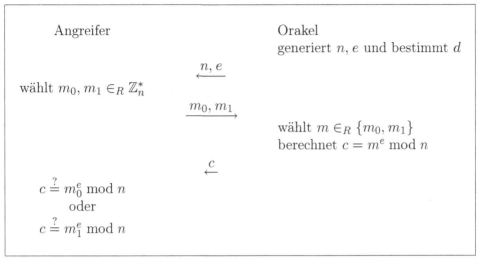

Abbildung 13.2 Simulation der RSA-Verschlüsselung

Der Angreifer kann durch eine einfache Probeverschlüsselung feststellen, zu welchem Klartext der Geheimtext c gehört. Da das Verschlüsseln einfach in einer Anwendung des öffentlichen Schlüssels besteht, kann der Angreifer beide Nachrichten verschlüsseln und vergleichen, welchen Geheimtext er erhalten hat. $\square$

Bemerkung Damit ein Public-Key-Verschlüsselungsverfahren semantisch sicher ist, darf es also nicht möglich sein, eine Probeverschlüsselung durchzuführen, das heißt, ein Angreifer darf nicht einmal merken, dass er richtig geraten hat. Die Verschlüsselung darf daher nicht „deterministisch", sondern muss stattdessen „probabilistisch" sein: Sie muss neben der Nachricht einen Zufallswert enthalten. Am Beispiel des RSA könnte das so aussehen: Ist n ein k-Bit RSA-Modul, so lässt man nur Nachrichten m mit einer Länge von $\ell < k$ zu. Zur Verschlüsselung geht man dann so vor:

1. Wähle einen Zufallsstring r der Länge $k - \ell$.

2. Berechne $c = (r||m)^e \bmod n$.

Hierbei steht „$||$" für die Konkatenation. Die Entschlüsselung funktioniert analog: Der Empfänger berechnet $c^d \bmod n$ und verwirft die ersten $k - \ell$ Bits. Dann hat er den Klartext m.
Ein Angreifer kann jetzt nicht mehr so einfach unterscheiden, welcher von zwei

Texten verschlüsselt worden ist, denn er kennt den Zufallsstring nicht. Er muss also verschiedene Zufallszahlen ausprobieren. Ist diese Zufallszahl groß genug, so kann ein Angreifer dies nicht mehr effizient durchführen.

Das beste heute bekannte Verfahren, aus dem RSA-Verfahren ein semantisch sicheres Verschlüsselungsverfahren zu konstruieren, ist das OAEP-Verfahren, [Sh01], [KI02].

Obwohl das ElGamal-Verschlüsselungsverfahren ein probabilistisches Verfahren ist, ist die in Kapitel 11.6 vorgestellte ElGamal-Verschlüsselung nicht semantisch sicher. Das liegt daran, dass auf $\mathbb{Z}_p^*$ die Diffie-Hellman-Entscheidungsannahme nicht gültig ist. Da man aber vermutet, dass die Diffie-Hellman-Entscheidungsannahme auf Untergruppen von $\mathbb{Z}_p^*$ von Primzahlordnung gilt, kann man die semantische Sicherheit der ElGamal-Verschlüsselung auf diesen Untergruppen von $\mathbb{Z}_p^*$ zeigen.

Satz 13.3 *Unter der Diffie-Hellman-Entscheidungsannahme ist das ElGamal-Verschlüsselungsverfahren mit der Multiplikation als symmetrischer Verschlüsselung auf Untergruppen von $\mathbb{Z}_p^*$ von Primzahlordnung unter einem Angriff mit gewählten Klartexten sicher im Sinne der polynomiellen Ununterscheidbarkeit (und damit auch semantisch).*

Beweis: siehe [FTY98].   □

Bemerkung Wie bereits in diesem Kapitel angemerkt, ist das beste Sicherheitsniveau für ein Public-Key-Verschlüsselungsverfahren die semantische Sicherheit unter einem adaptiven Angriff mit gewählten Geheimtexten. Sowohl das RSA-Verschlüsselungsverfahren (vgl. Satz 13.2) als auch die ElGamal-Verschlüsselung (siehe Übungsaufgabe 3) erreichen dieses Sicherheitsniveau nicht. Ein Public-Key-Verschlüsselungsverfahren, dass semantische Sicherheit unter einem adaptiven Angriff mit gewählten Geheimtexten bietet, ist das von R. Cramer und V. Shoup vorgeschlagene Verschlüsselungsverfahren [CS98].

13.4 Übungen

1. Beschreiben Sie explizit die Algorithmen G, E und D aus Definition 13.1 für das RSA- und das ElGamal-Verfahren.

2. Zeigen Sie die Umkehrung von Satz 13.3: Wenn die ElGamal-Verschlüsselung semantisch sicher ist, dann gilt die Diffie-Hellman-Decision-Annahme.

3. Zeigen Sie an Hand eines Beispiels, dass Satz 13.3 falsch ist, wenn der Angreifer einen Angriff mit gewählten Geheimtexten durchführen kann.

14 Digitale Signaturen

Digitale Signaturen sind neben den Public-Key-Verschlüsselungen der zweite wichtige Baustein der asymmetrischen Kryptografie. Wenn man den RSA-Algorithmus betrachtet, bei dem man ein Signaturschema dadurch konstruieren kann, dass man die Anwendungsreihenfolge der Schlüssel vertauscht, so könnte man vermuten, dass man die Sicherheitsbegriffe der Verschlüsselung auch für die Signatur verwenden kann. Dass dem nicht so ist, kann man sich leicht an Hand der ElGamal-Signatur klarmachen: Die Signatur hat eine völlig andere Struktur als die Verschlüsselung. Zu wissen, dass die Verschlüsselung sicher ist, reicht hier nicht aus, um Aussagen über die Sicherheit des Signaturschemas zu machen.

Nicht nur das Beispiel der ElGamal-Signatur legt nahe, dass man für die Sicherheit einer digitalen Signatur andere Kriterien angeben muss als bei einer Verschlüsselung: Die beiden Verfahren sollen unterschiedliche Sicherheitseigenschaften realisieren, das bedeutet, dass die jeweiligen Angreifer unterschiedliche Ziele und damit auch verschiedene Angriffsmethoden haben.

Um den Sicherheitsbegriff für digitale Signaturen formulieren zu können, muss zunächst formal definiert werden, was man unter einem digitalen Signaturschema versteht.

Definition 14.1 *Ein* **digitales Public-Key-Signaturschema** *besteht aus einem Tripel* (G, σ, V) *von drei probabilistischen polynomiellen Algorithmen mit den folgenden Eigenschaften:*
Schlüsselerzeugung: G *erzeugt bei Eingabe eines Sicherheitsparameters* k *ein Paar* (PK, SK). PK *ist der* **öffentliche Schlüssel**, SK *ist der* **private** *oder* **geheime Schlüssel**.
Signaturalgorithmus: σ *erhält als Eingabe* k, *eine Nachricht* $m \in \{0, 1\}^k$ *und den privaten Schlüssel* SK. *Er berechnet einen String sig, die Signatur von* $m : sig = \sigma(k, m, SK)$.
Verifikationsalgorithmus: V *hat als Eingabe* k, PK, m *und sig und hat als Ausgabe nur zwei mögliche Werte: „wahr" oder „falsch". Wenn* PK *der zu* SK *passende Schlüssel ist, dann gelingt die Verifikation, das heißt*
$V(k, PK, m, \sigma(k, SK, m)) = wahr.$

Bemerkung. Man kann die Definition verallgemeinern, indem man nur fordert, dass die Verifikation mit großer Wahrscheinlichkeit gelingt.

Ebenso wie bei den Verschlüsselungen macht diese Definition noch keine Aussage über die Sicherheit eines Signaturschemas. In Analogie zum Sicherheitsbegriff bei den Verschlüsselungsverfahren stellen wir als erstes die möglichen Angriffsarten und Erfolge eines Angreifers zusammen.

Angriffstypen

1. **Angriff ohne bekannte Signaturen** (key only attack). Der Angreifer kennt nur den öffentlichen Schlüssel des Signierers.

2. **Angriff mit bekannten Signaturen** (known signature attack). Der Angreifer kennt den öffentlichen Schlüssel des Signierers und mehrere Signatur/Nachrichtenpaare, die vom Signierer erzeugt worden sind.

3. **Angriff mit gewählten Nachrichten** (chosen message attack). Der Angreifer kennt den öffentlichen Schlüssel des Signierers und kann mehrere Nachrichten wählen, zu denen der Signierer korrekte Signaturen erzeugt.

4. **Adaptiver Angriff mit gewählten Nachrichten** (adaptive chosen message attack). Ebenso wie 3., nur muss der Angreifer die Nachrichten nicht zu Beginn des Angriffs wählen, sondern kann nacheinander, in Abhängigkeit von den bisherigen Ergebnissen, die Nachrichten bestimmen.

Mögliche Erfolge

1. **Existentielle Fälschbarkeit** (existential forgery). Der Angreifer kann zu einer Nachricht, die er nicht notwendig selbst ausgesucht hat, eine Signatur generieren.

2. **Selektives Fälschen** (selective forgery). Der Angreifer kann zu einer oder mehreren Nachrichten seiner Wahl Signaturen fälschen.

3. **Universelle Fälschbarkeit** (universal forgery). Der Angreifer kann zu jeder Nachricht seiner Wahl die Signatur fälschen.

4. **Kompromittierung des Schlüssels** (total break). Der Angreifer kann den privaten Schlüssel bestimmen.

Wie bei den Verschlüsselungsverfahren heißt ein Signaturschema sicher, wenn es unter dem stärksten Angriff den geringst möglichen Erfolg bietet, wenn es also unter einem Angriff mit adaptiv gewählten Nachrichten nicht existentiell fälschbar ist. Im folgenden wollen wir die Sicherheit der beiden uns bekannten Signaturschemata analysieren.

Satz 14.1 *Die RSA-Signatur ist existentiell fälschbar unter einem Angriff ohne bekannte Signaturen.*

Beweis: Es sei ein öffentlicher RSA-Schlüssel (n, e) gegeben. Der Angreifer wählt eine Zufallszahl r aus $\mathbb{Z}_n$. Er berechnet $r^e \bmod n =: m$ und setzt $sig := r$. Dann ist sig eine Signatur zu m, denn es gilt:

$$sig^e \equiv r^e \equiv m \pmod{n}.$$

□

Satz 14.2 *Die RSA-Signatur ist universell fälschbar unter einem Angriff mit gewählten Nachrichten.*

Beweis: Es sei ein öffentlicher RSA-Schlüssel (n, e) gegeben. Der Angreifer geht wie folgt vor: Er wählt die gewünschte Nachricht $m \in \mathbb{Z}_n$ und eine Zufallszahl $r \in \mathbb{Z}_n$.

1. Fall Es ist $ggT(r, n) > 1$. Dann kann der Angreifer n faktorisieren, und damit ist ihm eine Kompromittierung des Schlüssels gelungen.

2.Fall Es ist $ggT(r, n) = 1$.
Der Angreifer berechnet $m' := r^e m \bmod n$ und lässt sich m' vom Signierer unterschreiben.
Er erhält sig' mit $sig'^e \equiv m' \pmod{n}$.
Er setzt $sig := r^{-1} sig' \bmod n$. ($r^{-1}$ existiert wegen $(r, n) = 1$). sig ist eine Signatur zu m, denn:

$$sig^e \equiv (r^{-1} sig')^e \equiv r^{-e} sig'^e \equiv r^{-e} m' \equiv r^{-e} r^e m \equiv m \pmod{n}.$$

$\square$

Satz 14.3 *Das ElGamal-Signaturverfahren ist existentiell fälschbar unter einem Angriff ohne bekannte Signaturen.*

Beweis: Gegeben sei ein öffentlicher Schlüssel (p, g, h_A) des ElGamal-Verfahrens. Der Angreifer wählt $u, v \in_R \mathbb{Z}_{p-1}^*$. Er setzt die Parameter folgendermaßen:

$$k := g^u h_A^{-v} \bmod p$$
$$s := k v^{-1} \bmod p - 1$$
$$m := us \bmod p - 1$$

Dann ist:

$$g^m \equiv g^{us} \pmod{p}$$

und

$$h_A^k k^s \equiv h_A^k (g^u h_A^{-v})^s \equiv h_A^k g^{us} h_A^{-vs} \equiv h_A^k g^{us} h_A^{-vkv^{-1}} \equiv h_A^k h_A^{-k} g^{us} \pmod{p}.$$

$\square$

Diese drei Angriffe auf die RSA- bzw. ElGamal-Signatur scheinen auf den ersten Blick nur akademischer Natur zu sein. Insbesondere die Angriffe ohne bekannte Signaturen führen zu Signaturen von „sinnlosen" Nachrichten, die für den Angreifer im Allgemeinen nicht von Wert sind. In vielen praktischen Anwendungen werden Signaturen jedoch nicht nur für „sinnvolle" Klartextnachrichten verwendet, sondern auch für andere Datensätze wie Zufallszahlen, Hashwerte oder Nachrichten ohne sprachliche Struktur. In diesen Fällen können die Angriffe eine ernste Gefahr darstellen.

Bemerkung Optimal sind Signaturen, für die sich beweisen lässt, dass das existentielle Fälschen unter einem adaptiven Angriff mit gewählten Nachrichten genauso schwer ist wie ein „schweres" mathematisches Problem, wie zum Beispiel die Faktorisierung. Man spricht in einem solchen Fall von **beweisbar sicheren** Signaturen.

Für RSA- und ElGamal-Signaturen ist bis heute unklar, welches Sicherheitsniveau sie erfüllen. Insbesondere gibt es keinen Beweis dafür, dass es unmöglich ist, aus den Signaturen den privaten Schlüssel zu bestimmen oder ohne Kenntnis des privaten Schlüssels unter einem Angriff ohne bekannte Signaturen Unterschriften für beliebige Nachrichten zu fälschen.

14.1   Vergleich von RSA- und ElGamal-Signaturen

Die RSA- und die ElGamal-Signaturen unterscheiden sich in einigen Aspekten deutlich voneinander. Man muss je nach Anwendung einschätzen, welche der folgenden Eigenschaften nützlich oder notwendig sind:

1. Die RSA-Signatur ist eine Signatur mit **message recovery**. Die ursprüngliche ElGamal-Signatur hat diese Eigenschaft nicht. Es gibt allerdings entsprechende Varianten.

2. Für die RSA-Signatur müssen weniger modulare Berechnungen durchgeführt werden; sie ist schneller als die ElGamal-Signatur. Allerdings braucht man für wesentliche Teile der Berechnung von ElGamal-Signaturen die Nachricht selbst nicht, so dass man viele Werte effizient im Voraus bestimmen kann. Die eigentliche Signatur lässt sich dann schneller berechnen als beim RSA-Verfahren.

3. Die ElGamal-Signatur ist länger als die RSA-Signatur.

4. Für heutige Anwendungen werden RSA-Moduln und ElGamal-Primzahlen in der Größenordnung von 2048 Bit gebraucht.

5. Der große Vorteil der ElGamal-Signatur sind zahlreiche sehr effiziente Varianten und Verallgemeinerungen. Insbesondere funktionieren alle Kryptosysteme auf jeder Gruppe, für die diskrete Logarithmen schwer zu berechnen sind, vgl. Kapitel 12. Interessant sind hier vor allem die elliptischen Kurven, bei denen man mit Schlüssellängen unter 240 Bit auskommt.

14.2   Übungen

1. Kreuzen Sie jeweils die richtige Antwort an.

	richtig	falsch	unbekannt
Die RSA-Signatur ist universell fälschbar unter einem Angriff ohne bekannte Signaturen.	☐	☐	☐
Die RSA-Signatur ist selektiv fälschbar unter einem Angriff mit bekannten Signaturen.	☐	☐	☐
Die RSA-Signatur ist selektiv fälschbar unter einem Angriff mit gewählten Nachrichten.	☐	☐	☐
Die RSA-Signatur ist existentiell fälschbar unter einem Angriff mit gewählten Nachrichten.	☐	☐	☐
Die ElGamal-Signatur ist existentiell fälschbar unter einem Angriff mit gewählten Nachrichten.	☐	☐	☐
Die ElGamal-Signatur ist universell fälschbar unter einem Angriff mit gewählten Nachrichten.	☐	☐	☐

2. Angenommen, jemand signiert zwei verschiedene Nachrichten m_1 und m_2 mit einem ElGamal-Signaturverfahren, wobei er jeweils die gleiche Zufallszahl r verwendet. Das heißt, er erhält zwei Signaturen (r, s_1) und (r, s_2).

   (a) Kann ein Angreifer daraus Informationen über den privaten Schlüssel ableiten? Geben Sie explizit eine Bedingung an, unter der der Angreifer den privaten Schlüssel berechnen kann!

   (b) Wie sicher ist demzufolge eine ElGamal-Signatur, die stets die gleiche Zufallszahl verwendet?

   (c) Angenommen, der Signierer verwendet für die Signatur der Nachrichten m_1 und m_2 die Zufallszahlen r und $r + 1$. Kann der Angreifer dann immer noch den privaten Schlüssel berechnen?

   (d) Bemerkung: In [BGM97] wurde gezeigt, dass auch die Verwendung von linearen Schieberegistern bei der Erzeugung der Zufallszahlen für die Signatur zu einer Kompromittierung des Schlüssels führt.

Teil III

Anwendungen

15 Hashfunktionen und Nachrichtenauthentizität

Die Verschlüsselung von Daten ist eine Maßnahme, die das Schutzziel Vertraulichkeit umsetzt und gegen einen passiven Angreifer gerichtet ist, das heißt einen Angreifer, der nur Nachrichten abhört, aber nicht aktiv in die Kommunikation eingreift.

Dieses Kapitel beschäftigt sich mit aktiven Angriffen. Die Schutzziele, die im Mittelpunkt dieses Kapitels stehen, sind die Nachrichtenintegrität und -authentizität.

Der Empfänger einer Nachricht will sich von zwei Dingen überzeugen: erstens, dass die Nachricht vom angegebenen Absender stammt (**Authentizität**), und zweitens, dass die Nachricht nicht verändert worden ist (**Integrität**).

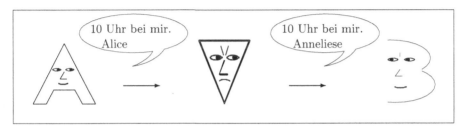

Abbildung 15.1 Aktiver Angriff auf die Authentizität

Die beiden Begriffe hängen eng zusammen, denn wenn ein Angreifer in der Lage ist, die Nachricht zu verändern, kann er auch den Absender verändern. Daher sind die Schutzmechanismen für die Authentizität und die Integrität dieselben.

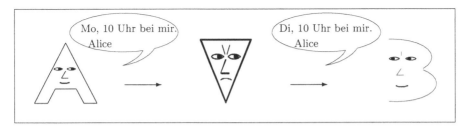

Abbildung 15.2 Aktiver Angriff auf die Integrität

Zunächst machen wir uns klar, dass Verschlüsselungen diese Schutzziele nicht erreichen, obwohl dies manchmal behauptet und sogar in der Praxis umgesetzt wird. Wir betrachten dazu folgendes Beispiel: A und B verwenden zur Verschlüsselung einen One-Time-Pad, das heißt also eine perfekt sichere Chiffre. B wartet auf eine Nachricht, die an einer bestimmten Stelle eine Zahl enthält. Er erhält eine

Geheimtextnachricht c, von der er annimmt, sie stamme von A. Er wendet den gemeinsamen geheimen Schlüssel an und entschlüsselt die Nachricht. Die Nachricht enthält die erwartete Zahl, zum Beispiel 100. Da A und B den One-Time-Pad verwenden, ist diese Zahl binär übertragen worden, das heißt, im Klartext steht an dieser Stelle eigentlich „1100100".

Angenommen, der Geheimtext an dieser Stelle lautet „1010101", das heißt, der Schlüssel ist „0110001". Wenn ein Angreifer weiß, dass an dieser Stelle des Textes eine Zahl steht, so kann er den Geheimtext dort unbemerkt verändern. ändert er zum Beispiel den Geheimtext ab in „0010101", dann entschlüsselt B die Zahl „0100100", also 36.

Aus dem Kontext heraus kann B vielleicht folgern, dass die Zahl falsch ist. Er hat jedoch keine technische Möglichkeit festzustellen, ob die Nachricht verändert wurde oder nicht.

Es gibt weitere Argumente, weshalb man für die Schutzziele Nachrichtenauthentizität und -integrität keine Verschlüsselungen einsetzen sollte. Zum einen ist es nicht in allen Anwendungen sinnvoll und notwendig, dass authentische Nachrichten gleichzeitig auch vertraulich sind. Zum anderen hat sich gezeigt, dass es günstiger ist, jedes Schutzziel durch eine eigenständige Maßnahme, das heißt *modular*, umzusetzen, da andernfalls Sicherheitsanalysen schwieriger werden und subtile Fehler auftreten können.

Nachrichtenauthentizität und -integrität lassen sich sowohl mit den Mitteln der symmetrischen als auch der asymmetrischen Kryptografie umsetzen. Die wichtigsten Bausteine hierzu sind die so genannten **Hashfunktionen** oder **digitalen Fingerabdrücke** (hash function, digital fingerprint, message digest). Hashfunktionen spielen immer dann eine Rolle, wenn man eine kurze, aber sehr charakteristische Zusammenfassung eines Datensatzes braucht.

Zusammen mit den digitalen Signaturen gewährleisten sie Nachrichtenauthentizität und -integrität mit asymmetrischen Mitteln. Für symmetrische Verfahren zur Implementierung von Nachrichtenauthentizität und -integrität dienen sie als Bausteine für die so genannten **Message Authentication Codes (MACs)**.

15.1 Hashfunktionen

Eine Hashfunktion ist eine Kompressionsfunktion, das heißt, sie bildet Zeichenketten beliebiger Länge auf Zeichenketten einer festen Länge ab. Weiterhin fordert man, dass sich diese Berechnung effizient durchführen lässt. Im Folgenden sei das Alphabet $\Sigma = \{0, 1\}$, $\Sigma^n = \{0, 1\}^n$ die Menge aller Bitstrings der Länge n und Σ^* die Menge aller endlichen Bitstrings.

Definition 15.1 *Eine Funktion $h : \Sigma^* \to \Sigma^n$ heißt eine* **Hashfunktion***, wenn es einen polynomiellen Algorithmus gibt, der für jede Eingabe m aus Σ^* den Wert $h(m)$ berechnet.*

In der Kryptografie ist man im Gegensatz zu anderen Gebieten nicht daran interessiert, dass sich die Kompression rückgängig machen lässt. Man braucht im Gegenteil so genannte **Einweg-Hashfunktionen**.

Definition 15.2 *Eine* **Einweg-Hashfunktion** *ist eine Hashfunktion h mit folgender Zusatzeigenschaft:*
(**Einweg-Eigenschaft**): *Es ist nicht effizient möglich, zu einem zufällig gewählten Bitstring $y \in \Sigma^n$ einen Bitstring $m \in \Sigma^*$ zu finden mit $h(m) = y$.*

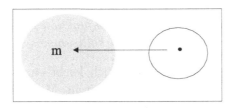

Abbildung 15.3 Einwegeigenschaft

Da der Urbildbereich unendlich groß ist, der Bildbereich aber endlich ist, sind Hashfunktionen nicht injektiv. Es gibt so genannte **Kollisionen**, das heißt Paare (m, m') von Nachrichten mit $m \neq m'$ und $h(m) = h(m')$.

Eine Hashfunktion h heißt **schwach kollisionsresistent**, wenn es keinen effizienten Algorithmus gibt, der bei Eingabe von m ein m' findet mit

$$h(m) = h(m').$$

Eine Hashfunktion h heißt **stark kollisionsresistent**, wenn es nicht effizient möglich ist, zwei verschiedene Bitstrings m und m' zu finden, die beide auf den gleichen Wert abgebildet werden, das heißt, für die $h(m) = h(m')$ gilt.

Kollisionsresistenz wird häufig auch *Kollisionsfreiheit* genannt. Dies ist irreführend, denn es gibt durchaus Kollisionen, es darf nur nicht möglich sein, sie effizient zu finden.

In der Kryptografie benötigt man meistens Einweg-Hashfunktionen mit starker Kollisionsresistenz, die in der Literatur häufig auch als **kryptografische Hashfunktionen** bezeichnet werden. Es gibt aber auch Anwendungen, bei denen die schwache Kollisionsresistenz ausreicht. Im Zusammenhang mit den digitalen Signaturen reicht es zum Beispiel, die schwache Kollisionsresistenz zu fordern, da der Angreifer hier im Allgemeinen eine Nachricht und die dazugehörige Signatur kennt und dazu eine zweite Nachricht mit der gleichen Signatur bestimmen will.

Da es schwieriger ist, Einweg-Hashfunktionen mit starker Kollisionsresistenz zu konstruieren als solche mit schwacher Kollisionsresistenz, sollte man bei den Anwendungen genau abwägen, welchen Typ von Hashfunktion man tatsächlich braucht.

Die drei Definitionen zur Einweg-Eigenschaft und zur schwachen und starken Kollisionsresistenz unterscheiden sich auf den ersten Blick nur geringfügig. Im Folgenden werden die Zusammenhänge zwischen diesen Begriffen näher untersucht.

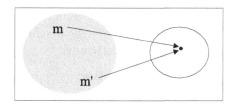

Abbildung 15.4 Starke Kollisionsresistenz

Lemma 15.1 *Es sei* $h : \Sigma^* \to \Sigma^n$ *eine Hashfunktion mit starker Kollisionsresistenz. Dann ist die Funktion auch schwach kollisionsresistent.*

Die Behauptung des Lemmas 15.1 lässt sich leicht einsehen. Angenommen, die Funktion h wäre nicht schwach kollisionsresistent. Man wählt ein Element m aus Σ^*. Da h nicht schwach kollisionsresistent ist, findet man dazu effizient ein Element $m' \in \Sigma^*$ mit $h(m) = h(m')$. Damit hat man eine Kollision (m, m') gefunden, was wegen der starken Kollisionsresistenz nicht effizient möglich ist.

Die Einweg-Eigenschaft garantiert nicht die schwache Kollisionsresistenz. Zum Beispiel kann man Einwegfunktionen auf Gruppen konstruieren, für die gilt:

$$h(m) = h(-m).$$

Solche Funktionen sind daher nicht schwach kollisionsresistent, vgl. Übungsaufgabe 1.

Ebenso folgt weder aus der schwachen noch aus der starken Kollisionsresistenz die Einweg-Eigenschaft. Dies verdeutlicht das folgende Beispiel: Es sei g eine (schwach oder stark) kollisionsresistente Hashfunktion, die Bitstrings auf n Bit lange Ausgaben abbildet. Man kann damit eine Funktion h definieren:

$$h(m) = \begin{cases} 1 \,\|\, m, & \text{falls } m \text{ die Länge } n \text{ hat,} \\ 0 \,\|\, g(m), & \text{sonst.} \end{cases}$$

Die Funktion h ist eine Hashfunktion, deren Ausgaben $n+1$ Bit lang sind, und die offensichtlich kollisionsresistent ist. Andererseits ist es für bestimmte Bildpunkte leicht, einen Urbildpunkt zu bestimmen, nämlich dann, wenn der Funktionswert mit einer 1 beginnt.

Dies ist eher ein akademisches Beispiel. In der Praxis hat jeder Funktionswert mehrere Urbilder.

Obwohl die starke Kollisionsresistenz die Einweg-Eigenschaft nicht impliziert, ist sie doch in gewissem Sinne eine stärkere Eigenschaft als die Einweg-Eigenschaft. Man kann sich dies verdeutlichen, indem man den Aufwand abschätzt, ein Urbild bzw. eine Kollision durch eine vollständige Suche zu finden. Gegeben seien eine Hashfunktion $h : \Sigma^* \to \Sigma^n$ und ein Bildpunkt $y \in \Sigma^n$. Wenn man annimmt, dass alle Bildpunkte mit der gleichen Wahrscheinlichkeit auftreten, dann muss man im Mittel 2^{n-1} Urbilder aus Σ^* ausprobieren, um mit Wahrscheinlichkeit $1/2$ ein Urbild zu y zu finden.

Kollisionen zu finden, ist deutlich leichter als Urbilder zu gegebenen Funktionswerten. Der folgende Satz liefert eine obere Schranke:

Satz 15.1 *Es sei $h : \Sigma^* \to \Sigma^n$ eine stark kollisionsresistente Einweg-Hashfunktion mit der folgenden Eigenschaft: $h(m)$ ist gleichmäßig und unabhängig auf $[0, \ldots, 2^n - 1]$ verteilt.*
Wenn ein Angreifer mehr als $1{,}2 \cdot 2^{n/2}$-mal zufällig ein $m \in \Sigma^*$ ausgewählt hat, so hat er mit einer Wahrscheinlichkeit von mindestens $1/2$ ein m und m' gefunden mit $h(m) = h(m')$.

Beweis   Gesucht ist die Wahrscheinlichkeit, dass ein Angreifer nach mehr als $1{,}2 \cdot 2^{n/2}$ zufälligen und unabhängigen Ziehungen von Bitstrings aus Σ^n mindestens zweimal den gleichen String ausgewählt hat.

Zunächst betrachte man das gegenteilige Ereignis: Wie groß ist die Wahrscheinlichkeit $P(n, k)$, dass man in k Ziehungen k *verschiedene* Strings aus Σ^n erhält?

In der ersten Ziehung ist die Wahrscheinlichkeit, dass man einen bisher noch nicht gezogenen String wählt, offensichtlich $\frac{2^n}{2^n} = 1$. In der zweiten Ziehung kann man $2^n - 1$ Strings wählen, die sich von dem zuerst gezogenen unterscheiden. Die Wahrscheinlichkeit, dass man den ersten String nicht noch einmal zieht, ist daher $\frac{2^n - 1}{2^n}$.

In der k-ten Ziehung erhält man analog, dass die Wahrscheinlichkeit, dass keiner der $k-1$ bisher gezogenen Strings wiederum gewählt wird, $\frac{2^n - k + 1}{2^n}$ ist. Unter der Annahme, dass die Ziehungen tatsächlich unabhängig voneinander sind, ist die gesuchte Wahrscheinlichkeit dafür, dass in k Ziehungen k verschiedene Strings gewählt werden, also:

$$P(n, k) = \prod_{i=0}^{k-1} \frac{2^n - i}{2^n} = \prod_{i=1}^{k-1} \left(1 - \frac{i}{2^n}\right).$$

Da für alle $x \in \mathbb{R}$ gilt: $e^{-x} \geq (1 - x)$, folgt:

$$P(n, k) = \prod_{i=1}^{k-1} \left(1 - \frac{i}{2^n}\right) \leq \prod_{i=1}^{k-1} e^{-\frac{i}{2^n}} = e^{-\frac{1}{2^n} \sum_{i=1}^{k-1} i} = e^{-\frac{k(k-1)}{2 \cdot 2^n}} \leq e^{-\frac{(k-1)^2}{2 \cdot 2^n}}.$$

Führt ein Angreifer also $k = \sqrt{2 \cdot 2^n \cdot \ln 2} + 1 = 1{,}2 \cdot 2^{n/2} + 1$ solcher Ziehungen durch, so gilt:

$$P(n, k) = e^{-\frac{(k-1)^2}{2 \cdot 2^n}} \leq e^{-\frac{2 \cdot 2^n \cdot \ln 2}{2 \cdot 2^n}} = e^{-\ln 2} = 1/2.$$

Das bedeutet, dass die Wahrscheinlichkeit, dass er dann immer noch keine zwei verschiedene Urbilder zu einem Funktionswert gefunden hat, kleiner als $1/2$ ist. Damit ist seine Erfolgswahrscheinlichkeit, eine Kollision zu finden, größer als $1/2$.

Um eine Kollision mit einer Wahrscheinlichkeit $1/2$ zu finden, müssen also nur rund $2^{n/2}$ Nachrichten ausprobiert werden, während man zum Auffinden eines Urbildes rund 2^{n-1} Nachrichten testen muss.

Das Phänomen, dass sich eine Kollision so viel leichter finden lässt als ein Urbild, heißt **Geburtstagsparadoxon**. Der Name geht auf das folgende Paradoxon zurück: Wenn man einen speziellen Tag vorgibt, so braucht man in einem Raum 253 Personen, damit mit einer Wahrscheinlichkeit von $1/2$ das Ereignis eintritt, dass eine der Personen an dem vorgegebenen Tag Geburtstag hat. Damit mit einer Wahrscheinlichkeit von $1/2$ zwei Personen in einem Raum am gleichen Tag Geburtstag haben, reichen aber schon 23 Anwesende aus.

Angriffe gegen kryptografische Mechanismen, die dieses Paradoxon benutzen, um Kollisionen zu finden, heißen auch **Geburtstagsangriffe**.

15.2   Konstruktion von Hashfunktionen

Zunächst einmal ist nicht klar, dass es überhaupt Einweg-Hashfunktionen gibt. Die Schwierigkeit liegt dabei nicht in der Kompressionseigenschaft, sondern in der Einweg-Eigenschaft. Die Frage nach der Existenz von Einweg-Hashfunktionen hängt eng zusammen mit der Frage, ob $\mathbf{P} \neq \mathbf{NP}$ gilt. Diese Ungleichheit ist eine notwendige Voraussetzung für die Existenz von Einweg-Hashfunktionen, sie reicht aber nicht aus. Denn schwierige Probleme in $\mathbf{NP}$ können unter Umständen nur in Extremfällen schwer zu lösen sein, während sie im Durchschnitt leicht berechnet werden können. (Komplexität ist *Worst-Case*-Komplexität, das heißt, dass die schlechteste Laufzeit eines Algorithmus zugrunde gelegt wird.) Für die Einweg-Eigenschaft braucht man aber, dass es grundsätzlich schwer ist, ein Urbild zu finden.

Man kann also kein allgemeines Konstruktionsprinzip angeben. Man kennt nur Kandidaten für Hashfunktionen:

- Iterative Anwendung von Blockchiffren;

- Maßgeschneiderte Konstruktionen wie Message Digest 5 (MD5) oder Secure Hash Algorithm 1 (SHA-1);

- Hashfunktion mit modularer Arithmetik.

Eine Standardmethode zur Konstruktion von Hashfunktionen ist die Definition einer „Basiskompressionsfunktion" von Σ^{ℓ} nach Σ^n, die man so iteriert, dass Nachrichten von beliebiger Länge verarbeitet werden können.

Der Text m wird in Blöcke $m_1, m_2, \ldots, m_t$ aufgeteilt (ggf. Auffüllen durch Nullen oder eine andere Form des Paddings). Sukzessive wird jeder Block mit dem bisherigen Zwischenwert verknüpft, wie dies in Abbildung 15.5 dargestellt ist. Für den ersten Block braucht man einen Initialisierungswert $IW =: h_0$. Alle weiteren Blöcke verarbeitet man zu $h_i := h(h_{i-1}, m_i)$. Das letzte Ergebnis h_t ist der Hashwert von m.

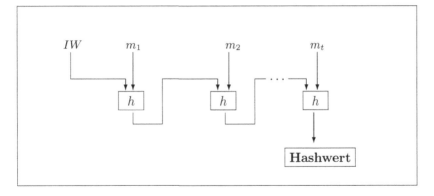

Abbildung 15.5 Iteration einer Grundfunktion h

15.2.1 Hashfunktionen unter Verwendung von Blockchiffren

Besonders häufig nimmt man als Baustein für eine Hashfunktion eine Blockchiffre. Bei diesem Vorgehen kann man häufig beweisen, dass die Hashfunktion mindestens so sicher ist wie die zugrunde liegende Blockchiffre. Man kann damit auf die Sicherheitsanalysen der Blockchiffre zurückgreifen.

Die Nachricht wird dazu in Blöcke $m_1, \ldots, m_t$ aufgeteilt. Man wählt einen Initialisierungswert $IW =: h_0$ und verknüpft ihn mit dem ersten Nachrichtenblock. In Abbildung 15.6 ist dies durch die Konkatenation $\|$ bezeichnet, wobei es in einem konkreten Verfahren auch die XOR-Verknüpfung oder eine andere Verknüpfung sein kann. Man berechnet dann die Zwischenergebnisse als $h_i = E(K, h_{i-1}\|m_i)$.

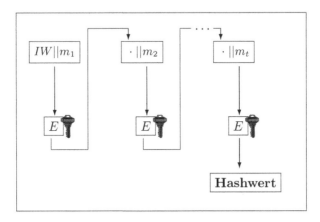

Abbildung 15.6 Blockchiffre E als Baustein einer Hashfunktion

Das Problem hierbei besteht darin, dass man eigentlich keinen geheimen Schlüssel zur Verfügung hat. Wenn man zum Beispiel eine Nachricht hashen und anschließend signieren will, dann besitzen der Signierer und die Personen, die die Signatur verifizieren, im Allgemeinen keinen gemeinsamen Schlüssel. Dies kann man zum Beispiel dadurch umgehen, dass man einen Initialisierungswert oder Teile der

Nachricht, die gehasht werden soll, als Schlüssel verwendet. In der Praxis werden meist die in Abbildung 15.7 dargestellten Ansätze verwendet, [MMO85], [QG89], [P93]. Dabei bezeichnet E eine Blockchiffre, m_i den i-ten Block der Nachricht, h_0 einen Initialisierungswert und g eine Funktion, die Bitstrings auf einen für E geeigneten Schlüssel abbildet.

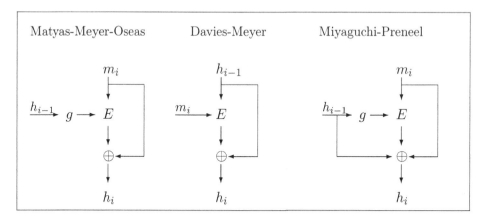

Abbildung 15.7 Hashfunktionen mit Blockchiffren

In allen drei Fällen werden die Geheimtextblöcke als Zwischenergebnisse weiterverarbeitet, und der letzte Geheimtextblock ist der Wert der Hashfunktion.

Beim Matyas-Meyer-Oseas-Verfahren wird h_{i-1} als Schlüssel für die Blockchiffre verwendet. Die Funktion g verändert h_{i-1} dabei so, dass das Ergebnis als Schlüssel geeignet ist. Wenn h_{i-1} bereits das richtige Format hat, dann kann man die Funktion g auch weglassen. Die Zwischenergebnisse h_i berechnet man durch $h_i = E(g(h_{i-1}), m_i)$. Die letzte Ausgabe h_t ist der Hashwert von m, wobei t die Anzahl der Blöcke ist.

Bei allen drei Vorgehensweisen ist der Hashwert genauso lang wie die Ausgabe der Blockchiffre. Verwendet man also als Blockchiffre den DES oder auch den Triple-DES, so ist der Hashwert nur 64 Bit lang. Wegen des Geburtstagsangriffs gelten aber heutzutage 128 Bit Ausgabelänge als absolutes Minimum, wenn die Hashfunktion kollisionsresistent sein soll. Diese drei Konstruktionen kann man mit dem DES also nur verwenden, wenn man Einweg-Hashfunktionen braucht, nicht aber die Kollisionsresistenz.

Um mit Blockchiffren wie dem DES dennoch stark kollisionsresistente Einweg-Hashfunktionen zu konstruieren, kann man zum Beispiel das Matyas-Meyer-Oseas-Verfahren doppelt anwenden, siehe Abbildung 15.8, [M91].

Die Eingabeblöcke der Hashfunktion sind genau doppelt so lang wie die Eingaben der Blockchiffre. Jeder Eingabeblock wird in zwei Hälften aufgeteilt und jeder einzelne wird mit dem Matyas-Meyer-Oseas-Verfahren verarbeitet. Die Ausgaben werden ihrerseits wieder in zwei Blöcke A, B bzw. C, D aufgeteilt, die Blöcke B und D tauschen die Plätze, und man erhält die Zwischenergebnisse h_i und h_i'. Der Hashwert ist dann $h_t||h_t'$, wobei t die Zahl der letzten Runde ist.

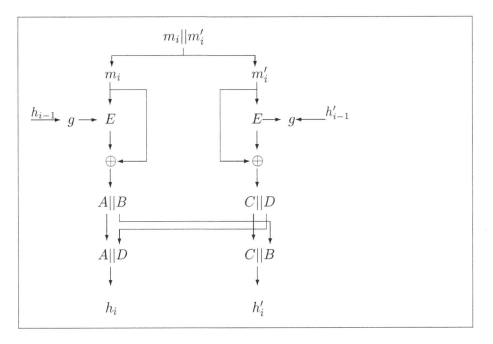

Abbildung 15.8 Doppelte Anwendung des Matyas-Meyer-Oseas-Verfahrens

Wenn man bei diesem Vorgehen den DES als Blockchiffre verwendet, dann ist die Länge des Hashwertes 128 Bit.

15.2.2 Maßgeschneiderte Algorithmen

Die maßgeschneiderten Algorithmen basieren nicht auf anderen kryptografischen Bausteinen, sondern sind direkt für die Verwendung als Hashfunktionen entworfen worden. Es handelt sich um Algorithmen, die ausschließlich XOR-Verknüpfungen, Rotationen und Shifts von Bitstrings verwenden, das heißt Operationen, die man besonders effizient implementieren kann. Zu den maßgeschneiderten Algorithmen gehören

- MD4/MD5,

- SHA-1/SHA-2

- RIPEMD-160.

In der Praxis zählen die maßgeschneiderten Hashfunktionen auf Grund ihrer Effizienz zur ersten Wahl.

MD4 und MD5   Die Message-digest-Familie geht zurück auf R. Rivest. Der MD4-Algorithmus, [Ri90], hat eine Ausgabelänge von 128 Bit und besteht aus drei Runden, in denen jeweils 16 Berechnungsschritte durchgeführt werden. MD4 gilt heute nicht mehr als sicher, weil sich Kollisionen nach durchschnittlich 2^{20} Funktionsaufrufen finden lassen, [Do95].

MD5, [Ri92], wurde entworfen als verstärkte Version des MD4-Algorithmus. Die Ausgabelänge beträgt 128 Bit, und die Funktion hat vier Runden mit jeweils 16 Berechnungsschritten.

Auch MD5 kann heute nicht mehr als sicher angesehen werden. Seit seiner Veröffentlichung wurden einige Schwächen gefunden (z.B. [Do96]), doch lange Zeit kannte man für das Auffinden von Kollisionen keinen besseren Angriff als den Geburtstagsangriff auf MD5. Im Jahr 2005 wurde von X. Wang und H. Yu ein Angriff gefunden, mit dem sich Kollisionen im Mittel nach 2^{40} MD5-Aufrufen erzeugen lassen, [WY05]. Der beste Angriff, den man heute zum Auffinden von Kollisionen kennt, erreicht eine Komplexität von 2^{16} Funktionsaufrufen, [SSALMOW09].

SHA-1   Der Secure-Hash-Algorithm Version 1 (es gab auch eine Version 0) hat eine Ausgabelänge von 160 Bit, [FIPS180-1]. Der Algorithmus hat 4 Runden mit jeweils 20 Berechnungsschritten. Der Algorithmus basiert auf dem MD4-Algorithmus und wurde vorgestellt vom U.S. National Institute for Standards and Technology (NIST). Er ist in der Praxis der meist verwendete Algorithmus.

Nach den erfolgreichen Angriffen auf MD5 wurde von X. Wang, Y. Yin und H. Yu 2005 auch ein Angriff auf SHA-1 entdeckt, [WYY05]. Zum Auffinden von Kollisionen werden 2^{69} Funktionsaufrufe benötigt; die Komplexität des Angriffs konnte 2007 auf 2^{61} SHA-1-Aufrufe reduziert werden, [MRR07].

Angesichts der erfolgreichen Angriffe auf SHA-1 sucht das National Institute of Standards and Technology (NIST) einen Nachfolger für SHA-1. Dazu rief das NIST im November 2007 nach Vorbild des AES zu einem öffentlichen Wettbewerb für die Nachfolge von SHA-1 auf. Die endgültige Bekanntgabe des Nachfolger und neuen Standards SHA-3 ist für das Jahr 2012 geplant. Derzeit empfiehlt das NIST den Wechsel von SHA-1 zu Hashfunktionen der SHA-2-Familie (z.B. SHA-224, SHA-256, SHA-512).

RIPEMD-160   Der RIPEMD-160-Algorithmus, [DBP95], hat eine Ausgabelänge von 160 Bit. Er besteht aus fünf Runden mit jeweils zweimal 16 Operationen, die parallel ausgeführt werden können. Er basiert ebenfalls auf MD4.

Es gibt eine Version mit 128 Bit Ausgabelänge, die aber erfolgreich angegriffen worden ist, [BP95]. Die Sicherheit von RIPEMD-160 wurde bisher nicht so intensiv analysiert, wie beispielsweise die Sicherheit von MD5 und SHA-1. Man weiß allerdings, dass die derzeit bekannten Angriffe auf MD5 und SHA-1 keinerlei Auswirkungen auf die Sicherheit von RIPEMD-160 haben, [MPRR06].

15.2.3 Hashfunktion mit modularer Arithmetik

Hashfunktionen, deren Funktionsweise auf modularer Arithmetik beruht, werden in der Praxis selten verwendet. Das liegt zum einen daran, dass ihre Effizienz im Vergleich zu den maßgeschneiderten Algorithmen deutlich schlechter ist, und zum anderen daran, dass es zahlreiche Vorschläge gab, die sich im Nachhinein als unsicher herausgestellt haben. Als ein ISO/IEC Standard ist der Modular-Arithmetic-Secure-Hash-Algorithm 1 (MASH1) vorgeschlagen worden, [ISO/IEC10118-4], dessen Sicherheitseigenschaften allerdings noch unklar sind.

Für den MASH1-Algorithmus wird zunächst ein Modul $n = pq$ bestimmt, wobei p und q Primzahlen sind, so dass n schwierig zu faktorisieren ist. Die Ausgabelänge ℓ des Algorithmus ist das größte Vielfache der Zahl 16, das kleiner als n ist. Der Initialisierungswert wird definiert als $h_0 := 0$, und A bezeichnet eine Konstante der Länge ℓ. Neben der bitweisen XOR-Operation $\oplus$ verwendet der Algorithmus die bitweise OR-Operation $\vee$.

Die Nachricht m, die höchstens eine Länge von $2^{\ell/2}$ haben darf, wird in t Blöcke der Länge $\ell/2$ aufgeteilt, wobei der letzte Block gegebenenfalls durch Nullen aufgefüllt wird. Dann wird noch ein Block hinzugefügt, der die Binärdarstellung der Länge von m enthält.

Bis auf den letzten Block wird jeder Block anschließend expandiert, indem man nach jeweils vier Bits die Bits $(1,1,1,1)$ einfügt. Den letzten Block expandiert man durch Einfügen von $(1,0,1,0)$. Die expandierten Blöcke, deren Länge jeweils ℓ beträgt, werden mit y_i bezeichnet.

Dann berechnet man $(((h_{i-1} \oplus y_i) \vee A)^2 \bmod n)$. Von diesem Ergebnis werden nur die ℓ niedrigstwertigen Bits verwendet, die mit h_{i-1} mit der XOR-Verknüpfung verknüpft werden. Der Hashwert ist h_{t+1}.

Die Verwendung der Konstante hat sicherheitstechnische Gründe, vgl. Übungsaufgabe 6.

Es gibt eine zweite Version des Algorithmus, MASH2, der an Stelle des Exponenten 2 den Exponenten $2^8 + 1$ verwendet.

15.3 Hash-and-Sign-Signaturen

Eines der wichtigsten Einsatzgebiete für Hashfunktionen sind die digitalen Signaturen. Digitale Signaturen gewährleisten bereits beide Schutzziele, das der Nachrichtenauthentizität und das der -integrität. Nur der legitimierte Signierer kennt den richtigen privaten Schlüssel, und damit kann auch nur er signieren. Dadurch ist die Authentizität gegeben. Außerdem hängt die Signatur von der Nachricht ab, ein Verändern der Nachricht führt dazu, dass die Signatur nicht mehr zur Nachricht passt.

In den RSA- und ElGamal-Signaturen aus den Kapiteln 10 und 11 muss man allerdings spezielle Bedingungen an die Nachrichten stellen, um sie signieren zu können. Für beide Signaturen müssen die Nachrichten kleiner als der Modul sein.

Da RSA- oder ElGamal-Moduln heute im Allgemeinen eine Länge von 2048 Bit haben, kann man nur verhältnismäßig kurze Nachrichten signieren.

Um diesem Problem zu begegnen, wendet man auf die Nachricht zunächst eine Hashfunktion an. Dieser Hashwert wird dann mit dem RSA- oder ElGamal-Signaturverfahren signiert. Signaturen, bei denen die Nachricht zunächst einer Hashfunktion unterworfen und anschließend signiert wird, nennt man **Hash-and-Sign-Signaturen**.

Die Verwendung der Hashfunktionen hat nicht nur den Vorteil, dass statt einer langen Klartextnachricht nur ein kurzer Bitstring signiert werden muss, sondern auf den ersten Blick scheinen diese Verfahren auch sicherer zu sein als die Signaturverfahren ohne Hashfunktion, denn die in Kapitel 14 vorgestellten Angriffe ohne bekannte Signaturen lassen sich nicht mehr durchführen.

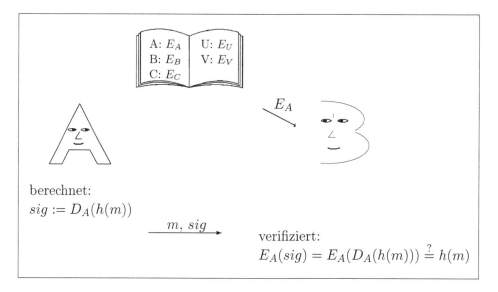

Abbildung 15.9 Hash-and-Sign-Signaturen

Die formale Sicherheitsanalyse der Hash-and-Sign-Signaturen ist allerdings sehr schwierig, denn hier werden zwei kryptografische Verfahren kombiniert, und es ist nicht klar, ob eine sichere Hashfunktion und ein sicheres Signaturverfahren automatisch zu einer sicheren Hash-and-Sign-Signatur führen.

Ein Modell, das die Sicherheit von Hash-and-Sign-Signaturen untersucht, ist das so genannte **Random-Oracle-Modell**, [BR93]. Die Hashfunktion wird durch ein perfektes Orakel ersetzt, das heißt, man geht bei der Sicherheitsanalyse so vor, als würde nicht ein Hashwert, sondern eine echte Zufallszahl signiert. Wenn das resultierende System die gleiche Sicherheit aufweist wie ein zugrunde liegendes mathematisches Problem (Faktorisierung, diskreter Logarithmus) oder eine kryptografische Standardannahme wie zum Beispiel die RSA- oder Diffie-Hellman-Annahme, dann spricht man von einem im **Random-Oracle-Modell beweisbar sicheren** Signaturverfahren. Intuitiv hat ein solches Signaturverfahren keine Schwäche, solange man eine gute Hashfunktion verwendet, die sich ähnlich wie ein zufälliges Orakel verhält.

Das Random-Oracle-Modell ist allerdings nicht unumstritten. In [BR93] ist kein Beweis dafür angegeben, dass eine im Random-Oracle-Modell sichere Signatur auch nach dem Ersetzen des Orakels durch eine Hashfunktion noch sicher ist. 1998 konnten Canetti, Goldreich und Halevi, [CGH98], sogar ein Beispiel für eine zugegebenermaßen pathologische Signatur präsentieren, die im Random-Oracle-Modell beweisbar sicher ist, bei der aber ein Angriff zu einer Kompromittierung des Schlüssels führt, sobald man *irgendeine* Hashfunktion an Stelle des Orakels benutzt.

Andererseits ist bis heute kein Angriff auf eine „normale" Hash-and-Sign-Signatur bekannt, deren Sicherheit im Random-Oracle-Modell bewiesen wurde. Auf Grund dieser beiden Tatsachen gelten Sicherheitsbeweise im Random-Oracle-Modell daher heute nicht unbedingt als Beweis, aber als gutes Indiz für die Sicherheit einer Hash-and-Sign-Signatur.

Das Random-Oracle-Modell wurde als Werkzeug für die Analyse von Signaturen mit Hashfunktionen entwickelt. Das Modell lässt sich jedoch auch in anderen Zusammenhängen benutzen, in denen Hashfunktionen verwendet werden.

15.4 Message Authentication Codes

Message Authentication Codes sind ein symmetrisches Verfahren zur Gewährleistung von Datenintegrität und -authentizität. Sender und Empfänger der Nachricht müssen vorab einen gemeinsamen Schlüssel vereinbaren.

Der Sender berechnet in Abhängigkeit von der Nachricht m und dem gemeinsamen Schlüssel K einen Wert MAC. Die Nachricht wird zusammen mit dem MAC an den Empfänger gesendet, der den MAC mit seinem Schlüssel verifizieren kann.

Um einen MAC zur Nachrichtenauthentizität und -integrität benutzen zu können, muss man fordern, dass es einem Angreifer ohne Kenntnis des geheimen Schlüssels nicht möglich ist, zu einer Nachricht einen MAC zu bestimmen.

Aus Effizienzgründen fordert man in der Praxis weiterhin, dass die Länge des MAC nicht von der Länge der Nachricht abhängt, die authentifiziert werden soll, und dass es sich um einen relativ kurzen Datensatz handelt.

Im Prinzip funktioniert dieses Verfahren wie eine „symmetrische Signatur". Allerdings kann diese „Signatur" nur von den Besitzern des Schlüssels verifiziert werden, und Außenstehende können, selbst wenn Sender und Empfänger ihren Schlüssel preisgeben, nicht entscheiden, wer von beiden die symmetrische Signatur erzeugt hat.

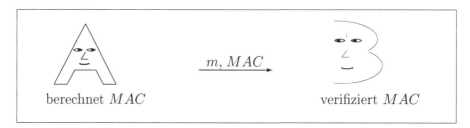

Abbildung 15.10 Message Authentication Code

Formal wird ein Message Authentication Code folgendermaßen definiert:

Definition 15.3 *Ein* **Message Authentication Code Verfahren** *ist ein Tripel* (G, M, V) *von probabilistischen polynomiellen Algorithmen mit den folgenden Eigenschaften:*
Schlüsselerzeugung: *Der Algorithmus G erzeugt bei Eingabe des Sicherheitsparameters k einen symmetrischen Schlüssel K der Länge k.*
MAC-Algorithmus: *Der MAC-Algorithmus berechnet bei Eingabe einer Nachricht m und eines Schlüssels K einen Wert* $MAC = MAC(K, M)$.
Verifikationsalgorithmus: *V hat als Eingabe eine Nachricht m, einen Schlüssel K und einen Wert MAC und hat als Ausgabe nur zwei mögliche Werte: „wahr" oder „falsch", wobei gilt:*

$$V(K, m, MAC(K, m)) = \text{ „wahr".}$$

Um definieren zu können, was ein *sicherer* Message Authentication Code ist, muss man sich zunächst klar machen, welche Angriffe möglich sind und wann man diese als erfolgreich wertet:

- **Angriff ohne bekannte Nachrichten (no message attack)**. Der Angreifer hat bei seinem Angriff nur die Information, welches Message Authentication Code Verfahren (G, M, V) verwendet wird. Er hat keine Informationen über den Schlüssel und verfügt über kein Paar von Nachrichten und dazugehörigem MAC, das die Verifikation besteht. Der Angriff ist erfolgreich, wenn der Angreifer ein Paar (m, MAC) angeben kann, bei dem die Verifikation gelingt.

- **Angriff mit bekannten Nachrichten (known message attack)**. Der Angreifer kennt das Message Authentication Code Verfahren und ein oder mehrere Paare von gültigen Nachrichten und MACs, die er zum Beispiel abgehört hat. Der einfachste Angriff besteht dann darin, eine dieser Nachrichten zusammen mit dem dazugehörigen MAC noch einmal in das Kommunikationssystem einzuspeisen. Einen solchen Angriff nennt man eine **Replay-Attacke**. Solche Angriffe sind durchaus ernst zu nehmen, insbesondere dann, wenn es sich bei den Nachrichten um Geldüberweisungen oder ähnliches handelt. Allerdings hat der Angreifer nicht das Message Authentication Code Verfahren angegriffen, sondern ausgenutzt, dass eine Wiederholung von Nachrichten nicht erkannt wird. Typischerweise verhindert man solche Angriffe durch Zeitstempel oder die Verwendung von Einmalzufallszahlen (so genannte Nonces). Die Abwehr dieses Angriffs fällt in das Gebiet der Protokollsicherheit, auf das wir in Kapitel 19 zurückkommen.

Der Angriff mit bekannten Nachrichten wird also nur dann als erfolgreich gewertet, wenn es dem Angreifer gelingt, ein *neues* Paar aus Nachricht und MAC zu bestimmen.

- **Angriff mit gewählten Nachrichten (chosen message attack)**. Der Angreifer hat die Möglichkeit, einen der beiden Kommunikationspartner nach MACs für vom Angreifer gewählte Nachrichten zu fragen. Wir haben solche Angriffe bereits an mehreren Stellen diskutiert und halten hier nochmals fest, dass solche Angriffe typischerweise immer dann möglich sind, wenn der Angreifer Zugriff auf ein Gerät hat, das die entsprechenden Kryptoverfahren durchführt. Wie immer bei diesen Angriffen ist der Angriff nur dann als erfolgreich zu werten, wenn es dem Angreifer gelingt, ein *neues* Paar bestehend aus Nachricht und MAC zu berechnen, das die Verifikation passiert.

Analog zu den digitalen Signaturen kann man verschiedene Erfolgsstufen des Angreifers identifizieren: existentielles, selektives, universelles Fälschen und die Kompromittierung des Schlüssels.

Ebenso analog zu den digitalen Signaturen nennt man einen Message Authentication Code **sicher**, wenn es keinen probabilistischen polynomiellen Algorithmus gibt, der unter einem Angriff mit gewählten Nachrichten eine existentielle Fälschung berechnet.

Es gibt auch **perfekt sichere** Message Authentication Codes, die mit Mitteln der projektiven Geometrie konstruiert werden, [GMS74]. Sie spielen in der Praxis allerdings keine Rolle.

Um sichere Message Authentication Codes zu konstruieren, kennt man im Wesentlichen zwei Vorgehensweisen: Man verwendet dabei entweder Blockchiffren oder maßgeschneiderte Hashfunktionen.

15.5 Konstruktion mit Blockchiffren

Im Wesentlichen geht man bei dieser Konstruktion genauso vor wie beim Design von Hashfunktionen unter Verwendung von Blockchiffren.

Message Authentication Codes lassen sich sogar leichter mit Blockchiffren umsetzen als Hashfunktionen, denn sie brauchen ebenso wie Blockchiffren einen geheimen Schlüssel als Eingabe. Es gibt verschiedene Vorgehensweisen, wie man aus einer Blockchiffre einen Message Authentication Code gewinnt, so dass man

die Sicherheit des Codes direkt auf die Sicherheit der zugrunde liegenden Blockchiffre zurückführen kann. Wir werden im folgenden die CBC-MACs und eine
verbesserte Variante, die $CMAC$s vorstellen.

Bei den CBC-MACs, [FIPS113], wendet man eine Blockchiffre E wie in Abbildung 15.11 dargestellt im CBC-Modus an. Die Nachricht wird zunächst so in
Blöcke $m_0, m_1, \ldots, m_t$ aufgeteilt, dass die Blöcke von der Blockchiffre verarbeitet werden können, wobei der letzte Block gegebenenfalls aufgefüllt werden muss.
Sender und Empfänger einigen sich außerdem auf einen Initialisierungswert y_0,
der nicht geheim gehalten werden muss und auch der Nullstring sein kann. Der
letzte Geheimtextblock wird als Ausgabe des MAC-Algorithmus verwendet. Der
Empfänger der Nachricht kann diesen MAC verifizieren, indem er die Blockchiffre
seinerseits im CBC-Modus auf die Nachricht anwendet und sein Ergebnis mit dem
empfangenen MAC vergleicht.

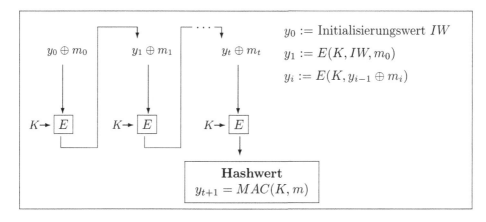

Abbildung 15.11 CBC-MAC

Es gibt auch Varianten, die einen CFB-Modus verwenden, die gegenüber den
CBC-MACs aber einige Nachteile und praktisch keine Vorteile haben, [FIPS113].

Man kann zeigen, dass es sich beim CBC-MAC um einen sicheren Message
Authentication Code handelt, solange nur die zugrunde liegende Blockchiffre sicher ist und alle Nachrichten eine feste Länge haben, die ein echtes Vielfaches der
Blocklänge der Blockchiffre ist. Eine detaillierte Analyse findet sich zum Beispiel
in [BKR94]. Dass der CBC-MAC zum Beispiel nicht sicher ist, wenn die Länge
der Nachricht genau der Blocklänge entspricht, lässt sich leicht einsehen: Es sei
m eine Nachricht, die genau aus einem Block besteht. Der CBC-MAC ist dann
die Verschlüsselung dieser Nachricht unter dem Schlüssel K mit der gewählten
Blockchiffre, das heißt, man erhält $MAC = E_K(m)$. Aus diesem MAC kann ein
Angreifer aber sofort ableiten, wie der MAC für die aus zwei Blöcken bestehende
Nachricht $m\|m \oplus MAC$ aussieht. Wenn der Angreifer für diese Nachricht den
CBC-MAC berechnet, erhält er:

$$E_K(E_K(m) \oplus m \oplus MAC)) = E_K(E_K(m) \oplus m \oplus E_K(m))) = E_K(m) = MAC.$$

Dieser Angriff lässt sich verallgemeinern und in ähnlicher Form auf den jeweils letzten Nachrichtenblock, der in den Message Authentication Code eingeht, anwenden. Das bedeutet, dass der Angreifer, der einen Message Authentication Code für eine bestimmte Nachricht kennt, daraus den einer anderen (wenn auch konstruierten Nachricht) berechnen kann, und damit kann diese Konstruktion nicht mehr als sicher angesehen werden.

Eine Möglichkeit, um den oben genannten Angriff auf den jeweils letzten Nachrichtenblock abzuwehren, ist, vor der letzten Anwendung der Blockchiffre zunächst einen zweiten Schlüssel zu verwenden, der auf das Zwischenergebnis mit der XOR-Verknüpfung addiert wird. Für eine Nachricht m, deren Länge genau der Blocklänge entspricht, wird der MAC berechnet als $MAC = E_{K_1}(m \oplus K_2)$. Tatsächlich kann man zeigen, dass diese Konstruktion die gewünschten Sicherheitseigenschaften hat.

Was man damit allerdings noch nicht gelöst hat, ist das Problem von Nachrichten, deren Länge kein Vielfaches der Blocklänge ist. Natürlich kann man am Ende der Nachricht ein Padding einfügen, nur wie merkt der Empfänger, dass es sich dabei um ein Padding handelt und nicht um einen Teil der Nachricht? Ein Vorschlag, dieses Problem beweisbar sicher zu lösen, ist unter dem Namen XCBC-MAC, [BR00], veröffentlicht worden: In dem Fall, dass die Länge der Nachricht kein Vielfaches der Blocklänge ist, wird für die XOR-Verknüpfung vor der letzten Anwendung der Blockchiffre nicht der Schlüssel K_2, sondern ein dritter Schlüssel K_3 verwendet.

Dieser Vorschlag hat nicht nur die Eigenschaft, dass es sich hierbei um einen beweisbar sicheren Message Authentication Code handelt, sondern ist praktisch auch ebenso effizient wie ein CBC-MAC und diesem so ähnlich, dass man auch bestehende Implementierungen leicht ändern kann. Allerdings hat er auch einen wesentlichen Nachteil: Man braucht nicht einen Schlüssel wie beim CBC-MAC, sondern sogar drei verschiedene Schlüssel, um einen Message Authentication Code zu berechnen, das heißt, dass das Schlüsselmanagement erheblich umfangreicher ist als beim CBC-MAC.

Die nahe liegende Frage ist, ob es die Sicherheit des XCBC-MAC beeinträchtigt, wenn diese drei Schlüssel nicht unabhängig voneinander gewählt werden, sondern zwei der drei Schlüssel aus dem externen Schlüssel K_1 berechnet werden. T. Iwata und K. Kurosawa konnten diese Frage 2003 beantworten, [IK03], und haben verschiedene Wege aufgezeigt, wie K_2 und K_3 aus K_1 berechnet werden können, so dass die Sicherheit des XCBC-MAC vollständig erhalten bleibt. Einer dieser Vorschläge ist dann unter dem Namen $CMAC$, [NIST800], standardisiert worden.

Für einen $CMAC$ werden aus dem externen Schlüssel K_1 zunächst die Schlüssel K_2 und K_3 berechnet: Man berechnet mit dem externen Schlüssel K_1 einen Zwischenwert L durch $L = E_{K_1}(0)$, wobei E die zugrunde liegende Blockchiffre ist. Wenn das höchstwertige Bit von L eine 0 ist, dann wird der Schlüssel K_2 durch einen zyklischen Linksshift von L um eine Position und das Anhängen eines 0 Bit berechnet. Im Fall, dass das höchstwertige Bit von L eine 1 ist, wird zunächst das gleiche gemacht wie im ersten Fall und anschließend wird eine Konstante C mit der XOR-Verknüpfung addiert. Diese Konstante ist allerdings nicht ganz fix, sie hängt von der Blocklänge der zugrunde liegenden Blockchiffre ab.

Der Schlüssel K_3 wird in Abhängigkeit von K_2 berechnet: Wenn das höchstwertige Bit von K_2 eine 0 ist, dann wird K_3 durch einen zyklischen Linksshift von L um eine Position und das Anhängen eines 0 Bit berechnet. In dem Fall, dass das höchstwertige Bit von K_2 eine 1 ist, wird zunächst das gleiche gemacht wie im ersten Fall und anschließend wird die gleiche Konstante C mit der XOR-Verknüpfung addiert, die auch schon für K_2 verwendet wurde.

Für die eigentliche Berechnung des CMAC geht man zunächst ebenso vor wie beim CBC-MAC (allerdings braucht man keinen Initialisierungswert, beziehungsweise der Initialisierungswert besteht nur aus Nullbits).

Der Unterschied zum CBC-MAC kommt wie beim XCBC-MAC erst beim letzten Block zum Tragen: Bevor auf den letzten Block die zugrunde liegende Blockchiffre angewandt wird, wird zunächst einer der beiden abgeleiteten Schlüssel mit einer XOR-Verknüpfung mit dem Zwischenergebnis verknüpft und erst anschließend mit der Blockchiffre verschlüsselt. Welcher der beiden Schlüssel verwendet wird, hängt wie beim XCBC-MAC davon ab, ob die Länge der Nachricht, für die der MAC erstellt wird, ein Vielfaches der Blocklänge der zugrunde liegenden Blockchiffre ist. Wenn die Aufteilung in Blöcke für die Chiffre also genau aufgeht, dann wird K_2 verwendet. Wenn ein Padding angewendet werden musste, weil die Nachricht sich nicht genau in Blöcke für die Chiffre aufteilen lässt, dann wird K_3 benutzt.

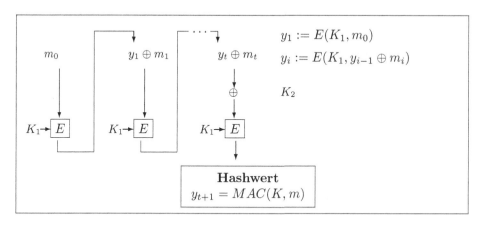

Abbildung 15.12 $CMAC$

Da man auf Message Authentication Codes ebenso wie auf Hashfunktionen einen Geburtstagsangriff durchführen kann, muss man darauf achten, dass die Ausgabelänge der Blockchiffre hinreichend groß ist.

15.6 Konstruktionen mit Hashfunktionen

Neben den Blockchiffren verwendet man in der Praxis auch oft Hashfunktionen wie MD5 oder SHA-1 zur Konstruktion von Message Authentication Codes. Da es sich bei den maßgeschneiderten Hashfunktionen um Funktionen handelt, die keinen Schlüssel als Eingabe haben, stellt sich die Frage, auf welche Weise der geheime Schlüssel als Eingabe verwendet werden soll. Es hat dazu zahlreiche Vorschläge gegeben, die sich in Effizienz und Sicherheit zum Teil erheblich unterscheiden.

Eine Konstruktion hat dabei besondere Aufmerksamkeit auf sich gezogen, da sie neben einer ausgezeichneten Effizienz auch ein hohes Sicherheitsniveau besitzt: der so genannte HMAC, [BCK96].

Die Konstruktion funktioniert mit beliebigen Hashfunktionen H, wobei die Sicherheit des HMAC von der Sicherheit der Hashfunktion abhängt. Es werden zwei Konstanten definiert, eine „innere" Konstante $ipad$ und eine „äußere" Konstante $opad$. Für einen Schlüssel K und eine Nachricht m wird der Message Authentication Code wie folgt berechnet:

$$H(K \oplus opad, H(K \oplus ipad, m)).$$

Für die Sicherheit ist dabei wesentlich, dass für die Anwendung der inneren Hashfunktion ein anderer Schlüssel verwendet wird als bei Anwendung der äusseren. Da man aber andererseits nicht zwei verschiedene Schlüssel verwenden will, löst man das Problem durch die Addition zweier verschiedener Konstanten.

HMACs werden zum Beispiel vom Internetsicherheitsprotokoll SSL benutzt, vgl. Kapitel 22.

15.7 Sichere Kanäle

In den meisten Situationen wird eine vertrauliche und authentische Kommunikation benötigt. Man spricht dabei von so genannten **sicheren Kanälen**.

Zur Umsetzung von sicheren Kanälen stellt sich die Frage, wie man Verschlüsselung und Message Authentication Codes auf sichere Weise miteinander kombiniert. Im Prinzip hat man dazu drei Möglichkeiten:

- Man verschlüsselt zunächst die Nachricht und berechnet anschließend den MAC über den Geheimtext. Dieses Verfahren wird zum Beispiel bei dem Internetsicherheitsprotokoll IPSEC verwendet, [Sm]

- Man berechnet zunächst den MAC für den Klartext und verschlüsselt anschließend den Text. Geheimtext und MAC werden parallel zueinander verschickt. Dieses Verfahren wird zum Beispiel von Secure Shell (SSH) verwendet.

- Man berechnet zunächst den MAC für den Klartext und verschlüsselt anschließend sowohl den Klartext als auch den MAC. Diese Vorgehensweise wird zum Beispiel beim SSL-Protokoll verwendet, vgl. Kapitel 22.

In [Kr01] wurde gezeigt, dass nur die erste Variante zur Umsetzung von sicheren Kanälen geeignet ist. Der Autor liefert einen formalen Beweis für diese Behauptung und gibt außerdem einen Angriff auf die anderen beiden Varianten an.

15.8   Übungen

1. Gegeben sei ein Produkt $n = pq$ aus zwei Primzahlen p und q, so dass n schwierig zu faktorisieren ist. QR_n bezeichne die Menge der quadratischen Reste aus $\mathbb{Z}_n$. Zeigen Sie:

   (a) Die Funktion $f : QR_n \rightarrow \mathbb{Z}_n$, $f(x) = x^2 \bmod n$ ist eine Einwegfunktion.

   (b) Die Funktion f ist nicht schwach kollisionsresistent.

2. Wie viele Personen müssen anwesend sein, so dass die Wahrscheinlichkeit, dass zwei von ihnen am gleichen Tag Geburtstag haben, größer als $1/2$ ist?

3. (a) Welche Parameter werden beim Davies-Meyer- und Miyaguchi-Preneel-Verfahren als Schlüssel für die Blockchiffre verwendet?

   (b) Warum braucht man beim Davies-Meyer-Verfahren die Funktion g nicht?

   (c) Wie wird bei beiden Verfahren h_i berechnet?

4. Gegeben sei eine Hashfunktion mit einer Ausgabelänge von 128 Bit. Wie viele Urbilder muss man ausprobieren, um eine Kollision mit dem Geburtstagsangriff zu finden? Wie viele sind es, wenn die Hashfunktion eine Ausgabelänge von 160 Bit hat?

5. Geben Sie eine Berechnungsformel für den Hashwert bei einer doppelten Anwendung des Matyas-Meyer-Oseas-Verfahrens an!

6. Es sei n ein RSA-Modul und e ein öffentlicher RSA-Exponent. Weiterhin sei $m = m_1 || m_2 || \ldots || m_t$ eine Nachricht, wobei $m_i < n$ gilt. Definiert sei die folgende Hashfunktion:

$$h_1 := m_1$$
$$h_i := (h_{i-1}^e \bmod n) \oplus m_i \text{ für } i > 1.$$

Der Wert h_t ist der Hashwert von m. Zeigen Sie, dass diese Hashfunktion nicht stark kollisionsresistent ist.

7. Zeigen Sie, dass die folgende Hashfunktion nicht stark kollisionsresistent ist:

$$h_1 := m_1$$
$$h_i := (h_{i-1}^2 \bmod n) \oplus m_i \text{ für } i > 1.$$

16 Zero-Knowledge-Protokolle

Dieses Kapitel beschäftigt sich mit der Frage, wie man einen Beweis für eine Behauptung führen kann. Eine typische Anwendung, in der diese Frage eine Rolle spielt, ist die Teilnehmerauthentifikation, vgl. Kapitel 18. Teilnehmer weisen ihre Identität dabei häufig dadurch nach, dass sie beweisen, dass sie über ein bestimmtes Wissen wie einen kryptografischen Schlüssel verfügen. Auch in vielen weiteren Anwendungen der Kryptografie wie zum Beispiel bei elektronischen Wahlen oder elektronischem Geld steht man vor dieser Fragestellung.

Etwas präziser formuliert werden wir uns mit **interaktiven Beweisen** beschäftigen: Ein Teilnehmer A will einen Teilnehmer B von der Richtigkeit einer Behauptung überzeugen, wobei B Fragen an A stellen kann. Im einfachsten Fall gehen die beiden so vor: Sie einigen sich zunächst auf einige Axiome und Voraussetzungen, und A schreibt dann ein Kette von Folgerungen aus den Axiomen auf, deren letztes Glied A's Behauptung ist. Dies ist noch kein interaktiver Beweis, denn B hat sich passiv verhalten und musste A's Ausführungen nur folgen. Außerdem hat B sehr viel mehr erfahren als notwendig. B glaubt nicht nur, dass die Behauptung stimmt, er kennt sogar einen Beweis dafür. Führt man eine echte Interaktivität ein, lässt man also B aktiv mitarbeiten, so lassen sich Beweise konstruieren, an deren Ende B zwar überzeugt ist, dass A mit seiner Behauptung Recht hat, ohne dass er jedoch einen Beweis kennt oder selbst in der Lage wäre, die Behauptung zu beweisen. Wir werden im Folgenden Beweise entwickeln, in denen B überhaupt keine weiteren Informationen erhält, außer dass A's Behauptung richtig ist.

Die Formulierung „keine weiteren Informationen" ist in folgendem Sinne zu verstehen: B gewinnt kein Wissen hinzu, das heißt, dass er nach dem Protokoll nichts berechnen kann, was er nicht auch vor der Durchführung des Protokolls hätte berechnen können.

Die Idee und die Formalisierung für solche interaktiven Beweise stammen von [GMR89]. Die Autoren definieren einen **interaktiven Zero-Knowledge-Beweis** informell folgendermaßen:

- Wenn die Behauptung richtig ist und A einen Beweis dafür kennt, dann kann er B auf jeden Fall von der Richtigkeit der Behauptung überzeugen (**Durchführbarkeit**).

- Wenn die Behauptung nicht richtig ist oder A keinen Beweis für die Richtigkeit kennt, so lässt sich B nur mit einer sehr geringen Wahrscheinlichkeit überzeugen (**Korrektheit**).

- Der Beweis hat die **Zero-Knowledge-Eigenschaft**, das heißt, B gewinnt während des Beweises kein Wissen hinzu außer, dass A einen Beweis für die Behauptung kennt. Formal fasst man das so: Es gibt einen Simulator, der ohne Kenntnis des Beweises einen interaktiven Beweis konstruieren kann, der für den Außenstehenden nicht von einem echten interaktiven Beweis zu unterscheiden ist.

Um diese Definition zu verstehen, betrachten wir ein besonders anschauliches Beispiel für einen Zero-Knowledge-Beweis: die so genannte magische Tür, [GQ90]. Vorgegeben sei ein Gebäude bestehend aus einem Vorraum, von dem aus zwei Zimmer zu erreichen sind, im Folgenden das rechte und linke Zimmer genannt. Die beiden Zimmer sind durch eine weitere Tür, die magische Tür, verbunden, die sich nur mit Hilfe eines geheimen Passwortes öffnen lässt. Teilnehmer A behauptet, er kenne das geheime Passwort. A und B können zu dieser Tür gehen, A öffnet die Tür, und damit ist B überzeugt, dass A das Passwort kennt. Das ist aber kein Zero-Knowledge Beweis, denn die Situation lässt sich ohne A nicht simulieren. Außerdem ist nicht klar, ob B nicht doch Wissen hinzugewonnen hat: Er könnte A beobachtet haben und daher etwas zum Beispiel über die Länge des Passwortes oder ähnliches wissen.

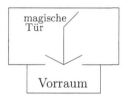

Abbildung 16.1 Die magische Tür

Die beiden führen stattdessen das folgende Protokoll durch: A betritt das Gebäude zunächst allein und geht in eines der beiden Zimmer. Anschließend betritt B den Vorraum und darf sich aussuchen, durch welche Tür A den Vorraum betreten soll. Dieses Spiel wird mehrere Runden wiederholt. Wenn A tatsächlich das Passwort kennt, dann hat er keine Schwierigkeiten, B's Wunsch jedes mal zu erfüllen. Kennt er das Passwort nicht, so müsste er in jeder Runde richtig raten, welche Tür B wählen wird. In jeder einzelnen Runde ist seine Chance, richtig zu raten, $1/2$. Werden t Runden durchgeführt, hat A nur noch eine Chance von 2^{-t} (das heißt, nach 24 gespielten Runden ist die Wahrscheinlichkeit für A geringer als sechs Richtige im Lotto).

Diesen Beweis kann man auch simulieren: An Stelle von A betritt C, der das Passwort nicht kennt, das Gebäude als erster. B nimmt diesmal eine Videokamera mit in den Vorraum, zeichnet alles Folgende inklusive seiner Wahl, die er zum Beispiel durch einen Münzwurf trifft, auf und wählt eine Tür. Kommt C aus der richtigen Tür, so beginnen sie das Spiel erneut. Kommt C aus der falschen Tür, so löscht B diesen Teil des Videos. Die beiden spielen so lange, bis sie t „richtige"

Szenen aufgenommen haben. Im Schnitt brauchen B und C damit doppelt so viele Durchgänge, um den Beweis zu simulieren, wie A und B.

Der Videofilm zeigt dann einen interaktiven Beweis für die Behauptung, C kenne das Passwort, der von dem, der mit A gemacht worden ist, nicht zu unterscheiden ist. C kennt das Passwort aber nicht. In dem Film, und damit in dem interaktiven Beweis, kann also keinerlei Information über das Passwort enthalten sein, und B und C können nach dem Video nicht mehr berechnen als vorher.

Zero-Knowledge-Beweise erfüllen die Interessen beider Parteien in fast perfekter Weise: B kann sich von der Richtigkeit von A's Behauptung mit einer von ihm gewählten Wahrscheinlichkeit überzeugen, und A kann sicher sein, dass sein Geheimnis gewahrt bleibt.

16.1   Der Fiat-Shamir-Algorithmus

Eines der bekanntesten Beispiele für einen Zero-Knowledge-Beweis ist der **Fiat-Shamir-Algorithmus**, [FS86]. Dieser verwendet diskrete Quadratwurzeln, vgl. Kapitel 12. Im Folgenden sei $n = pq$ das Produkt aus zwei Primzahlen, so dass n schwierig zu faktorisieren ist, vgl. Kapitel 10. Die wichtigsten Erkenntnisse sind:

1. Es sei $a \in \mathbb{Z}_n$, $a \neq 0$. Die Gleichung $x^2 \bmod n = a$ besitzt entweder vier Lösungen oder keine Lösung. Im ersten Fall heißt a ein quadratischer Rest, im zweiten quadratischer Nichtrest.

2. Das Berechnen von diskreten Quadratwurzeln ist äquivalent zur Faktorisierung von n, das bedeutet, man kann genau dann die Quadratwurzeln eines quadratischen Rests modulo n bestimmen, wenn man n faktorisieren kann.

Mittels des Fiat-Shamir-Algorithmus kann jemand die Behauptung beweisen, dass eine Zahl v ein quadratischer Rest ist und dass er eine Quadratwurzel modulo n kennt. Das Protokoll wird folgendermaßen durchgeführt: Teilnehmer A behauptet, für eine Zahl v eine Quadratwurzel modulo n zu kennen. Bei einem Authentifikationsprotokoll veröffentlicht A die Zahl v zusammen mit seinem Namen und hält die Quadratwurzel geheim.

Angenommen, A kennt tatsächlich eine Zahl s mit $s^2 \bmod n = v$. A führt mit B das folgende Protokoll durch:

- **Commitment**: A wählt zufällig eine Zahl r und berechnet: $x = r^2 \bmod n$. A schickt x an B.

- **Challenge**: B wählt zufällig ein Bit b aus, das heißt, er wählt 0 oder 1.

- **Response**: Wenn B das Bit 0 gewählt hat, so schickt A den Wert r an B. Wenn B das Bit 1 gewählt hat, so schickt A den Wert $r \cdot s \bmod n$.

- **Verifikation**: B prüft A's Antwort. Hatte er das Bit 0 gewählt, so testet er, ob $r^2 \bmod n = x$ ist. Hatte er 1 gewählt, so testet er, ob $(r \cdot s)^2 \bmod n = x \cdot v \bmod n$ ist.

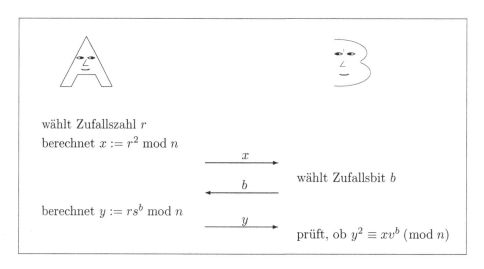

wählt Zufallszahl r

berechnet $x := r^2 \bmod n$

$x \longrightarrow$

$\longleftarrow b$ wählt Zufallsbit b

berechnet $y := rs^b \bmod n$

$y \longrightarrow$

prüft, ob $y^2 \equiv xv^b \pmod{n}$

Abbildung 16.2   Der Fiat-Shamir-Algorithmus

Ähnlich wie bei der magischen Tür kann A in diesem Protokoll betrügen: Wenn er vermutet, dass B das Bit 0 wählt, so kann er das Protokoll unverändert durchführen, da er in diesem Fall die Quadratwurzel nicht braucht. Vermutet er, dass B das Bit 1 wählt, so sendet er in der Commitment-Phase den Wert $x \cdot v^{-1}$ und als Response sendet er r. Die Verifikation gelingt in diesem Fall, denn $r^2 \equiv x \cdot v \equiv r^2 \cdot v^{-1} \cdot v \pmod{n}$. B sollte seine Wahl also wirklich zufällig treffen, so dass sie für A unvorhersagbar ist und dieser Betrug nur mit einer Wahrscheinlichkeit von $1/2$ gelingt.

Daher müssen A und B auch dieses Protokoll mehrfach durchführen, bis B überzeugt ist. Nach t Runden hat A noch eine Betrugswahrscheinlichkeit von 2^{-t}; B kann also durch die Anzahl der Runden das Sicherheitsniveau nach Belieben erhöhen.

Dies ist tatsächlich ein Zero-Knowledge-Beweis für die Behauptung, A kenne eine Quadratwurzel von v modulo n. Denn kennt A wirklich eine Quadratwurzel, so kann er immer richtig antworten. Die Eigenschaft der Durchführbarkeit ist also erfüllt.

Kennt er jedoch keine Quadratwurzel, so kann er nicht beide möglichen Fragen von B (0 oder 1) beantworten, denn wenn er es dennoch könnte, so könnte er Quadratwurzeln berechnen, denn der Quotient der beiden Antworten $r \cdot s / r$ ist eine Quadratwurzel von v. Dies ist aber nicht möglich, denn das Quadratwurzelziehen modulo n ist ebenso schwierig wie n zu faktorisieren. Der Beweis ist also auch korrekt.

Die Zero-Knowledge-Eigenschaft weist man mit Hilfe des Simulators nach: Der Simulator arbeitet folgendermaßen:

- Er wählt eine Zahl r zufällig aus und bestimmt ein Bit $c \in \{0,1\}$. Er berechnet $x := r^2 \cdot v^{-c} \bmod n$ und sendet x an B.

- B wählt ein Bit $b \in \{0, 1\}$ aus.

- Ist $b = c$, so kann der Simulator korrekt antworten. Er schickt r an B. Denn es ist:

$$r^2 \bmod n = r^2 \cdot v^{-b} \cdot v^b \bmod n = r^2 \cdot v^{-c} \cdot v^b \bmod n = x \bmod n.$$

Wenn $b \neq c$ ist, so wird diese Runde gelöscht.

Das Interessante an Zero-Knowledge-Beweisen ist, dass man hier die Betrugs-wahrscheinlichkeit im Gegensatz zu fast allen anderen kryptografischen Verfahren quantitativ angeben kann: Unter der Annahme, dass die Faktorisierung von n nicht effizient durchführbar ist, hat der Teilnehmer A eine Betrugswahrschein-lichkeit von 2^{-t}, wobei t die Rundenanzahl angibt.

16.2 Zero-Knowledge-Beweis für die Kenntnis eines diskreten Logarithmus

Ein weiteres Beispiel für einen Zero-Knowledge-Beweis ist der Beweis, einen dis-kreten Logarithmus zu kennen. Wie bei den ElGamal-Verfahren seien eine Prim-zahl p und eine ganze Zahl g zwischen 1 und $p-1$ gegeben, so dass die Berechnung von diskreten Logarithmen zur Basis g modulo p nicht effizient durchführbar ist. Die Behauptung von A lautet in diesem Fall: „Zu einem y kenne ich einen diskreten Logarithmus x, das heißt eine Zahl x mit $g^x \bmod p = y$."

Für den Zero-Knowledge-Beweis gehen A und B so vor:

1. **Commitment**: A wählt zufällig eine Zahl r und berechnet $k := g^r \bmod p$. Er schickt k an B.

2. **Challenge**: B wählt zufällig ein Bit $b \in \{0, 1\}$ aus und sendet es an A.

3. **Response**: Hat B das Bit 0 gewählt, so antwortet A mit r, hat B sich für das Bit 1 entschieden, so erhält er $r + x \bmod p - 1$.

4. **Verifikation**: B prüft im Fall $b = 0$, ob $g^r \bmod p = k$ gilt, oder im Fall $b = 1$, ob $g^{r+x} \bmod p = k \cdot y \bmod p$ gilt.

Auch bei diesem Protokoll kann A betrügen, wenn er B's Wahl richtig rät: Ver-mutet A, dass B das Bit 0 wählt, so führt er das Protokoll unverändert durch, da er das Geheimnis in diesem Fall nicht benötigt. Vermutet er, dass B das Bit 1 wählt, so sendet er als Commitment $k \cdot y^{-1}$ und als Response r. Die Verifikation geht dann auf, denn es ist $g^r \equiv k \cdot y \equiv g^r \cdot y^{-1} \cdot y \pmod{n}$.

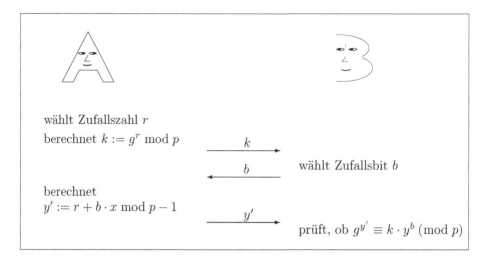

Abbildung 16.3 Zero-Knowledge-Beweis auf der Basis des diskreten Logarithmus

A und B führen diesen Beweis wiederum mehrfach durch, bis B von der Richtigkeit von A's Behauptung überzeugt ist. Wenn A den Wert x kennt, also den diskreten Logarithmus von y zur Basis g, so hat er keine Schwierigkeiten, B's Fragen zu beantworten; also ist das Protokoll durchführbar. Kennt A den diskreten Logarithmus nicht, so kann er nicht auf beide Fragen antworten, denn könnte er es, so könnte er den diskreten Logarithmus x berechnen, und dafür ist bis heute kein effizienter Algorithmus bekannt, womit die Korrektheit gezeigt ist.

Der Simulator geht ähnlich vor wie beim Fiat-Shamir-Algorithmus: Er rät ein Bit c, und berechnet für ein zufällig gewähltes r den Wert $k := g^r \cdot y^{-c} \bmod p$. Wählt B seine Frage b gleich c, so kann der Simulator korrekt antworten, nämlich mit r. Ist $b \neq c$, so wird diese Simulationsszene gelöscht und neu begonnen. Daher ist auch die Zero-Knowledge-Eigenschaft erfüllt.

Es gibt zahlreiche weitere Beispiele für Zero-Knowledge-Beweise auf anderen mathematischen Strukturen wie zum Beispiel Graphen. Insbesondere weiß man, dass es für jedes Problem aus der Klasse **NP** einen Zero-Knowledge-Beweis gibt.

16.3   Formalisierung

Nach diesen beiden Beispielen für Zero-Knowledge-Beweise steht in diesem Abschnitt die Formalisierung des Begriffs im Vordergrund. Eine Formalisierung ist unabdingbar, da die Eigenschaften von Zero-Knowledge-Beweisen sehr subtil sind.

Wir kommen dazu auf den Begriff der Turing-Maschine zurück, den wir in Kapitel 5 eingeführt haben. Es seien zwei Turing-Maschinen P (für Prover) und V (für Verifier) gegeben, die zusätzlich zum ursprünglichen Modell durch zwei Kommunikationsbänder verbunden sind. Teilnehmer P kann auf dem einen Band schreiben, so dass V diese Nachrichten lesen kann, und auf dem anderen kann

V schreiben und P die Nachrichten lesen. Weiterhin besitzen beide Maschinen jeweils ein Zufallsband, von dem sie Zufallszahlen ablesen können.

In diesem Modell kann man Aussagen von der Form „$x \in L$" beweisen, wobei L eine Sprache ist, das heißt eine Teilmenge der Menge Σ^* aller endlichen Bitstrings. Die Behauptung, die eine Turing-Maschine also beweisen kann, ist, dass ein endlicher Bitstring x (ein so genanntes *Wort*) ein Element einer vorgegebenen Sprache ist. Um dies etwas anschaulicher zu machen, kommen wir auf den Fiat-Shamir-Algorithmus zurück. Die Sprache ist in diesem Fall die Menge aller quadratischen Reste eines Restklassenrings $\mathbb{Z}_n^*$ (wobei n das Produkt von zwei verschiedenen Primzahlen ist). Der Prover zeigt im Fiat-Shamir-Protokoll, dass eine Zahl v ein quadratischer Rest, also ein Element der Sprache, ist.

Zero-Knowledge-Beweise, in denen gezeigt wird, dass ein Wort ein Element einer vorgegebenen Sprache ist, heißen **Zero Knowledge Proofs of Membership**. Während des Fiat-Shamir-Algorithmus weist der Prover aber noch mehr nach. Er zeigt nicht nur, dass es sich bei der vorgegebenen Zahl um einen quadratischen Rest handelt, sondern er beweist sogar, dass er eine Quadratwurzel kennt. Zero-Knowledge-Beweise, in denen gezeigt wird, dass der Prover über ein bestimmtes Wissen verfügt, heißen **Zero Knowledge Proofs of Knowledge**.

Die beiden bisher betrachteten Beispiele sind also Zero Knowledge Proofs of Knowledge. Zunächst werden aber Zero Knowledge Proofs of Membership definiert. Im Folgenden sei k die Länge des Wortes x. Der Wert k spielt die Rolle eines Sicherheitsparameters. Im Beispiel des Fiat-Shamir-Algorithmus ist der Sicherheitsparameter die Größe des Moduls n.

Die erste Eigenschaft interaktiver Zero-Knowledge-Beweise ist die **Durchführbarkeit** (**completeness**) des Protokolls. Wenn der Prover mit seiner Behauptung Recht hat, dann kann er den Verifier auch von der Richtigkeit überzeugen: Es gibt ein $k_0 \in \mathbb{N}$, so dass für alle $x \in L$ mit $|x| = k \geq k_0$ gilt:

$$P[V \text{ akzeptiert}] \geq 1 - \nu(k),$$

wobei ν eine vernachlässigbare Funktion ist (vgl. Kapitel 3). Das bedeutet, dass der Prover mit großer Wahrscheinlichkeit den Verifier überzeugen kann, wenn die Behauptung richtig ist.

Die zweite Eigenschaft ist die **Korrektheit** (**soundness**) des Protokolls: Der Prover ist mit großer Wahrscheinlichkeit nicht in der Lage, den Verifier von einer falschen Behauptung zu überzeugen: Es gibt ein $k_0 \in \mathbb{N}$, so dass für alle $x \notin L$ mit $|x| = k \geq k_0$ gilt:

$$P[V \text{ lehnt ab}] \geq 1 - \mu(k),$$

wobei μ wiederum eine vernachlässigbare Funktion ist.

Definition 16.1 *Es sei L eine Sprache. Ein Paar (P, V) von interaktiven Turing-Maschinen heißt ein* **interaktiver Beweis** *für die Behauptung „$x \in L$", wenn es durchführbar und korrekt ist.*

Die letzte Eigenschaft, die Zero-Knowledge-Eigenschaft, ist am schwierigsten zu formalisieren. Der Verifier darf in dem Beweis nichts Neues erfahren mit Ausnahme der Information, ob eine Behauptung richtig ist oder nicht. Anders formuliert bedeutet das, dass er nach dem Protokoll nichts berechnen kann, was er nicht auch schon vor dem Protokoll hätte berechnen können. In der Protokollansicht des Verifiers darf sich also im Prinzip kein Wert befinden, den er nicht auch selbst hätte berechnen können. Die Protokollansicht umfasst alle Werte und Informationen, die der Verifier während des Protokolls selbst erzeugt hat oder vom Prover geschickt werden. Die Menge dieser Werte wird im Folgenden mit *view* bezeichnet. Die Frage ist also, wie viel Information in der Protokollansicht *view* des Verifiers steckt. Dazu benutzt man den Simulator. Der Simulator ist eine Turing-Maschine, die über die gleichen Möglichkeiten und Fähigkeiten verfügt wie der Verifier. Insbesondere kennt der Simulator keinen Beweis für die Behauptung „$x \in L$". Der Simulator versucht, eine Protokollansicht des Verifiers zu erzeugen, die aus einem wirklichen Beweis stammen könnte. Wenn ihm das gelingt, so folgt daraus, dass der Verifier die Protokollansicht auch selbst hätte erzeugen können. Das bedeutet aber auch, dass er nichts Neues gelernt haben kann. Denn wenn die Protokollansicht von ihm selbst stammt, dann kann er nach dem Protokoll nichts berechnen, was er nicht auch vorher schon hätte berechnen können.

Hier sind zwei Dinge wichtig: Zum einen muss es für den Simulator „leicht" sein, eine Protokollansicht zu erzeugen. Formal bedeutet das, dass es sich um eine effiziente Simulation handelt. Wenn also eine Protokollansicht nur durch eine ineffiziente Simulation zu erreichen ist, dann hätte der Verifier während des Protokolls doch etwas dazugelernt: das Ergebnis einer für ihn ineffizienten Berechnung. In den obigen Beispielen haben wir jeweils effiziente Simulationen angegeben: In beiden Fällen brauchte der Simulator ungefähr doppelt so lange wie Prover und Verifier, um eine Protokollansicht zu berechnen. Statt jeweils einer Runde musste der Simulator im Schnitt zwei Runden berechnen, um eine Protokollansicht zu simulieren. Bezeichnen wir die Rundenanzahl der Protokolle mit t, dann braucht der Simulator also $2t$ Runden. $2t$ ist ein Polynom in t, also ist die Berechnung effizient. Eine ineffiziente Simulation läge vor, wenn er zum Beispiel 2^t Runden bräuchte, um eine Protokollansicht zu simulieren.

Zum anderen stellt sich die Frage, wie „gut" die Simulation ist. Könnte man nicht möglicherweise doch unterscheiden, ob eine Protokollansicht von einem Simulator oder einem wirklichen Protokolldurchlauf stammt? Wegen der zufälligen Wahl der Commitments und Challenges handelt es sich bei den Protokollansichten des Simulators und des Verifizierers um Zufallsvariablen. Das heißt, dass man nicht erwarten kann, dass der Simulator exakt die gleiche Protokollansicht wie der Verifizierer herstellen wird. Die Frage ist also, ob man nach der Beobachtung „vieler" wirklicher Beweise und „vieler" Simulationen, einen Unterschied feststellen kann. Hier unterscheidet man verschiedene Qualitäten von Zero-Knowledge-Beweisen. Wenn die Protokollansichten eines wirklichen Verifiers und die eines Simulators völlig identisch verteilt sind, dann handelt es sich um einen **perfekten Zero-Knowledge-Beweis**. In diesem Fall kann niemand entscheiden, ob es sich bei einer konkreten Protokollansicht um eine Simulation handelt oder nicht, selbst dann nicht, wenn er unbegrenzt viele echte Protokolle und Simulationen gesehen hat und über unbeschränkte Rechnerressourcen verfügt.

Dies ist eine ausgesprochen starke Forderung. Es ist in vielen praktischen Protokollen nicht möglich zu erreichen, dass die Verteilungen des Simulators und des Verifiers identisch sind. Die identische Verteilung der Protokollansichten impliziert, dass ein Angreifer mit unbegrenzten Rechen- und Speicherkapazitäten und nach der Beobachtung von beliebig vielen Beweisen und Simulationen nicht in der Lage ist, mit einer besseren Wahrscheinlichkeit als $1/2$ zu entscheiden, ob eine Protokollansicht aus einem Beweis oder einer Simulation stammt.

Eine erste Abschwächung der perfekten Zero-Knowledge-Eigenschaft erhält man, wenn man annimmt, dass nur polynomiell (im Sicherheitsparameter k) viele Protokolle und Simulationen beobachtet werden können. Wenn man auch dann nicht unterscheiden kann, ob eine konkrete Protokollansicht von einem Simulator stammt oder nicht, dann spricht man von einem **statistischen Zero-Knowledge-Beweis**.

Wenn wir jetzt auch noch die Rechnerressourcen einschränken und fordern, dass der Unterscheider nur effiziente Berechnungen durchführen kann, dann erhalten wir eine weitere Abschwächung des Begriffs. Wenn ein effizienter Entscheider nach polynomiell vielen Protokollen und Simulationen nicht entscheiden kann, ob eine konkrete Protokollansicht von einem Simulator stammt oder nicht, dann heißt der Beweis **rechnerisch (computational) Zero Knowledge**.

Formal lassen sich diese Begriffe so fassen:

Definition 16.2 *Es sei L eine Sprache und (P,V) ein interaktiver Beweis für die Behauptung „$x \in L$". Weiterhin sei view die Protokollansicht von V, und h seien die Eingaben von V. (P,V) heißt*

- *ein* **perfekter Zero-Knowledge-Beweis**, *wenn es eine probabilistische polynomielle Turing-Maschine M gibt, so dass für alle $x \in L$ die Ausgaben von $M(x,h)$ und view identisch verteilt sind;*

- *ein* **statistischer Zero-Knowledge-Beweis**, *wenn es eine probabilistische polynomielle Turing-Maschine M gibt, so dass für alle $x \in L$ mit $k = |x|$ gilt:*
$$\sum_\alpha |P[M(x,h) = \alpha] - P[view = \alpha]| \leq \nu(k),$$

 wobei $\nu(\cdot)$ eine vernachlässigbare Funktion ist. Das bedeutet, dass die statistische Differenz zwischen den beiden Verteilungen vernachlässigbar ist;

- *ein* **rechnerischer (computational) Zero-Knowledge-Beweis**, *wenn es eine probabilistische polynomielle Turing-Maschine M gibt, so dass für alle $x \in L$ mit $k = |x|$ und für alle probabilistischen polynomiellen Algorithmen D gilt:*
$$|P[D(x, M(x,h)) = 1] - P[D(x, view) = 1]| \leq \nu(k),$$

wobei $\nu(\cdot)$ eine vernachlässigbare Funktion ist. Der Algorithmus D ist ein Unterscheidungsalgorithmus („distinguisher"), der versucht, die beiden Verteilungen effizient voneinander zu unterscheiden. Ein Beweis ist also ein rechnerischer Zero-Knowledge-Beweis, wenn es keinen effizienten Unterscheidungsalgorithmus gibt.

Die Beispiele aus 16.1 und 16.2 sind perfekte Zero-Knowledge-Beweise. Bei den Zero Knowledge Proofs of Knowledge fordert man zusätzlich, dass es einen „Knowledge Extractor" gibt, ein probabilistisches polynomielles Orakel, das in der Lage ist, durch die Kommunikation mit P das Geheimnis zu berechnen. Im Gegensatz zum Verifier hat das Orakel aber die Möglichkeit, das Verhalten von P zu beeinflussen. So kann das Orakel P veranlassen, mehrfach die gleiche Zufallszahl zu verwenden. Am Beispiel des Fiat-Shamir-Algorithmus sieht man, dass dies dazu führt, dass das Orakel die Quadratwurzel berechnen kann, wenn P in der Commitment-Phase zweimal die gleiche Zufallszahl wählt und das Orakel in der Rolle des Verifiers zwei verschiedene Challenges verwendet.

In der Literatur wird zudem häufig auch zwischen **Zero Knowledge Proofs** und **Zero Knowledge Arguments** unterschieden. Im ersten Fall gibt es keine Beschränkungen an den Prover, während der Prover im zweiten Fall eine probabilistische polynomielle Turing-Maschine ist.

Weitere Details zur Formalisierung von Zero-Knowledge-Protokollen finden sich zum Beispiel in [Go].

16.4 Witness hiding

In vielen Zero-Knowledge-Beweisen wie zum Beispiel dem Fiat-Shamir-Algorithmus wäre es vorteilhaft, wenn man alle Runden parallel zueinander anstatt nacheinander durchführen könnte. Man weiß allerdings, dass die Zero-Knowledge-Eigenschaft, also die Existenz eines Simulators, dann nicht mehr gegeben sein muss. Der Verifier kann bei der parallelen Ausführung der Beweise seine Fragen in Abhängigkeit von allen Commitments des Provers gleichzeitig stellen, während er bei der sequentiellen Ausführung die Wahl jeweils nur in Abhängigkeit der bisherigen Commitments treffen kann. Dadurch könnte es ihm doch gelingen, durch das Protokoll Wissen hinzu zu gewinnen. Rein formal gelingt bei einer parallelen Ausführung die Simulation nicht mehr. Sie wird ineffizient.

Grundsätzlich scheint die Forderung nach einem Simulator zu stark zu sein, denn viele praktische Verfahren erfüllen genau diese Eigenschaft nicht, obwohl man auch bei diesen Protokollen vermutet, dass der Teilnehmer A keine Informationen über den Beweis seiner Behauptung preisgibt.

Alternativ zu den Zero-Knowledge-Beweisen wurde das Konzept des **Witness-Hiding-Protokolls** eingeführt (von Feige und Shamir, [FS90]). Ein **witness** oder ein **Zeuge** einer Behauptung ist eine Information, die beim Beweis einer Behauptung hilfreich ist. Zum Beispiel ist ein Zeuge für die Behauptung „v

ist ein quadratischer Rest" eine Quadratwurzel s von v. Im Unterschied zu den Zero-Knowledge-Beweisen wird die Forderung nach einem Simulator bei Witness-Hiding-Beweisen fallengelassen. Statt dessen fordert man, dass der Verifizierer oder ein Außenstehender bei der Durchführung des Beweises nichts über das Geheimnis hinzulernt. Insbesondere besitzen alle Zero-Knowledge-Protokolle diese Eigenschaft.

Der Begriff der Witness-Hiding-Eigenschaft lässt sich nur schwer formal fassen und für konkrete Beweise auch nur schwer beweisen.

Um diese Eigenschaft zu beweisen, nutzt man aus, dass es für viele Behauptungen mehr als einen Zeugen gibt. Für die Behauptung „v ist ein quadratischer Rest" gibt es zum Beispiel insgesamt vier Zeugen, s, $-s$, t, $-t$. Nach Kapitel 12 ist es genauso schwierig, mit der Kenntnis von s den Wert t zu berechnen wie n zu faktorisieren. Mit anderen Worten: Kennt jemand s, kann aber n nicht faktorisieren, so nutzt ihm s nichts, um t zu bestimmen. Besitzen zwei Zeugen diese Eigenschaft, so heißen sie **wesentlich verschieden**.

Wenn es für eine Behauptung mehrere Zeugen gibt und es für ein Protokoll keine Rolle spielt, welcher Zeuge verwendet wird, so nennt man das Protokoll **witness indistinguishable**, das Protokoll unterscheidet nicht zwischen den einzelnen Zeugen. Der Fiat-Shamir-Algorithmus ist ein solches Protokoll, es spielt keine Rolle, welche Quadratwurzel A kennt.

Man kann leicht zeigen, dass ein Protokoll, das witness indistinguishable ist, auch die Witness-Hiding-Eigenschaft besitzt.

Es lässt sich zeigen, dass auch ein parallel ausgeführter Fiat-Shamir-Algorithmus witness indistinguishable ist und damit witness hiding. A kann das Protokoll also unbesorgt durchführen: Weder der Verifizierer noch irgendein Dritter weiß hinterher mehr über die Quadratwurzel als vorher.

16.5 Übungen

1. Zeigen Sie, dass das folgende Protokoll ein Zero-Knowledge-Beweis für die Gleichheit zweier diskreter Logarithmen ist (vgl. Abbildung 16.4). Gegeben sind eine Primzahl p, zwei erzeugende Elemente g_1 und g_2 von $\mathbb{Z}_p^*$ und zwei Zahlen $y_1 := g_1^x \bmod p$ und $y_2 := g_2^x \bmod p$. Die Behauptung von Teilnehmer A lautet: $log_{g_1} y_1 = log_{g_2} y_2$.

2. Geben Sie für den Fiat-Shamir-Algorithmus und den Nachweis der Kenntnis eines diskreten Logarithmus die Knowledge Extractors konkret an.

3. Beweisen Sie, dass es sich beim Fiat-Shamir-Algorithmus um einen perfekten Zero-Knowledge-Beweis handelt.

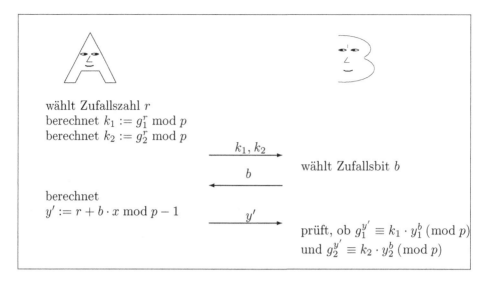

wählt Zufallszahl r
berechnet $k_1 := g_1^r \bmod p$
berechnet $k_2 := g_2^r \bmod p$

$$\xrightarrow{\quad k_1, k_2 \quad}$$

wählt Zufallsbit b

$$\xleftarrow{\quad b \quad}$$

berechnet
$y' := r + b \cdot x \bmod p - 1$

$$\xrightarrow{\quad y' \quad}$$

prüft, ob $g_1^{y'} \equiv k_1 \cdot y_1^b \pmod{p}$
und $g_2^{y'} \equiv k_2 \cdot y_2^b \pmod{p}$

Abbildung 16.4 Gleichheit zweier diskreter Logarithmen

17 Schlüsselverwaltung

Nach dem Prinzip von Kerkhoffs beruht die Sicherheit kryptografischer Verfahren ausschließlich auf der Geheimhaltung des Schlüssels und nicht auf der Geheimhaltung des Algorithmus. Die Behandlung der geheimen Schlüssel ist daher ein entscheidender Punkt für die Sicherheit des gesamten Systems. Dieses Kapitel beschäftigt sich mit der Schlüsselverwaltung, im Folgenden auch als **Keymanagement** bezeichnet. Das Keymanagement umfasst kryptografische, aber auch organisatorische Maßnahmen, die die Sicherheit geheimer Schlüssel gewährleisten sollen. Im Einzelnen gehören dazu das Erzeugen, Verteilen und Abspeichern, sowie der Rückruf und das Löschen von Schlüsseln.

17.1 Schlüsselerzeugung

Die Geheimhaltung von kryptografischen Schlüsseln ist einer der wichtigsten Punkte bei der Anwendung von kryptografischen Verfahren. Sobald ein Angreifer einen kryptografischen Schlüssel eines anderen Teilnehmers kennt, kann kein Sicherheitsziel einer kryptografischen Anwendung mehr erreicht werden.

Das heißt, dass es für einen Angreifer schwierig sein muss, Schlüssel zu berechnen oder Schlüssel zu raten. Insbesondere müssen die Schlüsselräume so groß gewählt sein, dass eine vollständige Schlüsselsuche nicht mit Erfolg durchgeführt werden kann. Aktuelle Zahlen für die Größe von Schlüsselräumen haben wir in den einzelnen Kapiteln immer wieder genannt. Grundsätzlich sollte die Schlüsselanzahl symmetrischer Verfahren in der Größenordnung von 2^{128} Schlüsseln liegen. Da man bei den symmetrischen Verfahren auch tatsächlich alle Zahlen zwischen 0 und 2^{128} (repräsentiert durch Bitstrings) als Schlüssel verwenden kann, ist hier auch die Schlüssellänge 128 Bit.

Bei den asymmetrischen Verfahren hängt die Schlüssellänge stark davon ab, welche mathematische Struktur die Schlüssel haben. Beim RSA-Algorithmus und den klassischen ElGamal-Verfahren gelten heute 2048 Bit als untere Grenze für sichere Schlüssel. Bei den ElGamal-Verfahren auf elliptischen Kurven reichen aber zum Beispiel Schlüssellängen von 224 Bit, um ein äquivalentes Sicherheitsniveau zu erreichen.

Aber auch der größte Schlüsselraum nutzt nichts, wenn dem Angreifer bekannt ist, dass bestimmte Schlüssel mit einer größeren Wahrscheinlichkeit auftreten als andere. Man kennt dieses Problem zum Beispiel von Passwörtern, die sich Teilnehmer für bestimmte Zwecke ausdenken. Dabei werden bestimmte Wörter oder Zahlenkombinationen deutlich häufiger gewählt als andere. Zum Beispiel werden

Eigennamen oder Geburtsdaten relativ oft als Passwörter benutzt. Der Angreifer hat in diesem Fall einen Vorteil: Er muss gar nicht den gesamten Schlüsselraum systematisch durchsuchen, sondern in den meisten Fällen braucht er nur eine kleine Menge von sehr häufig gewählten Schlüsseln auszuprobieren.

Dies liefert ein Kriterium, wie kryptografische Schlüssel ausgewählt werden müssen. Das Ideal ist, die Schlüssel unabhängig und gemäß einer diskreten Gleichverteilung aus dem Schlüsselraum auszuwählen. Jeder Schlüssel muss gleichwahrscheinlich sein.

Damit stoßen wir auf ein Problem, das wir in Kapitel 6 bereits angesprochen haben: die Frage, wie man gute Zufallszahlen erzeugen kann. Im Prinzip gibt es hier zwei Möglichkeiten: Zum einen kann man eine echte physikalische Zufallsquelle wie radioaktiven Zerfall oder Hintergrundrauschen benutzen. Zum anderen kann man einen Pseudozufallsgenerator verwenden. Welcher Methode man den Vorzug gibt, hängt davon ab, welches Sicherheitsniveau eine Anwendung hat und ob sich dafür der Einsatz von physikalischen Zufallsquellen lohnt.

Für den DES bedeutet dies zum Beispiel, dass für den Schlüssel 56 Bits zufällig erzeugt werden müssen (die restlichen acht Schlüsselbits sind Paritätsbits, die errechnet und nicht zufällig bestimmt werden).

Bei vielen Verschlüsselungsverfahren gibt es einige wenige **schwache Schlüssel**, vgl. Übungsaufgabe 7.3. Das bedeutet, dass die Entschlüsselung mit diesen Schlüsseln besonders einfach ist. Wenn ein solcher Schlüssel verwendet wird, so ist es für einen Angreifer sehr einfach, diesen zu ermitteln, und die mit diesem Schlüssel chiffrierten Geheimtexte zu entschlüsseln. Die Wahrscheinlichkeit, dass bei einer zufälligen Auswahl der gewählte Schlüssel ein schwacher Schlüssel ist, ist im Allgemeinen sehr gering. Um sicher zu gehen, kann man aber auch den gewählten Schlüssel vor Gebrauch mit einer Liste von schwachen Schlüsseln vergleichen und gegebenenfalls nicht verwenden.

17.2 Schlüsselverteilung

Bei symmetrischen Verfahren muss in einem System mit n Teilnehmern jeder einzelne Teilnehmer für alle $n - 1$ Kommunikationspartner einen Schlüssel speichern. Damit muss jeder eine beachtliche Menge von Schlüsseln nicht nur verwalten, sondern vor allem auch gegen Unbefugte absichern. Gerade in großen, offenen Systemen wie zum Beispiel dem Internet wird sehr schnell deutlich, dass es praktisch unmöglich ist, für jeden möglichen Kommunikationspartner einen gemeinsamen geheimen Schlüssel zu speichern.

Eine Lösung des Problems besteht darin, für jede Kommunikation zwischen zwei Teilnehmern einen neuen Schlüssel zu erzeugen, der dann nur kurzfristig gespeichert werden muss. Da die beiden Teilnehmer diesen Schlüssel aber nicht vertraulich austauschen können (sie besitzen ja keinen gemeinsamen Schlüssel), wird eine dritte Instanz eingeschaltet, eine so genannte **TTP** (trusted third party).

Jeder Teilnehmer teilt sich mit der TTP einen symmetrischen Schlüssel. Wenn zwei Partner miteinander kommunizieren wollen, so vermittelt die TTP zwischen den beiden einen **Sitzungsschlüssel**, das heißt einen Schlüssel, den die beiden Teilnehmer nur für die folgende Kommunikation benutzen und danach löschen, vgl. Kapitel 19.

Die Vermittlung durch die TTP ist auf drei verschiedene Weisen denkbar: Die einfachste Methode besteht darin, dass Teilnehmer A einen Sitzungsschlüssel generiert, diesen mit dem gemeinsamen Schlüssel zwischen A und der TTP verschlüsselt und das Chiffrat mit dem Hinweis, dass A mit B kommunizieren möchte, an die TTP sendet. Die TTP entschlüsselt den Sitzungsschlüssel und verschlüsselt ihn erneut mit dem gemeinsamen Schlüssel zwischen B und der TTP. Das Chiffrat sendet die TTP an B.

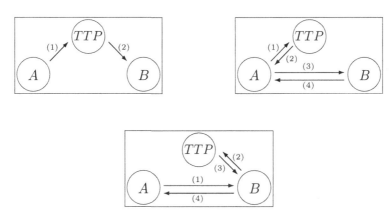

Abbildung 17.1 Vermittlung eines Schlüssel über eine TTP

In Kapitel 19 werden Schlüsselverteilungsprotokolle ausführlich behandelt, dort werden auch die Protokolle in Abbildung 17.1 besprochen und deren Sicherheit analysiert.

Für die Teilnehmer ist damit das Problem gelöst, denn sie müssen nur noch einen Schlüssel sicher speichern: den für die Kommunikation mit der TTP. Die TTP hingegen braucht immer noch für jeden Teilnehmer einen Schlüssel und muss sie alle sicher verwahren. Die TTP wird damit zu einem attraktiven Ziel für Angreifer. Eine Möglichkeit, die TTP zu schützen, ist die Verwendung von **Zertifikaten**. Die TTP besitzt einen **Masterkey**, mit dem sie die symmetrischen Schlüssel verschlüsselt, die sie mit den einzelnen Teilnehmern des Systems teilt. Dieses Chiffrat ist das Zertifikat für den gemeinsamen Schlüssel. Jedem Teilnehmer teilt sie zusätzlich zum gemeinsamen Schlüssel das Zertifikat mit. Die TTP braucht dann nur noch ihren Masterkey zu speichern. Wenn ein Teilnehmer mit der TTP in Kontakt tritt, schickt er das Zertifikat, so dass die TTP den passenden Schlüssel entschlüsseln kann.

17.3   Speicherung von Schlüsseln

Um Schlüssel vor einem unbefugten Zugriff zu schützen, sollten Schlüssel niemals
ungeschützt gespeichert werden. Beispielsweise können Schlüssel auf einer Chipkarte oder einem USB-Stick abgespeichert werden. Der Schlüssel kann dann nur
mit einem entsprechenden Lesegerät ausgelesen werden. Dieser Ansatz kann noch
sicherer gemacht werden, indem man den Schlüssel in zwei Hälften teilt und die
beiden Hälften auf verschiedenen Medien speichert.

Ein weiterer Ansatz besteht darin, kryptografische Maßnahmen einzusetzen,
um die Schlüssel zu schützen, das heißt, die Schlüssel werden ihrerseits verschlüsselt abgelegt. Folgendes Beispiel erläutert ein konkretes Verfahren: Ein ElGamal-
Schlüssel kann zum Beispiel mit dem AES-Algorithmus verschlüsselt auf der Festplatte abgelegt werden. Der AES-Schlüssel kann durch einen deterministischen,
kryptografisch sicheren Pseudozufallszahlengenerator generiert werden, der durch
ein einfach zu merkendes Passwort initialisiert wird. Mit diesem Passwort kann
der Schlüssel jedes mal neu generiert werden.

Außerdem sollte man einem Verlust des Schlüssels vorbeugen. Dazu kann man
geschützte Sicherheitskopien erstellen, den Schlüssel bei einer TTP hinterlegen
oder den Schlüssel mit einem Secret-Sharing-Verfahren (vgl. Kapitel 20) aufteilen
und bei verschiedenen TTP's hinterlegen. Diese Maßnahmen dienen nicht nur dazu, sich selbst vor dem Verlust eines Schlüssels zu schützen, sondern auch dazu,
die Instanzen zu schützen, die Zugang zu den verschlüsselten Daten haben. In
einem Firmennetzwerk, in dem die Mitarbeiter ihre Dokumente mit einem Verschlüsselungsverfahren sichern, müssen Dokumente noch gelesen werden können,
auch nachdem ein Mitarbeiter die Firma verlassen hat. Dies wird dadurch gewährleistet, dass die Schlüssel aller Mitarbeiter bei einer TTP hinterlegt werden.

17.4   Rückruf von Schlüsseln

Da trotz aller Sicherheitsmaßnahmen Schlüssel kompromittiert werden können,
sollten Schlüssel nur über einen bestimmten Zeitraum verwendet werden. Je länger ein Schlüssel eingesetzt wird, desto größer ist die Wahrscheinlichkeit einer
Kompromittierung. Ein langer Einsatz des gleichen Schlüssels macht es für einen
Angreifer attraktiver, den Schlüssel anzugreifen, da er im Erfolgsfall viele Geheimtexte entschlüsseln kann. Schlüssel müssen daher nach einem gewissen Zeitraum
erneuert werden.

Die Kompromittierung eines symmetrischen Schlüssels hat zur Folge, dass sich
beide Schlüsselbesitzer auf einen neuen Schlüssel einigen müssen. Der mögliche
Schaden beschränkt sich auf die Kommunikation dieser beiden Teilnehmer. Wird
hingegen ein privater Schlüssel eines Public-Key-Verfahrens kompromittiert, so ist
der Schaden wesentlich größer. Der Angreifer kann die gesamte Kommunikation
der kompromittierten Person mitlesen oder sogar Dokumente unterzeichnen. Der

kompromittierte Schlüssel muss also so schnell wie möglich gesperrt werden. Wie dies technisch realisiert wird, wird in Abschnitt 17.6.1 erläutert.

17.5 Zerstörung von Schlüsseln

Schlüssel müssen sehr sorgfältig gelöscht werden, da selbst alte Schlüssel für einen Angreifer durchaus von Interesse sein können. Der Angreifer kann damit zwar nicht aktuelle Nachrichten entschlüsseln, aber alte mit diesem Schlüssel verschlüsselte Nachrichten lesen. Man muss beachten, dass die durch Software bereitgestellten Löschbefehle Schlüssel nicht endgültig vom Speichermedium entfernen. Daher sollten Schlüssel, die auf einer Chipkarte gespeichert wurden, gelöscht werden, indem man den Chip der Karte zerstört. Wenn die Schlüssel auf einer Festplatte gespeichert werden, so muss sichergestellt sein, dass ein Angreifer keine Möglichkeit hat, einen gelöschten Schlüssel zu rekonstruieren.

17.6 Public-Key-Infrastrukturen

Im Gegensatz zu symmetrischen Verfahren muss jeder Teilnehmer eines Public-Key-Verfahrens, unabhängig von der Teilnehmeranzahl, nur einen Schlüssel, nämlich den eigenen privaten Schlüssel, sicher aufbewahren. Daher gestaltet sich die Schlüsselverwaltung bei Public-Key-Verfahren einfacher als die der symmetrischen Verfahren. Ein Teilnehmer A, der dem Teilnehmer B eine vertrauliche Nachricht übermitteln möchte, benötigt dazu lediglich B's öffentlichen Schlüssel, den er entweder von B selbst erhalten oder über ein öffentliches Schlüsselverzeichnis bezogen hat. Wie bereits mehrfach erwähnt kann A nicht sicher sein, dass es sich dabei tatsächlich um B's öffentlichen Schlüssel handelt. Ein Angreifer kann leicht einen falschen Schlüssel als A's Schlüssel ausgeben, ohne dass A es bemerkt. Teilnehmer A hat keine Möglichkeit, die Authentizität des öffentlichen Schlüssels von B zu überprüfen.

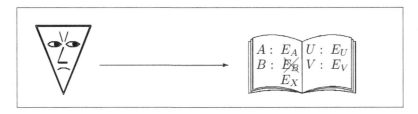

Abbildung 17.2 Fehlende Authentizität

Trotz der Einfachheit der Schlüsselverwaltung sind gerade wegen der fehlenden Authentizität der öffentlichen Schlüssel ausgearbeitete Verfahren zur Erzeugung,

Zuordnung, Ausgabe, Beglaubigung, Verteilung und Sperrung von Schlüsseln erforderlich. Zur Gewährleistung der Integrität und Vertrauenswürdigkeit der damit verbundenen Sicherheitsanwendungen benötigt man ein komplexes Managementsystem, das man im Allgemeinen als **Public-Key-Infrastruktur** (PKI) bezeichnet. Applikationen und Protokolle, bei denen Public-Key-Verfahren zum Einsatz kommen, sind nicht unmittelbar Teil einer PKI.

17.6.1   Public-Key-Zertifikate

Um einen öffentlichen Schlüssel eindeutig einer Person oder Instanz zuzuordnen, wählt diese zunächst eine unabhängige Instanz ihres Vertrauens, die so genannte **Zertifizierungsinstanz** (auch Certification Authority (CA) oder Trusted Third Party (TTP)). Die CA kombiniert den Schlüssel mit einem Namen (sie **personalisiert** ihn) und zertifiziert diese Kombination mit einer digitalen Signatur.

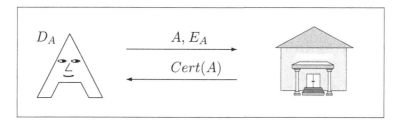

Abbildung 17.3 Zertifikate

Die technische Realisierung der zentralen Funktionseinheiten einer PKI mit definierten Sicherheitsrichtlinien bezeichnet man als **Trust Center**.

Jedes Trust Center enthält als zentrale Komponente eine CA. Neben dem Namen, dem öffentlichen Schlüssel und der Signatur enthält ein Zertifikat noch eine Seriennummer, den Namen der CA, die Gültigkeitsdauer, Schlüsselparameter (Schlüssellänge usw.) und so genannte *Erweiterungen* (*Extensions*), das heißt weitere benutzerdefinierbare Inhalte. Die gewählte Namensstruktur für den Benutzernamen muss eindeutig sein. Diese Zertifikatsform wurde erstmals im X.509-Standard festgelegt, der bis heute zum Einsatz kommt. Die Anwendungsgebiete für Zertifikate sind sehr unterschiedlich, manchmal kommt es auf die Autorisierung zum Beispiel für einen Buchungsvorgang, manchmal auf die Identifikation zum Nachweis der Zahlungsfähigkeit an. Je nach Anwendungsbereich ergeben sich verschiedene Anforderungen an das Zertifikat. Manchmal soll die Identität seines Inhabers nachgewiesen werden, beim Zahlungsverkehr hingegen soll der Teilnehmer gegenüber dem Händler möglichst anonym bleiben. Die Anforderungen, welche die **Policy** des CA-Verantwortlichen für ihre Benutzergemeinschaft definiert, ergeben den Aufbau der PKI.

Wesentliches Gestaltungskriterium ist dabei die Sicherheitsanwendung, für die das Zertifikat eingesetzt werden soll.

Grundlage für ein Zertifikat ist ein Schlüsselpaar, bestehend aus einem privaten und einem öffentlichen Schlüssel eines asymmetrischen Kryptoverfahrens. Diese Schlüssel müssen unter hohen Sicherheits- und Qualitätsanforderungen generiert, verwahrt und benutzt werden, da ihre Sicherheit und Qualität entscheidend für die Sicherheit des Public-Key-Verfahrens sind. Es gibt heute im Wesentlichen zwei Methoden für den Ort und den Zeitpunkt der Schlüsselgenerierung. Die Schlüssel können in einem Trust Center, veranlasst durch die CA, oder in einem Schlüsselmedium (Chipkarte etc.), veranlasst durch den Benutzer, generiert werden. Zusätzlich hat sich für das Internet eine Benutzerschlüsselgenerierung durch den Browser des Clients eingebürgert.

Für die Verwendung von Chipkarten spricht, dass die Schlüsselerzeugung vollständig unter der Kontrolle des Benutzers stattfinden kann. Eine Schlüsselgenerierung in einem Trust Center ist gleichwertig, sofern die privaten Schlüssel und andere geheime Parameter nach der Erzeugung und Vergabe der Schlüssel vernichtet werden. Zu beachten ist hier, dass der geheime Schlüssel sicher zu dem Benutzer gelangt.

Die CA signiert den Namen und den öffentlichen Schlüssel des Benutzers nach der Schlüsselerzeugung zusammen mit den übrigen Zertifikatsdaten mit ihrem privaten (CA-) Signaturschlüssel. Dann wird das Schlüsselmedium des Benutzers, zum Beispiel seine Chipkarte, mit dem privaten Benutzerschlüssel, dem öffentlichen Schlüssel der CA und dem Benutzerzertifikat geladen. Ein Zertifikat hat also die folgende Struktur:

$$Cert(A) = \{\text{Name, öffentlicher Schlüssel}, \ldots, \text{Signatur}\}$$

Jeder Benutzer kann dann anhand des Zertifikats diese Zuordnung von Schlüssel und Besitzer verifizieren. Zu diesem Zweck muss dem Verifizierer das Zertifikat bekannt sein.

Schlüsselmedien müssen sehr manipulationssicher sein. Damit der private Schlüssel des Benutzers die sichere Chipkarte zum Beispiel zum Signieren elektronischer Dokumente nicht zu verlassen braucht, sollten in einer PKI auf jeden Fall Chipkarten mit einem integrierten Kryptoprozessor für asymmetrische Verfahren verwendet werden. Kostengünstiger und daher weiter verbreitet ist heute immer noch die Schlüsselspeicherung auf Diskette und Festplatte. Allerdings ist diese Variante durch unbefugtes lokales Auslesen oder einen Angriff über das Netzwerk gefährdet.

Wenn die Benutzer nicht nur mit zentralen Stellen, sondern auch untereinander sicher kommunizieren wollen, kann die CA ein Schlüsselverzeichnis führen, das die Abfrage einzelner Zertifikate und deren Gültigkeitsprüfung durch eine Liste gültiger Zertifikate (signierte Seriennummernliste aller gültigen Zertifikate) ermöglicht. Bei hohen Anforderungen an die Verfügbarkeit aktueller Schlüssel oder bei einer sehr großen Benutzergruppe treten Performance-Probleme auf, die durch den Einsatz breitbandiger Übertragungskanäle bewältigt werden können.

Es gibt die unterschiedlichsten Zertifizierungsstrukturen. Einerseits ein streng hierarchisch organisiertes CA-Netzwerk mit einer **Wurzel-CA** (Root-CA) an der Spitze, andererseits die so genannten „flachen" CA-Netzwerke, wobei praktisch alle CA's auf einer Ebene operieren. Daneben gibt es noch die unterschiedlichsten Mischformen dieser beiden Varianten. Auch die Benutzer können selbst CA werden und somit untereinander eine Vertrauenskette, eine so genannte „Chain of Trust", bilden. Zertifizierungsstrukturen sind erforderlich, um eine ununterbrochene Vertrauenskette bzw. einen Zertifizierungspfad (Certification Path) zwischen zwei kommunizierenden Benutzern über deren unmittelbar zugeordnete CA zu erhalten. Dabei stellen sich benachbarte CA's gegenseitig Zertifikate aus, so genannte „Cross Certificates", die aneinandergekettet genau diesen Zertifizierungspfad von Teilnehmer zu Teilnehmer ergeben.

Wenn der Schlüssel eines Benutzers kompromittiert wird, muss die Möglichkeit bestehen, das Benutzerzertifikat aus dem Schlüsselverzeichnis zu entfernen oder ähnlich der Sperrung einer EC-Karte mit einem Sperrvermerk zu versehen. Aus diesem Grund wird neben dem Schlüsselverzeichnis mit den gültigen Zertifikaten zusätzlich eine **Rückrufliste** (Certificate Revocation List (CRL)) geführt, die bei der CA abgerufen werden kann, so dass die Teilnehmer schnell über die gesperrten Schlüssel informiert werden können. Die Rückrufliste, die von der CA digital signiert wird, enthält nur die Liste der Zertifikatsseriennummern der gesperrten Zertifikate und gibt außerdem an, wann das letzte Update der Liste erfolgte und wann das nächste geplant ist. In der Praxis muss jeder Benutzer zur Verifikation einer Signatur eine aktuelle Rückrufliste abrufen um festzustellen, ob der Signaturschlüssel des Signierers noch gültig ist. Genauso sollte jeder Benutzer, der eine vertrauliche Nachricht verschicken möchte, zunächst überprüfen, ob der öffentliche Schlüssel des Empfängers noch gültig ist. Da die Kompromittierung eines Signaturschlüssels wesentlich gravierendere Auswirkungen haben kann als die eines Verschlüsselungsschlüssels sind die Sicherheitsanforderungen an die Signaturschlüsselverwaltung wesentlich höher, weshalb in der Praxis die Benutzer stets zwei Schlüsselpaare erhalten: eins zum Ver- und Entschlüsseln und eins zum Signieren.

Rückruflisten allein sind kein ausreichender Schutz gegen eine Schlüsselkompromittierung. Wenn beispielsweise Teilnehmer A seinen Signaturschlüssel zurückruft, wird B dies feststellen, wenn er das nächste Mal eine Signatur von A verifiziert. Woher weiß B aber, ob die Signatur vor dem Rückruf erstellt wurde?

Offensichtlich müssen Signaturen daher mit einer Zeitangabe ausgestattet werden, die angibt, zu welchem Zeitpunkt die Signatur erstellt wurde. Es reicht nicht aus, dass der Signierer das Datum einfügt und mitsigniert. Denn im Falle einer Schlüsselkompromittierung kann der Angreifer Signaturen zurückdatiert fälschen, indem er ein gefälschtes Datum einfügt.

Daher muss es einen unabhängigen **Zeitstempeldienst** geben. Im Allgemeinen wird diese Aufgabe ebenfalls von der CA übernommen.

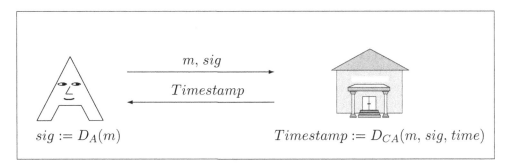

Abbildung 17.4 Zeitstempeldienst

Die Zeitstempel werden erzeugt, indem die CA Dokument und Signatur zusammen mit der aktuellen Zeitangabe signiert. Der Zeitstempel kann von jedem Benutzer mit Hilfe des öffentlichen Schlüssels der CA verifiziert werden.

18 Teilnehmerauthentifikation

Dieses Kapitel beschäftigt sich mit den Techniken zur Identifikation von Kommunikationsteilnehmern, die unter dem Namen **Teilnehmerauthentifikation** oder **Teilnehmeridentifikation** zusammengefasst werden. Dabei will sich ein Teilnehmer B des Kommunikationsnetzwerks, der so genannte **Verifier**, von der Identität seines Kommunikationspartners überzeugen. Der Teilnehmer A behauptet, eine bestimmte Identität zu haben, und muss diese Behauptung gegenüber B beweisen. Dabei muss es sich bei A und B nicht unbedingt um natürliche Personen, sondern es kann sich auch um Computer oder Chipkarten handeln.

Abbildung 18.1 Teilnehmerauthentizität

Die Techniken zur Teilnehmerauthentifikation wenden sich gegen aktive Angreifer, die Nachrichten abfangen, verändern oder einspielen können.

Im Gegensatz zur Nachrichtenauthentifikation geht es nicht darum festzustellen, ob eine Nachricht von einem bestimmten Teilnehmer stammt oder nicht. Der Schwerpunkt bei den Überlegungen zur Teilnehmerauthentifikation liegt auf der Frage, ob der *aktuelle* Kommunikationspartner der ist, der er zu sein vorgibt. Anders formuliert geht es hier also eher um einen zeitlichen Aspekt. Während es bei der Nachrichtenauthentifikation keine Rolle spielt, ob es sich um eine aktuelle Nachricht handelt, bestätigt bei der Teilnehmerauthentifikation eine Antwort in *Echtzeit* die Identität eines Teilnehmers. Im Unterschied zur Nachrichtenauthentifikation hat der Inhalt der Nachrichten keine Bedeutung.

Je nachdem, ob sich nur einer der Teilnehmer oder beide Kommunikationspartner authentifizieren, unterscheidet man **einseitige** bzw. **gegenseitige** Authentifikationsverfahren.

An Teilnehmerauthentifikationsverfahren gibt es im Wesentlichen drei Anforderungen:

- **Durchführbarkeit**: Ein berechtigter Teilnehmer muss einem Verifier gegenüber in der Lage sein, seine Identität nachzuweisen.

- **Keine Impersonation**: Kein Teilnehmer eines Systems darf sich als ein anderer ausgeben können.

- **Unübertragbarkeit**: Ein Verifier darf nicht in der Lage sein, sich als ein anderer Teilnehmer auszugeben.

Es gibt zahlreiche Anwendungen für Teilnehmerauthentifikation. Dazu gehören beispielsweise Zugangskontrollen für Räume oder Dienste. Wichtige Beispiele sind Geldautomaten, Mobiltelefone oder Wegfahrsperren von Kraftfahrzeugen. Innerhalb der Kryptografie braucht man Verfahren zur Teilnehmerauthentifikation vor allem bei den Protokollen zur Schlüsseletablierung, vgl. Kapitel 19.

Der Nachweis der Identität geschieht dadurch, dass der Teilnehmer beweist, dass er etwas besitzt, über das kein anderer verfügt. Man unterscheidet zwei verschiedene Methoden zum Nachweis der Identität:

- **Besitz**: Der Identitätsnachweis geschieht durch den Besitz eines Identifikationsausweises, zum Beispiel eines Personalausweises oder einer Chipkarte.

- **Wissen**: Der Identitätsnachweis wird erreicht durch die Kenntnis eines „Geheimnisses" wie einer persönlichen Identifikationsnummer (PIN) oder eines Passwortes.

In der Kryptografie beschäftigt man sich mit Verfahren, bei denen der Teilnehmer ein bestimmtes Wissen nachweist. Dies kann durch die Verwendung von Chipkarten unterstützt werden. Es gibt zahlreiche kryptografische Verfahren zur Teilnehmerauthentifikation, die sich darin unterscheiden, auf welche Weise der Nachweis der Identität erfolgt. Zu den wesentlichen Unterschieden zwischen den einzelnen Vorgehensweisen zählen die Fragen, ob nur der Teilnehmer selbst oder auch der Verifier das Geheimnis kennen, und ob das Geheimnis vollständig, teilweise oder gar nicht zur Authentifikation übertragen wird. Zu den wichtigsten Verfahren gehören die Passwort- oder Festcode-Verfahren, die Wechselcode-Verfahren, Challenge-and-Response-Protokolle und Authentifikationsprotokolle, die auf Zero-Knowledge-Beweisen beruhen. Festcode-, Wechselcode- und symmetrische Challenge-and-Response-Verfahren werden in der Regel in Systemen eingesetzt, in denen sich die Teilnehmer einer zentralen Stelle gegenüber authentifizieren müssen.

Eine weitere Möglichkeit, Authentifikationen durchzuführen, die man durch kryptografische Methoden unterstützt, sind die so genannten **biometrischen Verfahren**. Dabei wird der Identitätsnachweis durch ein biometrisches Merkmal wie einen Fingerabdruck, die Stimme oder eine handschriftliche Unterschrift erreicht. Obwohl diese Verfahren eine Person stärker identifizieren als zum Beispiel der Besitz einer Chipkarte, haben sie in der Praxis viele Nachteile. Zum einen kann man das Kopieren schwerer verhindern, da ein Angreifer sich leicht eine Kopie eines Fingerabdrucks oder einer handschriftlichen Unterschrift verschaffen kann. Zum anderen lassen sich die Merkmale im Gegensatz zu Chipkarten oder Geheimnissen nicht austauschen, falls dies auf Grund einer Kompromittierung des Systems oder aus anderen Gründen notwendig ist.

18.1 Festcode-Verfahren

Bei den Festcode-Verfahren besitzt jeder Teilnehmer ein persönliches Geheimnis,
sein **Passwort** oder seine **PIN** (persönliche Identifikationsnummer). Dem Verifier sind diese Geheimnisse bekannt. Typischerweise findet nur eine einseitige
Authentifikation der Teilnehmer statt.

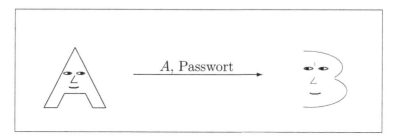

Abbildung 18.2 Festcode

Um sich zu authentifizieren, übermittelt der Teilnehmer seine Identität und sein
Geheimnis an den Verifier. Der Verifier besitzt eine Liste, in der die Identitäten
und die zugehörigen Geheimnisse zusammengestellt sind, und überprüft an Hand
dieser Liste, ob das gesendete Geheimnis zur behaupteten Identität passt.

Festcode-Verfahren weisen einige prinzipielle Schwächen auf:

- Das übermitteln des Geheimnisses geschieht offen und ist damit kein Geheimnis mehr. Das heißt, dass ein Angreifer prinzipiell die Möglichkeit einer
  Replay-Attacke hat, das heißt, er hört Geheimnisse ab, um sich dann als ein
  anderer Teilnehmer ausgeben zu können. Festcode-Verfahren sind also nicht
  gegen Impersonation geschützt. Dem kann man organisatorisch dadurch begegnen, dass die Teilnehmer ihre Passwörter häufig wechseln müssen.

- Der Verifier besitzt alle Passwörter. Damit kann sich der Verifier im Prinzip
  als jeder andere Teilnehmer ausgeben. Festcode-Verfahren garantieren also
  keine Unübertragbarkeit. Typischerweise gibt es aber nur einen Verifier, so
  dass dies im Allgemeinen keine Sicherheitslücke darstellt.

  Schwerer wiegt, dass der Speicher, in dem sich alle Passwörter befinden, besonders geschützt werden muss. Dies kann kryptografisch geschehen, indem
  die Passwörter nur verschlüsselt oder gehasht gespeichert werden.

- Wenn die Teilnehmer natürliche Personen sind, sollte sich jeder Teilnehmer
  sein Geheimnis leicht merken können, das heißt, das Geheimnis ist ein kurzes
  oder ein „sinnvolles" Passwort wie zum Beispiel ein Name. Solche Passwörter können aber mit Hilfe einer **Wörterbuchattacke**, also einer vollständigen Suche nach „sinnvollen" Wörtern, leicht gefunden werden. Das bedeutet,
  dass man einen Mittelweg zwischen merkbaren und möglichst unsinnigen
  Buchstaben- und Zahlenkombinationen finden muss.

18.2 Wechselcode-Verfahren

Wechselcode-Verfahren stellen eine erste Verbesserung gegenüber den Festcode-Verfahren dar und verwenden an Stelle eines statischen Geheimnisses wechselnde Geheimnisse. Dies kann man organisatorisch dadurch realisieren, dass jeder Teilnehmer mit dem Verifier eine Liste von Geheimnissen besitzt. Die Geheimnisse dieser Liste werden entweder vorher vereinbart, in diesem Fall spricht man von **Transaktionsnummern (TANs)**, oder vor den einzelnen Authentifikationen erzeugt. Der Teilnehmer übermittelt zusätzlich zu seiner Identität bei jeder Authentifikation das jeweils nächste Geheimnis der Liste.

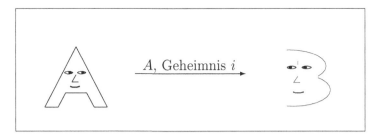

Abbildung 18.3 Wechselcode

Der Vorteil gegenüber Festcode-Verfahren besteht darin, dass Replay-Attak-ken nicht mehr möglich sind. Es reicht nicht aus, dass ein Angreifer eine Transaktionsnummer abhört und zu einem späteren Zeitpunkt wieder einspielt, da die Nummer dann bereits ihre Gültigkeit verloren hat. Der Angreifer kann statt dessen einen **Man-in-the-middle-Angriff** durchführen. Der Angreifer hört das Geheimnis nicht nur ab, sondern unterbricht die Kommunikation zwischen dem Teilnehmer und dem Verifier zum Beispiel, indem er eine Fehlermeldung an den Teilnehmer sendet. Dann kann er das Geheimnis selbst verwenden, um sich als Teilnehmer A auszugeben. Die Schwäche des Verfahrens besteht also darin, dass es für den Verifier keinen Hinweis darauf gibt, dass eine Authentifikationsnachricht „frisch" erzeugt worden ist.

Wenn die Liste im Vorfeld vereinbart wird, verschärft sich das Problem der Speicherung der Geheimnisse für den Verifier gegenüber den Festcodes sogar noch. Für jeden Teilnehmer muss hier eine Liste von Geheimnissen gespeichert werden. Um dieses Problem in der Praxis handhaben zu können, gibt es verschiedene Möglichkeiten, die im Folgenden detailliert vorgestellt werden. Das Verfahren von Lamport beruht auf einer Kette von iterierten Urbildern unter einer Einwegfunktion. Eine Alternative ist die Verwendung eines Passwortes oder eines geheimen Schlüssels unter einer Einwegfunktion.

Das Verfahren von Lamport Für das Verfahren veröffentlicht der Verifier eine Einwegfunktion f. Im Folgenden bezeichnet $f^1(x) = f(x)$ und $f^i(x) = f(f^{i-1}(x))$ für alle natürlichen Zahlen $i > 1$.

Ein Teilnehmer A wählt zunächst eine Zufallszahl w, die er geheim hält, und einen Parameter t, der die maximale Anzahl von Authentifikationen von A angibt. Er berechnet dann iterativ den Funktionswert $w_0 := f^t(w)$ und übermittelt w_0 an den Verifier. Die Zahl w_0 kann dabei unverschlüsselt übertragen werden, allerdings muss die Nachricht authentisch sein, das bedeutet, dass der Verifier sicher sein muss, dass w_0 von Teilnehmer A stammt.

Für die erste Authentifikation des Teilnehmers A gegenüber dem Verifier sendet A den Wert $w_1 := f^{t-1}(w)$ an den Verifier. Dieser überprüft, ob w_1 ein Urbild von w_0 unter f ist, das heißt, ob $f(w_1) = w_0$ gilt. Wenn das der Fall ist, hat sich A erfolgreich authentifiziert, und der Verifier löscht den Wert w_0 und speichert statt dessen w_1.

Alle weiteren Authentifikationen des Teilnehmers A laufen nach dem gleichen Prinzip ab: Teilnehmer A sendet jeweils ein Urbild w_i des zuletzt gesendeten Wertes w_{i-1} an den Verifier, der die Gleichung $f(w_i) = w_{i-1}$ überprüft und nach erfolgreichem Test den neuen Wert w_i speichert.

Da es sich bei f um eine Einwegfunktion handelt, kann niemand, weder der Verifier noch ein Angreifer, das jeweils nächste Urbild bestimmen. Da jedes Mal ein neues Urbild zur Authentifikation nötig ist, hat eine Replay-Attacke keinen Erfolg.

Der einzige Angriff auf dieses Authentifikationsprotokoll ist ein Man-in-the-middle-Angriff, bei dem der Angreifer das von A gesendete Urbild w_i abfängt, A eine Fehlermeldung sendet und sich bei dem Verifier mittels w_i als Teilnehmer A authentifiziert.

Wechselcode-Verfahren mit Passwort   Es gibt eine einfache Vorgehensweise, um aus einem Festcode-Verfahren ein Wechselcode-Verfahren zu konstruieren. Auch dabei verwendet man eine Einwegfunktion f. Angenommen, Teilnehmer A besitzt beim Verifier das Passwort P. Zur Authentifikation wählt A zunächst eine Zufallszahl r und berechnet $f(r, P)$. Diesen Wert schickt A zusammen mit r an den Verifier, der den Wert $f(r, P)$ überprüft.

Gegenüber einem Passwortverfahren hat diese Vorgehensweise den Vorteil, dass das Passwort nicht übertragen wird. Allerdings ist es anfällig für Replay-Attacken. Ein Angreifer kann eine Authentifikation abhören und die gesendeten Werte später selbst verwenden. Um diesen Angriff abzuwehren, kann man das Verfahren so abändern, dass an Stelle der Zufallszahl ein Zähler oder Zeitstempel benutzt wird.

Außerdem ist auch bei diesem Authentifikationsverfahren ein Man-in-the-middle-Angriff möglich.

Wechselcode-Verfahren mit geheimem Schlüssel   Das Wechselcode-Verfahren mit einem Passwort lässt sich leicht abwandeln, indem man die Einwegfunktion durch ein symmetrisches Verschlüsselungsverfahren und das Passwort durch einen gemeinsamen geheimen Schlüssel K zwischen dem Teilnehmer A und dem Verifier ersetzt. Weiterhin einigen sich der Teilnehmer und der Verifier auf ein „Anfangsgeheimnis" s.

Bei der ersten Authentifikation übermittelt der Teilnehmer $f_K(s)$, bei der zweiten $f_K(s+1)$ usw.

An Stelle der Verschlüsselung kann man auch einen MAC, vgl. Kapitel 15, verwenden.

Replay-Attacken sind hier nicht möglich, aber ein Angreifer kann auch hier einen Man-in-the-middle-Angriff durchführen.

18.3 Challenge-and-Response-Protokolle

Challenge-and-Response-Protokolle verallgemeinern die Idee der Wechselcode-Verfahren mit geheimem Schlüssel.

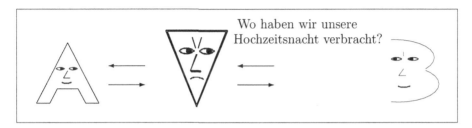

Abbildung 18.4 Frage-Antwort-Protokoll

Die Idee bei diesen Protokollen besteht darin, dass der Verifier dem Teilnehmer A eine Frage („challenge") stellt, die nur A beantworten kann. Dabei darf jede Frage nur einmal gestellt werden, denn andernfalls kann auch ein Angreifer, der die vorangegangenen Authentifikationen abgehört hat, die Frage beantworten.

Kryptografisch lassen sich Challenge-and-Response-Protokolle sowohl mit symmetrischen als auch mit asymmetrischen Techniken umsetzen. In beiden Fällen testet der Verifier, ob der Teilnehmer über einen bestimmten kryptografischen Schlüssel verfügt. Die Frage des Verifiers besteht aus einer Nachricht, auf die der Teilnehmer seinen geheimen Schlüssel anwendet (entweder als Verschlüsselung oder als Signatur), um die Antwort („response") zu generieren. Im Folgenden werden die beiden Vorgehensweisen vorgestellt.

Challenge-and-Response-Protokolle mit symmetrischen Verfahren Die Grundidee ist dieselbe wie beim Wechselcode-Verfahren mit geheimem Schlüssel. Der Verifier bestimmt ein symmetrisches Verschlüsselungsverfahren und vereinbart mit jedem Teilnehmer einen symmetrischen Schlüssel.

Für jede Authentifikation sendet der Teilnehmer seine Identität. Der Verifier wählt eine Zufallszahl r und sendet sie an A. Wenn K den gemeinsamen Schlüssel von A und dem Verifier bezeichnet, dann berechnet A als Antwort den Geheimtext

$resp := f_K(r)$ und sendet die Antwort an den Verifier. Dieser kann den Geheimtext selbst auch berechnen und mit der gesendeten Antwort vergleichen. Stimmen die Ergebnisse überein, hat sich A erfolgreich authentifiziert.

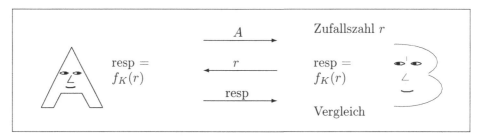

Abbildung 18.5   Challenge-and-Response-Protokoll

Man kann die Reihenfolge der Nachrichten auch umdrehen: Der Verifier verschlüsselt die Zufallszahl r und sendet dem Teilnehmer A den Geheimtext $f_K(r)$. Der Teilnehmer A berechnet als Antwort die Zufallszahl r. Diese Variante kann nur dann verwendet werden, wenn ein „starker" Pseudozufallsgenerator zur Verfügung steht, der unvorhersagbare Ergebnisse produziert. Andernfalls muss ein Angreifer nicht $f_K(r)$ entschlüsseln, sondern kann versuchen, die Zufallszahl r direkt zu raten. In der Regel sollte daher die erste Variante benutzt werden.

Man kann die Verschlüsselungsfunktion in beiden Varianten auch durch einen MAC, vgl. Kapitel 15, ersetzen.

Challenge-and-Response-Protokolle mit asymmetrischen Verfahren   An Stelle der symmetrischen Verfahren in Challenge-and-Response-Protokollen kann man auch asymmetrische Verfahren verwenden.

Der Verifier gibt ein Signaturverfahren (G, σ, V) vor. Der öffentliche Schlüssel von A wird mit E_A und der geheime Schlüssel mit D_A bezeichnet.

Der Verifier wählt eine Zufallszahl r, die er sich vom Teilnehmer A signieren lässt. Die Signatur kann der Verifier mit Hilfe von A's öffentlichem Schlüssel verifizieren. Wenn die Verifikation gelingt, hat sich der Teilnehmer A erfolgreich authentifiziert.

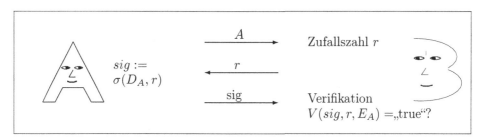

Abbildung 18.6   Challenge-and-Response-Protokoll

Ebenso wie bei den symmetrischen Verfahren kann man auch hier die Reihenfolge der Nachrichten umdrehen. Dazu wird ein Public-Key-Verschlüsselungsverfahren vorgegeben. Der öffentliche Schlüssel von A wird mit E_A bezeichnet.

Der Verifier wählt eine Zufallszahl r, die er mit A's öffentlichem Schlüssel verschlüsselt. Den Geheimtext $c = E_A(r)$ sendet er an A und erwartet als Antwort die Zufallszahl r. Dieses Verfahren hat den gleichen Nachteil wie das symmetrische Pendant. Auch hier dürfen an Stelle der Zufallszahl keine Seriennummern oder Zeitstempel verwendet werden, da ein Angreifer in diesem Fall die Nachricht nicht zu entschlüsseln braucht, um sich erfolgreich als A auszugeben.

18.4 Authentifikation mit Zero-Knowledge-Beweisen

Wir haben in Kapitel 16 bereits eine Methode kennen gelernt, mit der Teilnehmer Behauptungen beweisen können, wobei mathematisch beweisbar garantiert ist, dass kein Wissen übertragen wird. In gewissem Sinne sind Zero-Knowledge-Beweise perfekte Authentifikationsmechanismen, da sich der Verifier davon überzeugen kann, dass ein Teilnehmer ein bestimmtes Geheimnis kennt, ohne dass der Verifier anschließend über neue Informationen über das Geheimnis verfügt. Insbesondere gewährleisten diese Verfahren im Unterschied zu allen bisher vorgestellten Vorgehensweisen die Unübertragbarkeit.

Besonders interessant sind in diesem Zusammenhang die Zero Knowledge Proofs of Knowledge, denn sie sind so konstruiert, dass ein Teilnehmer einen anderen von dem *Wissen* um ein Geheimnis überzeugen kann.

Als Beispiel dient im Folgenden der Fiat-Shamir-Algorithmus. Die Behauptung des Teilnehmers A ist in diesem Fall, dass er zu einer vorgegebenen Zahl v eine Quadratwurzel s modulo einer aus zwei Primzahlen zusammengesetzten Zahl n kennt.

Im Gegensatz zu allen bisher vorgestellten Teilnehmerauthentifikationsmechanismen kann man durch eine einfache Modifikation des Fiat-Shamir-Authentifikationsverfahrens erreichen, dass sich auch die Teilnehmer untereinander gegenseitig authentifizieren können. Man benutzt dazu **Zertifikate**, die die Zuordnung eines Teilnehmers zu „seiner" Zahl v bestätigen.

Die Zertifizierungsinstanz CA veröffentlicht ein digitales Signaturverfahren (G, σ, V) und ihren öffentlichen Signaturschlüssel E_Z. Ihr geheimer Schlüssel wird mit D_Z bezeichnet.

Weiterhin bestimmt sie zwei Primzahlen p und q, so dass das Produkt $n = pq$ schwierig zu faktorisieren ist, und publiziert n. Jeder Teilnehmer des Systems erhält dann von der CA seine Authentifikationszahl v und eine Quadratwurzel s von v modulo n. Außerdem generiert die CA für jeden Teilnehmer ein Zertifikat, indem sie den Namen und die Zahl v des Teilnehmers digital signiert, vgl. Abbildung 18.7.

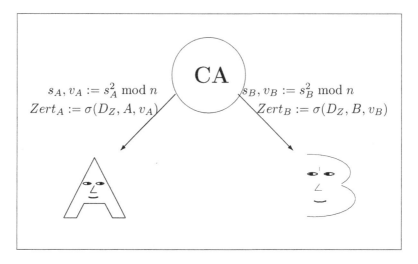

Abbildung 18.7 Fiat-Shamir-Authentifikation: Schlüsselausgabe

Teilnehmer A kann sich dann gegenüber Teilnehmer B wie in Abbildung 18.8 dargestellt authentifizieren, indem er das Fiat-Shamir-Protokoll mit B durchführt, wobei B zusätzlich die Echtheit von A's Zertifikat prüfen muss. Insbesondere prüft er, ob im Zertifikat auch der Wert v_A auftaucht, und verifiziert die Korrektheit der Signatur des Verifiers.

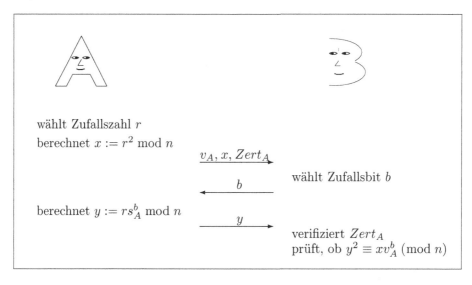

Abbildung 18.8 Die Fiat-Shamir-Authentifikation

18.5 Eigenschaften von Authentifikationsprotokollen

Die vorgestellten Authentifikationsprotokolle unterscheiden sich nicht nur hinsichtlich ihres Sicherheitsniveaus, sondern auch in ihrer Effizienz.

Für die Effizienz spielen zwei Faktoren eine Rolle:

- **Anzahl der Kommunikationsrunden.** Bei den Fest- und Wechselcode-Verfahren gibt es nur eine Kommunikationsrunde, das heißt, dass nur eine Nachricht von Teilnehmer A und dem Verifier gesendet wird. Bei den Challenge-and-Response-Protokollen gibt es zwei Runden, da der Verifier zunächst eine „challenge" an A sendet und die Authentifikation durch A's Antwort geschieht. Zero-Knowledge-Authentifikationsprotokolle brauchen sogar $3t$ Runden, da es zusätzlich noch eine Commitment-Phase gibt und das Protokoll t-mal durchgeführt werden muss, um die Betrugswahrscheinlichkeit auf 2^{-t} zu senken.

- **Anzahl der Operationen.** Bei fast allen Authentifikationsprotokollen muss mindestens einer der Teilnehmer eine kryptografische Berechnung durchführen, zum Beispiel das Auswerten einer Hash- oder Verschlüsselungsfunktion oder wie bei den Zero-Knowledge-Authentifikationen das Durchführen von modularen Exponentiationen, von denen bei jeder Authentifikation sogar mehrere durchgeführt werden müssen.

Welches Verfahren in einer konkreten Anwendung das geeignete ist, hängt davon ab, über welche Ressourcen die Teilnehmer eines Systems verfügen. Bei einer Authentifikation von Teilnehmern gegenüber einem Verifier hat man häufig die Situation, dass der Verifier deutlich bessere Rechenkapazitäten besitzt als die Teilnehmer, so dass man ein Verfahren bevorzugen wird, bei dem die Teilnehmer möglichst wenige Berechnungsoperationen durchführen müssen. Insbesondere wenn man Chipkarten zur Authentifikation einsetzt, wird man versuchen, die Anzahl der Kommunikationsschritte zu minimieren und nur Operationen zu verwenden, die wenig Rechenkapazität benötigen wie zum Beispiel Hash- oder symmetrische Verschlüsselungsfunktionen.

Auch die Frage, welches Sicherheitsniveau man braucht, hängt stark von der konkreten Anwendung und den technischen oder organisatorischen Voraussetzungen ab. In einem geschlossenen System, in dem ein Angreifer physikalisch Kabel manipulieren muss, um Nachrichten abzuhören und eine Replay-Attacke durchzuführen, kann der Einsatz von Festcode-Verfahren ausreichen.

Insbesondere bei den Challenge-and-Response-Protokollen und den Authentifikationsverfahren mit Zero-Knowledge-Beweisen hat man einen gewissen organisatorischen Aufwand, da alle Teilnehmer auf sicherem Wege Schlüssel oder Zertifikate erhalten müssen.

Während man Replay-Attacken auf Authentifikationsprotokolle mit kryptografischen Mitteln verhindern kann, sind alle oben genannten Verfahren in ihrer einfachen Version anfällig für **Man-in-the-middle-Angriffe**. Dabei spielt der

Angreifer gegenüber A die Rolle des Verifiers B und umgekehrt. Am Ende des Protokolls benutzt er A's Antwort, um sich gegenüber B als Teilnehmer A auszugeben. Wir werden im Kapitel 19 auf diesen Angriffstyp zurückkommen und uns mit Gegenmaßnahmen beschäftigen.

18.6   Übungen

1. Geben Sie für alle in diesem Abschnitt vorgestellten Authentifikationsprotokolle die Anzahl der Kommunikationsrunden und Berechnungsschritte an.

2. Analysieren Sie die folgenden Protokolle in Bezug auf ihre Effizienz und Sicherheit:

   - Der Verifier und der Teilnehmer A besitzen einen gemeinsamen geheimen Schlüssel K für ein Verschlüsselungsverfahren f und ein gemeinsames Passwort P. Um sich zu authentifizieren, sendet Teilnehmer A den Wert $f_K(P)$ an den Verifier.

     Können Sie dieses Protokoll so verändern, dass Replay-Attacken nicht mehr möglich sind?

   - Der Verifier veröffentlicht einen öffentlichen RSA-Schlüssel (n, e). Der Verifier und der Teilnehmer A besitzen als gemeinsames Passwort P eine Zahl aus $\mathbb{Z}_n^*$. Um sich zu authentifizieren, sendet Teilnehmer A den Wert $P^e \bmod n$ an den Verifier.

   - Der Verifier veröffentlicht einen öffentlichen ElGamal-Schlüssel (p, g, h_Z). Der Verifier und der Teilnehmer A besitzen als gemeinsames Passwort P eine Zahl aus $\mathbb{Z}_p^*$. Um sich zu authentifizieren, wählt der Teilnehmer A eine Zufallszahl r, berechnet $h_A := g^r \bmod p$ und sendet die Werte $P \cdot h_Z^r \bmod p$ und h_A an den Verifier.

3. Kann man bei einem Challenge-and-Response-Protokoll mit symmetrischen Verfahren einen Man-in-the-middle-Angriff durchführen? Wenn ja, führen Sie ihn im Detail aus. Geht der gleiche Angriff, wenn asymmetrische Verfahren verwendet werden?

4. Welchen Vorteil hat das in Abbildung 18.9 dargestellte Protokoll gegenüber den im Abschnitt 18.3 vorgestellten Challenge-and-Response-Protokollen? Die Voraussetzung ist, dass der Verifier und A einen gemeinsamen geheimen Schlüssel K für das Verschlüsselungsverfahren f haben.

5. Geben Sie ein Challenge-and-Response-Protokoll zur gegenseitigen Authentifizierung zweier Teilnehmer an!

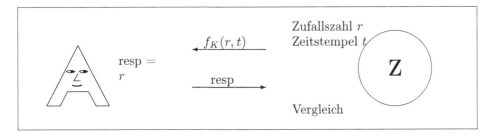

Abbildung 18.9 Challenge-and-Response-Protokoll mit Zeitstempel

6. Ist das in Abbildung 18.10 dargestellte Protokoll zur gegenseitigen Authentifikation geeignet? Die Teilnehmer A und B haben dabei einen gemeinsamen geheimen Schlüssel K, f bezeichnet ein symmetrisches Verschlüsselungsverfahren, und r_A bzw. r_B sind von A bzw. B gewählte Zufallszahlen.

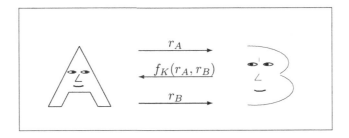

Abbildung 18.10 Gegenseitige Authentifikation

7. In einem System authentifizieren sich die Teilnehmer gegenüber dem Verifier, indem sie ein Challenge-and-Response-Protokoll mit digitalen Signaturen durchführen. Ist es sinnvoll, dass die Teilnehmer die RSA-Signaturschlüssel, die sie zur Authentifikation benutzen, auch für normale Signaturen auf Dokumente benutzen? Konstruieren Sie einen Angriff auf ein solches System.

8. (a) Konstruieren Sie analog zum Fiat-Shamir-Authentifikationsverfahren ein Verfahren, das einen Zero-Knowledge-Beweis für die Kenntnis eines diskreten Logarithmus verwendet.

   (b) Vergleichen Sie das neue Verfahren mit dem Fiat-Shamir-Verfahren in Bezug auf die Anzahl der Kommunikationsschritte, die Anzahl und Länge der gesendeten Nachrichten und die Anzahl der Berechnungsschritte. Welche Berechnungen können in den beiden Verfahren jeweils *vor* dem eigentlichen Authentifikationsprotokoll durchgeführt werden?

19 Schlüsseletablierungsprotokolle

Wenn mehrere Personen oder Instanzen miteinander kommunizieren, um ein gemeinsames Ziel zu erreichen, dann müssen sie dies nach gewissen Regeln tun. Die Gesamtheit solcher Regeln heißt **Protokoll**.

Ein **Schlüsseletablierungsprotokoll** ist ein Protokoll, an dessen Ende zwei oder mehr Teilnehmer eines Systems einen gemeinsamen geheimen Schlüssel haben, der nachfolgend für kryptografische Zwecke benutzt wird. Im Prinzip kann man dabei zwei Typen von Protokollen unterscheiden, nämlich **Schlüsseltransportprotokolle**, bei denen ein Teilnehmer einen kryptografischen Schlüssel generiert und sicher an einen oder mehrere andere Teilnehmer übermittelt, und **Schlüsselvereinbarungsprotokolle**, bei denen alle Beteiligten an der Erzeugung des Schlüssels mitwirken.

Neben der Schlüsseletablierung ist die Authentifikation der Teilnehmer ein wichtiger Bestandteil dieser Protokolle.

Schlüsseletablierungsprotokolle erzeugen so genannte **Sitzungsschlüssel** (session keys), die nur für eine Sitzung zwischen zwei oder mehreren Teilnehmern benutzt werden. Sitzungsschlüssel haben gegenüber den Langzeitschlüsseln, also solchen, die über viele Sitzungen benutzt werden, mehrere Vorteile:

- Für einen Sitzungsschlüssel wird nur eine begrenzte Anzahl von Geheimtexten erzeugt. Insbesondere steht einem Angreifer nur eine kleine Menge von Geheimtexten zur Verfügung, so dass eine erfolgreiche Kryptoanalyse des verwendeten Kryptoverfahrens unwahrscheinlicher ist.

- Wenn ein Sitzungsschlüssel kompromittiert wird, hat das weniger schwere Folgen als die Kompromittierung eines Langzeitschlüssels, da nur eine geringe Anzahl von Nachrichten davon betroffen ist.

- Sitzungsschlüssel können nach ihrem Gebrauch gelöscht werden, so dass man weniger Speicherkapazitäten benötigt.

Es gibt viele verschiedene Spielarten von Schlüsseletablierungsprotokollen. Ein erstes wichtiges Unterscheidungskriterium bilden die konkreten Sicherheitsziele, die ein Protokoll umsetzt. Dazu gehört zum Beispiel die Frage, ob ein Protokoll gleichzeitig zur Teilnehmerauthentifikation und Schlüsseletablierung dient oder ob die Teilnehmer nur die Kenntnis von bestimmten Schlüsseln nachweisen.

Eine weitere wichtige Eigenschaft ist die Effizienz eines Protokolls. Dazu gehört die Anzahl der Kommunikationsrunden, die Anzahl der ausgetauschten Nachrichten und die Berechnungskomplexität der Protokollschritte.

Außerdem unterscheiden sich Protokolle hinsichtlich ihres Vertrauensmodells. Viele Schlüsseletablierungsprotokolle verwenden eine so genannte **TTP** (trusted third party), die die Kommunikation zwischen Teilnehmern vermittelt. Dabei gibt es zum Teil erhebliche Unterschiede beim Vertrauen, das die Teilnehmer der TTP entgegenbringen müssen. Je mehr Aufgaben eine TTP in einem Protokoll übernimmt, desto mehr Vertrauen müssen die Teilnehmer zur TTP haben.

Zunächst werden die wichtigsten Angriffe auf Protokolle vorgestellt, anschließend Beispiele für Schlüsseltransport- und -etablierungsprotokolle, und im letzten Abschnitt stehen die formalen Sicherheitsanalysemethoden im Vordergrund.

19.1 Angriffe auf Protokolle

Protokolle lassen sich auf vielfältige Art und Weise angreifen. Im Gegensatz zu den kryptografischen Bausteinen kann man hier keine systematische Aufstellung *aller* möglichen Angriffe vornehmen, da ein Angreifer jeden einzelnen Protokollschritt mit unterschiedlichen Methoden angreifen kann.

Wie bei den Bausteinen kann man grundsätzlich zwischen zwei Angriffstypen unterscheiden:

- Bei einem passiven Angriff kann ein Angreifer die Kommunikation zwischen verschiedenen Teilnehmern „belauschen", das heißt, er kann die gesendeten Informationen lesen.

- Bei einem aktiven Angriff ist der Angreifer zusätzlich in der Lage, Informationen zu senden oder gesendete Nachrichten zu verändern oder zu löschen.

Passive Angreifer spielen bei den Sicherheitsbetrachtungen von Protokollen eine eher untergeordnete Rolle. Die wichtigsten aktiven Angriffe sind:

- **Impersonation**: Einem Angreifer gelingt es, sich als ein anderer Teilnehmer auszugeben. Genauer gesagt bezeichnet ein Impersonationsangriff einen Angriff auf den Authentifikationsmechanismus eines Protokolls.

- **Replay-Attacke**: Der Angreifer zeichnet eine Sitzung zwischen zwei Teilnehmern auf und verwendet die Kopie oder Teile davon zu einem späteren Zeitpunkt selbst.

- **Reflektionsangriff**: Der Angreifer sendet einem Teilnehmer A eine der Nachrichten zurück, die A selbst geschickt hat. Der Angriff klingt zunächst wenig überzeugend. Er ist aber durchaus wirksam, wenn es sich bei den Teilnehmern nicht um natürliche Personen, sondern um Chipkarten oder Computer handelt.

- **Man-in-the-middle-Angriff**: Der Angreifer operiert zwischen zwei Kommunikationspartnern und führt die Kommunikation in der Rolle des jeweils anderen fort. Man spricht hier auch von einem **Schachgroßmeisterangriff**.

19.1.1   Die Impersonation

Ein Impersonationsangriff liegt vor, wenn ein Angreifer versucht, eine falsche Identität vorzutäuschen. Es spielt hierbei keine Rolle, auf welche Weise er sein Ziel erreicht. Besonders gut lässt sich eine Impersonationsattacke bei einem Passwortverfahren illustrieren. Hierbei muss der Angreifer nur die Kommunikation zwischen A und B abhören, um das Passwort von A zu erfahren. Dann kann sich der Angreifer selbst als A ausgeben, indem er B das abgefangene Passwort schickt.

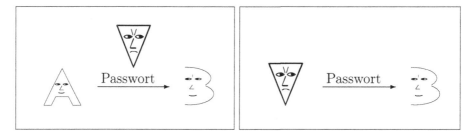

Abbildung 19.1 Impersonation

Es gibt auch Protokolle, bei denen ein Impersonationsangriff weniger offensichtlich ist. Von D. Denning und G. Sacco, [DS81], stammt das folgende Protokoll, das ein Public-Key-Verschlüsselungsverfahren und ein digitales Signaturverfahren zur kryptografischen Absicherung benutzt:

1. Teilnehmer A will mit B kommunizieren. Zu diesem Zweck sendet er eine Nachricht an eine TTP.

2. Die TTP signiert B's öffentlichen Verschlüsselungsschlüssel PK_B und stellt damit ein Zertifikat für diesen Schlüssel aus: $\sigma(SK_{TTP}, PK_B)$. Das gleiche macht sie mit A's öffentlichem Verifikationsschlüssel: $\sigma(SK_{TTP}, PK_A)$. Beide Zertifikate sendet sie an A.

3. A verifiziert die Zertifikate, generiert einen symmetrischen Schlüssel K und einen Zeitstempel t, signiert beides und erhält $sig_A := \sigma(SK_A, K, t)$. Diese Signatur verschlüsselt A mit B's öffentlichem Schlüssel: $E(PK_B, sig_A)$. Diesen Geheimtext sendet er zusammen mit dem Zertifikat für seinen Verifikationsschlüssel an B.

4. B entschlüsselt den Geheimtext, prüft A's Zertifikat und verifiziert die Signatur und den Zeitstempel.

5. Anschließend können A und B den Schlüssel K zur vertraulichen und authentischen Kommunikation benutzen.

Dieses Protokoll ist anfällig für einen Impersonationsangriff durch B. Solange der Zeitstempel noch gültig ist, kann er sich mit Hilfe von A's Zertifikat jedem anderen Teilnehmer gegenüber als A ausgeben, indem er A's Signatur wiederverwendet. Er kann zum Beispiel an einen Teilnehmer C den Geheimtext $E(PK_C, sig_A)$ senden. C kann das Zertifikat und die Signatur verifizieren und glaubt am Ende des Angriffs, mit A den gemeinsamen geheimen Schlüssel K zu haben.

19.1.2   Die Replay-Attacke

Replay-Attacken gehören bei Authentifikationsprotokollen zu den subtilen Fehlern, die man bei oberflächlichem Hinsehen leicht übersieht. Die Wirkungsweise einer Replay-Attacke lässt sich an der folgenden stark vereinfachten Situation verdeutlichen. Angenommen, A sendet an B verschlüsselt eine Nachricht, die B anweist, 1000 Euro von A's Konto zu überweisen. Der Angreifer könnte - ohne den genauen Wortlaut zu kennen - ungefähr über den Inhalt der Nachricht informiert sein. Er belauscht die Nachricht und sendet sie einige Zeit später wiederum an B. Da die Nachricht mit dem gemeinsamen, geheimen Schlüssel von A und B verschlüsselt ist, geht B davon aus, dass die Nachricht von A stammt, und wird ein zweites Mal Geld von A's Konto abbuchen.

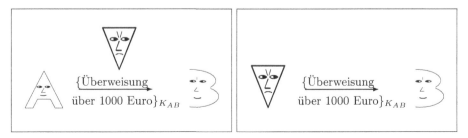

Abbildung 19.2 Replay-Attacke

Ein solcher Angriff schadet zunächst nur A, der Angreifer scheint keinen Nutzen davon zu haben. Das ändert sich jedoch erheblich, wenn der Angreifer der Nutznießer der Überweisung ist.

Es gibt im Wesentlichen zwei Maßnahmen, die Replay-Attacken verhindern sollen: **Zeitstempel** und **Einmalzufallszahlen** (nonce).

Bei Verwendung von Zeitstempeln fügen die Teilnehmer ihren Nachrichten Zeitangaben hinzu, an denen der Empfänger erkennen kann, zu welchem Zeitpunkt eine Nachricht generiert wurde. Dadurch kann er alte Nachrichten verwerfen. Wie die Zeitstempel konkret implementiert werden, hängt stark von der Anwendung und den Sicherheitszielen ab. Im einfachsten Fall verschlüsseln die Teilnehmer die Zeitangabe zusammen mit ihrer Nachricht. Falls man auch nachträglich in der Lage sein muss zu beweisen, dass eine Nachricht zu einem bestimmten Zeitpunkt erzeugt wurde, muss die TTP die Nachricht zusammen mit einer Zeitangabe signieren.

Bei Verwendung von Einmalzufallszahlen fügen die Teilnehmer ihren Nachrichten Zufallszahlen hinzu, die der Kommunikationspartner aufgreift und seinerseits für seine Antwortnachricht verwendet. Auf diese Weise weiß der erste Teilnehmer, dass die Nachricht für die laufende Sitzung generiert wurde, da der Partner die Zufallszahl vorher nicht gekannt hat.

Welches der beiden Verfahren eingesetzt wird, hängt von den Voraussetzungen des Systems ab. Zeitstempel sind unter Umständen aufwändig zu generieren und setzen eine gewisse Synchronisation der Teilnehmer voraus. Einmalzufallszahlen haben hingegen den Nachteil, dass sie die Anzahl der Kommunikationsrunden erhöhen.

19.1.3 Reflektionsangriff

Ein Reflektionsangriff ist zum Beispiel bei der in Abbildung 19.3 dargestellten gegenseitigen Authentifikation mittels eines Challenge-and-Response-Protokolls möglich. Die Teilnehmer A und B besitzen einen gemeinsamen geheimen Schlüssel K, und f bezeichnet ein symmetrisches Verschlüsselungsverfahren.

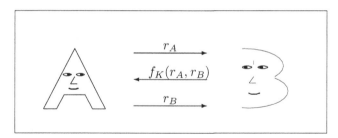

Abbildung 19.3 Gegenseitige Authentifikation

Um diese Authentifikation anzugreifen und sich als B auszugeben, geht der Angreifer folgendermaßen vor: Er sendet den Wert r_A unmittelbar nach dem Empfang zurück an A. Teilnehmer A glaubt daraufhin, dass B ein gegenseitiges Authentifikationsprotokoll beginnen will (mit vertauschten Rollen von A und B) und antwortet mit $f_K(r_A, r'_A)$. Der Angreifer nimmt jetzt das erste Authentifikationsprotokoll wieder auf und antwortet seinerseits mit $f_K(r_A, r'_A)$. A antwortet gemäß dem Protokoll mit der entschlüsselten Zufallszahl r'_A, womit das erste gegenseitige Authentifikationsprotokoll erfolgreich verlaufen ist, und A glaubt, dass er mit B kommuniziert.

Der Angreifer reflektiert bei diesem Angriff die Nachrichten, die A sendet. Insbesondere wenn A keine natürliche Person, sondern eine Chipkarte oder ein Computer ist, dann ist es nicht unwahrscheinlich, dass dieser Angriff unbemerkt bleibt.

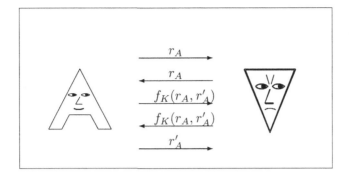

Abbildung 19.4 Reflektionsangriff

Das Interessante an diesem Angriff ist, dass Teilnehmer B nicht für den Angriff gebraucht wird und der Angreifer auch keine alten Authentifikationen belauscht haben muss. Der Angriff hat also praktisch keine Voraussetzungen.

Reflektionsangriffe lassen sich leicht vermeiden, indem die Teilnehmer A und B nicht nur einen Schlüssel zur Kommunikation benutzen, sondern A für die Verschlüsselung seiner Nachrichten an B den Schlüssel K_1 und B für die Nachrichten an A den Schlüssel K_2 benutzt. Dies ist in der Praxis ein gängiges Verfahren.

19.1.4 Der Man-in-the-middle-Angriff

Von Man-in-the-middle-Angriff spricht man, wenn sich der Angreifer in die Kommunikation zwischen A und B einklinkt und dabei A gegenüber die Rolle von B spielt und B gegenüber die Rolle von A.

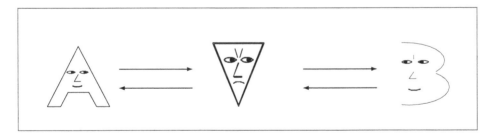

Abbildung 19.5 Man-in-the-middle-Angriff

Ein typisches Beispiel für ein Protokoll, das anfällig für einen Man-in-the-middle-Angriff ist, ist die Diffie-Hellman-Schlüsselvereinbarung. In der einfachsten Variante, wie sie in Kapitel 11 vorgestellt wurde, lässt sich das Protokoll folgendermaßen angreifen: Der Angreifer führt das Protokoll gleichzeitig in verschiedenen Rollen mit A und B durch. Dies führt dazu, dass der Angreifer mit A einen gemeinsamen Schlüssel K_1 vereinbart, von dem A glaubt, dass es ein gemeinsamer Schlüssel mit B ist, und mit B einen Schlüssel K_2, von dem B glaubt, dass es ein gemeinsamer Schlüssel mit A ist. Wenn A den Schlüssel K_1 zur Verschlüsselung einer Nachricht an B benutzt, dann kann nur der Angreifer diese Nachricht entschlüsseln. Dasselbe gilt, wenn B eine Nachricht mit K_2 verschlüsselt. Der Angreifer kann also die gesamte Kommunikation zwischen A und B lesen, während A und B nicht direkt miteinander vertraulich kommunizieren können.

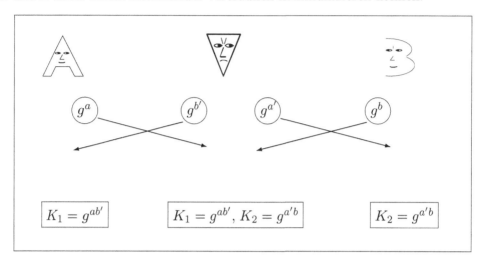

Abbildung 19.6 Man-in-the-middle-Angriff auf die DH-Schlüsselvereinbarung

Die Schwachstelle, die sich der Angreifer zunutze macht, ist die fehlende Authentizität der während des Diffie-Hellman-Protokolls gesendeten Nachrichten.

Der Man-in-the-middle-Angriff wird häufig auch „Schachgroßmeisterangriff" genannt. Der Name kommt von folgender Veranschaulichung des Angriffs: Ein Anfänger kann in einer Schachpartie gegen einen Großmeister im Schach bestehen, wenn es ihm gelingt, gleichzeitig gegen zwei Großmeister zu spielen und in der einen Partie mit den weißen und in der anderen Partie mit den schwarzen Figuren zu spielen. Aus der Partie, in der er die schwarzen Figuren hat, übernimmt er den Eröffnungszug des Schachgroßmeisters und verwendet denselben Zug, um die Partie zu eröffnen, in der er die weißen Figuren hat. Der Angreifer lässt also eigentlich die beiden Großmeister gegeneinander spielen, die aber ihrerseits glauben, gegen einen besonders starken Anfänger zu spielen.

19.2   Schlüsseltransportprotokolle

In der symmetrischen Kryptografie sind Schlüsseltransportprotokolle das wichtigste Instrument zur Schlüsseletablierung.

Die TTP vereinbart mit jedem Teilnehmer einen gemeinsamen geheimen Schlüssel und vermittelt bei Bedarf zwischen jeweils zwei Teilnehmern einen neuen Sitzungsschlüssel.

Die Vorteile einer solchen TTP liegen vor allem darin, dass neue Teilnehmer leicht in das System aufgenommen werden können oder ebenso leicht wieder ausscheiden können. Weiterhin müssen die Teilnehmer jeweils nur einen Langzeitschlüssel speichern und geheim halten.

Die TTP ist aber auch der kritische Punkt des Systems. Zwei Teilnehmer müssen, um miteinander kommunizieren zu können, stets zunächst die TTP kontaktieren, so dass bei einem Ausfall der TTP keine vertrauliche Kommunikation mehr möglich ist. Außerdem speichert die TTP alle Langzeitschlüssel des Systems, was sie zu einem attraktiven Angriffsziel macht. Eine Kompromittierung der TTP führt dazu, dass alle Kommunikationsverbindungen unsicher sind.

Weiterhin kann die TTP die gesamte Kommunikation der Teilnehmer mitlesen, weshalb die Teilnehmer des Systems der TTP also ein großes Vertrauen entgegenbringen müssen.

Im Folgenden werden drei Vertreter von Schlüsselprotokollen vorgestellt.

19.2.1 Das Breitmaulfrosch-Protokoll

Das Breitmaulfrosch-Protokoll, [BAN89], ist eines der einfachsten Verfahren zum Schlüsseltransport.

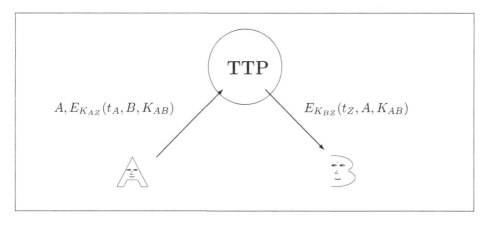

Abbildung 19.7 Das Breitmaulfrosch-Protokoll

Teilnehmer A generiert einen Sitzungsschlüssel K_{AB}, verschlüsselt diesen mit dem gemeinsamen Schlüssel zwischen A und der TTP, die als vertrauenswürdige Instanz dient, und schickt das Chiffrat an die TTP mit dem Hinweis, dass er mit B kommunizieren möchte. Die TTP entschlüsselt den Sitzungsschlüssel und verschlüsselt ihn erneut mit dem symmetrischen Schlüssel zwischen ihr und B. Das Chiffrat schickt sie an B, der den Sitzungsschlüssel entschlüsseln kann. Damit haben A und B einen neuen symmetrischen Schlüssel, mit dem sie sich gegenseitig authentifizieren und dann vertraulich kommunizieren können.

Sowohl A als auch die TTP versehen ihre Nachrichten jeweils mit einem Zeitstempel t_A bzw. t_Z, um Replay-Attacken zu vereiteln.

Eine wichtige Voraussetzung für die Sicherheit dieses Protokolls ist, dass A in der Lage ist, gute Sitzungsschlüssel zu generieren. In der Praxis ist dies häufig eine eher unrealistische Annahme.

Das Breitmaulfrosch-Protokoll ist sicher gegen **Angriffe mit bekannten Schlüsseln**. Das bedeutet, dass die Kompromittierung von bisher verwendeten Sitzungsschlüsseln die Sicherheit zukünftiger Sitzungsschlüssel nicht beeinflusst. Dies ist eine Mindestanforderung für den Einsatz eines Schlüsseletablierungsprotokolls.

Das Breitmaulfrosch-Protokoll ist unter anderem deshalb so einfach, weil es tatsächlich nur den Schlüssel transportiert. Nach diesem Protokoll müssen A und B sich zunächst gegenseitig authentifizieren.

19.2.2   Needham-Schroeder-Protokoll

Das Needham-Schroeder-Protokoll, [NS78], integriert die beim Breitmaulfrosch-Protokoll fehlende gegenseitige Authentifikation zwischen A und B in das Schlüsseltransportprotokoll.

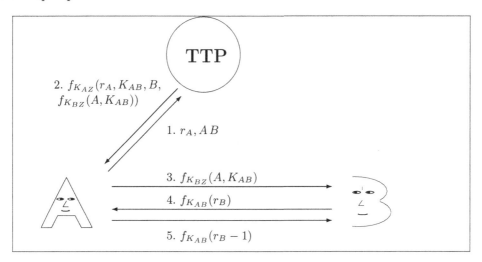

Abbildung 19.8   Das Needham-Schroeder-Protokoll

Teilnehmer A tritt in Kontakt mit der TTP und teilt ihr mit, mit wem er kommunizieren möchte. Die TTP generiert einen Sitzungsschlüssel für A und B, verschlüsselt eine Nachricht, die den Sitzungsschlüssel enthält, für B, anschließend verschlüsselt sie das für B bestimmte Chiffrat und den Sitzungsschlüssel für A. Teilnehmer A kann den Sitzungsschlüssel entschlüsseln und sendet das für B bestimmte Chiffrat weiter an B. Dieser kann ebenfalls den Sitzungsschlüssel entschlüsseln. A und B führen zuletzt ein so genanntes „handshake" durch, mit dem sie sich gegenseitig authentifizieren. Dabei kann A nicht den Wert $f_{K_{AB}}(r_B)$ an B zurückschicken, da dies kein Nachweis für die Kenntnis des gemeinsamen Schlüssels K_{AB} ist. Unter der Voraussetzung, dass f sicher ist, reicht aber eine triviale

Veränderung von r_B, um diese Kenntnis nachzuweisen.

Der Schlüssel K_{AB} wird vertraulich verteilt. Der von A benutzte Einmalzufallswert r_A garantiert die Aktualität der Antwort der TTP. Da die Sitzungsschlüssel von der TTP unabhängig voneinander gewählt werden, beeinflusst die Kompromittierung eines bereits benutzten Sitzungsschlüssels die zukünftigen Schlüssel nicht.

Die entscheidende Schwäche des Protokolls ist das Fehlen eines Aktualitätsnachweises für den neuen Sitzungsschlüssel K_{AB}. Zwar kann sich A von dessen Aktualität überzeugen, B jedoch erhält darüber keine Information. Denn da er bis zu diesem Teil des Protokolls nicht involviert war, kann er sich nicht mittels einer Einmalzufallszahl von der Aktualität überzeugen. Man kann diese Schwäche leicht beheben, indem die TTP eine Zeitangabe an die Nachricht an B anhängt und mitverschlüsselt.

In dieser Variante ist das Needham-Schroeder-Protokoll die Grundlage des **Kerberos-Protokolls**, eines Authentifikations- und Schlüsseltransportmechanismus für Computernetze, vgl. [St].

19.2.3 Otway-Rees-Protokoll

Das Otway-Rees-Protokoll, [OR87], beinhaltet ebenfalls eine gegenseitige Authentifikation der Teilnehmer, führt diese aber nicht explizit am Ende des Protokolls durch wie das Needham-Schroeder-Protokoll, sondern die Authentifikation geschieht implizit.

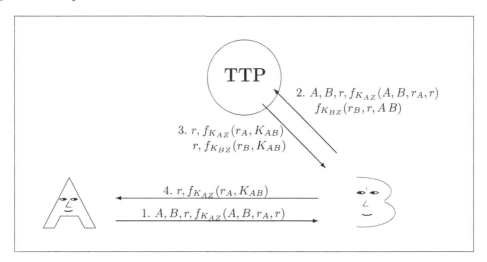

Abbildung 19.9 Das Otway-Rees-Protokoll

Teilnehmer A baut zunächst eine Verbindung zu B auf und sendet ihm ein für den Server verschlüsseltes Chiffrat zu, das beinhaltet, dass er mit B kommunizieren möchte. Außerdem fügt A einen Einmalzufallswert r_A ein. B schickt dieses Chiffrat an die TTP weiter (da er selbst es nicht entschlüsseln kann) und fügt noch ein Chiffrat hinzu: Er verschlüsselt ebenfalls die Nachricht, dass er mit A kommunizieren möchte, und einen Einmalzufallswert r_B mit dem gemeinsamen Schlüssel zwischen B und der TTP. Die TTP entschlüsselt beide Nachrichten und vergleicht sie: Anschließend generiert sie einen gemeinsamen Sitzungsschlüssel für A und B, den sie zusammen mit dem jeweiligen Einmalzufallswert mit dem jeweils passenden Schlüssel für A und B verschlüsselt. Beides schickt sie an B, der den für A bestimmten Teil weiterschickt. Bei allen Kommunikationsschritten wird eine von A gewählte Zufallszahl r mitgeschickt.

A und B haben damit einen neuen Sitzungsschlüssel, mit dem sie vertraulich kommunizieren können.

Der Sitzungsschlüssel K_{AB} wird vertraulich verteilt, und es ist keine Synchronisation nötig. Die gegenseitige Authentifikation ist implizit dadurch in dem Protokoll enthalten, dass die TTP auf B's Anfrage überhaupt nur dann antwortet, wenn beide Teilnehmer ihre Nachrichten korrekt berechnet und sich dadurch authentifiziert haben.

Die Zufallszahl r spielt keine sicherheitstechnische Rolle. Man kann diesen Wert als eine Sitzungsidentifikationsnummer auffassen.

Ein besonderes Merkmal dieses Protokolls ist, dass Teilnehmer A zwar die Kommunikation beginnt, Teilnehmer B aber den größeren Kommunikationsaufwand hat, da er die TTP kontaktiert. Wenn ein Angreifer dem Teilnehmer B schaden will, so stellt er so viele Anfragen für ein Otway-Rees-Protokoll an B, dass Teilnehmer B überfordert ist und die Kommunikation ganz einstellen muss. Solche Angriffe nennt man **Denial-of-service-Angriffe**.

19.2.4   Das TMN-Protokoll

Beim TMN-Protokoll handelt es sich um ein Schlüsseltransportprotokoll für Mobilfunksysteme, das 1990 von Tatebayashi, Matsuzaki und Newman vorgeschlagen wurde, [TMN89], und das im Gegensatz zu den bisherigen Beispielen den RSA-Algorithmus zur Verschlüsselung verwendet.

Die TTP publiziert ihren öffentlichen RSA-Schlüssel $(3, n)$, wobei n eine aus zwei Primzahlen zusammengesetzte Zahl ist, die schwierig zu faktorisieren ist. Neben dem RSA-Algorithmus wird der One-Time-Pad verwendet. Die Teilnehmer A und B vereinbaren mit Hilfe der TTP einen gemeinsamen Schlüssel K.

Der Teilnehmer A beginnt das Protokoll, indem er der TTP mitteilt, dass er mit Teilnehmer B kommunizieren möchte. Zusätzlich wählt A eine Zufallszahl r_A und verschlüsselt sie mit dem öffentlichen RSA-Schlüssel der TTP. Die TTP teilt B mit, dass A mit ihm kommunizieren möchte. B wählt seinerseits eine Zufallszahl r_B und verschlüsselt sie mit dem öffentlichen Schlüssel der TTP. Die TTP berechnet $r_A \oplus r_B$, das heißt eine One-Time-Pad-Verschlüsselung mit dem Klartext r_B und dem Schlüssel r_A, und sendet das Ergebnis an A. A und B verwenden r_B als gemeinsamen Schlüssel zur Kommunikation.

Obwohl das Protokoll zwei sichere Algorithmen verwendet, lässt es sich dennoch angreifen. Der folgende Angriff stammt von G. Simmons, [Si94]:

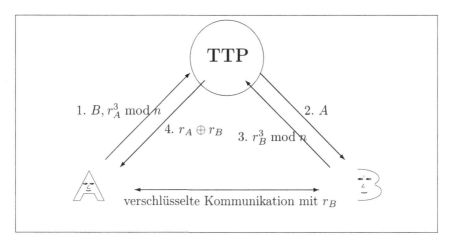

Abbildung 19.10 Das TMN-Protokoll

1. Voraussetzung für den Angriff sind zwei Angreifer D und E, die die Kommunikation zwischen A, B und der TTP abhören.

2. Die Angreifer speichern $r_B^3 \bmod n$.

3. Die Angreifer einigen sich auf eine Zufallszahl r.

4. Angreifer D sendet an die TTP eine Anfrage für die Kommunikation mit E, nämlich $r_D^3 r_B^3 \bmod n$, wobei r_D eine von D gewählte Zufallszahl ist.

5. Die TTP gibt die Anfrage an E weiter.

6. Angreifer E antwortet mit $r^3 \bmod n$.

7. Die TTP sendet $r_D r_B \oplus r$ als Antwort an D.

8. Angreifer D kennt die Zufallszahlen r_D und r und kann aus der Nachricht der TTP r_B berechnen. Damit kann D alle mit r_B verschlüsselten Nachrichten entschlüsseln.

Bei diesem Angriff werden nicht die Algorithmen direkt angegriffen. Die Angreifer können durch ihren Angriff weder RSA-chiffrierte noch One-Time-Pad-chiffrierte Geheimtexte entschlüsseln. Der Angriff nutzt allerdings die besonderen Eigenschaften der Algorithmen aus: zum einen die Homomorphieeigenschaft des RSA-Algorithmus, die es dem Angreifer D ermöglicht, die Zahl $r_D r_B$ mit dem RSA-Algorithmus zu verschlüsseln, ohne dass er die Zahl kennt. Er braucht dazu nur die Geheimtexte der einzelnen Zufallszahlen. Zum anderen nutzt der Angriff aus, dass beim One-Time-Pad die Rollen des Schlüssels und des Klartextes vertauscht werden können. Denn für den Angreifer D ist gemäß dem Protokoll die Zahl r der Klartext, den er mit seinem Schlüssel r_D erhalten sollte. Der Angriff tauscht diese Rollen und verwendet r als Schlüssel, so dass D durch die Entschlüsselung die Zahl $r_D r_B$ erhält.

Das TMN-Protokoll lässt sich aber auch angreifen, wenn man den One-Time-Pad durch ein anderes symmetrisches Verschlüsselungsverfahren ersetzt, vgl. Übungsaufgabe 19.16.

Auch der spezielle RSA-Schlüssel hat keinen Einfluss auf den Angriff. Selbst bei einem anderen öffentlichen Schlüssel ist der Angriff möglich.

19.3   Schlüsselvereinbarungsprotokolle

Bei den Schlüsselvereinbarungsprotokollen wird der Sitzungsschlüssel nicht durch eine der beteiligten Parteien oder von einer TTP bestimmt, sondern die Kommunikationspartner tragen gemeinsam zum neuen Sitzungsschlüssel bei. Schlüsselvereinbarungsprotokolle kommen häufig ohne eine TTP aus. Die verwendeten Krypto-Algorithmen sind zum größten Teil asymmetrisch, so dass die Teilnehmer lediglich Zertifikate für ihre öffentlichen Schlüssel benötigen, um die Authentizität ihrer Nachrichten nachzuweisen.

Statt einer TTP brauchen solche Protokolle eine Zertifizierungsinstanz, der die Teilnehmer aber deutlich weniger Vertrauen entgegenbringen müssen als zum Beispiel bei den Schlüsseltransportprotokollen. Die Zertifizierungsinstanz muss keine Langzeitschlüssel speichern (mit Ausnahme ihres eigenen Signaturschlüssels) und kann die Kommunikation der Teilnehmer auch nicht mitlesen. Eine Kompromittierung der Zertifizierungsinstanz bedeutet daher auch nicht den vollständigen Verlust an Vertraulichkeit der bisher gesendeten Nachrichten.

Ein Nachteil dieser Protokolle ist die deutlich höhere Rechenkapazität, die die Teilnehmer aufbringen müssen.

Der wichtigste Vertreter dieses Protokolltyps ist die Diffie-Hellman-Schlüsselvereinbarung und ihre Varianten. Bei der Diffie-Hellman-Schlüsselvereinbarung einigen sich zwei Teilnehmer auf einen gemeinsamen Schlüssel, ohne zuvor ein gemeinsames Geheimnis zu besitzen, vgl. Kapitel 11.

Ein großer Vorteil der Diffie-Hellman-Schlüsselvereinbarungen besteht darin, dass sie die Eigenschaft **perfect forward secrecy** besitzen. Das bedeutet, dass die Kompromittierung eines Langzeitschlüssels keinen der bisher verwendeten Sitzungsschlüssel kompromittiert.

In der einfachsten Variante ist das Protokoll wie oben beschrieben allerdings für einen Man-in-the-middle-Angriff anfällig. Die Schwachstelle, die diesen Angriff ermöglicht, ist die fehlende Authentizität der während des Diffie-Hellman-Protokolls gesendeten Nachrichten. Es gibt verschiedene Ansätze, wie man die Authentizität der Nachrichten erreichen kann, von denen aber viele subtile Schwächen haben. Im Folgenden werden wir verschiedene Möglichkeiten diskutieren.

Eine erste Lösung für das Problem der fehlenden Authentizität besteht darin, dass A und B in ihren Protokollen stets den gleichen Wert $h_A = g^a \bmod p$ bzw. $h_B = g^b \bmod p$ verwenden, für die sie Zertifikate besitzen, so dass die Teilnehmer den jeweils anderen identifizieren können.

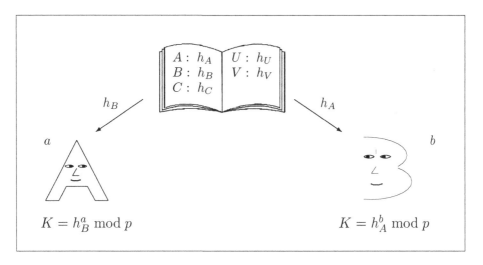

Abbildung 19.11 Diffie-Hellman-Protokoll mit festen Schlüsseln

Der wesentliche Nachteil dieses Vorgehens ist, dass A und B in allen Diffie-Hellman-Protokollen, die sie miteinander durchführen, stets denselben gemeinsamen Schlüssel berechnen. Es handelt sich dabei also nicht um einen kurzzeitigen Sitzungsschlüssel, sondern de facto um einen symmetrischen Langzeitschlüssel. Da dies in der Praxis nicht erwünscht ist, sind zertifizierte Diffie-Hellman-Schlüssel keine gute Lösung.

Eine andere Idee besteht darin, dass die Teilnehmer ihre Nachrichten signieren. Zertifikate sichern die Authentizität der Signaturschlüssel, mit denen die Teilnehmer ihre Nachrichten signieren und damit authentifizieren können.

Gegeben sei ein Signaturverfahren (G, σ, V). A besitzt den Signaturschlüssel D_A und den passenden öffentlichen Schlüssel E_A, und B hat analog D_B und E_B. Die jeweiligen Zertifikate werden mit $Zert_A$ und $Zert_B$ bezeichnet. Weiterhin seien die Primzahl p und ein Element g die öffentlichen Parameter für eine Diffie-Hellman-Schlüsselvereinbarung.

Im einfachsten Fall wandelt man das Diffie-Hellman-Protokoll folgendermaßen ab (dargestellt in Abbildung 19.12):

- Teilnehmer A wählt eine Zufallszahl a, berechnet $h_A := g^a \bmod p$, signiert den Wert $sig_A := \sigma(D_A, h_A)$ und sendet h_A, die Signatur und das Zertifikat an den Teilnehmer B.

- Teilnehmer B verifiziert zunächst A's Signatur und wählt seinerseits eine Zufallszahl b, berechnet $h_B := g^b \bmod p$, den Schlüssel $K := h_A^b \bmod p$ und die Signatur $sig_B := \sigma(D_B, h_B)$. Er sendet sein Zertifikat, die Signatur und h_B an Teilnehmer A.

- Teilnehmer A verifiziert B's Signatur, und falls die Verifikation gelingt, berechnet er ebenfalls den Schlüssel $K = h_B^a \bmod p$. Wenn auch diese Verifikation gelingt, so verwenden A und B den Schlüssel K für die weitere Kommunikation.

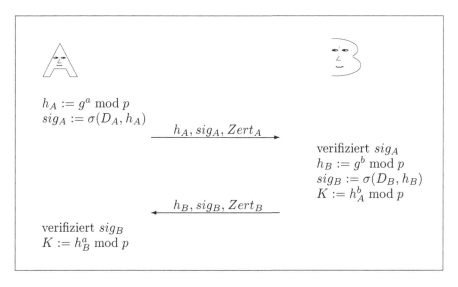

$h_A := g^a \bmod p$
$sig_A := \sigma(D_A, h_A)$

$\xrightarrow{\quad h_A, sig_A, Zert_A \quad}$

verifiziert sig_A
$h_B := g^b \bmod p$
$sig_B := \sigma(D_B, h_B)$
$K := h_A^b \bmod p$

$\xleftarrow{\quad h_B, sig_B, Zert_B \quad}$

verifiziert sig_B
$K := h_B^a \bmod p$

Abbildung 19.12 Diffie-Hellman-Protokoll mit signierten Nachrichten

Mit diesem Vorgehen sind die beiden gesendeten Nachrichten zwar authentifiziert, allerdings gibt es keinen Hinweis darauf, dass die Signaturen speziell für diesen Protokolldurchlauf generiert worden sind. Ein Angreifer, der vorausgegangene Diffie-Hellman-Protokolle der Teilnehmer A oder B belauscht hat, kann Nachrichten und ihre Signaturen aus diesen alten Protokollen verwenden. Nach einem solchen Angriff kann der Angreifer zwar den geheimen Schlüssel nicht bestimmen, er hat aber den Teilnehmern erfolgreich einen falschen Sitzungsschlüssel K vermittelt.

Ebenso problematisch ist, dass der Angreifer in diesem Protokoll viel Zeit hat, um eine Signatur zu fälschen. Angenommen, es gelingt ihm, eine Signatur für einen von ihm gewählten Wert h_B zu berechnen, so kann er sich erfolgreich als B ausgeben. Da die Signatur keinen Hinweis auf den Zeitpunkt ihrer Erstellung enthält, kann er diese Signatur sogar mehrfach verwenden.

Man kann dieses Problem durch Zeitstempel umgehen. Da Zeitstempel in der Praxis aber häufig unerwünscht sind, verändert man das Protokoll dahingehend, dass beide Kommunikationspartner ihre Signaturen von den bisher im Diffie-Hellman-Protokoll gesendeten Nachrichten abhängig machen und auf diese Weise demonstrieren, dass die Signaturen speziell für dieses Protokoll erzeugt wurden. Da Teilnehmer A die Kommunikation beginnt und zu diesem Zeitpunkt noch keine Nachrichten gesendet worden sind, fügt man eine weitere Kommunikationsrunde an, in der Teilnehmer A einen frischen authentischen Nachweis für seinen Diffie-Hellman-Schlüssel sendet.

Das folgende Protokoll basiert auf dieser Idee und wurde in der Praxis häufig eingesetzt:

- Teilnehmer A wählt eine Zufallszahl a, berechnet $h_A := g^a \bmod p$ und sendet h_A an den Teilnehmer B.

- Teilnehmer B wählt seinerseits eine Zufallszahl b, berechnet $h_B := g^b \bmod p$, den Schlüssel $K := h_A^b \bmod p$ und die Signatur $sig_B := \sigma(D_B, (h_A, h_B))$. Er sendet sein Zertifikat, die Signatur und h_B an Teilnehmer A.

- Teilnehmer A verifiziert als erstes B's Signatur, und falls die Verifikation gelingt, berechnet er ebenfalls den Schlüssel $K = h_B^a \bmod p$, die Signatur $sig_A := \sigma(D_A, (A, B))$ und sendet die Signatur zusammen mit seinem Zertifikat an B.

- Teilnehmer B verifiziert A's Signatur. Wenn auch diese Verifikation gelingt, so verwenden A und B den Schlüssel K für die weitere Kommunikation.

Allerdings lässt sich auch dieses Protokoll angreifen. Der in Abbildung 19.13 dargestellte Angriff ist auf beide bisher vorgestellten authentischen Diffie-Hellman-Varianten anwendbar.

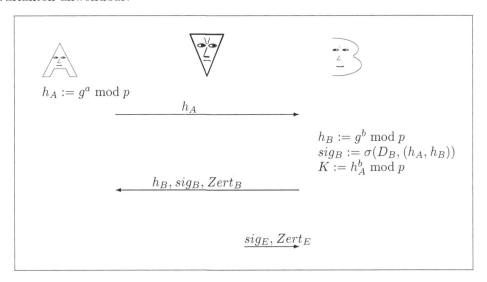

Abbildung 19.13 Angriff auf das authentische Diffie-Hellman-Protokoll

Der Angriff kompromittiert den gemeinsamen Schlüssel K von A und B nicht. Der Angreifer ist nicht in der Lage, mit K verschlüsselte Nachrichten zu entschlüsseln oder mit K verschlüsselte Nachrichten zu generieren und an A oder B zu schicken. Allerdings wird auch das Protokollziel, eine Schlüsselvereinbarung zwischen A und B, nicht erreicht, denn B ist am Ende des Protokolls überzeugt, dass K sein gemeinsamer Schlüssel mit E ist. Insbesondere wird er für alle Nachrichten, die mit K verschlüsselt sind, E als Absender annehmen. Dies kann beispielsweise dann problematisch werden, wenn B eine Bank ist und A zum Beispiel einen elektronischen Scheck bei B einlösen will. Die Bank schreibt den Scheck dann Teilnehmer E und nicht A gut.

Der wesentliche Fehler des Protokolls besteht also darin, dass B nicht weiß, ob die beiden Nachrichten, die er erhält, von der gleichen Person gesendet worden sind.

Um auch diesen Angriff auszuschließen, führen die Teilnehmer am Ende einer Diffie-Hellman-Schlüsselvereinbarung einen Handshake durch, das heißt, beide weisen nach, dass sie den gemeinsamen Diffie-Hellman-Schlüssel K besitzen. Dies erreicht man dadurch, dass beide Kommunikationspartner ihre Signaturen mit K verschlüsseln, so dass das Protokoll nur dann erfolgreich verläuft, wenn beide den gleichen Schlüssel besitzen. E bezeichnet in Abbildung 19.14 ein symmetrisches Verschlüsselungsverfahren.

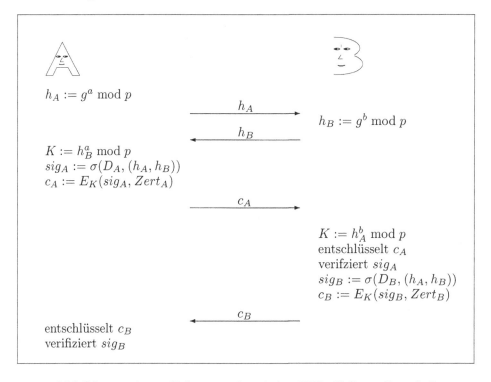

Abbildung 19.14 Sicheres authentisches Diffie-Hellman-Protokoll

Man könnte auf den letzten Protokollschritt verzichten, indem Teilnehmer B seine Signatur direkt berechnet und an A sendet. Man nimmt diesen zusätzlichen Protokollschritt aber bewusst in Kauf, um Angriffe auf die Verfügbarkeit von B zu erschweren. Signaturen sind verhältnismäßig rechenaufwändig. Ein Angreifer kann B mit Eröffnungen für ein Diffie-Hellman-Protokoll überschwemmen, und B muss für jede Antwort viel Rechenzeit für die Exponentiation und die Signatur investieren. Wenn B aber zunächst A's Signatur abwartet, dann muss der Angreifer ebenfalls Rechenzeit für die Signatur investieren, wodurch sein Angriff zwar nicht verhindert, aber aufwändiger wird.

Dieses Protokoll hat bisher alle Sicherheitstests bestanden. Insbesondere liefern alle formalen Methoden zur Protokollsicherheit ein positives Ergebnis. Das

Protokoll wird beispielsweise in IPSec v6, einem Protokoll zur Internetsicherheit, eingesetzt.

19.4 Sicherheit von Protokollen

In den letzten Abschnitten wurde nicht nur eine Vielzahl von verschiedenen Protokollen vorgestellt, sondern auch eine nicht minder große Zahl von Angriffen auf sie. All diese Beispiele zeigen, dass Protokolle Fehler enthalten können, die nichts mit den verwendeten Algorithmen zu tun haben. Selbst wenn man annimmt, dass perfekt sichere Algorithmen verwendet werden, garantiert dies nicht, dass ein Protokoll, das sie verwendet, fehlerfrei ist. Diese Fehler können unter Umständen schwer zu finden sein.

Insbesondere subtile Protokollfehler, wie sie beispielsweise im TMN-Protokoll auftreten, zeigen, dass es angebracht ist, Protokolle mit formalen Methoden zu analysieren, um eine systematische Suche nach Schwächen zu ermöglichen. Allerdings kennt man bis heute weder ein allgemeines Modell, in dem man zeigen kann, dass ein Protokoll eine bestimmte Sicherheitseigenschaft besitzt, noch hat man eine vollständige Liste aller möglichen Angriffe.

Es gibt aber Ansätze für die formale Protokollanalyse, von denen zwar keiner die Sicherheit eines Protokolls vollständig beweisen kann, aber jeder dieser Ansätze liefert verschiedene Hinweise auf die Stärken oder Schwächen eines Protokolls.

Eine formale Analyse zwingt dazu, genau zu beschreiben, welche Voraussetzungen nötig sind und welche Sicherheitsziele erreicht werden sollen. Weiterhin stellt sie ein Instrument dar, um Protokolle vergleichen zu können, die sich nur in wenigen Details unterscheiden, aber den gleichen Zweck verfolgen, wie dies zum Beispiel beim Otway-Rees- und Needham-Schroeder-Protokoll der Fall ist.

Die Idee einer formalen Analyse besteht darin, ein abstraktes Modell zu entwickeln, in dem man die Sicherheit eines Protokolls beweisen kann. Dazu wird das Protokoll zunächst abstrahiert, indem man die kryptografischen Bausteine durch idealisierte Bausteine ersetzt. Das bedeutet, dass man bei einer formalen Analyse davon ausgeht, dass alle Verschlüsselungen perfekt sicher und alle Signaturverfahren fälschungssicher sind. Im nächsten Schritt beschreibt man das Schutzziel des Protokolls und die Angriffe in dem formalen Modell. Im letzten Schritt prüft man, ob das abstrahierte Protokoll unter den gegebenen Angriffen die Schutzziele erreicht.

Diese Vorgehensweise ist nicht unproblematisch, da man in jedem einzelnen Teilschritt intuitiv vorgehen muss und die Richtigkeit nicht beweisen kann. Insbesondere die Abstraktion eines Protokolls und die Interpretation des Ergebnisses sind sehr fehleranfällig. Man muss sich außerdem darüber im Klaren sein, dass man auf diese Weise immer nur bestimmte Angriffe oder auch Klassen von Angriffen ausschließen kann, dass das Protokoll aber dennoch fehlerhaft sein kann.

Es gibt im Wesentlichen drei grundsätzlich verschiedene Ansätze zur formalen Protokollanalyse:

- **Angriffsorientierte Analysen**. Bei diesen Ansätzen führt man im Prinzip eine vollständige Suche nach Angriffsmöglichkeiten auf ein Protokoll durch. Das bedeutet, dass man bei jedem Teilschritt des Protokolls untersucht, auf welche Weise ein Angreifer diesen Schritt beeinflussen kann, ohne dass das Protokoll abgebrochen oder das Eingreifen bemerkt wird. Diese Suche kann auf zwei Arten durchgeführt werden: als Vorwärtssuche, das heißt, man sucht von einem gültigen Startzustand des Protokolls einen ungültigen Endzustand, oder als Rückwärtssuche, bei der man von einem ungültigen Endzustand aus einen gültigen Startzustand sucht, wobei ein ungültiger Zustand einen Angriff beschreibt. Unabhängig vom Typ der Suche ist eine solche Suche verhältnismäßig aufwändig, so dass man sich normalerweise auf bestimmte Angriffe beschränken muss. Ein typischer Vertreter dieses Ansatzes ist der NRL Protocol Analyzer, [KMM94].

- **Logikbasierte Analysen**. Als formales Modell zur Protokollanalyse dient hier eine modale Logik, mit der man die Informationszustände der einzelnen Beteiligten beschreibt und analysiert. Bei diesem Vorgehen sucht man nicht nach einem Angriff, sondern versucht, mittels der Informationen der Beteiligten zu beweisen, dass bestimmte Angriffe nicht stattfinden können. Bei dieser Analyse ist vor allem die Interpretation des Ergebnisses problematisch: Es ist weder klar, dass ein Protokoll sicher ist, wenn die Analyse positiv ausfällt, noch hat man einen konkreten Angriff gefunden, falls die Analyse negativ ausfällt. Man erhält vor allem Hinweise darauf, an welchen Punkten ein Protokoll Schwächen aufweisen könnte. Der bekannteste Vertreter dieser Gruppe ist die BAN-Logik, [BAN89].

- **Algebraische Analyse**. Als Grundlage dienen bei diesem Ansatz zwei Algebren, das heißt zwei Mengen, auf denen eine Operation definiert ist, nämlich die so genannte Crypto-Algebra und die freie Algebra. Die Mengen sind Klartext- und Schlüsselmengen, und die zugehörige Operation ist das Verschlüsseln von Nachrichten. Die Crypto-Algebra beschreibt das konkrete Protokoll, während die freie Algebra ein idealisiertes Protokoll repräsentiert, das die Schutzziele erreicht. Die Analyse besteht darin, Homomorphismen zwischen den Algebren zu finden, die zeigen, dass auch das konkrete Protokoll bestimmte Schutzziele erreicht. Insbesondere das Schutzziel der Vertraulichkeit lässt sich mit dieser Methode sehr subtil analysieren. Der Ansatz stammt von M. Merrit und M. Toussaint, [Me83], [To91].

Die drei Methoden sind bei der Analyse der verschiedenen Schutzziele unterschiedlich stark, so dass man in der Praxis alle drei Verfahren anwendet, um die Sicherheit eines Protokolls nachzuweisen.

Dennoch sind alle drei Verfahren nur K.-o.-Kriterien. Wenn eines davon einen Protokollfehler findet, ist das Protokoll mit Sicherheit schwach. Wenn ein Protokoll aber alle drei Tests besteht, garantiert dies nicht, dass nicht in Zukunft ein Angriff gefunden wird. Ein solcher Fall ist aber bis heute nicht bekannt.

19.5 Übungen

1. Vergleichen Sie das Breitmaulfrosch-, das Otway-Rees- und das Needham-Schroeder-Protokoll hinsichtlich ihrer Effizienz.

2. Zeigen Sie, dass das Needham-Schroeder-, das Otway-Rees- und das Diffie-Hellman-Protokoll sicher gegen Angriffe mit bekannten Sitzungsschlüsseln sind.

3. Welche Eigenschaften hat das in Abbildung 19.15 dargestellte Public-Key-Needham-Schroeder-Protokoll?

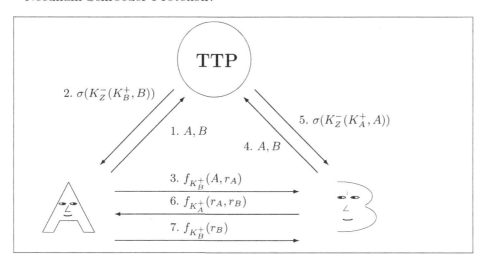

Abbildung 19.15 Das Public-Key-Needham-Schroeder-Protokoll

4. Zeigen Sie, dass auch das modifizierte TMN-Protokoll, dargestellt in Abbildung 19.16, angreifbar ist.

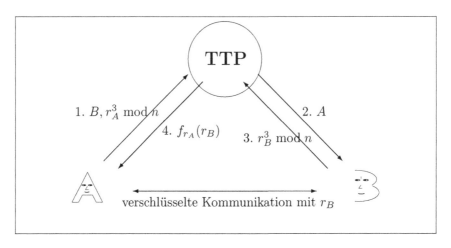

Abbildung 19.16 Das modifizierte TMN-Protokoll

20 Multiparty-Computations

In den vorangegangenen Kapiteln wurden grundlegende kryptografische Bausteine für Authentifizierung, Verschlüsselung und Signaturen vorgestellt. Dieses Kapitel beschäftigt sich mit **Multiparty-Computations** (Mehr-Parteien-Berechnungen), kryptografischen Protokollen, an deren Durchführung zwei oder mehr Teilnehmer beteiligt sind, die gemeinsam etwas berechnen möchten. Zum Beispiel möchte eine Gruppe von Personen herausfinden, wer aus der Gruppe am meisten verdient. Dabei möchte natürlich keiner aus der Gruppe sein eigenes Einkommen preisgeben, und es ist auch nicht ausgeschlossen, dass sich einige Personen der Gruppe gegenseitig misstrauen. Trotzdem sollen alle Personen am Ende erfahren, wer am meisten verdient, mehr aber auch nicht. Insbesondere sollen die Gehälter aller Personen geheim bleiben. Zu den Multiparty-Computations zählen unter anderem die Geheimnisteilungsverfahren und das sichere Auswerten von Funktionen.

20.1 Modell

Allgemein versteht man unter einer Multiparty-Computation die Durchführung eines Protokolls, das n Eingaben zu n Ausgaben verarbeitet. Die n Eingaben sind die Geheimnisse der n Teilnehmer, und die n Ausgaben entsprechen den Ergebnissen der einzelnen Teilnehmer. Ziel eines Multiparty-Computation-Protokolls ist es, dass jeder der Teilnehmer am Ende des Protokolls das korrekte Ergebnis erhält und über die Eingabe der anderen Teilnehmer, gegebenenfalls auch über die Ausgabe, nichts erfährt. Auf welche Art und Weise dies geschieht, wird in den speziellen Anwendungen festgelegt. Als idealisiertes Modell kann man sich die Durchführung wie folgt vorstellen:

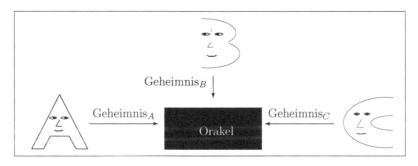

Abbildung 20.1 Eingabe

Alle Teilnehmer senden ihre Geheimnisse an ein Orakel. Dieses berechnet die einzelnen Ausgaben und sendet sie an die entsprechenden Teilnehmer zurück. Dabei dient das Orakel nur als theoretisches Konstrukt, in der Praxis wird man das Orakel durch ein entsprechendes Protokoll ersetzen.

Eine der entscheidenden Fragen für die Definition sicherer Multiparty-Computations ist, inwieweit man das im idealisierten Modell existierende Orakel in einem realen Protokoll, in dem sich unter Umständen nicht alle Teilnehmer korrekt verhalten, nachahmen kann.

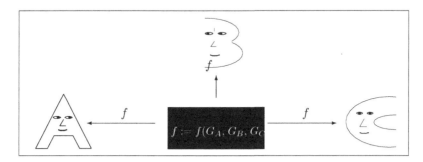

Abbildung 20.2 Ausgabe

Um die Sicherheit einer Multiparty-Computation zu beschreiben, verwendet man ein Konzept, das sich gut mit der Definition der semantischen Sicherheit (vgl. Kapitel 13) vergleichen lässt. Ein Public-Key-Verschlüsselungsverfahren ist semantisch sicher, wenn ein effizienter Angreifer nach seinem Angriff nicht mehr Informationen über den Klartext berechnen kann als vor dem Angriff. Allgemeiner formuliert bedeutet dies Folgendes: Ein System ist sicher, wenn ein effizienter Angreifer all das, was er nach seinem Angriff erreichen kann, auch vor seinem Angriff, also in einem idealen Modell, hätte erreichen können.

Um die Sicherheit für eine Multiparty-Computation zu definieren, vergleichen wir also die Möglichkeiten eines Angreifers in einem konkreten Protokoll mit den Möglichkeiten eines Angreifers im idealisierten Modell, in dem die Ausgabe von einer vertrauenswürdigen Instanz berechnet wird. Die Möglichkeiten eines Angreifers im realen Protokoll beschränken sich auf die Möglichkeiten eines Angreifers im idealisierten Modell, wenn ein effizienter Angreifer im realen Protokoll die gleiche Information erhält wie im idealisierten Modell. Das heißt, das konkrete Protokoll erfüllt die gleichen Eigenschaften, die auch im idealisierten Modell beschrieben werden. In der Praxis muss man sich dann also nur noch gegen die Angriffe absichern, die auch im idealisierten Modell durchführbar sind.

Ob sich sichere Multiparty-Computation-Protokolle entwerfen lassen, hängt von mehreren Faktoren ab. Entscheidend sind dabei die Eigenschaften des zugrunde liegenden Modells:

- **Kommunikation:** Eine Standardannahme im Rahmen der Multiparty-Computations ist die Authentizität des Kommunikationskanals. Das heißt, ein

Angreifer kann die zwischen ehrlichen Teilnehmern gesendeten Nachrichten lediglich lesen, sie aber nicht ändern. Eine noch stärkere Annahme ist die Existenz eines *privaten* Kommunikationskanals, so dass ein Angreifer die von ehrlichen Teilnehmern gesendeten Nachrichten nicht mehr lesen kann. Häufig wird auch ein so genannter **Broadcast-Kanal** vorausgesetzt, der es einem Teilnehmer ermöglicht, Nachrichten authentisch und *gleichzeitig* an alle anderen Teilnehmer zu senden. Das heißt, alle Teilnehmer erhalten die vom Sender verschickte Nachricht.

- **Angreifer:** In Multiparty-Computation-Protokollen können Angreifer nicht nur gesendete Nachrichten abhören oder verändern, sie können auch einen Teil der Teilnehmer, die im Folgenden auch als unehrliche Teilnehmer bezeichnet werden, korrumpieren. Ein Angreifer modelliert also das mögliche Misstrauen in einzelne Teilnehmer und die Schwachstellen des Kommunikationskanals. Man unterscheidet zum einen zwischen *adaptiven* und *nicht-adaptiven* Angreifern und zum anderen zwischen einem *passiven* bzw. einem *aktiven* Angreifer. Während die Menge der unehrlichen Teilnehmer bei einem nicht-adaptiven Angreifer bereits vor der Durchführung des Protokolls feststeht, kann ein adaptiver Angreifer auch während des Protokolls weitere Teilnehmer korrumpieren. Weiterhin kann ein Angreifer aktiv in die Durchführung des Protokolls eingreifen, indem er die unehrlichen Teilnehmer zwingt, falsche Nachrichten zu schicken. Im Gegensatz dazu kann ein passiver Angreifer lediglich die Informationen, die er von den unehrlichen Teilnehmern erhält, verwenden.

- **Sicherheit:** Typische Sicherheitsziele eines Multiparty-Computation-Protokolls sind die Geheimhaltung der Geheimnisse der ehrlichen Teilnehmer und die Forderung, dass alle ehrlichen Teilnehmer nach Durchführung des Protokolls das korrekte Ergebnis erhalten. Manche Modelle lassen auch den Abbruch des Protokolls durch einen der unehrlichen Teilnehmer zu. In diesem Fall kann es passieren, dass einige der ehrlichen Teilnehmer ihr Ergebnis erhalten, andere ihr Ergebnis nicht erhalten, den Protokollabbruch aber bemerken.

Typische Annahmen für die Entwicklung eines sicheren Multiparty-Computation-Protokolls sind ein effizienter nicht-adaptiver Angreifer, ein authentischer Kommunikationskanal und das korrekte Verhalten von mindestens der Hälfte aller Teilnehmer. Genauer gesagt soll Folgendes gelten:

- Ein Angreifer kann höchstens eine Minderheit der Teilnehmer korrumpieren, so dass sich mindestens die Hälfte aller Teilnehmer korrekt verhält.

- Der Angreifer kann die Nachrichten der ehrlichen Teilnehmer nicht ändern, da eine authentische Kommunikation vorausgesetzt wird.

- Während die ehrlichen Teilnehmer ihre Geheimnisse der vertrauenswürdigen Instanz senden, kann der Angreifer die Geheimnisse aller unehrlichen Teilnehmer nutzen, um weitere Information zu erhalten, und sie dazu zwingen, falsche Nachrichten an das Orakel zu senden.

- Nachdem alle Teilnehmer ihre Ergebnisse vom Orakel erhalten haben, kann der Angreifer die Ergebnisse der unehrlichen Teilnehmer nutzen, um weitere Informationen zu erhalten.

Sicherheit bedeutet in diesem Fall also, dass ein Angreifer in einem realen Protokoll darauf beschränkt ist, die Eingaben der unehrlichen Teilnehmer zu ändern und deren Ein- und Ausgaben für seine Ausgabe zu nutzen.

Wie bereits erwähnt, lässt sich sichere Multiparty-Computation in verschiedenen Modellen durchführen. In den im Nachfolgenden aufgeführten Ergebnissen wird stets ein effizienter nicht-adaptiver Angreifer betrachtet, und die Kommunikation findet über einen authentischen Kanal statt. Für den Fall eines aktiven Angreifers wird zusätzlich die Existenz eines Broadcastkanal gefordert. Man kann zeigen, dass unter bestimmten Voraussetzungen sichere Multiparty-Computation in folgenden Modellen möglich ist:

- Ein passiver Angreifer kann eine beliebige Teilmenge der Teilnehmer kontrollieren.

- Ein aktiver Angreifer kontrolliert weniger als die Hälfte der Teilnehmer.

- Ein aktiver Angreifer kann alle Teilnehmer kontrollieren, ein Protokollabbruch wird aber nicht als Sicherheitsverletzung angesehen.

In den bisher aufgeführten Ergebnissen wird nur der Fall eines nicht-adaptiven Angreifers betrachtet. In realen Anwendungen ist die Existenz eines adaptiven Angreifers aber durchaus denkbar. Für den Fall eines adaptiven, aktiven und effizienten Angreifers ist sichere Multiparty-Computation unter der Annahme 11.1 möglich, wenn der Angreifer lediglich weniger als ein Drittel der Teilnehmer kontrolliert.

Die dargestellten Resultate verdeutlichen nochmals die Schwierigkeit, Multiparty-Computation-Protokolle zu entwickeln. Es gibt kein allgemeines mathematisches Konzept, mit dem sich generell sichere Multiparty-Computation-Protokolle entwerfen lassen. Das bedeutet, dass man in einem konkreten Anwendungsszenario entscheiden muss, ob sichere Multiparty-Computation überhaupt möglich ist und wie man sie erreicht.

20.2 Secret-Sharing-Verfahren

Secret-Sharing-Verfahren sind eines der größten Teilgebiete der Multiparty-Computations, und gleichzeitig stellen sie einen der wichtigsten Bausteine für viele andere Multiparty-Computation-Protokolle dar. Ziel eines Secret-Sharing-Verfahrens ist es, ein Geheimnis so unter mehreren Personen aufzuteilen, dass es später nur unter bestimmten Bedingungen rekonstruiert werden kann. Secret-Sharing-Verfahren werden in der Praxis vor allem auf folgenden Gebieten eingesetzt:

- **Zugangskontrolle:** Das Ergebnis der Rekonstruktion wird mit dem im System gespeicherten Geheimnis verglichen. Bei einer Übereinstimmung wird der Zugang erteilt.

- **Geheimniserzeugung:** Das rekonstruierte Ergebnis, das vorher nicht im System vorlag, wird kryptografisch weiterverarbeitet, zum Beispiel als Signaturschlüssel.

Als Baustein zur Entwicklung komplexer kryptografischer Protokolle werden Secret-Sharing-Verfahren zum Beispiel bei elektronischen Wahlen und elektronischen Münzen eingesetzt.

Ein Beispiel für ein Secret-Sharing-Verfahren sind die (t, n)-**Schwellenschemata** (threshold schemes), bei denen das Geheimnis unter n Personen aufgeteilt wird und je t oder mehr der Personen das Geheimnis wiederherstellen können. Man bezeichnet t auch als die „Schwelle" (threshold) des Verfahrens.

Ein weiteres Beispiel sind Secret-Sharing-Verfahren mit **komplexen Zugriffsstrukturen**: Bei Secret-Sharing-Verfahren mit einer komplexen Zugriffsstruktur wird keine Schwelle überschritten, sondern das Geheimnis kann nur dann rekonstruiert werden, wenn die Teilgeheimnisse aus einer zuvor festgelegten Zugriffsstruktur stammen. Als Beispiel möge Abbildung 20.3 dienen. Die großen schwarzen Figuren stehen für die Direktoren einer Firma, die kleinen grauen für Mitarbeiter. Das Geheimnis soll rekonstruiert werden können, wenn zwei Direktoren, drei Mitarbeiter oder ein Direktor und zwei Mitarbeiter dazu bereit sind. Offensichtlich ist hier keine Schwelle gegeben, sondern die Teilnehmer werden auf verschiedene Ebenen eingestuft. Hier müssen im Vorfeld die Teilmengen festgelegt werden, die das Geheimnis rekonstruieren können. Eine Zugriffsstruktur heißt **monoton**, wenn auch jede Obermenge der zuvor festgelegten Zugriffsstruktur zur Geheimnisrekonstruktion zulässig ist.

Abbildung 20.3 Beispiel einer monotonen Zugriffsstruktur

20.2.1 Schwellenschemata

In einem (t, n)-Schwellenverfahren, $t \leq n$, t, $n \in \mathbb{N}$, wird das Geheimnis s in genau n Teilgeheimnisse $s_1, \ldots, s_n$ aufgeteilt, so dass Folgendes gilt:

- Aus t oder mehr Teilgeheimnissen kann das Geheimnis rekonstruiert werden.

- Aus $t' < t$ Teilgeheimnissen kann man das Geheimnis nicht berechnen.

Die Aufteilung des Geheimnisses in n Teilgeheimnisse wird in jedem Secret-Sharing-Verfahren durch eine vertrauenswürdige Instanz, dem so genannten **Dealer**, übernommen. Die entsprechenden Teilgeheimnisse werden dann über einen sicheren Kanal an die einzelnen Teilnehmer verteilt. Zur Rekonstruktion müssen sich dann entsprechend mindestens t der Teilnehmer zusammenfinden, um das Geheimnis aufzudecken.

Das Schwellenschema von Shamir

Zur Konstruktion eines (t, n)-Schwellenschemas verwendet Shamir, [S79], die Tatsache, dass ein Polynom vom Grad $t - 1$ aus $K[x]$, wobei K ein endlicher Körper ist, durch t verschiedene Punkte eindeutig bestimmt ist.

Zunächst wird das Sicherheitsniveau des Schwellenschemas festgelegt, indem sich die Teilnehmer auf eine zufällige Primzahl p einigen. Dabei wird hier durch das Sicherheitsniveau die Wahrscheinlichkeit festgelegt, das Geheimnis mit weniger als t der Teilnehmer zu rekonstruieren (vgl. Übungsaufgabe 20.2). Alle weiteren Berechnungen finden in $\mathbb{Z}_p$ statt.

Um das Geheimnis $s \in \mathbb{Z}_p$ aufzuteilen, legt sich der Dealer auf ein Polynom vom Grad $t - 1$ fest, indem er zufällig Koeffizienten $a_1, \ldots, a_{t-1} \in \mathbb{Z}_p$, $a_{t-1} \neq 0$ wählt und das Polynom $f(x) = s + a_1 x + \ldots + a_{t-1} x^{t-1}$ vom Grad $t - 1$ bildet. Das Geheimnis ist $s = f(0)$. Die einzelnen Teilgeheimnisse s_i berechnet er als $s_i = f(x_i)$, $i = 1, \ldots, n$. Die x_i werden vom Dealer zufällig gewählt und öffentlich bekannt gegeben. Jeder Teilnehmer P_i erhält das Teilgeheimnis s_i.

Zur Rekonstruktion des Geheimnisses, müssen mindestens t verschiedene Teilnehmer kooperieren. Sie geben ihre Teilgeheimnisse s_i preis und können so zum Beispiel mit Hilfe der Lagrangeschen Interpolationsformel das Geheimnis $s = f(0)$ berechnen:

$$f(x) = \sum_{i=1}^{t} \frac{(x - x_1) \cdots (x - x_{i-1})(x - x_{i+1}) \cdots (x - x_t)}{(x_i - x_1) \cdots (x_i - x_{i-1})(x_i - x_{i+1}) \cdots (x_i - x_t)} s_i.$$

Finden sich zur Aufdeckung des Geheimnisses nur $t' < t$ Teilnehmer zusammen, so können sie das Geheimnis nicht eindeutig rekonstruieren, da jeder Punkt auf der y-Achse als Geheimnis in Frage kommen kann. Zu Beginn dieses Kapitels wurde diskutiert, wann und unter welchen Voraussetzungen Multiparty-Computation

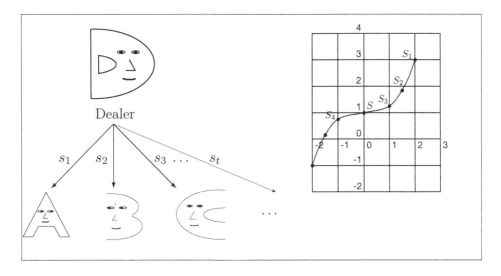

Abbildung 20.4 Geheimnisaufteilung

sicher ist. Um die Sicherheit einer Multiparty-Computation zu beschreiben, betrachtet man vor allem das mögliche Fehlverhalten unehrlicher Teilnehmer, das
sich selbst in einem idealisierten Modell nicht verhindern lässt. Shamirs Schwellenschema besteht aus zwei Phasen, der Geheimnisaufteilung und der Geheimnisrekonstruktion.

Während der Geheimnisaufteilung werden die Teilgeheimnisse vom Dealer
an die einzelnen Teilnehmer gesendet. Dabei lassen sich folgende Aktionen des
Dealers nicht ausschließen:

Geheimnisaufteilung:

- Der Dealer kann alle Teilgeheimnisse s_i falsch berechnen.

- Der Dealer kann die Teilgeheimnisse s_i veröffentlichen.

- Der Dealer kann $t' < t$ Teilgeheimnisse ausgeben.

Zur Geheimnisrekonstruktion müssen t Teilnehmer ihr Geheimnis öffnen. Unge-
achtet dessen, wie sie das Geheimnis letztendlich rekonstruieren, können auch hier
folgende Aktionen nicht ausgeschlossen werden:

Geheimnisrekonstruktion:

- Die Teilnehmer weigern sich, die Teilgeheimnisse preiszugeben.

- Die Teilnehmer geben einen falschen Wert preis.

Offensichtlich muss man bei Shamirs Schwellenschema sehr starkes Vertrauen in
den Dealer setzen, aber auch die Teilnehmer müssen sich in diesem Schema korrekt
verhalten.

Für den praktischen Einsatz ist dies keine realistische Annahme. Daher fordert man, dass ein solches System auch dann noch **robust** sein soll, das heißt zum gewünschten Ziel führt, wenn sich eine relativ kleine Menge von Teilnehmern nicht kooperativ verhält.

Es gibt zahlreiche Varianten des Shamir-Schwellenverfahrens. Dazu werden verschiedene Modelle herangezogen. Die unterschiedlichen Systeme bieten Schutz gegen:

- einen betrügerischen Dealer,

- nicht zu große Teilmengen von betrügerischen Teilnehmern.

20.2.2 Verifizierbare Geheimnisaufteilung

Eine sehr einfache Lösung, die wenigstens eine Kontrolle darüber erlaubt, ob sich Teilnehmer und Dealer richtig verhalten oder nicht, ist die so genannte **verifizierbare Geheimnisaufteilung** (verifiable secret sharing - VSS).

Das entscheidende Hilfsmittel ist eine homomorphe Einwegfunktion E, die die Gruppe $(G, +)$ auf $(H, \oplus)$ abbildet, das heißt ein Gruppenhomomorphismus von $(G, +)$ auf $(H, \oplus)$, der die Einwegeigenschaft erfüllt. Wir betrachten das Ganze an Hand eines vereinfachten Beispiels: Der Dealer teilt das Geheimnis s zwischen zwei Teilnehmern A und B auf. Nur diese beiden sollen das Geheimnis auch rekonstruieren können.

Das Geheimnis s sei ein Element der Gruppe G, auf der die Verknüpfung '+' operiert. Dann geschieht die Aufteilung durch zwei weitere Gruppenelemente: $s = s_1 + s_2$. Der Dealer veröffentlicht die Werte $E(s)$, $E(s_1)$ und $E(s_2)$. Da E eine Einwegfunktion ist, kann niemand aus diesen Werten das Geheimnis oder eines der Teilgeheimnisse berechnen. Jeweils eines der Teilgeheimnisse sendet er vertraulich an A bzw. B (vgl. Abbildung 20.5).

Durch dieses Verfahren können beide feststellen, ob das Teilgeheimnis, das sie erhalten haben, auch zu den veröffentlichten Werten passt. Beide können wegen der Homomorphie der Funktion E die öffentlichen Werte überprüfen und somit feststellen, ob das Geheimnis auch korrekt aufgeteilt worden ist. Außerdem können beide zu jeder Zeit kontrollieren, ob der jeweils andere auch das richtige Teilgeheimnis preisgegeben hat. Dieses Verfahren lässt sich in einfacher Weise auch auf n Teilnehmer verallgemeinern.

Dazu betrachten wir als konkretes Beispiel ein (t, n)-Schwellenschema. Als homomorphe Einwegfunktion dient die diskrete Exponentialfunktion in $\mathbb{Z}_p$ zur Basis g. Der Dealer wählt ein Polynom vom Grad $t - 1$, in dem er zufällige Koeffizienten $a_0, a_1, \ldots, a_{t-1}$ wählt. Das Geheimnis ist $s = f(0)$. Der Dealer veröffentlicht zunächst $g^{a_i} \bmod p$, für $i = 0, \ldots, t - 1$. Anschließend berechnet er die Teilgeheimnisse $s_i = f(x_i)$ für die zufällig gewählten x_i, $i = 1, \ldots, n$ und publiziert sämtliche x_i sowie $g^{f(x_i)}$.

An die Teilnehmer sendet er vertraulich die Teilgeheimnisse $s_i = f(x_i)$. Jeder der Teilnehmer kann Folgendes feststellen:

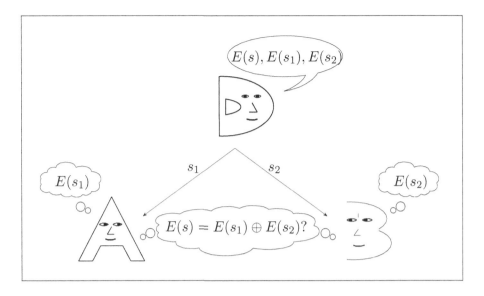

Abbildung 20.5 Verifizierbare Geheimnisaufteilung

- Da Teilnehmer P_i den Wert $f(x_i)$ kennt, kann er feststellen, ob $g^{f(x_i)}$ vom Dealer korrekt berechnet wurde.

- P_i kann für alle Teilgeheimnisse prüfen, ob $\prod_{j=0}^{t-1}(g^{a_j})^{x_i^j} \equiv g^{f(x_i)} \bmod p$ gilt.

Der Dealer hat damit praktisch keine Betrugsmöglichkeit mehr. Denn alle von ihm berechneten Werte sind für die Teilnehmer verifizierbar. Das gilt aber auch bei der Rekonstruktion des Geheimnisses. Alle Beteiligten können feststellen, ob ein Teilnehmer das korrekte Teilgeheimnis preisgegeben hat oder nicht, da für alle Teilgeheimnisse der Wert $g^{f(x_i)}$ öffentlich ist.

20.3 Threshold-Signaturverfahren

Die beschriebenen Secret-Sharing-Verfahren haben einen Nachteil: Zur Rekonstruktion des Geheimnisses müssen die Teilnehmer ihre Teilgeheimnisse wieder preisgeben.

In vielen Anwendungen soll aber gerade dies vermieden werden. Zum Beispiel sollen zum Signieren einer Nachricht t Personen aus einer Gruppe von n Personen benötigt werden ($t \leq n$). Wenn man den Signaturschlüssel mittels eines (t, n)-Schwellenschemas auf die n Teilnehmer aufteilt, kennen nach der Wiederherstellung des Signaturschlüssels t Personen den Signaturschlüssel. Das heißt, nach der Rekonstruktion kann jeder der t Personen Nachrichten signieren. Es müsste also ein neuer Schlüssel generiert und aufgeteilt werden, ein für den praktischen Einsatz zu ineffizienter Lösungsansatz.

Signaturschemata, bei denen die beteiligten Personen ihr Teilgeheimnis nicht preisgeben müssen, werden auch als (t, n)-**Threshold-Signaturverfahren** bezeichnet. Wie bei einem Schwellenschema teilt ein Dealer den geheimen Schlüssel auf n Personen auf. Zum Signieren einer Nachricht sind $t \leq n$ Personen nötig. Jede dieser t Personen erstellt eine Teilsignatur. Diese werden dann durch einen so genannten **Combiner**, eine weitere vertrauenswürdige Instanz, zu einer Signatur zusammengefügt.

Im Folgenden wird ein (t, n)-Threshold-Signaturverfahren [LHL] vorgestellt, das auf dem ElGamal-Signaturschema beruht:

Zunächst wird wie bei einem Schwellenschema das Sicherheitsniveau des Threshold-Signaturverfahrens festgelegt. Dies geschieht dadurch, dass sich die Teilnehmer auf eine kollisionsresistente Hashfunktion $\mathcal{H}$ und zwei Primzahlen p, q mit $q|(p-1)$ festlegen. Ferner wählen sie zufällig einen Generator g der eindeutigen zyklischen Untergruppe G_q von $\mathbb{Z}_p^*$. Anschließend legt sich der Dealer auf das Polynom $f(x) = a_0 + a_1 x + \ldots + a_{t-1} x^{t-1}$ fest, indem er zufällige Koeffizienten $a_0, \ldots, a_{t-1} \in \mathbb{Z}_q$ wählt. Der geheime Schlüssel aller Teilnehmer ist $k = f(0)$, und der öffentliche Schlüssel ist $y = g^k \bmod p$.

Zur Festlegung der Teilgeheimnisse der einzelnen Teilnehmer wählt der Dealer zufällige Werte u_i aus $\mathbb{Z}_q^*$ und berechnet $s_i = u_i + f(x_i)$, $i = 1, \ldots, n$. Die x_i werden veröffentlicht. Anschließend berechnet der Dealer für jede Person P_i die öffentlichen Schlüssel $y_i = g^{s_i} \bmod p$ und $z_i = g^{u_i} \bmod p$.

Um eine Nachricht m zu signieren, wählt zunächst jede der Personen P_i zufällig $k_i \in \mathbb{Z}_q$ und berechnet $r_i \equiv g^{k_i} \bmod p$. Der Wert r_i wird an die anderen Personen der Gruppe gesendet. Haben sich t Personen zu einer Gruppe $\mathcal{B}$ zusammengefunden, berechnet jede der Personen P_i:

$$R = \prod_{P_i \in \mathcal{B}} r_i \equiv g^{\sum_{P_i \in \mathcal{B}} k_i} \bmod p$$

sowie

$$E = \mathcal{H}(m, R) \bmod q$$

und die daraus resultierende Teilsignatur der Nachricht m:

$$c_i = \prod_{P_j \in \mathcal{B}, \, j \neq i} \frac{-x_j}{x_i - x_j} + k_i \cdot E \bmod q.$$

Die Teilsignaturen werden dann zum Combiner geschickt, der diese verifiziert:

$$g^{c_i} \stackrel{?}{\equiv} y_i^{\prod_{P_i \in \mathcal{B}, \, j \neq i} \frac{-x_j}{x_i - x_j}} \cdot r_i^E \bmod p.$$

Wenn alle Verifikationen gelingen, berechnet der Combiner

$$\sigma \equiv \sum_{P_i \in \mathcal{B}} c_i \bmod q.$$

Die Signatur der Nachricht m ist $(\mathcal{B}, R, \sigma)$. Um eine Signatur zu verifizieren, berechnet man:

$$T \equiv \prod_{P_i \in \mathcal{B}} z_i^{\prod_{P_j \in \mathcal{B}, j \neq i} \frac{-x_j}{x_i - x_j}} \mod p$$

sowie

$$E \equiv \mathcal{H}(m, R) \mod q$$

und prüft, ob die Kongruenz $g^\sigma \equiv yTR^E \mod p$ gilt.

Bemerkungen

1. Um eine Signatur verifizieren zu können, müssen die an der Signaturerstellung beteiligten Personen aus $\mathcal{B}$ bekannt sein.

2. Sowohl Dealer als auch Combiner können wie bei den (t, n)-Schwellenschemata, in ihrem Verhalten vom Protokoll abweichen. In der Praxis muss man sich also je nach Anwendung dagegen absichern.

3. Wenn sich eine Person der Gruppe nicht korrekt verhält, so kann das Fehlverhalten anhand der Verifikation der entsprechenden Teilsignatur durch den Combiner festgestellt werden, und die Teilsignatur kann gegebenenfalls vernachlässigt werden.

4. Auch für die RSA-Signatur existieren (t, n)-Threshold-Varianten, siehe zum Beispiel [DF91].

5. Im praktischen Einsatz kann auf den Combiner verzichtet werden, da die Signatur auch ohne einen Combiner erstellt werden kann. Beispielsweise können die beteiligten Personen ihre Teilsignaturen berechnen und diese über einen Broadcastkanal an die anderen Personen senden.

20.4   Der Münzwurf am Telefon

Der Münzwurf am Telefon ist ein Verfahren, das zur Generierung von Sitzungsschlüsseln verwendet werden kann. Das Protokoll ermöglicht es zwei Personen einen zufälligen Schlüssel zu generieren, dessen Struktur von keiner der beiden Personen manipuliert werden kann. Dazu möge folgendes Beispiel dienen:
Zwei Personen A und B, die miteinander telefonieren, möchten einen Termin vereinbaren, können sich aber nicht auf einen gemeinsamen Treffpunkt einigen. A schlägt vor, einem Münzwurf die Entscheidung zu überlassen. Da B den Ausgang des Münzwurfs nicht überprüfen kann und auch von A's Ehrlichkeit nicht überzeugt ist, hat er natürlich Bedenken. Schließlich möchte B sichergehen, dass er die gleiche Erfolgswahrscheinlichkeit wie A hat.
Kryptografisch lässt sich das Problem des fairen Münzwurfs zum Beispiel mit dem im Folgenden beschriebenen Protokoll lösen.

Teilnehmer A beginnt, indem er zwei Primzahlen p und q wählt und das Produkt $n = pq$ berechnet. Die Spielregel ist die folgende:

B hat gewonnen, wenn er am Ende des Spiels n faktorisieren kann. A gewinnt, wenn B die Zahl n nicht faktorisieren kann. A sollte daher eine Zahl wählen, die schwer zu faktorisieren ist. Das heißt, die Primzahlen sollten hinreichend groß sein. A sendet n an B.

B wählt eine Zufallszahl r aus $\mathbb{Z}_n$. Er quadriert sie modulo n und sendet das Ergebnis $k = r^2 \bmod n$ an A.

Da A die Faktorisierung von n kennt, kann er die vier Quadratwurzeln $\pm x$ und $\pm y$ von k bestimmen, vgl. Kapitel 12.3. Man beachte, dass entweder $x \equiv \pm r \bmod n$ oder $y \equiv \pm r \bmod n$ gilt. A wählt eine der Quadratwurzeln aus, die im Folgenden mit x bezeichnet wird, und sendet sie an B.

B überprüft, ob er die Quadratwurzel x schon kennt. Wenn $x \equiv \pm r \bmod n$ ist, hat A genau die Quadratwurzel ausgewählt, die B bereits kannte, das heißt, er hat nichts gewonnen. Er kann n nach wie vor nicht faktorisieren. Wenn $x \equiv \pm r \bmod n$ jedoch nicht gilt, kennt B jetzt alle vier Wurzeln und kann somit nach Satz 12.1 n faktorisieren.

Falls A den Modul n hinreichend groß wählt, ist die Erfolgswahrscheinlichkeit von A (ebenso wie die von B) gleich $1/2$. Obwohl A durch die Wahl des Modul n im Vorteil zu sein scheint, da A dadurch das Sicherheitsniveau des Spiels bestimmt, beträgt die Gewinnwahrscheinlichkeit für A höchstens $1/2$. Denn wählt A den Modul n schlecht aus, so ist B gar nicht darauf angewiesen, die fehlende Quadratwurzel zu bekommen, sondern kann andere Algorithmen wie das quadratische Sieb anwenden. Also stehen die Chancen für A schlechter als $1/2$. Insofern ist das Spiel fair: A legt zwar das Sicherheitsniveau fest, kann aber durch eine ungeschickte Wahl nur sich selbst schaden.

20.5   Oblivious-Transfer

Ein **Oblivious-Transfer**, auf deutsch etwa „unbemerkte Übertragung", beschreibt folgende Situation:

Teilnehmer A möchte Teilnehmer B eine Nachricht m schicken. Dabei fordert A, dass B die Nachricht nur mit einer Wahrscheinlichkeit von $1/2$ erhalten soll. B akzeptiert diese Forderung, fordert aber seinerseits, dass A nicht erfahren darf, welcher der beiden Fälle eingetreten ist, das heißt, A darf am Ende nicht wissen, ob B die Nachricht m kennt. Protokolle, die diese Eigenschaft erfüllen, bezeichnet man als **Oblivious-Transfer** (OT).

Wenn B am Ende des im vorherigen Abschnitt vorgestellten Protokoll A nicht mitteilt, ob er n faktorisieren kann und gegebenenfalls das Geheimnis von A kennt, so kann man das Protokoll auch wie folgt interpretieren:

Teilnehmer A ist im Besitz einer Nachricht x. Nach Ablauf des Protokolls ist Teilnehmer B mit einer Wahrscheinlichkeit von $1/2$ im Besitz von x, und A weiß

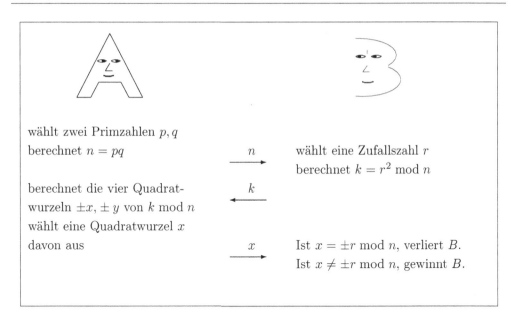

wählt zwei Primzahlen p, q
berechnet $n = pq$ n wählt eine Zufallszahl r
            $\longrightarrow$ berechnet $k = r^2 \bmod n$

berechnet die vier Quadrat- k
wurzeln $\pm x, \pm y$ von $k \bmod n$ $\longleftarrow$
wählt eine Quadratwurzel x
davon aus x Ist $x = \pm r \bmod n$, verliert B.
            $\longrightarrow$ Ist $x \neq \pm r \bmod n$, gewinnt B.

Abbildung 20.6 Münzwurf am Telefon

nicht, welcher der beiden Fälle eingetreten ist. Die beiden Teilnehmer führen also einen Oblivious-Transfer durch.

Eine weitere praktische Variante des OT ist der so genannte **1-aus-2-Oblivious-Transfer** (O_2^1), bei dem Teilnehmer A im Besitz zweier Geheimnisse s_0 und s_1 ist. Ein O_2^1-Protokoll erfüllt folgende Eigenschaften:

- Am Ende des Protokolls erhält B genau eines der beiden Geheimnisse und erfährt nichts über das andere.

- A weiß nicht, welches Geheimnis B erhalten hat.

Ein Beispiel für einen O_2^1 ist das folgende Protokoll:

Teilnehmer A kennt zwei Geheimnisse s_0 und s_1. öffentlich bekannt sei ein Generator g von $\mathbb{Z}_p^*$ sowie ein Element c aus $\mathbb{Z}_p^*$, dessen diskreter Logarithmus zur Basis g keinem der beiden Teilnehmer bekannt ist.

Angenommen B möchte das Geheimnis s_1 von A erhalten. Dazu wählt er eine Zufallszahl x aus $\mathbb{Z}_p^*$, berechnet

$$\beta_1 = g^x \bmod p \text{ sowie } \beta_0 = c(g^x)^{-1} \bmod p$$

und schickt die beiden Werte an A.

Um zu überprüfen, ob B die beiden Werte richtig berechnet hat, verifiziert A, ob

$$\beta_0 \beta_1 = c \bmod p$$

gilt. Anschließend wählt A zufällig zwei Zahlen y_0 und y_1 und berechnet die Diffie-Hellman-Schlüssel $\gamma_i = \beta_i^{y_i} \bmod p$. Mit diesen Schlüsseln verschlüsselt A die beiden Geheimnisse zu

$$r_j = s_j \oplus \gamma_j.$$

Die verschlüsselten Geheimnisse r_0, r_1 schickt A zusammen mit $\alpha_j = g^{\gamma_j} \bmod p$ an B.

Mit Hilfe von α_1 kann B das Geheimnis s_1 entschlüsseln, indem er zunächst den gemeinsamen Diffie-Hellman-Schlüssel $\alpha_1^x = g^{xy_1} = \beta_1^{y_1} = \gamma_1$ berechnet und anschließend

$$s_1 = r_1 \oplus \gamma_1$$

entschlüsselt.

B kann das Geheimnis s_0 nicht entschlüsseln, da er den Diffie-Hellman-Schlüssel $\gamma_0 = \beta_0^{y_0} = c^{y_0}(g^x)^{-y_0}$ nicht berechnen kann. Denn dazu müsste B den diskreten Logarithmus von c zur Basis g kennen.

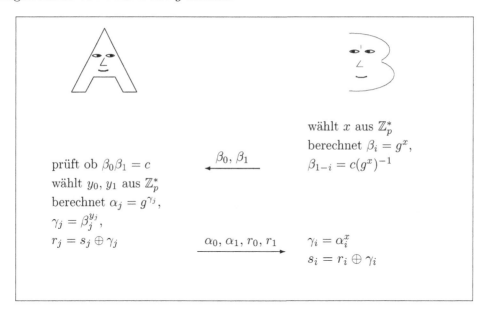

Abbildung 20.7 1-aus-2-Oblivious-Transfer

Es ist leicht zu zeigen, dass man aus einem O_2^1-Protokoll immer ein OT-Protokoll konstruieren kann. Die umgekehrte Richtung wurde in [Cre87] gezeigt.

Oblivious-Transfer-Protokolle gibt es in zahlreichen anderen Varianten. Eine davon ist der **1-aus-n-Oblivious-Transfer**. Man kann aber zeigen, dass sie alle äquivalent zu einander sind. OT-Protokolle eignen sich gut als Bausteine für andere kryptografische Verfahren. 1988 wurde sogar gezeigt, dass man die gesamte Kryptografie auf der Basis des Oblivious-Transfers aufbauen kann [K88]. In der Praxis werden Oblivious-Transfer-Protokolle zum Beispiel bei Online-Auktionen, siehe unter anderem [JuSz], eingesetzt.

20.6 Übungen

1. Entwerfen Sie ein $(3, 6)$-Shamir-Schwellenschema über $\mathbb{Z}_7$.

2. Zeigen Sie, dass Shamirs (t, n)-Schwellenschema *perfekt* ist. Ein (t, n)-Schwellenschema heißt *perfekt*, falls weniger als t Teilnehmer bei der Rekonstruktion keine Information über das Geheimnis erhalten. Die t Teilnehmer können das Geheimnis also nur mit einer Wahrscheinlichkeit von $1/p$ erraten.

3. Entwerfen Sie mit Hilfe des in 20.2.2 vorgestellten Verfahren ein verifizierbares Geheimnisteilungsverfahren mit $t = 3$ und $n = 6$ über $\mathbb{Z}_7$.

4. Zeigen Sie, dass im Falle einer korrekten Durchführung des in 20.3 vorgestellten Protokoll, die Verifikation am Ende des Protokolls gelingt.

5. Interpretieren Sie die folgende Abbildung als ein Oblivious-Transfer-Protokoll: Teilnehmer A wirft eine Kugel in einen Schacht, der eine Etage tiefer endet. A kann den Schacht nicht einsehen, und B befindet sich in einem der beiden Räume, die durch eine spitz zulaufende Mauer getrennt werden, so dass B den anderen Raum nicht betreten kann. Die Kugel wird mit einer Wahrscheinlichkeit von $\frac{1}{2}$ in den Raum fallen, in dem sich B befindet.

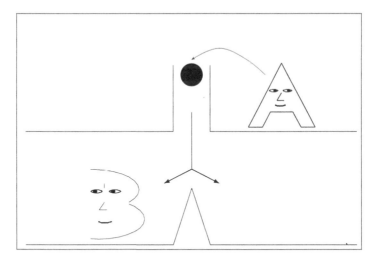

6. Interpretieren Sie die folgende Abbildung als ein 1-aus-2-Oblivious-Transfer-Protokoll. Teilnehmer A wirft je eine Kugel in die beiden Schächte, die von A nicht eingesehen werden. Die Kugeln fallen in zwei Räume eine Etage tiefer. In einem der beiden Räume befindet sich B. Der andere Raum ist für B nicht zugänglich.

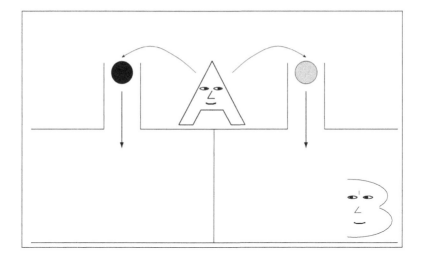

21 Anonymität

Die **Anonymität** von Systemteilnehmern ist eine relativ neue Aufgabe der Kryptografie. Anonymität, also das Verbergen einer Teilnehmeridentität, hat in einem Kommunikationsnetz verschiedene Aspekte:

- **Senderanonymität:** Der Sender einer Nachricht möchte seine Identität vor dem Empfänger der Nachricht verbergen. Im Alltagsleben treten solche Situationen zum Beispiel bei anonymen Hinweisen für die Polizei auf.

- **Empfängeranonymität:** Der Empfänger einer Nachricht möchte seine Identität verbergen. Chiffre-Anzeigen sind hierfür ein Beispiel.

- **Anonymität der Kommunikationsbeziehung:** Sender und Empfänger können einander eine Identität zuordnen, möchten jedoch, dass die Tatsache, dass sie miteinander kommunizieren, vor den anderen Systemteilnehmern verborgen bleibt.

In kryptografischen Anwendungen tritt häufig der Fall auf, dass Teilnehmer innerhalb der Anwendung anonym bleiben wollen. Dazu gehören beispielsweise elektronische Wahlen oder elektronisches Bezahlen. Es gibt mittlerweile eine ganze Reihe von kryptografischen Maßnahmen, die die Anonymität von Teilnehmern umsetzen oder unterstützen. Dazu gehören die so genannten **MIX-Netze**, **blinde Signaturen** und **Pseudonyme**.

21.1 MIX-Netze

Ein MIX hat zunächst die Aufgabe, die Kommunikationsbeziehung zwischen einzelnen Teilnehmern zu verschleiern. Im Prinzip macht ein MIX nichts anderes, als die Nachrichten, die innerhalb eines bestimmten Zeitintervalls im Netz versendet werden, zu sammeln, zu mischen und nach einer gewissen Zeit weiterzusenden.

Angenommen, Teilnehmer A will an B eine Nachricht schicken, diese Tatsache aber geheim halten. Mit Hilfe von Briefumschlägen können wir uns das wie folgt vorstellen: A adressiert seine Mitteilung an B, indem er seinen Namen auf einen Umschlag schreibt, dann steckt er diesen in einen anderen Umschlag, der an den MIX adressiert ist, und sendet ihn an den MIX. Der MIX entfernt den äußeren Umschlag und sendet den darin enthaltenen inneren Umschlag an B.

Kryptografisch lässt sich dieses Vorgehen leicht umsetzen. A verschlüsselt die Nachricht m zunächst so, dass nur B sie lesen kann. In Abbildung 21.2 wird dieses Chiffrat mit $c := f_K(m)$ bezeichnet, wobei K entweder ein gemeinsamer geheimer

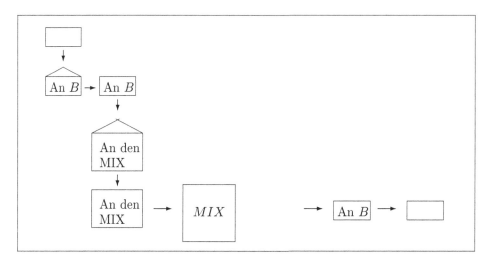

Abbildung 21.1 Versenden einer Nachricht über einen MIX

Schlüssel zwischen A und B ist oder B's öffentlicher Schlüssel. Dem Chiffrat fügt er B's Adresse bei und verschlüsselt alles mit dem öffentlichen Schlüssel E_{Mix} des MIXes.

Der MIX kann mit seinem privaten Schlüssel D_{Mix} die äußere Verschlüsselung entfernen und das in ihr enthaltene Chiffrat an B weiterschicken.

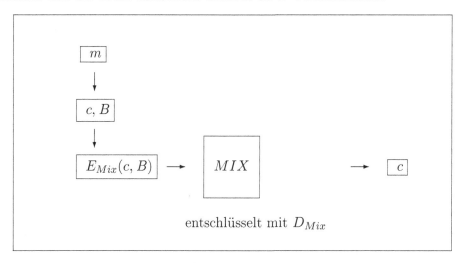

Abbildung 21.2 Kryptografische Umsetzung

Die Anonymität wird nur dann gewährleistet, wenn stets viele Nachrichten gesendet werden. Abbildung 21.3 illustriert die Situation, dass es drei Sender gibt, die alle innerhalb eines gewissen Zeitintervalls eine Nachricht an den MIX schicken. Der MIX sammelt die Nachrichten, packt sie aus, mischt sie und sendet sie an die angegebenen Empfänger.

Ein Angreifer, der diese Sendevorgänge beobachtet, kann nicht feststellen, welche Teilnehmer miteinander kommunizieren. Natürlich wird er vermuten, dass Bonnie mit Clyde kommuniziert. Er kann aber seine Vermutung durch das Beobachten der Sende- und Empfangsvorgänge nicht bestätigen. Der MIX sorgt also dafür, dass ein Angreifer nicht mehr Informationen aus dem Geschehen im Netz erhält, als er ohnehin schon hatte.

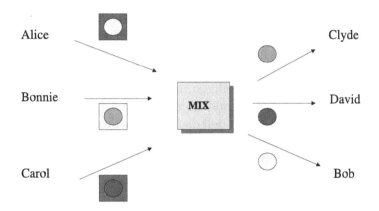

Abbildung 21.3 Mischen und Auspacken

Mit Hilfe eines MIXes bleiben Kommunikationsbeziehungen verborgen. Tatsächlich leistet der MIX noch mehr: Wenn der Sender keinen Hinweis auf seine Identität in die Nachricht einbaut, dann ist dieses Vorgehen auch **senderanonym**. Denn der Empfänger der Nachricht kann nicht feststellen, von wem er die Nachricht erhalten hat. Er kann dem ihm unbekannten Sender allerdings auch nicht antworten. Um also eine senderanonyme Kommunikationsbeziehung aufzubauen, muss A noch mehr tun, als nur seine Nachrichten über den MIX schicken. Er muss seinen Nachrichten eine **anonyme Rückadresse** beifügen. Dieses Konzept stammt, wie auch das Konzept des MIXes, von David Chaum, [Ch81].

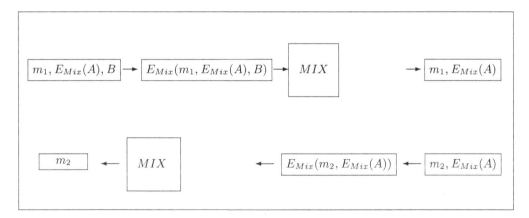

Abbildung 21.4 Anonyme Rückadresse

Dazu verschlüsselt A seine eigene Adresse unter dem öffentlichen Schlüssel des MIXes; er erhält $E_{Mix}(A)$ und fügt diesen Geheimtext seiner Nachricht m_1 an B hinzu. B kann die Adresse, an die er antworten soll, nicht entschlüsseln, da er den privaten Schlüssel des MIXes nicht kennt. Er kann lediglich seiner Antwort m_2 die anonyme Rückadresse hinzufügen, so dass der MIX beim Auspacken der Nachricht merkt, dass auch die Rückadresse verschlüsselt ist. Der MIX entschlüsselt die Zieladresse und stellt die Antwort A zu.

Mit einem ähnlichen Vorgehen kann man auch die Empfängeranonymität mittels eines MIXes erreichen, indem B dort eine Art „Postfach" einrichtet.

Die einzige Instanz, die in der Lage ist, alle Kommunikationsbeziehungen zu rekonstruieren, ist der MIX. Er weiß, von wem er die Nachricht erhält und an wen er sie weiterschicken soll. Die Beteiligten müssen dem MIX also vertrauen, dass er korrekt arbeitet und diese Informationen nicht preisgibt.

Man kann dieses Vertrauensmodell dadurch abschwächen, dass man im Kommunikationsnetz verschiedene MIXe einrichtet. A kann sich dann eine Kaskade von MIXen aussuchen, denen er ein gewisses Vertrauen entgegenbringt. Arbeitet auch nur ein MIX in dieser Kaskade korrekt, so ist die Kommunikationsbeziehung zwischen A und B anonym.

Abbildung 21.5   MIX-Kaskade

21.1.1   Kryptografische Sicherheit eines MIXes

Die einzige kryptografische Maßnahme, die ein MIX verwendet, ist ein Public-Key-Verschlüsselungsverfahren. Der folgende Angriff, der erst lange nach der Entwicklung des MIX-Konzeptes entdeckt worden ist, zeigt, dass hier kein beliebiges Verschlüsselungsverfahren benutzt werden kann.

Angenommen, der Angreifer fängt alle Nachrichten ab, die der MIX empfängt und sendet. Da der öffentliche Schlüssel des MIXes auch dem Angreifer zugänglich ist, verschlüsselt er alle vom MIX ausgehenden Nachrichten probeweise mit dem öffentlichen Schlüssel des MIXes und vergleicht das Ergebnis mit den vom MIX empfangenen Nachrichten.

Wenn das Verschlüsselungsverfahren des MIXes deterministisch ist, so kann der Angreifer jeder ausgehenden Nachricht die passende eingehende Nachricht zuordnen und damit die Anonymität der Kommunikationsbeziehung aufheben.

Dass dies ein ernst zu nehmender Angriff ist, kann man leicht sehen, wenn man annimmt, dass der MIX den RSA-Algorithmus als Verschlüsselungsverfahren benutzt, wie dies in Abbildung 21.6 dargestellt ist.

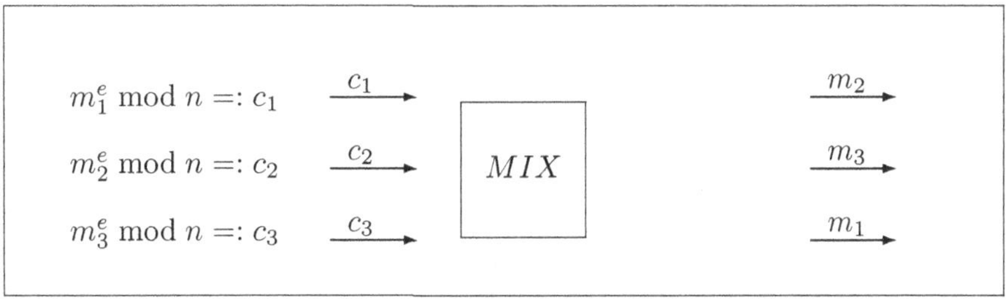

$$m_1^e \bmod n =: c_1 \quad \xrightarrow{c_1} \qquad \boxed{MIX} \qquad \xrightarrow{m_2}$$

$$m_2^e \bmod n =: c_2 \quad \xrightarrow{c_2} \qquad \qquad \xrightarrow{m_3}$$

$$m_3^e \bmod n =: c_3 \quad \xrightarrow{c_3} \qquad \qquad \xrightarrow{m_1}$$

Abbildung 21.6 MIX mit dem RSA-Algorithmus

Eine Probeverschlüsselung bedeutet hier schlicht das Anwenden des öffentlichen Schlüssels auf die ausgehenden Nachrichten.

$$m_2^e \bmod n \overset{?}{=} \begin{matrix} c_1 \\ c_2 \\ c_3 \end{matrix}$$

Abbildung 21.7 Probeverschlüsselung

Entscheidend für die Sicherheit eines MIXes ist also die Verwendung eines probabilistischen Verschlüsselungsverfahrens, vgl. Kapitel 13, das heißt, man muss ein Verfahren verwenden, bei dem der gleiche Klartext unter dem gleichen öffentlichen Schlüssel stets verschieden verschlüsselt wird.

21.1.2 Weitere Sicherheitsmaßnahmen

Man braucht eine Reihe weiterer technischer Maßnahmen, um die korrekte Arbeitsweise eines MIXes sicherzustellen. Die beiden wichtigsten sind die Folgenden:

- Die Nachrichtenlänge muss vereinheitlicht werden, weil sonst ein Vergleich der Geheimtext- und Klartextlängen dem Angreifer das Zuordnen von ein- und ausgehenden Nachrichten ermöglicht.

- Es müssen Dummy-Nachrichten eingefügt werden. Denn wenn in einem längeren Zeitintervall überhaupt nur ein Sender Nachrichten verschickt, so ist es auch bei der Verwendung eines MIXes nicht schwer festzustellen, wer mit wem kommuniziert. Im Netz muss also ein permanenter Betrieb von Nachrichten herrschen. Die größte Anonymität ist gewährleistet, wenn in jedem Zeitintervall alle Teilnehmer die gleiche Anzahl von Nachrichten senden und empfangen.

21.2   Blinde Signaturen

MIX-Netze sind eine grundsätzliche Lösung, wenn Kommunikationsbeziehungen anonymisiert werden sollen. MIX-Netze reichen aber nicht aus, wenn weitere Sicherheitsziele in einer Anwendung erreicht werden sollen, die zusätzliche kryptografische Maßnahmen erfordern. Diese Situation tritt zum Beispiel auf, wenn eine digitale Signatur anonym übermittelt werden soll.

Bei einer digitalen Signatur hängt die Gültigkeit wesentlich vom verwendeten privaten Schlüssel ab, so dass eine Verifikation nur möglich ist, wenn man den Signierer und dessen öffentlichen Schlüssel kennt. Eine direkte Anonymisierung hat hier also keinen Sinn.

Dies ändert sich aber, wenn der Teilnehmer A eine Signatur einer Zentrale besitzt, die A ein gewisses Recht einräumt, zum Beispiel den Zugang zu einem bestimmten Dienst. In einer solchen Situation kann es durchaus erstrebenswert sein, dass weder die Zentrale noch der Dienstleister den Besitzer des signierten Datensatzes erkennen können. Mit der Umsetzung von elektronischem Bargeld werden wir in diesem Abschnitt noch eine Anwendung für diese Situation kennen lernen.

In solchen Situationen ist das Konzept der **blinden digitalen Signatur** hilfreich. Es wurde erstmals für den RSA-Algorithmus von D. Chaum in [Ch81] vorgestellt.

Ein Teilnehmer A erhält dabei eine gültige Signatur eines anderen Teilnehmers B für eine Nachricht m, so dass B nicht nachvollziehen kann, welche Nachricht er signiert hat. Wenn ihm zu einem späteren Zeitpunkt die Nachricht zusammen mit der Signatur vorliegt, dann kann er nicht mehr feststellen, für wen er die Nachricht signiert hat.

Man erreicht dies, indem man die Signaturerstellung interaktiv zwischen A und B durchführt. Als Beispiel betrachten wir die in Abbildung 21.8 dargestellte blinde RSA-Signatur.

Es bezeichnet (n, e) den öffentlichen RSA-Schlüssel des Signierers B und d seinen privaten RSA-Schlüssel.

Der Teilnehmer A wählt zunächst eine Zufallszahl aus $\mathbb{Z}_n^*$ aus und „blendet" die Nachricht m, zu der er eine Signatur von B will, mit $r^e \bmod n$. Das Ergebnis m' sendet er an den Signierer B, der die Nachricht mit einer „normalen" RSA-Signatur versieht. Diese Signatur kann A anschließend „entblenden", indem er die von B gesendete Signatur mit r^{-1}, dem multiplikativen Inversen von $r \bmod n$, multipliziert.

Wenn r gemäß einer Gleichverteilung ausgewählt wurde, dann ist auch m' gleichverteilt, und damit kann der Signierer keine Rückschlüsse auf die originale Nachricht m ziehen.

Die Signatur kann ohne zusätzliche Schwierigkeiten verifiziert werden. Es gilt $sig^e \bmod n = m$, und jeder Teilnehmer des Systems erkennt die Signatur als gültige Signatur von B an.

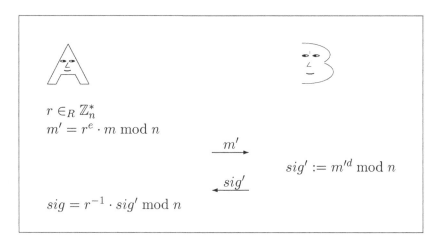

$$r \in_R \mathbb{Z}_n^*$$
$$m' = r^e \cdot m \bmod n$$

$\xrightarrow{\quad m' \quad}$

$$sig' := m'^d \bmod n$$

$\xleftarrow{\quad sig' \quad}$

$$sig = r^{-1} \cdot sig' \bmod n$$

Abbildung 21.8 Blinde RSA-Signatur

Da die RSA-Signatur, wie in Kapitel 14 gezeigt, existentiell fälschbar ist, muss man für die Sicherheit einer blinden Signatur allerdings fordern, dass die Nachricht nicht beliebig ist, sondern einem gewissen Redundanzschema entspricht oder der Hashwert einer sinnvollen Klartextnachricht ist.

Wenn A nicht der Einzige ist, der sich von B Nachrichten blind signieren lässt, und er die Signatur anschließend über ein MIX-Netz versendet, dann gibt es keinen nachvollziehbaren Zusammenhang zwischen A und der Signatur bzw. der Nachricht.

Bei der Konstruktion der blinden RSA-Signatur nutzt man wesentlich die Homomorphie der RSA-Funktion aus. Dies ist aber keine notwendige Voraussetzung für die Blendung einer Signatur. Man kennt für fast alle digitalen Signaturverfahren blinde Varianten.

21.2.1 Elektronisches Geld

Mit dem kryptografischen Baustein der blinden digitalen Signatur lässt sich bereits ein einfaches System zur Umsetzung von digitalem Bargeld angeben, [Ch85].

Herkömmliches Bargeld verfügt im Wesentlichen über drei Eigenschaften:

- Es ist fälschungssicher, das heißt, dass es nur von einer dazu autorisierten Bank ausgestellt werden kann.

- Jeder kann die Echtheit des Geldes anhand der Sicherheitsmerkmale verifizieren.

- Bargeld ist anonym in dem Sinne, dass es keine Information über seinen Besitzer preisgibt.

Mit einer blinden digitalen Signatur hat man diese drei Eigenschaften gegeben. Wenn ein Teilnehmer A mit einer autorisierten Bank ein Protokoll für eine blinde digitale Signatur durchführt, dann besitzt dieser Datensatz die Eigenschaft, dass er nur mit Hilfe der Bank erzeugt worden sein kann, und jeder kann die Echtheit mit dem öffentlichen Schlüssel der Bank verifizieren. Andererseits gibt dieser Datensatz keine Information über A preis, insbesondere weiß auch die Bank nicht, dass sie diesen Datensatz für den Teilnehmer A erstellt hat. Diese Anonymität ist bedingungslos, das bedeutet, dass es nicht einmal eine Seriennummer oder ähnliches gibt, anhand derer die Bank den Besitzer des Datensatzes erkennen kann. Da Geldscheine Seriennummern besitzen, ist diese Konstruktion herkömmlichen Münzen sehr ähnlich.

Ein digitales Münzsystem konstruiert man zum Beispiel, indem eine autorisierte Bank einen öffentlichen RSA-Schlüssel (n, e) und ein Redundanzschema zusammen mit der Information publiziert, dass Datensätze, die mit diesem Schlüssel signiert sind, einen Euro wert sind. Um eine digitale Münze von seinem Konto abzuheben, geht A wie folgt vor: Er authentifiziert sich gegenüber der Bank und lässt sich eine von ihm gewählte Nachricht m blind signieren, wobei die Nachricht das von der Bank vorgegebene Redundanzschema erfüllen muss. Die Bank bucht dann den entsprechenden Gegenwert von A's Konto ab.

Obwohl sich A gegenüber der Bank authentifiziert, hat die Bank keine Information darüber, welchen Datensatz sie für A signiert hat, und sie kann ihn auch später nicht wiedererkennen. Die Authentifizierung dient nur dazu, das Geld vom richtigen Konto abzubuchen.

Demzufolge ist es in A's Interesse, dass die Nachricht m dem vorgegebenen Redundanzschema entspricht, denn andernfalls wurde zwar Geld von seinem Konto abgebucht, er hat aber keine gültige Münze erhalten.

A kann diesen Datensatz für die Bezahlung einer Ware oder eines Dienstes benutzen. Der Empfänger B kann sich von der Echtheit dieser Münze überzeugen, indem er die Signatur der Bank verifiziert. Er kann sich den entsprechenden Gegenwert später bei der Bank für sein Konto gutschreiben lassen.

Das bis hierher skizzierte Geldsystem hat allerdings noch einen Nachteil: Der Empfänger der Münze kann sich nicht davon überzeugen, dass ihm das Original der Münze vorliegt. Oder anders formuliert: A kann eine Münze, die er einmal berechtigterweise abgehoben hat, beliebig oft kopieren und ausgeben. Der Empfänger des Geldes muss also jedes Mal bei der Bank nachfragen, ob mit dieser Münze bereits bezahlt worden ist. Wenn dem nicht so ist, akzeptiert er die Bezahlung, andernfalls lehnt er sie ab.

Man spricht in diesem Fall von einem **online** Münzsystem, da die Geldempfänger für jede Münze eine online Verbindung zur Bank herstellen müssen. Der erste Vorschlag für ein online Münzsystem stammt von D. Chaum, [Ch85].

Es gibt auch **offline** Münzsysteme, bei denen die Struktur der Münzen so verändert wird, dass A seine Münzen zwar kopieren und mehrfach ausgeben kann, allerdings kann die Bank dies im Nachhinein aufdecken und die Identität des Betrügers feststellen. Offline Systeme finden sich z.B. in [CFN88] und [Br93].

Die perfekte Anonymität der digitalen Münzen ist allerdings nicht nur von Vorteil, da insbesondere das Geld aus Erpressungen oder Geldwäsche nicht mehr zurückverfolgt werden kann. Um dem entgegenzuwirken, kann man Münzsysteme mit aufhebbarer Anonymität konstruieren. Münzsysteme mit dieser Zusatzeigenschaft werden auch als **faire** Münzsysteme bezeichnet, vgl. zum Beispiel [FTY98].

Fast alle bekannten digitalen Münzsysteme verwenden blinde Signaturen als Baustein. Dies hat dazu geführt, dass man geglaubt hat, dass es sich bei den blinden Signaturen um eine notwendige Voraussetzung für elektronisches Geld handelt. Erst die Veröffentlichung von T. Sander und A. Ta-Shma, [TS99], im Jahr 1999 hat gezeigt, dass sich sichere Münzsysteme auch ohne blinde Signaturen konstruieren lassen.

Das offline Münzsystem von D. Chaum, A. Fiat und M. Naor

Ein erstes Beispiel für ein digitales Münzsystem, das mit Hilfe der blinden RSA-Signatur konstruiert wurde, haben wir in diesem Abschnitt bereits kennengelernt. Wie man aus diesem online Münzsystem ein offline Münzsystem konstruieren kann, wird im Folgenden am Beispiel des offline Münzsystems von D. Chaum, A. Fiat und M. Naor [CFN88] demonstriert. Das System von D. Chaum, A. Fiat und M. Naor basiert ebenfalls auf der blinden RSA-Signatur und verwendet zum Aufdecken von Betrügern die sogenannte **Cut-and-Choose-Technik**.

Zunächst wird von der Bank das Sicherheitsniveau des Münzsystems festgelegt. Dies geschieht dadurch, dass sich die Bank auf einen RSA-Modul n, zwei kryptografische Hashfunktionen f, g und einen weiteren Sicherheitsparameter k festlegt. Damit die Bank bei der Mehrfachausgabe von Münzen die Identität des Betrügers feststellen kann, verfügt jeder Teilnehmer A des Münzsystems über eine eindeutig bestimmte Kontonummer $u \in \mathbb{Z}_n$ und einen Zähler $v \in \mathbb{Z}_n$, mit dem Transaktionsvorgang zwischen A und der Bank gezählt werden.

Eine Münze abheben Möchte Teilnehmer A eine elektronische Münze C bei der Bank abheben, wird das im Folgenden beschriebene Protokoll zwischen A und der Bank durchgeführt:

Analog zu unserem Beispielmünzsystem wird die elektronische Münze C mit Hilfe der blinden RSA-Signatur erzeugt. Die blinde Signatur gewährleistet die Fälschungssicherheit und Echtheit der Münze sowie die Anonymität der Teilnehmer. Damit die Bank die Identität der Teilnehmer bei der Mehrfachausgabe einer Münze aufdecken kann, sind einige zusätzliche Schritte nötig. Zunächst wählt A für $1 \leq i \leq 2k$ zufällig Werte a_i, c_i, d_i, $r_i \in \mathbb{Z}_n$ und berechnet

$$x_i = g(a_i, c_i),$$
$$y_i = g(a_i \oplus (u||(v+i)), d_i).$$

In die Berechnung von y_i fließen die Werte u und v mit ein. Diese Konstruktion ermöglicht der Bank später die Identität eines Betrügers aufzudecken und die Münze der entsprechenden Auszahlung zuzuordnen. Um die Anonymität der Teilnehmer zu gewährleisten, wird die zufällig gewählte Zahl r_i anschließend als Blendungsfaktor der blinden RSA-Signatur eingesetzt. Anhand der x_i und y_i berechnet A im Anschluss $2k$ Teilmünzen

$$B_i = r_i^3 \cdot f(x_i, y_i) \bmod n$$

und sendet die Teilmünzen an die Bank.

Im nächsten Schritt kommt die bereits angesprochene **Cut-and-Choose-Technik** zum Einsatz. Einerseits muss die Bank sicherstellen, dass Teilnehmer A die Teilmünzen wie im Protokoll angegeben erstellt hat, denn die Bank muss im Falle einer Mehrfachausgabe die Identität des Betrügers aufdecken können. Andererseits liegt es im Interesse von Teilnehmer A, dass dessen Anonymität gewährleistet bleibt. Um beiden Seiten gerecht zu werden, gehen sie wie folgt vor:

Die Bank wählt zufällig k der $2k$ Teilmünzen aus (wir bezeichnen diese Menge im Weiteren mit $\mathcal{B}$) und fordert A auf, diese Teilmünzen offenzulegen. Dazu sendet A für diese k Teilmünzen die Werte a_i, c_i, d_i und r_i an die Bank. Mit Hilfe dieser Werte überzeugt sich die Bank davon, dass die von ihr ausgewählten Teilmünzen von A vorschriftsmäßig berechnet wurden:

$$B_i \overset{?}{=} r_i^3 \cdot f(g(a_i, c_i), g(a_i \oplus (u||(v + i)), d_i)) \bmod n.$$

Falls die Verifikation gelingt, verwendet die Bank die restlichen k Teilmünzen zur Konstruktion der endgültigen Münze C. Hierzu erstellt die Bank die Signatur C' auf das Produkt der übrigen B_i:

$$C' := \prod_{B_i \notin \mathcal{B}} B_i^{1/3} \bmod n$$

und sendet C' an A. Des Weiteren erhöht die Bank den Zähler v um $2k$ und bucht den entsprechenden Betrag von Teilnehmer As Konto ab.

Im letzten Schritt des Protokolls erhöht A ebenfalls den Zähler v um $2k$, entfernt die Blendungsfaktoren r_i und erhält die elektronische Münze

$$C = \prod_{B_i \notin \mathcal{B}} r_i^{-1} B_i^{1/3} = \prod_{B_i \notin \mathcal{B}} f(x_i, y_i)^{1/3} \bmod n.$$

Mit einer Münzen bezahlen Um die elektronische Münze C für das Bezahlen zu nutzen, führen Teilnehmer A und Empfänger B folgendes Protokoll durch:

Damit Teilnehmer A den Empfänger B von der vorschriftsmäßigen Konstruktion der Münze C überzeugen kann, wird auch hier wieder die Cut-and-Choose-Technik angewendet. Zu Beginn des Protokolls sendet A die Münze C an den Empfänger B. Anschließend wählt der Empfänger B zufällig k Bits $z_1, \ldots, z_k \in \{0,1\}$ und sendet den Bitstring an A. Auf die Binärfolge $z_1, \ldots, z_k$ antwortet A wie folgt:

- $z_i = 0$: Der Kunde K sendet die Werte x_i, $a_i \oplus (u||(v+i))$ und d_i an B.

- $z_i = 1$: Der Kunde K sendet die Werte a_i, c_i und y_i an B.

Im Anschluss daran überprüft der Empfänger B die Gültigkeit und die korrekte Konstruktion der Münze, indem B folgende Gleichung verifiziert:

$$C^3 \stackrel{?}{=} \prod_{\substack{1 \le i \le k \\ z_i=1}} f(g(a_i, c_i), y_i) \cdot \prod_{\substack{1 \le i \le k \\ z_i=0}} f(x_i, g(a_i \oplus (u||(v+i)), d_i)) \bmod n.$$

Um die Münze C später bei der Bank einzulösen, speichert B den Beleg des Bezahlvorgangs, der aus der Münze C, der Binärfolge $z_1, \ldots, z_k$ und den Werten a_i, c_i und y_i für $z_i = 1$ bzw. x_i, $a_i \oplus (u||(v+i))$ und d_i für $z_i = 0$ besteht.

Münzen bei der Bank einlösen Möchte der Empfänger B die Münze C bei der Bank B einlösen, sendet B die Münze C zusammen mit dem Beleg des Bezahlvorgangs an die Bank. Anhand des Belegs überprüft die Bank die vorschriftsmäßige Konstruktion von C:

$$C \stackrel{?}{=} \prod_{\substack{1 \le i \le k \\ z_i=1}} f(g(a_i, c_i), y_i)^{1/3} \cdot \prod_{\substack{1 \le i \le k \\ z_i=0}} f(x_i, g(a_i \oplus (u||(v+i)), d_i))^{1/3} \bmod n.$$

Gelingt die Verifikation der Münze, schreibt die Bank dem Empfänger B den entsprechenden Betrag auf seinem Konto gut. Damit die Bank im Falle einer Mehrfachausgabe der Münze C die Identität des Betrügers feststellen kann, speichert sie die Münze C zusammen mit dem Beleg des Bezahlvorgangs in ihrer Datenbank.

Tritt nun der Fall ein, dass Teilnehmer A die Münze C ein zweites Mal ausgibt, so wird die Bank den Betrüger A mit sehr hoher Wahrscheinlichkeit überführen können. Denn während der beiden Bezahlvorgänge mit C werden die beiden Empfänger B und B' mit sehr hoher Wahrscheinlichkeit unterschiedliche Binärfolgen $z_1, \ldots, z_k$ und $z'_1, \ldots, z'_k$ erzeugen, das heißt für mindestens einen Index i gilt $z_i \ne z'_i$. In ihrer Datenbank hat die Bank also die Werte a_i und $a_i \oplus (u||(v+i))$ gespeichert und kann somit die Identität u von Teilnehmer A und den Zähler v leicht berechnen. Anhand des Zählers v kann die Bank die Münze C sogar einer bestimmten Auszahlung zuordnen.

Mit einer möglichen, geheimen Absprache zwischen Teilnehmer A und einem zweiten Empfänger $\hat{B}$ ist die Bank allerdings überfordert: Nachdem A mit der Münze C bei einem Empfänger B bezahlt hat, speichert er den Beleg und lässt eine Kopie des Belegs $\hat{B}$ zukommen. Wenn B und $\hat{B}$ die Münze bei der Bank einzahlen möchten, werden beide identische Belege einreichen und die Bank wird auf Grund dessen bemerken, dass einer der beiden ein Betrüger ist, kann aber nicht entscheiden welcher der beiden tatsächlich betrügt. Da beide Empfänger den gleichen Beleg einreichen, kann die Bank auch nicht die Identität von A feststellen. Um einem solchen Betrug vorzubeugen schlagen D. Chaum, A. Fiat und M. Naor vor, die während des Bezahlvorgangs erzeugte Binärfolge nicht komplett zufällig zu gestalten.

21.3 Pseudonyme

Bei digitalen Signaturen ist eine direkte Anonymisierung nicht möglich, da die Gültigkeit stark vom verwendeten privaten Schlüssel und damit von dem passenden öffentlichen Schlüssel abhängt, der seinerseits an eine Identität gebunden sein muss, um die Authentizität zu gewährleisten. Typischerweise wird dies über ein Zertifikat des Schlüssels erreicht, das den Namen des Besitzers enthält.

Man kann diesen Zusammenhang etwas aufbrechen, indem man im Zertifikat nicht den wirklichen Namen des Besitzers angibt, sondern einen Alias-Namen. Um trotzdem eine Bindung an die Person zu erreichen, die den Schlüssel besitzt, ohne dass jemand diese Bindung nachvollziehen kann, kann man blinde digitale Signaturen einsetzen.

Teilnehmer A kann dazu folgendermaßen vorgehen: Er authentifiziert sich mit seiner richtigen Identität gegenüber der Zertifizierungsinstanz. Anschließend wählt er ein Pseudonym und einen öffentlichen Schlüssel und lässt beides zusammen blind von der Zertifizierungsinstanz signieren.

Teilnehmer A hat damit den Nachweis, dass sein Schlüssel authentisch ist, ohne dass jedoch ein Zusammenhang zwischen ihm und dem Schlüssel hergestellt werden kann.

Ein öffentlicher Schlüssel zusammen mit einem passenden Zertifikat, das nicht den wirklichen Namen des Besitzers angibt, heißt ein **Pseudonym**.

Wenn A eine Nachricht mit dem passenden privaten Schlüssel signiert und die Signatur zusammen mit dem Zertifikat an B weitergibt, so kann B zwar beweisen, dass irgendein Teilnehmer diese Nachricht signiert hat, er weiß aber nicht welcher, und auch die Zertifizierungsinstanz kann nicht bestimmen, von welchem Teilnehmer die Signatur stammt.

Ein wichtiges Einsatzgebiet von pseudonymisierten öffentlichen Schlüsseln sind elektronische Wahlen.

21.3.1 Elektronische Wahlen

Elektronische Wahlen müssen ebenso wie herkömmliche Wahlen die folgenden Eigenschaften haben:

- Jeder Wähler darf höchstens eine Stimme abgeben.

- Die Wahl muss anonym sein, das heißt, dass es für niemanden möglich sein darf festzustellen, welche Stimme ein bestimmter Wähler abgegeben hat.

- Die Wahl muss überprüfbar sein in dem Sinne, dass jeder sich davon überzeugen kann, dass jeder Wähler nur einmal abgestimmt hat und auch die Auszählung korrekt durchgeführt wurde.

Mit Hilfe von Pseudonymen kann man dies kryptografisch umsetzen. Dies wurde erstmals von D. Chaum in [Ch81] vorgeschlagen. Man braucht dazu ein Wahlamt, das für jeden Wähler ein Pseudonym signiert, mit dem der Wähler abstimmen kann. Dazu veröffentlicht das Wahlamt seinen eigenen öffentlichen Verifikationsschlüssel und gibt einen Signaturalgorithmus vor, den die Wähler für die Abstimmung benutzen müssen.

Ausgabe der Wahlscheine. Jeder Wahlberechtigte erzeugt mit dem Wahlamt zusammen einen Wahlschein. Dazu authentifiziert er sich gegenüber dem Wahlamt und bestimmt ein Schlüsselpaar aus privatem und öffentlichem Schlüssel, das für das vom Wahlamt vorgegebene Signaturverfahren geeignet ist. Er wählt außerdem ein Pseudonym und lässt sich das Pseudonym zusammen mit dem öffentlichen Schlüssel blind vom Wahlamt signieren. Der Wahlberechtigte hat damit einen öffentlichen Schlüssel und ein dazu passendes Zertifikat, von denen niemand auf die Identität des Wählers schließen kann.

Das Wahlamt muss dafür sorgen, dass jeder Wähler höchstens ein Pseudonym erhält. Die Wähler müssen dem Wahlamt vertrauen, dass es dieser Aufgabe nachkommt.

Wahl. Das Wahlamt veröffentlicht für jede Wahloption eine natürliche Zahl. Jeder Wähler signiert genau eine dieser Wahloptionen mit seinem privaten Schlüssel und sendet die Signatur zusammen mit dem Zertifikat an das Wahlamt.

Damit weder das Wahlamt noch ein Angreifer nachvollziehen kann, wie dieser Wähler abgestimmt hat, sendet er seine Stimme nicht direkt an das Wahlamt, sondern zunächst an einen MIX oder eine Kaskade von MIXen.

Auszählung. Das Wahlamt veröffentlicht alle abgegebenen Stimmen. Jeder Wähler kann sich davon überzeugen, dass seine Stimme mitgezählt wurde, dass alle Pseudonyme nur einmal vorkommen, also jeder Wähler höchstens einmal gewählt hat, und dass die Auszählung korrekt ist, denn er kann selbst alle Signaturen verifizieren und die Stimmen auszählen.

Dieses Vorgehen hat gegenüber herkömmlichen Wahlen den Vorteil, dass die Wähler fast alles selbst überprüfen können. Es hat aber auch einen gravierenden Nachteil: Im Gegensatz zu normalen Wahlen kann ein Wähler durch die Offenlegung seines Pseudonyms und seines privaten Schlüssels beweisen, welche Stimme er abgegeben hat. Dies ist eine unerwünschte Eigenschaft, denn dadurch wird ein Stimmenkauf möglich. Ein Angreifer kann Wähler dafür bezahlen, eine bestimmte Wahl zu treffen. Da die Wähler beweisen können, wie sie gewählt haben, wird der Angreifer das Geld nur bei entsprechender Gegenleistung bezahlen.

In den letzten Jahren wurden verschiedene auf MIX-Netzen basierende elektronische Wahlsysteme entwickelt (siehe zum Beispiel [CFSY96], [CGS97]). Die Anonymität der Wähler kann aber auch ohne MIX-Netze erreicht werden (vgl. zum Beispiel [BT94]).

22 Internetsicherheit und Mobilfunk

Das Internet gibt es seit dem Beginn der 80er Jahre des 20. Jahrhunderts. Zu diesem Zeitpunkt wurden die Computernetze einiger Forschungsinstitute zusammengeschlossen. Die wichtigste Grundlage für diesen Zusammenschluss war die Entwicklung eines **Internet-Protokolls** (IP-Protokoll), das festlegt, auf welche Weise Nachrichten formatiert und weitergeleitet werden. Das IP-Protokoll legt fest, dass Nachrichten in Form von **Paketen** gleicher Länge übertragen und verarbeitet werden.

Innerhalb dieser Netze werden Nachrichten direkt vom Computer des Senders zum Computer des Empfängers geleitet. Beim Passieren einer Netzgrenze werden die Nachrichten von so genannten Routern weitergeleitet, die darüber entscheiden, auf welchem Weg eine Nachricht zum Empfänger gelangt.

Nachrichten im Internet gelangen also erst über Zwischenstationen zum Empfänger. Dabei besteht die Gefahr, dass die Zwischenstationen nicht korrekt arbeiten. Sie können Nachrichten nicht nur mitlesen, sondern auch verändern. Um dies zu verhindern, wurden verschiedene Sicherheitssysteme entworfen. Da über das Internet unterschiedliche Dienste wie zum Beispiel Email oder das **World Wide Web** (WWW) angeboten werden, die verschiedene Sicherheitsanforderungen stellen, gibt es für die einzelnen Dienste auch eigene Sicherheitssysteme.

Zu diesen Sicherheitssystemen gehört zum Beispiel IPSEC, das IP Security Protocol, das die einzelnen Pakete mit MACs versieht und optional auch verschlüsselt, siehe zum Beispiel [Sc], [St].

Die größte Bedeutung kommt dem Protokoll SSL zu, das der Absicherung des World Wide Web dient. Das Protokoll garantiert die Authentizität der Server und ermöglicht dadurch zum Beispiel sichere Kreditkartenbezahlungen im Internet.

Im Folgenden werden wir das **Secure Sockets Layer Protokoll** zur Absicherung des WWW und **Pretty Good Privacy** zur Absicherung von Email vorstellen.

22.1 Secure Sockets Layer (SSL)

SSL ist ein Sicherheitsprotokoll, das für die vertrauliche und authentische Kommunikation über das WWW konstruiert wurde. Im WWW kann ein Benutzer, ein so genannter **Client**, mittels eines Browsers auf die Seiten eines Anbieters, eines so genannten **Servers**, zugreifen.

Das SSL-Protokoll besteht aus drei verschiedenen Teilprotokollen, die SSL-

Nachrichten generieren: das **Handshake-Protokoll**, das **Change-Cipher-Spec-Protokoll** und das **Alert-Protokoll**. Unter diesen drei Protokollen liegt das **Record-Layer-Protokoll**, das die Nachrichten der anderen Protokolle formatiert. Die Sicherheitsziele des SSL-Protokolls sind die folgenden:

- **Vertraulichkeit**. Um dieses Ziel zu erreichen, werden die gesendeten Nachrichten verschlüsselt. Die Verschlüsselung der Daten erfolgt mit symmetrischen Verfahren nach einem einleitenden **Handshake**, einem Schlüsselvereinbarungsprotokoll, durch das ein geheimer Schlüssel festgelegt wird.

- **Authentifikation der Kommunikationspartner**. Während des Handshake authentifizieren sich die Teilnehmer mit einem Public-Key-Verfahren.

- **Integrität**. Alle Nachrichten werden mit einem Message Authentication Code (MAC) versehen.

SSL gewährleistet allerdings keine Verbindlichkeit der Nachrichten, das bedeutet, dass die Teilnehmer für ihre Nachrichten und deren Inhalte nicht haftbar gemacht werden können. Der Grund liegt darin, dass SSL keine digitalen Signaturen für Klartextnachrichten verwendet.

22.1.1 Das Handshake-Protokoll

Das Handshake-Protokoll dient der Schlüsselvereinbarung zwischen Client und Server. Dazu müssen zunächst organisatorische Details wie zum Beispiel die verwendeten Protokollversionen ausgetauscht werden. Außerdem legen Client und Server fest, welche kryptografischen Algorithmen sie durchführen können und bevorzugen. Da das SSL-Handshake-Protokoll Public-Key-Verfahren verwendet, müssen sich Client und Server zunächst mitteilen, ob sie über öffentliche Schlüssel und dazugehörige Zertifikate verfügen, und wenn das so ist, für welche Verfahren diese Schlüssel geeignet sind. Um die Authentizität der Beteiligten festzustellen, müssen die Schlüssel der Public-Key-Verfahren zertifiziert sein.

Da nicht alle Clients und Server über zertifizierte Schlüssel verfügen, gibt SSL eine Reihe von Optionen vor:

- Keine Authentifikation. Wenn kein Kommunikationspartner einen öffentlichen Schlüssel besitzen, wird keine Authentifikation durchgeführt. In diesem Fall wird eine nichtauthentifizierte Diffie-Hellman-Schlüsselvereinbarung durchgeführt, um die benötigten symmetrischen Schlüssel zu generieren. Diese Variante ist anfällig für Man-in-the-Middle-Angriffe.

- Einseitige Authentifikation des Servers. Dies ist der typische Fall. Der Server besitzt einen zertifizierten öffentlichen Schlüssel, mit dem eine Authentifikation durchgeführt werden kann. Hier bietet SSL mehrere Varianten zur Schlüsselvereinbarung an.

- Gegenseitige Authentifikation von Server und Client. Wenn beide Teilnehmer über zertifizierte öffentliche Schlüssel verfügen, wird in der Regel eine authentifizierte Diffie-Hellman-Schlüsselvereinbarung durchgeführt. SSL bietet aber auch hier verschiedene Optionen an.

Die Abbildung 22.1 zeigt den grundsätzlichen Ablauf des Handshake-Protokolls.

Abbildung 22.1 Das SSL-Handshake-Protokoll

Client-Hello-Nachricht Die Client-Hello-Nachricht enthält zunächst die neuste Versionsnummer von SSL, die vom Client benutzt wird. Die Client-Hello-Nachricht beinhaltet außerdem eine Zufallszahl (32 Byte), die später im Protokoll verwendet wird. Weiterhin gibt der Client eine Nummer (Session-ID) für die Sitzung an.

Der letzte Teil dieser Nachricht besteht aus einer absteigend geordneten Präferenzliste, die die vom Client unterstützten Kombinationen von kryptografischen Algorithmen beinhaltet, die so genannten **cipher suites**. Jedes Element dieser Liste legt sowohl einen Schlüsselaustauschalgorithmus als auch einen Verschlüsselungsalgorithmus und einen MAC-Algorithmus fest.

Server-Hello-Nachricht Die Server-Hello-Nachricht ist nach dem gleichen Prinzip aufgebaut wie die Client-Hello-Nachricht. Die Versionsnummer in der Server-Hello-Nachricht ist die höchste Version die von Server und Client unterstützt wird. Der Server übernimmt die Session-ID des Clients und sendet eine neue, von ihm gewählte Zufallszahl. Unter dem Parameter cipher suite gibt der Server die Kombination von Algorithmen aus der Liste des Clients zurück, die er gewählt hat.

Server-Certificate-Nachricht Falls der Server einen zertifizierten öffentlichen Schlüssel besitzt, der für eine Schlüsselvereinbarung oder eine Verschlüsselung geeignet ist, sendet er sein Zertifikat unmittelbar nach seiner Hello-Nachricht. Wenn dieses Zertifikat gesendet wird, dann entfällt die Server-Key-Exchange-Nachricht, da der Schlüssel bereits im Zertifikat enthalten ist.

Wenn der Server nur einen zertifizierten Signaturschlüssel besitzt, wird dennoch eine Server-Key-Exchange-Nachricht gesendet.

Server-Key-Exchange-Nachricht Wenn der Server kein Zertifikat oder nur einen zertifizierten Signaturschlüssel besitzt, muss eine Server-Key-Exchange-Nachricht gesendet werden.

Diese Nachricht wird nicht benutzt, wenn das Server-Zertifikat Diffie-Hellman-Parameter enthält. Während das Cipher-Suite-Feld die kryptografischen Algorithmen anzeigt, enthält diese Nachricht den öffentlichen Schlüssel, zum Beispiel den Modul und den öffentlichen Exponenten des RSA-Schlüssels oder die drei Diffie-Hellman-Parameter des Servers.

Der Client nutzt dann diesen öffentlichen Schlüssel, um einen Sitzungsschlüssel zu verschlüsseln, den die beiden kommunizierenden Parteien dann zur Verschlüsselung der Daten für diese Verbindung benutzen werden. Diese Nachricht wird auch gesendet, wenn man verschiedene Schlüssel für Authentifikation und Verschlüsselung haben möchte. Dann enthält diese Nachricht den öffentlichen Schlüssel des Servers zur Verschlüsselung, signiert mit dem privaten Schlüssel, passend zum öffentlichen Schlüssel aus dem Zertifikat.

Certificate-Request-Nachricht Bei einer gegenseitigen Authentifizierung fordert der Server in dieser Nachricht das Client-Zertifikat an. Das SSL-Protokoll verbietet dem Server allerdings eine Anforderung des Client-Zertifikates, wenn er sich nicht selbst durch sein Zertifikat authentifiziert hat. Die Zertifikatsanforderung besteht aus zwei Teilen, nämlich aus zwei Listen von Zertifikatstypen und Zertifizierungsinstanzen, die der Server akzeptiert.

Server-Hello-Done-Nachricht Die Server-Hello-Done-Nachricht wird vom Server am Ende der Server-Hello-Nachricht und den damit verbundenen Nachrichten geschickt, um anzuzeigen, dass der Server nun auf die Antwort des Client wartet. Sie enthält sonst keine weiteren Informationen, ist aber wichtig für den Client,

da dieser nach Erhalt der Nachricht zum nächsten Schritt im Verbindungsaufbau
übergehen kann.

Wenn der Server kein Zertifikat besitzt, so enthält diese Nachricht die Parameter für eine Diffie-Hellman-Schlüsselvereinbarung. Das heißt, der Server gibt
eine Primzahl und eine Basis vor und sendet außerdem seinen Diffie-Hellman-
Anteil für den neuen gemeinsamen symmetrischen Schlüssel.

Wenn der Server nur einen Signaturschlüssel hat, dann generiert er einen öffentlichen Schlüssel, der für die Verschlüsselung oder eine Diffie-Hellman-Schlüsselvereinbarung geeignet ist, und signiert diesen mit seinem Signaturschlüssel.

Client-Certificate-Nachricht   Der Client sendet sein Zertifikat, sofern er eines
besitzt, das der Server akzeptiert. Besitzt der Client kein Zertifikat, so sendet er
an dieser Stelle eine Nachricht über diesen Sachverhalt an den Server. Der Server
kann dann diese Warnmeldung ignorieren oder die Kommunikation abbrechen.

Client-Key-Exchange   Je nachdem, welche Form der Authentifikation möglich
ist, enthält diese Nachricht unterschiedliche Parameter:

- Wenn es keine Authentifikation wegen fehlender Zertifikate gibt, dann sendet der Client seinen Anteil für eine nichtauthentifizierte Diffie-Hellman-
  Schlüsselvereinbarung.

- Wenn nur der Server ein Zertifikat besitzt, so wählt der Client eine Zufallszahl, das so genannte *pre_master_secret*, das als Ausgangswert der kryptografischen Schlüssel verwendet wird. Diese Zufallszahl verschlüsselt der Client
  mit dem öffentlichen Schlüssel des Servers.

  Wenn der zertifizierte Schlüssel des Servers nur für eine Diffie-Hellman-Schlüsselvereinbarung geeignet ist, dann sendet der Client seinen Anteil der Schlüsselvereinbarung an den Server.

- Wenn beide Partner Zertifikate für eine Diffie-Hellman-Schlüsselvereinbarung
  besitzen, wird die in Kapitel 19.3 vorgestellte Variante der Schlüsselvereinbarung durchgeführt.

Nachdem diese Nachricht gesendet wurde, können sowohl der Server als auch
der Client das so genannte *master_secret* berechnen. Als *pre_master_secret*
dient entweder die vom Client gewählte Zufallszahl oder der während der Diffie-
Hellman-Schlüsselvereinbarung berechnete gemeinsame Schlüssel.

Für die Berechnung des *master_secrets* werden außerdem die in den Hello-
Nachrichten gesendeten Zufallszahlen verwendet, die im Folgenden mit Client.ran-
dom und Server.random bezeichnet werden. In Abhängigkeit dieser Parameter und
einiger Konstanten wird mittels des MD5- und des SHA-Algorithmus ein Hashwert
berechnet, der als *master_secret* dient.

Certificate-Verify-Nachricht Mit dem übermitteln des Client-Zertifikats ist die Authentifikation des Clients noch nicht abgeschlossen. Der Client muss noch nachweisen, dass er im Besitz des privaten Schlüssels ist, der zu dem im Zertifikat angegebenen öffentlichen Schlüssel gehört. Dies geschieht in der Certificate-Verfify-Nachricht. Der Client sendet einen Hashwert von Daten, die sowohl dem Server als auch dem Client vorliegen, und signiert diesen mit seinem privaten Schlüssel. In den Hashwert gehen alle Handshake-Nachrichten von der Client-Hello-Nachricht bis zu dieser (aber ausschließlich dieser) Nachricht ein. Dies ist auch der Grund, warum die Certificate-Verify-Nachricht nicht gleich im Anschluss an das Zertifikat verschickt wird. Sie enthält noch die Informationen, die in der Client-Key-Exchange-Nachricht ausgetauscht werden. Handelt es sich bei dem Zertifikat um ein Zertifikat für einen RSA-Signaturschlüssel, so werden ein MD5- und ein SHA-Hashwert kombiniert und signiert. Wenn das Zertifikat für einen DSA-Signaturschlüssel ausgestellt ist, wird nur ein SHA-Wert berechnet und signiert.

22.1.2 Change-Cipher-Spec-Nachricht

Nachdem die Handshake-Phase erfolgreich abgeschlossen ist, können beide Parteien die ausgehandelte symmetrische Kommunikation beginnen. Dieser Übergang zu verschlüsselter Kommunikation ist problematisch, da beide Parteien ihn im richtigen Moment vollziehen müssen.

Die Schlüssel zur symmetrischen Verschlüsselung und für den MAC-Algorithmus werden jeweils mittels Hashfunktionen in Abhängigkeit des *master_secrets* berechnet. Für jede Kommunikationsrichtung können unterschiedliche Schlüssel, aber auch verschiedene Verfahren genutzt werden. Daher sind in SSL für beide Parteien sowohl ein „read state" als auch ein „write state" definiert. Das „read state" gibt die Sicherheitsinformationen für empfangene Nachrichten, das „write state" für gesendete Nachrichten einer Partei an.

Die Schlüssel können von beiden Kommunikationspartnern zu unterschiedlichen Zeitpunkten berechnet werden. Vor der Change-Cipher-Spec-Nachricht sind diese Schlüssel *inaktiv*, das heißt, dass sie zwar als Daten vorliegen, allerdings noch nicht benutzt werden.

Mit dem Senden der Change-Cipher-Spec-Nachricht gibt der jeweilige Kommunikationspartner an, dass diese Werte für ihn in einen *aktiven* Zustand gewechselt sind, das bedeutet, dass er sie ab jetzt zur Kommunikation benutzen wird.

Dieser Protokollschritt gewährleistet also, dass beide Kommunikationspartner wissen, in welchem Stadium sich der jeweils andere befindet.

Finished-Nachricht Unmittelbar nach der Change-Cipher-Spec-Nachricht sendet jede Partei eine Finished-Nachricht um anzuzeigen, dass alle Nachrichten, die für diese Partei zum Handshake-Protokoll gehören, verschickt worden sind. Es ist die erste Nachricht, die mit den ausgehandelten symmetrischen Verfahren

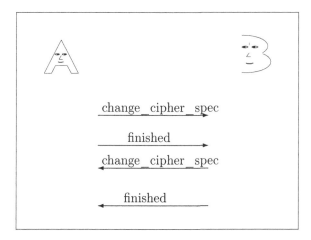

Abbildung 22.2 Das SSL-Change-Cipher-Spec-Protokoll

und Schlüsseln verschickt wird. Wenn etwas bei der Vereinbarung der Schlüssel
oder Verfahren nicht funktioniert hat, kann der Empfänger die Finished-Nachricht
nicht entschlüsseln oder die Authentizität nicht feststellen. Die Finished-Nachricht
enthält den exakten Inhalt aller vorhergehenden Handshake-Nachrichten von der
Client-Hello-Nachricht bis zu (aber ausschließlich) der Finished-Nachricht. Die
Change-Cipher-Spec-Nachricht ist formal keine Handshake-Nachricht und wird
daher auch nicht mit verarbeitet.

22.1.3 Record-Layer-Protokoll

Nach der Durchführung des Handshake- und Change-Cipher-Spec-Protokolls können die Kommunikationspartner die vertrauliche und authentische Kommunikation aufnehmen. Die Durchführung der Kommunikation wird durch das Record-
Layer-Protokoll festgelegt.

Das Protokoll schreibt vor, dass für jede Nachricht zunächst ein Message Authentication Code berechnet wird. Dazu wird auf die Nachricht und den entsprechenden Schlüssel eine Hashfunktion angewendet und auf das Ergebnis zusammen
mit dem Schlüssel noch einmal dieselbe Hashfunktion angewendet. Dieser MAC
wird zusammen mit den Daten verschlüsselt und an den Empfänger gesendet.

22.1.4 Alert-Protokoll

Wenn das System einen Fehler oder eine Warnung signalisieren will, so geschieht
dies mit dem Alert-Protokoll. Dieses gibt vor, in welchem Format die Fehler oder
Warnungen gesendet werden müssen. Nachrichten, die einen Alarm anzeigen, bestehen aus zwei Feldern: Das erste Feld gibt die Schwere des Fehlers an, wobei nur
zwischen Warnungen und fatalen Fehlern, die zum Abbruch der Kommunikation

führen, unterschieden wird, und das zweite Feld spezifiziert die Art des Fehlers.

Ein ungültiges Zertifikat löst beispielsweise nur eine Warnung aus, wohingegen Nachrichten im falschen Format oder ungültige Message Authentication Codes fatale Fehler sind.

22.1.5   Analyse des SSL-Protokolls Version 3.0

Im Handshake-Protokoll werden mittels Public-Key-Verfahren zwei verschiedene, unabhängige symmetrische Sitzungsschlüssel ausgetauscht. Alle einleitenden Handshake-Nachrichten werden zwar unverschlüsselt und nichtauthentifiziert gesendet, Änderungen an diesen Nachrichten werden aber spätestens durch die Finished-Nachrichten erkannt, die einen MAC aller vorangehenden Nachrichten mit Ausnahme der Change-Cipher-Spec-Nachricht enthält. Die $master\_secrets$ werden genutzt, um Sitzungsschlüssel von diesen abzuleiten, so dass selbst bei Kompromittierung der Sitzungsschlüssel das $master\_secret$ geheim bleibt. Wenn beide Kommunikationspartner über öffentliche Schlüssel und die zugehörigen Zertifikate verfügen, so ist das SSL-Protokoll sicher gegen Replay-Attacken, Impersonationen und Man-in-the-middle-Angriffe.

Eine Schwäche des SSL-Protokolls besteht darin, dass das Feld, das den Schlüsselaustauschalgorithmus spezifiziert, nicht geschützt wird. Hier bietet sich die Möglichkeit eines Man-in-the-middle-Angriffs. Der Angreifer könnte den Server dazu bringen, die Diffie-Hellman-Schlüsselvereinbarung als Schlüsselaustauschalgorithmus zu benutzen, während der Client davon ausgeht, dass eine RSA-Variante verwendet wird. Durch den unterschiedlichen Aufbau der Algorithmen kann der Angreifer die Key-Exchange-Nachrichten von Client und Server abfangen, verändern und sich in Besitz des $pre-master\_secrets$ bringen. Aus dem $pre-master\_secret$ kann sich der Angreifer anschließend das $master\_secret$ berechnen, und somit wäre keinerlei kryptografischer Schutz mehr vorhanden. Diesen Angriff kann man bei sorgfältiger Implementierung von SSL aber umgehen, indem man die Länge des Server-Parameter-Feldes überprüft.

Da auch die Versionsnummer der SSL-Version in den Hello-Nachrichten ungeschützt versendet wird, besteht die Möglichkeit eines Angriffes auf dieses Nachrichtenfeld. Wenn ein aktiver Angreifer die Version auf SSL 2.0 setzt, könnten die Kommunikationspartner dazu gebracht werden, die Sitzung auf der etwas schwächeren Version SSL 2.0 aufzubauen.

Die Sicherheit des $pre\_secrets$ und des $master\_secrets$ ist eine wichtige Voraussetzung für die Sicherheit der Sitzungsschlüssel und der folgenden Kommunikation. Es besteht die Möglichkeit, dass ein Angreifer eine Vielzahl von Verbindungen aufbaut, jedoch bei keiner der Verbindungen die Finished-Nachricht sendet. Er erhält dadurch eine Vielzahl von Finished-Nachrichten vom Server, deren MAC mit dem $master\_secret$ berechnet wurden. Anhand des bekannten Klartextes kann er einen Known-Plaintext-Angriff auf diesen MAC durchführen, um das $master\_secret$ zu erhalten. Da aber ein solcher Angriff mit einem erheblichen Rechenaufwand verbunden ist, der entsprechend viel Zeit benötigt, ist hier einfach Abhilfe zu schaffen. Bei der Implementierung von SSL muss lediglich darauf geachtet werden, dass die Zeit, die der Server auf die Finished-Nachricht des Clients wartet, relativ kurz gewählt wird. Ein weiteres Hindernis wäre die Überprüfung durch den Server, dass nicht beliebig viele Verbindungen zur gleichen Zeit von einer IP Adresse aufgebaut werden.

Das Record-Layer-Protokoll schreibt vor, dass die Message Authentication Codes der Daten mitverschlüsselt werden. In Kapitel 15 wurde gezeigt, dass dies keine gute Vorgehensweise ist. Allerdings ist bis heute kein Angriff auf das SSL-Protokoll bekannt, der diese Schwäche ausnutzt.

Zusammenfassend lässt sich feststellen, dass das SSL-Protokoll keine ernst zu nehmenden Schwächen aufweist. Dies wird durch den praktischen Einsatz bisher auch bestätigt: Obwohl das SSL-Protokoll heute vielfach auch für sensible Anwendungen wie die Übertragung von Kreditkartennummern benutzt wird, ist bis heute kein realer Angriff auf das Protokoll bekannt, der schwerwiegende Folgen hatte.

22.2 Pretty Good Privacy

Das Programm Pretty Good Privacy (PGP) wurde im Wesentlichen von einer einzigen Person, nämlich Phil Zimmermann, entworfen und verbreitet. Es dient der Datenverschlüsselung und Authentifizierung bei Emails und bei der Speicherung von Daten.

Das Programm verwendet als Bausteine die besten heute bekannten Krypto-Algorithmen wie zum Beispiel den DES-, Triple-DES- und den RSA-Algorithmus. Es funktioniert unabhängig von Betriebssystemen oder Prozessoren, so dass es auf jedem Computer benutzt werden kann. Weiterhin ist es im Internet frei verfügbar.

Insbesondere diese letzten beiden Eigenschaften haben für eine schnelle Verbreitung des Programms gesorgt.

22.2.1 Operationen

Zu den wesentlichen Bestandteilen von PGP gehört die Bereitstellung von kryptografischen Mechanismen zur Sicherstellung von Vertraulichkeit und Authentizität.

Die Vertraulichkeit von gesendeten Daten wird durch ein hybrides Verfahren gewährleistet: Der Sender einer Nachricht wählt zunächst eine Zufallszahl, die als symmetrischer Schlüssel dient. Mit diesem Schlüssel und einem symmetrischen Verschlüsselungsverfahren wie zum Beispiel dem DES-, Triple-DES, CAST- oder dem IDEA-Algorithmus wird die Nachricht verschlüsselt, wobei als Betriebsmodus der Cipher-Feedback-Modus verwendet wird. Anschließend verschlüsselt der Sender die Zufallszahl mit dem öffentlichen RSA- oder ElGamal-Schlüssel des Empfängers.

PGP macht sich also die jeweiligen Vorteile der symmetrischen und asymmetrischen Kryptografie zunutze: Symmetrische Verschlüsselungen lassen sich bei langen Nachrichten deutlich effizienter durchführen als asymmetrische, während man durch die asymmetrische Verschlüsselung des symmetrischen Schlüssels das Problem der Schlüsselvereinbarung löst.

Ein weiterer Vorteil dieser Vorgehensweise liegt darin, dass jede Nachricht ihren eigenen symmetrischen Schlüssel besitzt, so dass ein Angreifer durch das Belauschen der Kommunikation keine großen Mengen an Geheimtexten erhält, die unter demselben Schlüssel chiffriert worden sind. Das asymmetrische Verfahren verwendet zwar immer denselben öffentlichen Schlüssel, es werden jedoch relativ kurze Zufallszahlen verschlüsselt, was eine Kryptoanalyse des Public-Key-Verschlüsselungsverfahrens ebenfalls erschwert.

Die Authentizität von Daten wird mittels digitaler Signaturen gewährleistet. Dazu wird eine Nachricht zunächst einer Hashfunktion (SHA-1) unterworfen, und dieser Hashwert wird anschließend mit dem RSA- oder ElGamal-Verfahren (DSS) mit dem privaten Schlüssel des Senders signiert. Außerdem wird eine Zeitangabe über den Zeitpunkt der Signaturerstellung angehängt.

Beide Verfahren können bei PGP auch kombiniert werden: Der Sender signiert die Nachricht zuerst und verschlüsselt sie dann zusammen mit der Signatur.

PGP verwendet für eine bessere Effizienz auch Datenkompressionsverfahren. Diese werden *nach* der Signaturerstellung und *vor* der Verschlüsselung angewendet. Das hat den Vorteil, dass für die Verifikation der Signatur auch nur die unkomprimierten Daten benötigt werden, die der Empfänger im Allgemeinen auch speichert. Andernfalls müsste er auch die komprimierten Daten speichern, da das von PGP verwendete Kompressionsverfahren nicht deterministisch ist. Das heißt, dass derselbe Datensatz in zwei Durchgängen unterschiedlich komprimiert werden kann.

Die Kompression vor der Verschlüsselung vorzunehmen, hat den Vorteil, dass die Daten danach eine geringere Redundanz aufweisen, so dass eine Kryptoanalyse von verschlüsselten komprimierten Daten schwieriger ist als die von verschlüsselten unkomprimierten Daten.

22.2.2 Schlüsselverwaltung

PGP verwendet vier verschiedene Typen von Schlüsseln: symmetrische Schlüssel für den einmaligen Gebrauch, private und öffentliche Schlüssel und Passwort basierte symmetrische Schlüssel.

Jeder Benutzer kann dabei mehrere öffentliche und dazugehörige private Schlüssel haben, die er zum Beispiel für verschiedene Anwendungen benutzen kann. Um in einem solchen Fall den richtigen Schlüssel herausfinden zu können, besitzt jeder öffentliche bzw. private Schlüssel eine Identifikationsnummer (Key ID), die für den Besitzer eindeutig ist.

Die Erzeugung von einmal verwendbaren symmetrischen Schlüsseln geschieht durch einen symmetrischen Verschlüsselungsalgorithmus, der im CFB-Modus angewendet wird. Als Initialisierung wird dabei zum Beispiel die Tastatureingabe oder die Mausbewegung des Benutzers verwendet.

Bei der Generierung eines privaten und des passenden öffentlichen Schlüssels geht das Programm so vor: Der Benutzer wird aufgefordert, ein Passwort einer gewissen Länge einzugeben. Mittels einer Hashfunktion (SHA-1) wird aus diesem Passwort ein symmetrischer Schlüssel generiert. Das Passwort wird anschließend gelöscht. Der so erzeugte Schlüssel wird dazu verwendet, den neuen geheimen Schlüssel des Benutzers zu verschlüsseln. Nachdem das Public-Key-Schlüsselpaar erzeugt ist, wird der private Schlüssel mit diesem symmetrischen Schlüssel chiffriert und gespeichert. Anschließend werden der symmetrische Schlüssel und das Passwort gelöscht.

Wenn der private Schlüssel zum Entschlüsseln oder Signieren gebraucht wird, muss der Benutzer wiederum das Passwort angeben, aus dem der symmetrische Schlüssel zum Entschlüsseln des privaten Schlüssels generiert wird. PGP speichert weder das Passwort noch den symmetrischen Schlüssel ab. Wenn der Benutzer das Passwort vergisst, dann kann sein privater Schlüssel nicht mehr entschlüsselt werden, und damit ist er nutzlos.

PGP verwendet für die Schlüsselverwaltung zwei Verzeichnisse. Im so genannten **Private Key Ring** werden die eigenen privaten Schlüssel eines Benutzers gespeichert. Für jeden öffentlichen Schlüssel wird in verschlüsselter Form der private Schlüssel, eine Identifikationsnummer (KEY ID), der Zeitpunkt der Erzeugung und eine Benutzeridentifikation (i. a. die Email-Adresse des Benutzers) gespeichert.

Im **Public Key Ring** speichert PGP die öffentlichen Schlüssel der Kommunikationspartner des Benutzers ab. Auch diese Schlüssel werden mit dem Zeitpunkt ihrer Erzeugung und einer Identifikationsnummer gespeichert. Die Identifikationsnummern der Schlüssel werden bei der Signatur oder der Verschlüsselung von Nachrichten stets angehängt, so dass der Empfänger mittels seines Public Key Rings feststellen kann, welchen öffentlichen Schlüssel er zur Signaturverifikation oder Entschlüsselung benutzen muss.

Für die Übertragung der öffentlichen Schlüssel gibt PGP kein festes Verfahren vor. Alle öffentlichen Schlüssel, die einem vorgegebenen Format entsprechen, werden akzeptiert. Der Benutzer kann dann selbst angeben, welches Vertrauen er einem bestimmten Schlüssel entgegenbringt. Da öffentliche Schlüssel nicht unbedingt authentisch sind, vgl. Kapitel 9, obliegt es dem Benutzer festzustellen, ob ein Schlüssel tatsächlich zum behaupteten Besitzer gehört. Dazu kann Benutzer A auf verschiedene Weise vorgehen:

- Benutzer A erhält direkt von Benutzer B, beispielsweise auf einer Diskette, dessen öffentlichem Schlüssel. In diesem Fall kann der Schlüssel als authentisch gelten.

- Benutzer A bekommt den öffentlichen Schlüssel von B per Email. In diesem

Fall können beide einen Hashwert des Schlüssels berechnen und diesen zum Beispiel am Telefon vergleichen.

- Falls A einer Person C vertraut und C einen authentischen Schlüssel von B besitzt, so kann C den öffentlichen Schlüssel von B unterschreiben und so ein Zertifikat für diesen Schlüssel ausstellen.

- Falls es eine Zertifizierungsinstanz gibt, der A vertraut und die eine authentische Kopie von B's öffentlichem Schlüssel besitzt, so kann A auch von dieser den Schlüssel und ein Zertifikat erhalten.

Insbesondere wegen der dritten Option spricht man davon, dass PGP ein so genanntes **Web of Trust** etabliert. Die Benutzer A und B müssen sich nicht kennen, um authentisch ihre Schlüssel auszutauschen. Es reicht aus, wenn sie einen gemeinsamen Bekannten haben, dem beide vertrauen und der die jeweiligen Schlüssel signiert.

Neben PGP gibt es noch zwei weitere Programme, die zur Absicherung von Email-Kommunikation gedacht sind: S/MIME und PEM, vgl. [ST].

22.3 Das GSM-Mobilfunknetz

Das **Global System for Mobile Communications** ist ein Standard der „Groupe Spécial Mobile" für Mobilfunknetze, der sich inzwischen zu einem weltweiten Standard entwickelt hat und einer der erfolgreichsten europäischen Technologieexporte ist. Der GSM-Standard wird überwiegend für Telefonie genutzt, kann aber auch für die Verbindung zum Internet genutzt werden. Die Schnittstelle hierfür bietet der auf GSM aufbauende „**General Packet Radio Service**", der die Übertragung von IP-Paketen von und zum Handy ermöglicht.

Die sicherheitstechnische Aufgabe war im wesentlichen, ein Sicherheitsniveau wie im Festnetz zu erreichen. Das heißt, die „Luftschnittstelle" zu schützen, also die Strecke, die ein Telefonsignal per Funk überbrücken muss, bevor es in ein festes Netz eingespeist wird. Der GSM-Standard hat also die folgenden beiden Ziele:

- Zuverlässige Authentifikation der Netzteilnehmer, um eine unerlaubte Nutzung des Mobilfunknetzes zu verhindern.

- Absichern der Luftschnittstelle gegen illegales Abhören.

Diese Ziele werden durch den Einsatz von drei kryptografischen Algorithmen erreicht: Dem Algorithmus A_3, der für die Authentifikation des Endgerätes benötigt wird, dem Algorithmus A_5, mit dem das Telefongespräch verschlüsselt wird und dem Algorithmus A_8, der den dafür benötigten Schlüssel erzeugt. Diese Algorithmen werden geheim gehalten, das Design des Algorithmus A_5 ist jedoch inzwischen offen gelegt: Es handelt sich dabei um eine auf drei linearen Schieberegistern basierende Stromchiffre, bei der die Register gegenseitig ihre Taktung beeinflussen. Unter den drei Algorithmen ist A_5 der einzige standardisierte Algorithmus und ist, unabhängig von Herstellern und Netzbetreibern, in sämtlichen GSM-Handys und Basisstationen implementiert. Die Auswahl der Algorithmen A_3 und A_8 ist Sache der einzelnen Netzbetreiber.

Das Schlüsselmanagement für GSM regelt der Netzbetreiber zentral durch die Verteilung von personalisierten **Subscriber Identification Modules** (SIM) an die Mobilfunkkunden. Eine SIM-Karte ist nichts weiter als eine kleine Chipkarte.

22.3.1 Authentifizierung

Zur Authentifizierung eines Teilnehmers wird ein Challenge-and-Response-Protokoll eingesetzt. Dazu erzeugt das Mobilfunksystem eine 128 Bit lange Zufallszahl RAND, die an den Teilnehmer gesendet wird. Dieser berechnet mit Hilfe seines 128 Bit langen, individuellen Schlüssels K_i, der auf der SIM gespeichert ist, und dem Authentifizierungsalgorithmus A_3 eine 32 Bit Antwort

$$\text{SRES} = A_3(K_i, \text{RAND})$$

(„signed response") und sendet diese zurück ans System. Dort wurde bereits der individuelle Schlüssel K_i des Teilnehmers aus einer Datenbank gelesen und mit seiner Hilfe die korrekte Antwort SRES berechnet. Nur wenn die beiden Werte übereinstimmen, wird der Teilnehmer als berechtigt anerkannt und erhält Zugang zum Netz. Die Zufallszahl RAND wird an dieser Stelle nicht gelöscht, sondern

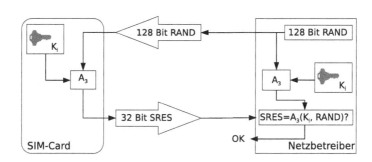

Abbildung 22.3 Authentifizierung im GSM-Netz

sie wird weiter zur Erzeugung eines Sitzungsschlüssels verwendet, unter dem das Gespräch verschlüsselt wird.

Wie oft dieses Protokoll durchgeführt wird, ist im GSM-Standard nicht genau festgeschrieben. Es muss mindestens beim „Registrieren" eines Geräts durchgeführt werden, also beim Einschalten, kann aber auch vor jedem Anruf oder sogar während eines Anrufs verlangt werden. Dies festzulegen ist Sache des jeweiligen Netzbetreibers.

Durch die technische Entwicklung der letzten Jahre ist eine Schwäche des Authentifikationsprotokolls zu einem Problem geworden; nämlich die einseitige Authentifikation des Teilnehmers gegenüber dem Netzbetreiber. Das heißt, bei GSM authentifiziert sich zwar der Teilnehmer gegenüber dem Netz, nicht aber das Netz gegenüber dem Teilnehmer.

Bei der damaligen Einführung des GSM-Netz stellte dies kein Problem dar. Die Ausrüstung auf Netzseite war teuer und groß, und es gab nur wenige, meist noch staatliche Netzbetreiber. Heute gibt es so genannte „IMSI-Catcher", die wie eine Basisstation arbeiten: Gegenüber einem Handy, das sich in ihrer Reichweite befindet, geben sie sich als Basisstation aus und leiten das Gespräch dann an eine echte Basisstation weiter.

Das wäre nicht weiter problematisch, wenn eine Verschlüsselung der GSM-Daten zwingend vorgeschrieben wäre. Aber auch im GSM-Standard gilt die Regel „Funktionalität vor Sicherheit"; bevor ein Teilnehmer wegen Problemen mit der Schlüsseldatenbank auf Seiten des Netzbetreibers abgewiesen wird, wird auf die Verschlüsselung verzichtet. Die Option zur Verschlüsselung kann von beiden Seiten ausgeschaltet werden, und so kann der IMSI-Catcher eine unverschlüsselte Kommunikation erzwingen und das Gespräch belauschen.

22.3.2 Verschlüsselung

Zur Verschlüsselung eines Telefongesprächs auf der Luftschnittstelle werden alle Sprachdaten digitalisiert und anschließend mit dem Verschlüsselungsalgorithmus A_5 verschlüsselt. Vor der Verschlüsselung wird zunächst mit der Zufallszahl RAND ein Sitzungsschlüssel

$$K_c = A_8(K_i, \text{RAND})$$

erzeugt. Dies geschieht einerseits im Handy des Teilnehmers, genauer gesagt auf der SIM-Karte, und andererseits im Mobilfunksystem. Nun kann das Gespräch mit dem Algorithmus A_5 unter dem Schlüssel K_c verschlüsselt werden.

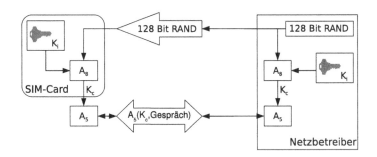

Abbildung 22.4 Verschlüsselung im GSM-Netz

22.3.3 Authentifikation in fremden GSM-Netzen

In GSM wurde auch eine Lösung für das Problem gefunden, wie sich ein Teilnehmer authentifizieren und verschlüsselte Gespräche führen kann, wenn er in einem fremden GSM-Mobilfunknetz „zu Gast" ist, zum Beispiel im Ausland. Der fremde Netzbetreiber kennt nämlich den individuellen Schlüssel des Teilnehmers nicht und verwendet möglicherweise andere Varianten der Algorithmen A_3 und A_8 (nur der Verschlüsselungsalgorithmus A_5 ist in GSM standardisiert).

In der GSM-Lösung schickt das Heimatnetz des Teilnehmers über einen sicheren Kanal einige vorberechnete „Authentifikationspaare" (RAND,SRES) sowie den Schlüssel K_c an das fremde Netz. Dieses leitet die Zufallszahl RAND dann an den Teilnehmer weiter, vergleicht dessen Antwort mit dem Wert SRES und verwendet bei erfolgreicher Authentifikation den Schlüssel K_c zur Verschlüsselung der Luftschnittstelle.

23 Quantenkryptografie und Quanten Computing

23.1 Quantenkryptografie

In der klassischen Kryptografie können Sender und Empfänger von Nachrichten passive Angriffe nicht verhindern; sie bemerken dies noch nicht einmal. Sie können nur mit Hilfe von Verschlüsselungsverfahren die Nachricht so entstellen, dass der Angreifer praktisch keine Chance hat, sie zu verstehen. Dies ist das Beste, das Sender und Empfänger mit einem klassischen Übertragungskanal erreichen können.

C. Bennett und G. Brassard haben seit 1984 die so genannte **Quantenkryptografie** entwickelt, die einen völlig anderen Ansatz verfolgt. Die Quantenkryptografie etabliert so genannte **Quantenkanäle**, bei denen auch passive Angriffe durch die beteiligten Kommunikationspartner bemerkt werden können. Bei der Entwicklung von Quantenkanälen macht man sich das fundamentale Prinzip der Quantentheorie, die **Heisenbergsche Unschärferelation**, zunutze. Nach dieser ruft jede Messung an einem quantenmechanischen System eine Störung dieses Systems hervor. Insbesondere verbietet sie die gleichzeitige Messung so genannter komplementärer Paare wie etwa Zeit und Energie oder Ort und Impuls von Teilchen. Die Messung der einen Eigenschaft macht die vollständige Messung der anderen unmöglich.

Detaillierte Darstellungen der Quantenkryptografie kann man beispielsweise in [BBB82], [BB84] und [Br88] finden.

Bei der Quantenkryptografie wird polarisiertes Licht für die Informationsübertragung verwendet. Photonen, also Lichtquanten, schwingen senkrecht zu ihrer Ausbreitungsrichtung in bestimmten Richtungen; dieses Phänomen nennt man **Polarisation**. Durch Polarisationsfilter lässt sich Licht in wohlbestimmten Richtungen polarisieren, und man kann mit ihnen diese Richtung auch bestimmen. Allerdings wird die Durchlasswahrscheinlichkeit für ein Photon verringert, wenn das Filter nicht im Voraus auf die korrekte Schwingungsrichtung des Photons eingestellt wurde.

In Abbildung 23.1 ist eine Messanordnung für polarisiertes Licht dargestellt: Horizontal polarisiertes Licht tritt ungebrochen hindurch, vertikal polarisiertes Licht wird abgelenkt. Mit einem Photonendetektor kann festgestellt werden, welche Polarisation das einfallende Licht hat.

Wenn Sender und Empfänger über einen solchen Übertragungskanal für Photonen, einen Quantenkanal, verfügen, können sie darüber folgendermaßen kommunizieren: Der Sender übermittelt Photonen bestimmter Polarisationsrichtungen,

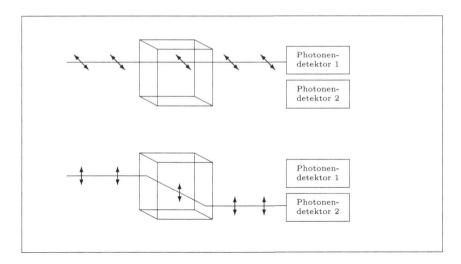

Abbildung 23.1 Messanordnung für polarisiertes Licht

und der Empfänger misst diese mit seinem Filter. Man kann dazu einen doppel-brechenden Kristall (z.B. Kalkspat) verwenden, der zwischen horizontal und vertikal polarisierten Photonen eindeutig unterscheiden kann: Horizontal polarisierte Photonen (0 Grad) werden geradlinig durchgelassen, vertikal polarisierte Photonen (90 Grad) werden in eine bestimmte Richtung abgelenkt. Das Entscheidende ist, dass schräg polarisiertes Licht (45 oder 135 Grad) mit Wahrscheinlichkeit $1/2$ entweder horizontal oder vertikal umpolarisiert und abgelenkt wird. Um die schräg einfallenden Photonen exakt messen zu können, müsste das Filter um 45 Grad gedreht werden.

Mit diesem Messaufbau können Sender und Empfänger geheime Informationen vereinbaren. Dazu gehen sie wie folgt vor: Der Sender erzeugt zunächst Photonen mit Polarisation, die in zufälliger Weise die Werte 0, 45, 90 oder 135 Grad annehmen können, und übermittelt diese Folge dem Empfänger.

Der Empfänger wählt für jedes eintreffende Photon zufällig eine Anordnung seines Filters, mit dem er entweder innerhalb der geraden Richtungen (0 oder 90 Grad) oder innerhalb der schrägen Richtungen (45 oder 135 Grad), aber nie bei beiden Richtungstypen zugleich exakt messen kann. Gerade und schräge Polarisation sind nämlich im Sinne der Unschärferelation zueinander komplementär.

Der Empfänger teilt dem Sender über einen öffentlichen Kanal mit, wie sein Filter bei den einzelnen gemessenen Photonen eingestellt war, worauf der Sender ihm meldet, welche Stellungen die richtigen waren. Sender und Empfänger müssen sich darüber verständigen, denn andernfalls wissen sie nicht, welche Messungen des Empfängers korrekt sind. Die Einstellungen der Filter können beide auch öffentlich bekannt machen, während sie die jeweiligen (richtigen) Messergebnisse jedoch geheim halten. Aus der Einstellung der Filter kann man keine Rückschlüsse auf die Messergebnisse ziehen.

Aus den nur dem Sender und Empfänger bekannten Richtungen können sie eine Bitfolge definieren, indem sie zum Beispiel 0 und 135 Grad als Null und 90 und 45 Grad als Eins festlegen.

Da die Filteranordnung des Empfängers nur in der Hälfte der Fälle mit der Polarisation der Photonen übereinstimmt, wird nur die Hälfte der Photonen richtig gemessen.

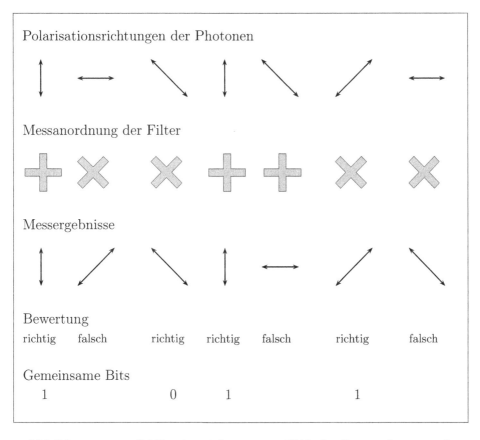

Abbildung 23.2 Schlüsselvereinbarung mit Hilfe der Quantenkryptografie

Jeder Versuch eines Angreifers, im Quantenkanal die Polarisation eines Photons zu messen, würde bei richtig eingestelltem Filter des Angreifers die korrekte Polarisation wiedergeben und die Polarisation des Photons nicht verändern. Bei falsch eingestelltem Filter würde durch den Messprozess die Polarisation aber unwiederbringlich zerstört werden.

Durch diesen doppelten Messprozess würde der Empfänger nur ein Viertel aller Photonen richtig messen.

Um herauszufinden, ob ein Angriff stattgefunden hat, müssen Sender und Empfänger also noch einen Teil ihrer Vereinbarung vergleichen, um festzustellen, ob die vereinbarten Bits auch tatsächlich übereinstimmen.

Ungewöhnlich ist, dass die Informationen, die durch Polarisationsrichtungen repräsentiert sind, mit dieser Technik zum vertraulichen Informationsaustausch gar nicht chiffriert oder auch nur durch Einwegfunktionen verdeckt werden, sondern offen übertragen werden. Sender und Empfänger überzeugen sich vielmehr davon, welche Informationen garantiert nicht abgehört wurden.

Die ersten Prototypen dieser Quantentechnik hatten eine Reichweite von nur etwa 30 Zentimetern. Inzwischen ist die Reichweite unter Benutzung von Lichtwellenleitern auf einige Kilometer angewachsen.

23.2 Quanten Computing

Neben der Heisenbergschen Unschärferelation gibt es weitere Quanteneffekte, die kein klassisches Pendant haben und die für die Kryptografie interessante Konsequenzen haben. Das **Quanten Computing**, also das Rechnen mit Quanten, erlaubt es, auch schwierige mathematische Probleme effizient zu lösen und damit neue Methoden der Kryptoanalyse zu entwickeln. Basierend auf quantenmechanischen Phänomenen kann man Computer konstruieren, die in der Lage sind, aufwändige Berechnungen parallelisiert durchzuführen.

Das Potential von Quantencomputern wurde zuerst von R. Feynman erkannt, vgl. [F82]. Das erste theoretische Modell für einen Quantencomputer stammt von D. Deutsch aus dem Jahr 1985, [D85].

23.2.1 Physikalische Grundlagen

Die wichtigsten physikalischen Grundlagen für Quantencomputer sind die Superposition von Zuständen und ihre Verschränkung. Um diese Phänomene zu veranschaulichen, betrachten wir das Experiment am Doppelspalt. Ein Elektron wird von einer Quelle emittiert und trifft auf eine Wand mit einem Doppelspalt. Hinter der Wand misst ein Detektor, an welcher Stelle das Elektron ankommt. Wenn man viele Elektronen nacheinander oder auch gleichzeitig auf die Wand entsendet, so kann man anhand der Messungen des Detektors angeben, mit welcher Wahrscheinlichkeit ein Elektron auf eine bestimmte Stelle hinter der Wand trifft. In der klassischen Physik erwartet man, dass die Elektronen die Wand durch genau einen der beiden Spalte passieren, also müssen sich die Wahrscheinlichkeiten am Doppelspalt berechnen lassen, indem man die Wahrscheinlichkeiten der Einzelspaltexperimente addiert. Das bedeutet, dass man zunächst den zweiten Spalt schließt und die entsprechende Wahrscheinlichkeitsverteilung misst, und anschließend schließt man den ersten Spalt und misst wiederum. Tatsächlich ergibt sich jedoch am Doppelspalt eine völlig andere Verteilung als die Summe der Einzelwahrscheinlichkeitsverteilungen. Das Experiment liefert ein klassisches Interferenzbild, insbesondere gibt es Stellen, an denen die Wahrscheinlichkeit, dass ein Elektron auftrifft, null ist. Das Ergebnis ist unabhängig davon, ob die Elektronen gleichzeitig oder nacheinander auf den Doppelspalt geschickt werden.

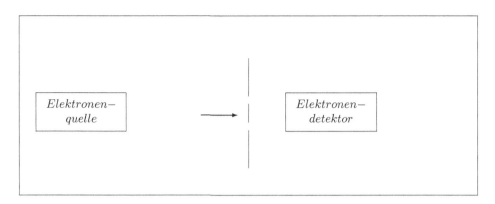

Abbildung 23.3 Elektronen am Doppelspalt

Das Bild ändert sich allerdings, wenn man den Versuchsaufbau variiert: Wenn man misst, durch welchen Spalt ein Elektron die Wand passiert, indem man an einem der Spalte einen Detektor anbringt, so erhält man genau die Wahrscheinlichkeitsverteilung, die man klassisch erwartet, nämlich die Summe der Einzelverteilungen.

Diese Messung lässt sich nur so interpretieren, dass das Elektron im Prinzip *beide* Spalte passiert, wenn der Detektor nur hinter der Wand seine Messungen durchführt und die beiden Einzelwahrscheinlichkeitsverteilungen dadurch nicht mehr unabhängig voneinander sind. In der Quantenmechanik beschreibt man dies folgendermaßen: Man führt **Wahrscheinlichkeitsamplituden** ein, die komplexe Werte annehmen können, und die Quadrate ihrer Beträge liefern die Wahrscheinlichkeit für die Messung des Ereignisses.

Es gibt viele andere quantenphysikalische Experimente, die diese Vorstellung bestätigen.

Ein Quantenbit, abgekürzt durch „Qubit", ist ein System, in dem ein Quantum, also zum Beispiel ein Elektron oder ein Photon, zwei Zustände annehmen kann. Als Beispiel dient im Folgenden das Elektron eines Wasserstoffatoms. Im Prinzip kann dieses Elektron zwei Zustände annehmen: Es kann sich im Grundzustand befinden, der durch $|0>$ bezeichnet wird, oder im angeregten Zustand, der durch $|1>$ bezeichnet wird. Durch das Zuführen von Energie kann ein Elektron, ähnlich wie im obigen Experiment am Doppelspalt, in eine so genannte **Superposition** gebracht werden. Dies ist ein Zustand, in dem man ohne eine Messung nicht entscheiden kann, ob sich das Elektron im Grundzustand oder im angeregten Zustand befindet. Es befindet sich in einer Superposition beider Zustände. Mathematisch beschreibt man eine solche Situation folgendermaßen: Der neue Zustand $|a>$ wird bestimmt durch $|a> = \alpha|0> + \beta|1>$, wobei α und β komplexe Zahlen sind und α^2 die Wahrscheinlichkeit beschreibt, mit der bei einer Messung der Zustand $|0>$ gemessen wird, und β^2 die Wahrscheinlichkeit, dass $|1>$ gemessen wird.

Wenn man ein System von zwei Qubits betrachtet, so kann man auch beide unabhängig voneinander in eine Superposition bringen:

$$(\alpha|0> +\beta|1>) \oplus (\alpha|0> +\beta|1>) = \alpha^2|00> +\alpha\beta|01> +\alpha\beta|10> +\beta^2|11> .$$

Diese Superposition stellt also alle vier klassischen Zustände „00", „01", „10" und „11" gleichzeitig dar. Verallgemeinert man dies auf n Qubits, so lassen sich 2^n Zustände parallel zueinander betrachten. Die Schreibweise $|00>$ bedeutet hierbei, dass es sich um zwei verschränkte Qubits handelt, während die Schreibweise $|0>$ $|0>$ für zwei unabhängige Qubits steht.

23.2.2 Quantencomputer

Qubits lassen sich aber nicht nur unabhängig voneinander in eine Superposition bringen, sondern man kann ihre Zustände auch miteinander **verschränken**. Dies kann man sich zum Beispiel mit dem berühmten Gedankenexperiment von Schrödinger veranschaulichen: Eine Katze, eine für die Katze tödliche Chemikalie und ein radioaktives Atom befinden sich in einer Kiste, deren Inneres von außen nicht beobachtet werden kann. Die Anordnung ist dabei so, dass nur ein Zerfall des radioaktiven Atoms die tödliche Chemikalie freisetzt.

Das radioaktive Atom befindet sich, solange der Zerfall nicht von außen beobachtet wird, in der Superposition aus den Zuständen „nicht zerfallen" ($|0>$) und „zerfallen" ($|1>$). Damit befindet sich auch die Katze in einer Superposition aus den Zuständen „lebendig" ($|0>$) und „tot" ($|1>$). Das Gesamtsystem kann jedoch nicht vier Zustände annehmen, sondern nur zwei: Denn entweder ist das Atom nicht zerfallen, und die Katze lebt noch, das entspricht dem Zustand $|00>$, oder das Atom ist zerfallen, und die Katze ist tot ($|11>$).

Dieses Phänomen kann man ausnutzen, um mathematische Operationen auf Qubits zu simulieren: In Abhängigkeit von bisherigen Zuständen kann man neue Zustände herbeiführen.

Durch bestimmte physikalische Operationen kann man also auf einem n-Qubit-System mathematische Funktionen ausführen:

$$|x> \overset{\boxed{\text{F}}}{\to} |F(x)> .$$

Wenn die Qubits verschränkt sind, kann man auf ihnen gleichzeitig und parallel zueinander Funktionen berechnen. Dies ist ein großer Vorteil gegenüber klassischen Rechnern, die in einem Schritt stets nur eine Eingabe manipulieren können.

Man kann zeigen, dass sich alle mathematischen Operationen, die man mit einer Turing-Maschine durchführen kann, auch mit einem Quantencomputer berechnen lassen. Zusammen mit der parallelen Ausführbarkeit von Funktionen auf verschränkten Qubits werden Quantencomputer damit zu einem Instrument, das nicht nur alle Aufgaben einer Turing-Maschine bewältigen kann, sondern das diese auch noch deutlich effizienter durchführen kann.

Eine mathematische Funktion ist für Qubits so wichtig, dass sie hier ausdrücklich erwähnt werden soll: die **Quanten-Fourier-Transformation**. Quantenmechanisch lässt sie sich folgendermaßen beschreiben: Für alle $0 \leq x < q = 2^n$ ist

$$|x> \rightarrow \frac{1}{q^{1/2}} \sum_{c=0}^{q-1} |c> \cdot e^{\frac{2\pi i x c}{q}} .$$

Am deutlichsten erkennt man den Effizienzvorteil der Quantencomputer am Beispiel der Faktorisierung, bei dem auch die Fourier-Transformation zum Einsatz kommt. Auf einer Turing-Maschine kann man Exponentiationen nur nacheinander ausführen. Der folgende Abschnitt zeigt, dass man mit einem Quantencomputer viele Exponentiationen gleichzeitig berechnen kann. Dadurch wird die Faktorisierung ganzer Zahlen auf einem Quantencomputer zu einem effizient zu lösenden Problem.

23.2.3 Faktorisierung mit Quantencomputern

Das wichtigste Beispiel für die Bedeutung der Quantencomputer stammt von P. Shor, [Sh94]. Er konnte 1994 zeigen, wie sich ein Quantencomputer zur Lösung des Faktorisierungsproblems benutzen lässt. Der Algorithmus geht dabei für eine gegebene ganze Zahl n folgendermaßen vor: Er sucht zwei Zahlen x und s mit den folgenden Eigenschaften:

$$x^{2s} \equiv 1 \ (mod \ n) \ \text{und}$$
$$x^s \not\equiv 1 \ (mod \ n).$$

Dann kann man n faktorisieren, denn es gilt $x^{2s} - 1 \equiv 0 \ (mod \ n)$, also folgt $(x^s + 1)(x^s - 1) \equiv 0 \ (mod \ n)$. Die Zahl n ist daher ein Teiler des Produktes, wegen der zweiten geforderten Eigenschaft teilt n aber keinen der beiden Faktoren. Mittels des Euklidischen Algorithmus kann man n damit faktorisieren.

Um solche Zahlen x und s zu finden, wird eine beliebige ganze Zahl x aus $\mathbb{Z}_n^*$ gewählt. Im Folgenden bezeichnet r die Ordnung von x, die allerdings unbekannt ist. Als erstes bestimmt man zwei ganze Zahlen q und q' mit der Eigenschaft $n^2 \leq q < 2n^2$, wobei $q = 2^{q'}$ gilt. Dann initialisiert man ein System mit zwei Qubit-Registern der Länge q'. Die Einträge des ersten Registers sind unabhängig voneinander, während die Einträge des zweiten Registers mit den jeweilig entsprechenden Einträgen des ersten Registers verschränkt sind.

Zunächst bringt man das erste Register in eine Superposition von allen Zahlen $0 \leq a < q$:

$$\frac{1}{q^{1/2}} \sum_{a=0}^{q-1} |a> |0> .$$

Dann berechnet man im zweiten Register für alle Einträge die a-te Potenz von x:

$$\frac{1}{q^{1/2}} \sum_{a=0}^{q-1} |a> |x^a \bmod n> .$$

Im letzten Schritt wendet man die Fourier-Transformation auf das erste Register an:

$$\frac{1}{q} \sum_{a=0}^{q-1} \sum_{c=0}^{q-1} e^{\frac{2\pi iac}{q}} |c> |x^a \bmod n> .$$

Schließlich misst man den Zustand in beiden Registern. Mit der Messung geht natürlich die Superposition der Zustände in den einzelnen Registereinträgen verloren. Die Fragen, die sich damit stellen, lauten: Welcher Zustand besitzt bei dieser Messung die größte Wahrscheinlichkeit, und welche Rückschlüsse kann man daraus ziehen?

Wir beschäftigen uns zunächst mit der ersten Frage. Dazu bestimmen wir die Wahrscheinlichkeit für den Zustand $|c> |x^k \bmod n>$. Diese Wahrscheinlichkeit kann man berechnen durch

$$P(|c>) = \left| \frac{1}{q} \sum_{\substack{a=0 \\ x^a \equiv x^k \bmod n}}^{q-1} e^{\frac{2\pi iac}{q}} \right|^2 .$$

Um diesen Ausdruck zu vereinfachen, ersetzen wir a durch $br + k$. Die Zahl r ist zwar unbekannt, dennoch wissen wir, dass es genau eine ganze Zahl b mit der gewünschten Eigenschaft gibt. Damit kann man umformen:

$$P(|c>) = \left| \frac{1}{q} \sum_{b=0}^{\lfloor \frac{q-1-k}{r} \rfloor} e^{\frac{2\pi i(br+k)c}{q}} \right|^2 .$$

Der Exponentialterm lässt sich dann wie folgt vereinfachen:

$$\left| \frac{1}{q} \sum_{b=0}^{\lfloor \frac{q-1-k}{r} \rfloor} e^{\frac{2\pi ib[rc]_q}{q}} \right|^2 ,$$

wobei $[rc]_q$ eine Abkürzung für $rc \bmod q$ ist.

Man kann leicht nachrechnen, dass diese Summe maximal wird, falls folgende Ungleichung erfüllt ist:

$$-\frac{r}{2} \leq [rc]_q \leq \frac{r}{2}.$$

Anders formuliert heißt das, dass derjenige Zustand $|c>$ die größte Wahrscheinlichkeit hat, gemessen zu werden, für den es ein d gibt mit:

$$-\frac{r}{2} \leq rc - dq \leq \frac{r}{2}.$$

Dies ist äquivalent zu der Forderung, dass es eine rationale Zahl d/r gibt mit $r < n$ und

$$\left|\frac{c}{q} - \frac{d}{r}\right| \leq \frac{1}{2q}.$$

Man kann zeigen, dass es nur eine rationale Zahl mit diesen Eigenschaften geben kann, und diese lässt sich mit einer Diophantischen Approximation effizient finden.

Worin besteht der Nutzen dieser Überlegungen für die Faktorisierung von n? Nach der Manipulation der Qubit-Register misst man den Zustand der Register. Nach den oben angestellten Berechnungen ist dies mit hoher Wahrscheinlichkeit ein Zustand $|c>$, für den es eine rationale Zahl d/r gibt, so dass $r < n$ und

$$\left|\frac{c}{q} - \frac{d}{r}\right| \leq \frac{1}{2q}$$

gilt. Diese rationale Zahl kann man berechnen, wodurch man die Ordnung r der Zahl x gefunden hat. Wenn die Zahl r gerade ist, dann kann man mit dem Euklidischen Algorithmus aus $(x^{r/2} - 1)$ und n einen der Primfaktoren von n bestimmen.

Der Erfolg des Algorithmus hängt also davon ab, ob man den richtigen Zustand misst und ob die Zahl x eine gerade Ordnung hat. Man kann zeigen, dass beides mit hinreichend hoher Wahrscheinlichkeit auftritt, um den Algorithmus nicht allzu oft durchführen zu müssen.

Der Algorithmus von Shor war das erste Beispiel für das enorme Potential der Quantencomputer. Shor konnte außerdem zeigen, dass die Faktorisierung nicht das einzige mathematische Problem ist, das sich mit Quantencomputern effizient lösen lässt: Auch das Problem des diskreten Logarithmus lässt sich mit einem ähnlichen Algorithmus effizient lösen.

23.2.4 Auswirkungen auf die Kryptografie

Shors Quantenalgorithmus zur Faktorisierung ganzer Zahlen zeigt, dass die Entwicklung von Quantencomputern einen erheblichen Einfluss auf die Kryptografie haben wird. Praktisch alle heute eingesetzten Algorithmen der Public-Key-Kryptografie können nicht mehr als sicher gelten, wenn Quantencomputer technisch realisiert werden können.

Bis heute ist unklar, ob es sich hier um ein grundsätzliches Phänomen handelt, also Public-Key-Kryptografie prinzipiell nicht mehr möglich ist, wenn es Quantencomputer gibt.

Es lässt sich aber zeigen, dass die Auswirkungen auf die symmetrische Kryptografie weniger gravierend sind. Das Problem der Faktorisierung und das Problem des diskreten Logarithmus lassen sich aufgrund ihrer mathematischen Struktur gut mit Quanten-Algorithmen behandeln. Eine vollständige Suche in einer unsortierte Liste, wie dies bei den symmetrischen Algorithmen notwendig ist, lässt sich aber auch mit einem Quantencomputer nicht effizient durchführen. Der beste Algorithmus für eine solche vollständige Suche ist der Algorithmus von Grover, der bei einer Listenlänge von n Einträgen eine Laufzeit von $O(n^{1/2})$ besitzt, [Gr96]. Man kann zeigen, dass dies auch das beste Ergebnis ist, das man mit einem Quantencomputer erzielen kann.

23.2.5 Ausblick

Zur Konstruktion von Quantenrechnern müssen noch grundlegende technische Probleme gelöst werden. Da aber kein physikalisches Gesetz gegen den Bau von Quantenrechnern spricht, muss man davon ausgehen, dass sich die technischen Probleme lösen lassen.

Allen bisherigen „Quantencomputern" ist es jedoch nicht gelungen, tatsächlich auf verschränkten Quantenregistern zu arbeiten. Damit fehlt gerade eine technische Realisierung des stärksten Instruments des Quanten Computings.

Physiker geben als optimistische Schätzung an, dass sie in 10 Jahren in der Lage sein werden, auf rund 10.000 verschränkten Qubits zu rechnen. Unter dieser Annahme braucht man noch mindestens 15 Jahre, um eine 1000-Bit-RSA-Zahl zu faktorisieren.

Literaturverzeichnis

Bücher

[BSS99] I. Blake, G. Seroussi, N. Smart, „Elliptic Curves in Cryptography", Cambridge University Press 1999

[BSW] A. Beutelspacher, J. Schwenk, K.-D. Wolfenstetter, „Moderne Verfahren der Kryptographie", Vieweg-Verlag, 6. Auflage, 2006

[Bu] J. Buchmann, „ Einführung in die Kryptographie", Springer-Verlag, 2001

[DR] J. Daemen, V. Rijmen, „The Design of Rijndael", Springer-Verlag, 2002

[Hi] Raymond Hill, „A First Course in Coding Theory", Oxford University Press, 1986

[HQ] W. Heise and P. Quattrocchi, „Informations- und Codierungstheorie", Springer-Verlag, Berlin, 3. Auflage, 1995

[Ka] D. Kahn, „The Codebreakers", Scribner-Verlag, 1967

[Ki] R. Kippenhahn, „Verschlüsselte Botschaften", rororo Taschenbuch, 1999

[KrZi] K. Krickeberg, H. Ziezold, „Stochastische Methoden", Springer-Verlag, 1994

[Kn] D. Knuth, „The Art of Computer Programming - Seminumerical Algorithms", vol.2, Addision-Wesley, 2. Auflage, 1981

[Ko] N. Koblitz, „A Course in Number Theory and Cryptography", Graduate Texts in Math. no. 114, Springer-Verlag, 1994

[MvOV] A. Menezes, P.van Oorschot, S.Vanstone, „Handbook of Applied Cryptography", CRC Press, 1996

[Me] K. Meyberg, „Algebra 1+2" Hanser-Verlag, 2. Auflage, 1980

[Sc] J. Schwenk, „Sicherheit und Kryptographie im Internet. Von sicherer E-Mail bis zu IP-Verschlüsselung", Vieweg-Verlag, 2. Auflage, 2005

[Sm] R.Smith, „Internet Kryptographie", Addison-Wesley Verlag, 1998

[St] W. Stallings, „Cryptography and Network Security", Prentice Hall, 1998

[ST] J. Silverman, J. Tate, „Rational Points on Elliptic Curves", Springer-Verlag, 1994

Zeitschriften und Konferenzen

[ABK98] R. Anderson, E. Biham, L. Knudsen, „Serpent: A Flexible Block Cipher With Maximum Assurance", First AES Candidate Conference, Ventura, Kalifornien, USA, 1998

[ACGS88] W. Alexi, B. Chor, O. Goldreich, C. Schnorr, „RSA and Rabin Functions: Certain Parts are as hard as the whole", SIAM Journal of Computing, vol. 17, no. 2, 1988

[Ad79] L. Adleman, „An subexponential algorithm for the discrete logarithm problem with applications to cryptography", Proc. of IEEE 20th Annual Symposium on Foundations of Computer Science, 1979

[ASK02] M. Agrawal, N. Saxena, N. Kayal, „PRIMES is in **P**", http://www.cse.iitk.ac.in/users/manindra/index.html

[B96] D. Bleichenbacher, „Generating ElGamal signatures without knowing the secret key", Advances in Cryptology - Eurocrypt '96, Lecture Notes in Computer Science 1070, Springer-Verlag

[B86] M. Blum, „How to Prove a Theorem So No One Else Can Claim It", Proc. of the International Congress of Mathematicians, 1986

[B98] D. Boneh, „The decision Diffie-Hellman problem", Proceedings of the Third Algorithmic Number Theory Symposium, 1998

[Br88] G. Brassard, „Modern Cryptology: A Tutorial", Lecture Notes in Computer Science 325, Springer-Verlag, 1988

[BAN89] M. Burrows, M. Abadi, R. Needham, „A Logic of Authentication", Report 39, Digital Systems Research Center, Pao Alto, California, 1989

[BBB82] C. Bennett, G. Brassard, S. Breidbard, „Quantum cryptography", Advances in Cryptography - Crypto '82, Plenum Press, 1983

[BB84] C. Bennett, G. Brassard, „Quantum cryptography", Proceedings of IEEE International Confernce on Computers, Systems, and Signal Processing, IEEE 1984

[BBFKSS98] Eli Biham, Alex Biryukov, Niels Ferguson, Lars R. Knudsen, Bruce Schneier, Adi Shamir, „Cryptanalysis of Magenta", Distributed at the first AES Candidate Conference, 1998

[BBM00] M. Bellare, A. Boldyreva, S. Micali: „Public-Key Encryption in a Multi-User Setting: Security Proofs and Improvements," Advances in Cryptology - Eurocrypt 2000, Lecture Notes in Computer Science 1807, Springer-Verlag

[BBS86] L. Blum, M. Blum, S. Shub, „A simple unpredictable pseudo random number generator", SIAM Journal of Computing, vol. 15, no. 2, 1986

[BCC88] G. Brassard, D. Chaum, C. Crepeau, „Minimum disclosure proofs of knowledge", Journal of Computer and System Sciences 37(2), 156-189, Okt. 1988

[BCDetal98] C. Burwick, D. Coppersmith, E. D'Avignon, et al, „MARS - a candidate cipher for AES", First AES Candidate Conference, Ventura, Kalifornien, USA, 1998.

[BCDP90] J. Boyar, D. Chaum, I. Damgard, T. Pedersen, „Convertible undeniable signatures", Advances in Cryptology - Crypto '90, Lecture Notes in Computer Science 537, Springer-Verlag

[BCK96] M. Bellare, R. Canetti, H. Krawczyk, „Keying hash functions for message authentication", Advances in Cryptology - Crypto '96, Lecture Notes in Computer Science 1109, Springer-Verlag

[BCK98] M. Bellare, R. Canetti, H. Krawczyk, „A Modular Approach to the Design and Analysis of Authentication and Key Exchange Protocols", Proc. of 30th Annual ACM Symposium on Theory of Computing (STOC), 1998

[BDJR97] M. Bellare, A. Desai, E. Jokipii, P. Rogaway, „A concrete security treatment of symmetric encryption: Analysis of the DES modes of operation", Proceedings of the 38th IEEE Symposium on Foundations of Computer Science, 1997

[BDPR98] M. Bellare, A. Desai, D. Pointcheval, P. Rogaway, „Relations Among Notions of Security for Public-Key Encryption Schemes", Advances in Cryptology - Crypto '98, Lecture Notes in Computer Science 1462, Springer-Verlag

[BF97] D. Boneh, M. Franklin, „Efficient generation of shared RSA keys", Advances in Cryptology - Crypto '97, Lecture Notes in Computer Science 1294, Springer-Verlag

[BG92] M. Bellare, O. Goldreich, „On defining proofs of knowledge", Advances in Cryptology - Crypto '92, Lecture Notes in Computer Science 740, Springer-Verlag

[BGG94] M. Bellare, O. Goldreich, S. Goldwasser, "Incremental Cryptography: The case of Hashing and Signing", Advances in Cryptology - Crypto '94, Lecture Notes in Computer Science 839, Springer-Verlag

[BGHJKMY91] R. Bird, I. Gopal, A. Herzberg, P. Janson, S. Kutten, R. Molva, M. Yung, „Systematic Design of Two-Party Authentication Protocols", Advances in Cryptology - Crypto '91, Lecture Notes in Computer Science 576, Springer-Verlag

[BGKW88] M. Ben-Or, S. Goldwasser, J. Kilian, A. Widgerson, „Multi-Prover Interactive Proofs: How to Remove Intractability Assumptions", Proc. of 20th ACM Symposium on Theory of Computing, 1988

[BGM97] M. Bellare, S. Goldwasser, D. Micciancio, „Pseudo-Random Number Generation Within Cryptographic Algorithms: The DSS Case", Andvances in Cryptology - Crypto '97, Lecture Notes in Computer Science 1294, Springer-Verlag, 1997

[BGR95] M. Bellare, R. Guerin, P. Rogaway, „XOR MACs: New methods for message authentication using finite pseudorandom functions", Advances in Cryptology - Crypto '95, Lecture Notes in Computer Science 963, Springer-Verlag

[BKR94] M. Bellare, J. Kilian, P. Rogaway, „The Security of the Cipher block Chaining Message Authentication Code", Advances in Cryptology - Crypto '94, Lecture Notes in Computer Science 839, Springer-Verlag

[BM84] M. Blum, S. Micali, „How to generate cryptographically strong sequences of pseudo-random bits", SIAM Journal of Computing, Vol 13, 1984

[BM88] M. Bellare, S. Micali, „How to Sign Given Any Trapdoor Function", Proc. of 20th ACM Symposium on Theory of Computing, 1988

[BM92] E. Brickell, K. McCurley, „An Interactive Identification Scheme Based on Discrete Logarithms and Factoring", Journal of Cryptology vol. 5, no.1, Springer-Verlag, 1992

[BM96] M. Bellare, P. Rogaway, „The Exact Security of Digital Signatures - How to Sign with RSA and Rabin", Advances in Cryptology - Eurocrypt '96, Lecture Notes in Computer Science 1070, Springer-Verlag

[BP95] A. Bosselaers, B. Preneel, „Integrity Primitives for Seucre Information Systems: Final Report of RACE Integrity Primitives Evaluation RIPE-RACE 1040, Lecture Notes in Computer Science 1007, 1995

[BPT84] R. Berger, R. Peralta, T. Tedrick, „A Provably Secure Oblivious Transfer Protocol", Advances in Cryptology - Eurocrypt '84, Lecture Notes in Computer Science 209, Springer-Verlag

[Br93] S. Brands, „Untraceable off-line cash in wallets with observers," Advances in Cryptology - Crypto '93, Lecture Notes in Computer Science 773, Springer-Verlag, 302-318

[BR93] M. Bellare, P. Rogaway "Random Oracles are practical: A paradigm for designing efficient protocols" Proc. of 1st ACM Conference on Computer and Communications Security, 1993

[BR94] M. Bellare, P. Rogaway, „Optimal Asymmetric Encryption", Advances in Cryptology - Eurocrypt '94, Lecture Notes in Computer Science, Springer-Verlag

[BR00] J. Black, P. Rogaway, „CBC MACs for Arbitrary-Length Messages: The Three Key Construction", Advances in Cryptology - Crypto 2000, Lecture Notes in Computer Science 1880, Springer-Verlag, 2000

[BT94] J.C. Benaloh, D. Tuinstra, „Receipt-Free Secret-Ballot Elections", Proceedings of 26th Annual ACM Symposium on the Theory of Computing (STOC), 1994

[Ch81] D. Chaum, „Untraceable Electronic Mail, Return Addresses, and Digital Pseudonyms", Communications of the ACM, vol. 24, 1981

[Ch85] D. Chaum, „Security without Identification: Transaction Systems to make Big Brother obsolete", Communications of the ACM, vol. 28, 1985

[Ch94] D. Chaum, „Designated Confirmer Signatures", Advances in Cryptology - Eurocrypt '94, Lecture Notes in Computer Science 950, Springer-Verlag

[CCD88] D. Chaum, C. Crepeau, I. Damgard, „Multiparty Unconditinally Secure Protocols", Proc. of 20th ACM Symposium on Theory of Computing, 1988

[CDNO97] R. Canetti, C. Dwork, M. Naor, R. Ostrovsky, „Deniable Encryption", Advances in Cryptology - Crypto '97, Lecture Notes in Computer Science 1294, Springer-Verlag

[CDS94] R. Cramer, I. Damgaard, B. Schoenmakers, „Proofs of Partial Knowledge and Simplified Design of Witness Hiding Protocols", CWI report, CS-R9413, 1994

[CFSY96] . Cramer, M.K. Franklin, B. Schoenmakers, M. Yung, „Multi-Authority Secret-Ballot Elections with Linear Work", Advances in Cryptology - Eurocrypt '99, Lecture Notes in Computer Science 1592, Springer-Verlag

[CGS97] R. Cramer, R. Gennaro, B. Schoenmakers, „A secure and optimally efficient Multi-Authority Election Scheme", Advances in Cryptology - Eurocrypt '97, Lecture Notes in Computer Science 1233, Springer-Verlag

[CEG87] D. Chaum, J.-H. Evertse, J. van de Graaf, „An Improved Protocol for Demonstrating Possession of a Discrete Logarithm and Some Generalizations", Advances in Cryptology - Eurocrypt '87, Lecture Notes in Computer Science 304, Springer-Verlag

[CFIJ99] G.D. Crescenzo, N. Ferguson, R. Impagliazzo, M. Jakobsson, „How To Forget a Secret", Proc. of 16th Symposium on Theoretical Aspects of Computer Science (STACS) '99, Lecture Notes in Computer Science 1563, Springer-Verlag

[CFN88] D. Chaum, A. Fiat, M. Naor, „Untraceable Electronic Cash", Advances in Cryptology - Crypto '88, Lecture Notes in Computer Science 403, Springer-Verlag

[CFN94] B. Chor, A. Fiat, M. Naor, „Tracing Traitors", Advances in Cryptology - Crypto '94, Lecture Notes in Computer Science 839, Springer-Verlag

[CFSY96] R. Cramer, M.K. Franklin, B. Schoenmakers, M. Yung, „Multi-Authority Secret-Ballot Elections with Linear Work", Advances in Cryptology - Eurocrypt '99, Lecture Notes in Computer Science 1592, Springer Verlag

[CGGM00] R. Canetti, O. Goldreich, S. Goldwasser, S. Micali, „Resettable Zero-Knowledge", Proc. of 32nd Annual ACM Symposium on Theory of Computing (STOC), 2000

[CGH98] R. Canetti, O. Goldreich, S. Halevi, „The Random Oracle Methodology, Revisited", Proc. of 30th Annual ACM Symposium on Theory of Computing (STOC), 1998

[CHP91] D. Chaum, E. van Heijst, B. Pfitzmann, „Cryptographically Strong Undeniable Signatures, Unconditionally Secure for the Signer", Advances in Cryptology - Crypto '91, Lecture Notes in Computer Science 576, Springer-Verlag, 1991

[CK01] R. Canetti, H. Krawczyk, „Analysis of Key-Exchange Protocols and Their Use for Building Secure Channels", Advances in Cryptology - Eurocrypt '01, Lecture Notes in Computer Science 2045, Springer-Verlag

[Co85] D. Coppersmith, „The real reason for Rivest's phenomenon", Advances in Cryptology - Crypto '85, Lecture Notes in Computer Science 218, Springer-Verlag

[CP92] D. Chaum, T.P. Pedersen, „Wallet Databases with Observers", Advances in Cryptology - Crypto '92, Lecture Notes in Computer Science 740, Springer-Verlag

[CR84] B. Chor, R. Rivest, „A knapsack type public key cryptosystem based on arithmetic in finite fields", Advances in Cryptology - Crypto '84, Lecture Notes in Computer Science 196, Springer-Verlag

[CS98] R. Cramer, V. Shoup, „A Practical Public Key Cryptosystem Provably Secure against Adaptive Chosen Ciphertext Attack", Advances in Cryptology - Crypto '98, Lecture Notes in Computer Science 1462, Springer-Verlag

[Cre87] C. Crepeau, „Equivalence between two flavours of Oblivious Transfer", Advances in Cryptology - Crypto '87, Lecture Notes in Computer Science 293, Springer-Verlag

[CSY00] G. D. Crescenzo, K. Sakurai, M. Yung, „On Zero-Knowledge Proofs: From Membership to Decision", Proc. of 32nd Annual ACM Symposium on Theory of Computing (STOC), 2000

[D85] D. Deutsch, Proc. R. Soc. London A 400, 97

[DF91] Y. Desmedt, Y. Frankel, „Shared Generation of Authenticators and Signatures", Advances in Cryptology - Crypto '91, Lecture Notes in Computer Science 435, Springer-Verlag

[D95] J. Daemen, „Cipher and Hash Function Design", Ph. D. Thesis, Katholieke Universiteit Leuven, März 1995

[D00] A. Desai, „New Paradigms for Constructing Symmetric Encryption Schemes Secure against Chosen-Ciphertext Attack", Advances in Cryptology - Crypto 2000, Lecture Notes in Computer Science 1880, Springer-Verlag

[Do95] H. Dobbertin, „Cryptanalysis of MD4", Fast Software encryption, 3rd third International Workshop, Lecture Notes in Computer Science 1039, Springer-Verlag

[Do96] H. Dobbertin, „The Status of MD5 After a Recent Attack", RSA Laboratories CryptoBytes, 2(2), 1996.

[DBP95] H. Dobbertin, A. Bosselaers, B. Preneel, „RIPEMD-160: a strengthened version of RIPEMD", Fast Software Encryption, Third International Workshop, Lecture Notes in Computer Science 1039, Springer-Verlag

[DDN91] D. Dolev, C. Dwork, M. Naor, „Non-malleable Encryption", 23rd ACM Symposium on the Theory of Computing, 1991

[DH76] W. Diffie, M. Hellman, „New directions in cryptography", IEEE Transactions on Information Theory, 22, 1976

[DH79] W. Diffie, M. Hellman, „Privacy and authentication: An introduction to cryptography", Proceedings of the IEEE, 67, 1979

[DN00] I. Damgard, J. Nielsen, „Improved Non-Committing Encryption Schemes Based on a General Complexity Assumption", Advances in Cryptology - Crypto 2000, Lecture Notes in Computer Science 1880, Springer-Verlag

[DNS98] C. Dwork, M. Naor, A. Sahai, „Concurrent Zero-Knowledge", Proc. of 30th Annual ACM Symposium on Theory of Computing (STOC), 1998

[DR98] J. Daemen, V. Rijmen, „The block cipher Rijndael", 1st AES Candidate Conference, Ventura, Kalifornien, USA, 1998.

[DS81] D. Denning, G. Sacco, „Timestamps in Key Distribution Protocols", Communications of the ACM, vol. 24, no. 8, 1981

[ElG84] T. ElGamal, „A public-key Cryptosystem and a signature scheme based on discrete logarithms", IEEE Trans. Inform. Theory, 31:469-472, 1985

[EH90] J.-H. Evertse, E. van Heyst, „Which new RSA signatures can be computed from some given RSA Signatures?", Advances in Cryptology - Eurocrypt '90, Lecture Notes in Computer Science 473, Springer-Verlag

[F73] H. Feistel, „Cryptography and computer privacy", Scientific American, 228, 1973

[F87] P. Feldman, „A Practical Scheme for Non-interactive Verifiable Secret Sharing", Proc. of 28^{th}28th IEEE Symposium on the Foundations of Computer Science, 1987

[F82] R. Feynman, International Journal of Phys. 21, 467

[FFS88] U. Feige, A. Fiat, A. Shamir, „Zero-Knowledge Proofs of Identity", Journal of Cryptology, vol.1/2, 1988

[FIPS81] „DES Mode of Operation", Federal Information Processing Standards Publication 81, U.S. Department of Commerce/National Bureau of Standards, National Technical Information Service, Springfield, Virginia, U.S. 1980

[FIPS113] „Computer data authentication", Federal Information Processing Standards Pblication 113, U.S. Department of Commerce/National Bureau of Standards, National Technical Information Sercice, Springfield, Virginia, U.S. 1985

[FIPS180-1] „Secure Hash standard", Federal Information Processing Standards Publication 180-1, U.S. Department of Commerce /NIST, Springfield, Virginia, U.S., 1995

[FIPS186] „Digital signature standard (EES)", Federal Information Processing Standards Publication 186, U.S. Department of Commerce/N.I.S.T., National Technical Information Service, Springfield, Virginia, 1994

[FMY98] Y. Frankel, P. MacKenzie, M. Yung, „Robust Efficient Distributed RSA-Key-Generation", Proc. of 30th Annual ACM Symposium on Theory of Computing (STOC), 1998

[FO] E. Fujisaki, T. Okamoto, „A Practical and Provably Secure Scheme for Publicly Verifiable Secret Sharing and its Applications", Advances in Cryptology - Eurocrypto '98, Lecture Notes in Computer Science 1403, Springer-Verlag

[FS86] A. Fiat, A. Shamir, „How to Prove Yourself: Practical Solutions to Identification and Signature Problems", Advances in Cryptology - Crypto '86, Lecture Notes in Computer Science 263, Springer-Verlag

[FS90] U. Feige, A. Shamir, „Witness indistinguishable and Witness Hiding Protocols", Proc. of 22th Annual ACM Symposium on Theory of Computing (STOC), 1990

[FTY98] Y. Frankel, Y. Tsiounis, M. Yung, „Fair Off-Line e-Cash made easy", Advances in Cryptology - Asiacrypt '98, Lecture Notes in Computer Science 1514, Springer-Verlag

[FY95] Y. Frankel, M. Yung, „Escrow Encryption Systems Visited: Attacks, Analysis and Desings", Advances in Cryptology - Crypto '95, Lecture Notes in Computer Science 963, Springer-Verlag

[Go] O. Goldreich, „Foundations of Cryptography: Volume 2, Basic Tools", Cambridge University Press, 2004

[Gr96] L. Grover, „A fast quantum mechanical algorithm for database search", Proc. of 28^{th}28th Annual ACM Symposium on the Theory of Computing (STOC), ACM 1996

[GB] S. Goldwasser, M. Bellare, „Lecture Notes in Cryptography", http://www.cs.ucsd.edu/users/mihir/papers/gb.html

[GGM84] O. Goldreich, S. Goldwasser, S. Micali, „On the cryptographic applications of random functions", Advances in Cryptology - Crypto 84, Lecture Notes in Computer Science 196, Springer-Verlag

[GHR99] R. Gennaro, S. Halevi and T. Rabin, „Secure Hash-and-Sign Signatures without the Random Oracle", Advances in Cryptology - Eurocrypt '99, Lecture Notes in Computer Science 1592, Springer-Verlag

[GM84] S. Goldwasser, S. Micali, „Probabilistic Encryption", Journal of Computer and System Sciences, vol. 28, 1984

[GMR88] S. Goldwasser, S. Micali, R. Rivest, „A Digital Signature Scheme Secure Against Adaptive Chosen-Message Attacks", SIAM Journal of Computing, vol. 17, no. 2, 1988

[GMR89] S. Goldwasser, S. Micali, C. Rackoff, „The Knowledge Complexity of interactive Proof Systems", Proc. of 17th Annual ACM symposium on Theory of computing (STOC), SIAM 1989

[GMS74] E. Gilbert, F. MacWilliams, N. Sloane, „Codes with detect deception", Bell. Syst. Tech. Journal 53, 1974

[GMW86] O. Goldreich, S. Micali, A. Widgerson, „Proofs that Yield Nothing But their Validity and a Methodology of Cryptographic Protocol Design", Foundations of Computer Science, 1986

[GQ90] L. Guillou, J. Quisquater, „How to explain Zero-Knowledge to your Children", Advances in Cryptology - Crypto '89, Lecture Notes in Computer Science 435, Springer-Verlag

[GSV98] O. Goldreich, A. Sahai, S. Vadhan, „Honest Verifier Statistical Zero-Knowledge equals General Statistical Zero-Knowledge", Proc. of 30th Annual ACM Symposium on Theory of Computing (STOC), 1998

[He80] M. Hellman, „A cryptanalytic time-memory trade-off", IEEE Transactions on Information Theory, 26, 1980

[HPS98] J. Hoffstein, J. Pipher, J.H. Silverman, „NTRU: a ring based public key cryptosystem," Proc. of ANTS III, Lecture Notes in Computer Science 1423, Springer-Verlag, 1998

[IK03] T. Iwata, K. Kurosawa „OMAC: One-Key CBC MAC", Proceedings of Fast Software Encryption, FSE 2003, Lecture Notes in Computer Science 2887, Springer Verlag

[ISO/IEC10118-4] „Information technology - Security techniques - Hash-functions - Part 3: Hash-functions using modular arithmetic", draft, 1996

[JJ00] E. Jaulmes, A. Joux, „A Chosen-Ciphertext Attack against NTRU", Advances in Cryptology - Crypto 2000, Lecture Notes in Computer Science 1880, Springer-Verlag

[JuSz] A. Juels, M. Szydlo, „A Two-Server Sealed-Bid Auction Protocol", Financial Cryptography '02, Lecture Notes in Computer Science 2257 2002, Springer-Verlag

[Ker92] .G. Kersten, „Shared Secret Schemes aus Geometrischer Sicht", Mitt. aus dem Math. Seminar Giessen, Heft 208 (1992)

[K88] J. Kilian, „Founding Cryptography on Oblivious Transfer", Proc. of 20th Annual ACM Symposium on Theory of Computing (STOC), 1988

[K94] L. Knudsen, „Block Ciphers - Analysis, Design and Applications", PhD Thesis, Aarhus, Dänemark, 1994

[Kr01] H. Krawczyk, „The Order of Encryption and Authentication for Protecting Communications (or: How Secure Is SSL?)", Advances in Cryptology - Crypto '01, Lecture Notes in Computer Science 2139, Springer-Verlag

[KI02] K.Kobara, H. Imai, „OAEP++ : A Very Simple Way to Apply OAEP to Deterministic OW-CPA Primitives", ePrint archive 2002/130, http://eprint.iacr.org

[KL95] J. Kilian, T. Leighton, „Fair Cryptosystems, Revisted", Advances in Cryptology - Crypto '95, Lecture Notes in Computer Science 963, Springer-Verlag

[KMM94] R. Kemmerer, C. Meadows, J. Millen, „Thress Systems for Cryptographic Protocol Analysis", Journal of Cryptology, vol. 7, no. 2, 1994

[KY00] J. Katz, M. Yung, „Complete Characterization of Security Notions for Probabilistic Private-Key Encryption", Proc. of 32nd Annual ACM Symposium on Theory of Computing (STOC), 2000

[LLL82] A. Lenstra, H. Lenstra, L. Lovaász, „Factoring polynomials with rational coefficients", Mathematische Annalen, vol. 261, 1982

[LV00] A. Lenstra, E. Verheul, „The XTR public key system" , Advances in Cryptology - Crypto 2000, Lecture Notes in Computer Science 1880, Springer-Verlag

[LHL] C.M. Li, T. Hwang, N.Y. Lee, „Threshold-Multisignature Schemes where suspected Forgery implies Traceability of adversarial Shareholders", Advances in Cryptology - Eurocrypt '94, Lecture Notes in Computer Science 950, Springer-Verlag

[LW88] D. Long, A. Wigderson, „The Discrete Logarithm hides $O(log\ n)$ Bits", SIAM Journal of Computing, vol. 17, no.2, 1988

[M91] S. Matyas, „Key processing with control vectors", Journal of Cryptology, vol. 3, no.2, Springer-Verlag, (1991)

[M95] U.M. Maurer, „Fast Generation of Prime Numbers and Secure Public Key Cryptographic Parameters", Journal of Cryptology, vol. 8, no.3, Springer-Verlag, 1995

[Me78] R. McEliece, „A public-key cryptosystem based on algebraic coding theory", DSN progress report, 42-44, Jet Propulsion Laboratory, Pasadena, USA, 1978

[Me83] M. Merrit, „Cryptographic Protocols", Ph.d. thesis, Georgia Institute of Technology, 1983

[M92] S. Micali, „Fair Public-Key Cryptosystems", Advances in Cryptology - Crypto '92, Lecture Notes in Computer Science 740, Springer-Verlag

[Mi76] G. Miller, „Riemann's hypothesis and tests for primality", Journal of Computer ans System Sciences, 13, 1976

[MH78] R. Merkle, M. Hellman, „Hiding information and signatures in trapdoor knapsacks", IEEE Transactions on Information Theory, 24 (1978)

[MH81] R. Merkle, M. Hellman, „On the security of multiple encryption", Communications of the ACM, vol. 24, 1981

[MM93] U. Maurer, J.L. Massey, „Cascade Ciphers: The importance of Being First", Journal of Cryptology, vol. 6, no. 1, Springer-Verlag, 1993

[MMO85] S. Matyas, C. Meyer, J. Oseas, „Generating strong one-way functions with cryptographic algorithm", IBM Technical Disclosure Bulletin, 27 (1985)

[MPRR06] F. Mendel, N. Pramstaller, C. Rechberger, V. Rijmen „On the Collision Resistance of RIPEMD-160", Information Security ISC' 06, Lecture Notes in Computer Science 4176, Springer-Verlag

[MRR07] F. Mendel, C. Rechberger, V. Rijmen „Update on SHA-1", Crypto '07 Rump Session

[MRS88] S. Micali, C. Rackoff, B. Sloan, „The notion of Security for probabilistic cryptosystems", SIAM Journal of Computing, vol. 17, no. 2, 1988

[NIST800] „Recommendation for Block Cipher Modes of Operation: The CMAC Mode for Authentication", NIST Special Publication 800-38B, May 2005

[NS78] R. Needham, M. Schroeder, „Using Encryption for Authentication in Large Networks of Computers", Communications of the ACM, vol. 21, no. 12, 1978

[Ny93] K. Nyberg, „Differentially uniform mappings for cryptography", Advances in Cryptology - Eurocrypt '93, Lecture Notes in Computer Science 765, Springer-Verlag

[OR87] D. Otway, O. Rees, „Efficient and Timely Mutual Authentication", Operating Systems Review vol. 21, no. 1, 1987

[P99] P. Paillier, „Public-Key Cryptosystems Based on Composite Degree Residuosity Classes", Advances in cryptology - Eurocrypt '99, Lecture Notes in Computer Science 1592, Springer-Verlag

[P96] J. Patarin, „Hidden field equations and isomorphisms of polynomials: Two new families of asymmetric algorithms", Advances in Cryptology - Eurocrypt '96, Lecture Notes in Computer Science 1070, Springer-Verlag

[Pol74] J. Pollard, „Theorems on factorization and primality testing", Proc. of the Cambridge Philosophical Society, 76, 1974

[Pol75] J. Pollard, „A Monte Carlo method for factorization", BIT, 15, 1975

[Pol93] J. Pollard, „Factoring with cubic integers", *The development of the number field sieve*, Lecture Notes in Mathematics 1554, 1993, Springer-Verlag

[Pom82] C. Pomerance, „Analysis and comparison of some integer factoring algorithms", Computational Methods in Number Theory, Teil 1, Mathematisches Zentrum Amsterdam, 1982

[Pom84] C. Pomerance, „The quadratic sieve factoring algorithm", Advances in Cryptology - Eurocrypt '84, Lecture Notes in Computer Science 209, Springer-Verlag

[P93] B. Preneel, „Analysis and design of cryptographic hash functions" PhD thesis, Katholieke Universiteit Leuven, Belgium 1993

[PBV99] R. Pellikaan, A. Brouwer, E. Verheul, „Doing More with Fewer Bits", Advances in Cryptology - Asiacrypt '99, Lecture Notes in Computer Science 1716, Springer-Verlag

[PH78] S. Pohlig, M. Hellman, „An improved algorithm for computing logarithms over $GF(p)$ and its cryptographic significance", IEEE Transactions on Information Theory, vol. 24, 1978

[PS96a] D. Pointcheval, J. Stern, „Security Proofs for Signature Schemes", Advances in Cryptology - Asiacrypt '96, Lecture Notes in Computer Science 1163, Springer-Verlag

[PS96b] D. Pointcheval, J. Stern, „Provably Secure Blind Signature Schemes", Advances in Cryptology - Asiacrypt '96, Lecture Notes in Computer Science 1163, Springer-Verlag

[QG89] J. Quisquater, M. Girault, „$2n$-bit hash-functions using n-bit symetric block cipher algorithms", Advances in Cryptology - Eurocrypt '89, Lecture Notes in Computer Science 434, Springer-Verlag

[R79] M. Rabin, „Digitalized signatures and public-key functions as intractable as factorization", MIT/LCS/TR-212, MIT Laboratory for Computer Science, 1979

[Ra80] M. Rabin, „Probabilistic algorithm for testing primality", Journal of Number Theory, 12, 1980

[Ri90] R. Rivest, „The MD4 message digest algorithm", Advances in Cryptology - Crypto '90, Lecture Notes in Computer Science 537, Springer-Verlag

[Ri92] R. Rivest, „The MD5 message digest algorithm", Internet Request for Comments 1321, April 1992

[RRSY98] R. Rivest, M. Robshaw, R. Sidney, Y. Yin, „The RC6 Block Cipher: A simple fast secure AES proposal", First AES Candidate Conference, Ventura, Kalifornien, USA, 1998.

[RSA78] R.L. Rivest, A. Shamir, L. Adleman, „A Method for obtaining Digital Signatures and Public Key Cryptosystems", Communications of the ACM, vol. 26, no. 1, 1983

[Schn89] C.P. Schnorr, „Efficient Identification and Signatures for Smart Cards“, Advances in Cryptology - Crypto '89, Lecture Notes in Computer Science 435, Springer-Verlag

[S79] A.Shamir, „How to share a secret“, Communications of the ACM, Vol. 22, Nr. 11, 1979

[Sh49] C. Shannon, „Communication theory of secrecy systems“, Bell System Technical Journal 30, 1949

[Sh94] P.W. Shor, in Proceedings of the 35th Annual Symposium on the Foundations of Computer Science, IEEE Computer Society Press, 1994

[Sh01] V. Shoup, „OAEP Reconsidered“, Advances in Cryptology - Crypto '01, Lecture Notes in Computer Science 2139, Springer-Verlag

[Si94] G. Simmons, „Cryptanalysis and Protocol Failures“, Communications of the ACM, vol. 37, no. 11, 1994

[S94a] G. Simmons, „Proof of Soundness (Integrity) of Cryptographic Protocols“, Journal of Cryptology, vol.7, no. 3, Springer-Verlag, 1994

[SKWWHF98] B. Schneier, J. Kelsey, D. Whiting, D. Wagner, C. Hall, N. Ferguson, „Twofish: A Block Encryption Algorithm“, First AES Candidate Conference, Ventura, Kalifornien, USA, 1998.

[SPC95] M. Stadler, J.-M. Piveteau, J. Camenisch, „Fair Blind Signatures“, Advances in Cryptology - Eurocrypt '95, Lecture Notes in Computer Science, Springer-Verlag

[SSALMOW09] M. Stevens, A. Sotirov, J. Appelbaum, A. Lenstra, D. Molnar, D.A. Osvik, B. de Weger, „Short Chosen-Prefix Collisions for MD5 and the Creation of a Rogue CA Certificate“, Advances in Cryptology - Crypto '09, Lecture Notes in Computer Science 5677, Springer-Verlag

[To91] M. Toussaint, „Verification of Cryptographic Protocols“, Ph.d. thesis, Universite de Liege, Belgien, 1991

[TMN89] M. Tatebayashi, N. Matsuzaki, D. Newman, „Key distribution protocol for digital mobile communication systems„, Advances in Cryptology - Crypto '89, Lecture Notes in Computer Science 435 , Springer-Verlag

[TS99] T. Sander, A. Ta-Shma, „Auditable, Anonymous Electronic Cash“, Advances in Cryptology - Crypto '99, Lecture Notes in Computer Science 1666, Springer-Verlag

[TY98] Y. Tsiounis, M. Yung, „On the Security of ElGamal based Encryption“, Proc. of International Workshop on Public Key Cryptography 1998 (PKC 98), Lecture Notes in Computer Science 1431, Springer-Verlag

[Wi82] H. Williams, „A p+1 Method of Factoring", Mathematics of Computation 39 (159), 1982

[WY05] X. Wang, H. Yu, „How to Break MD5 and Other Hash Functions", Advances in Cryptology - Eurocrypt '05, Lecture Notes in Computer Science 3494, Springer-Verlag

[WYY05] X. Wang, Y.L. Xin, H. Yu, „Finding Collisions in the Full SHA-1", Advances in Cryptology - Crypto '05, Lecture Notes in Computer Science 3621, Springer-Verlag

Index

Kryptologie klar und verständlich

Albrecht Beutelspacher
Kryptologie
Eine Einführung in die Wissenschaft vom Verschlüsseln,
Verbergen und Verheimlichen.
Ohne alle Geheimniskrämerei, aber nicht ohne hinterlistigen Schalk,
dargestellt zum Nutzen und Ergötzen des allgemeinen Publikums.
9., akt. Aufl. 2009. XII, 156 S. mit 59 Abb. Br. EUR 21,90
ISBN 978-3-8348-0703-8

Cäsar oder Aller Anfang ist leicht! - Wörter und Würmer oder Warum einfach,
wenn's auch kompliziert geht? - Sicher ist sicher oder Ein bisschen Theorie - Daten
mit Denkzettel oder Ein Wachhund namens Authentifikation - Die Zukunft hat
schon begonnen oder Public-Key-Kryptographie - Ach wie gut, dass niemand weiß,
dass ich Rumpelstilzchen heiß oder Wie bleibe ich anonym? - Ausklang - Entschlüsselung der Geheimtexte

Das Buch bietet eine reich illustrierte, leicht verdauliche und amüsante Einführung
in die Kryptologie. Diese Wissenschaft beschäftigt sich damit, Nachrichten vor
unbefugtem Lesen und unberechtigter Änderung zu schützen. Ein besonderer
Akzent liegt auf der Behandlung moderner Entwicklungen. Dazu gehören Sicherheit im Handy, elektronisches Geld, Zugangskontrolle zu Rechnern und digitale
Signatur.

*"Beutelspacher kann die Materie nicht nur verständlich, sondern auch überaus
motivierend vermitteln. Gleich, wie komplex die Themen auch werden, seine Erklä-
rungen sind nie kompliziert, und die vielen Übungsaufgaben vertiefen den Stoff in
spielerischer Weise."* c't Magazin für Computertechnik, 12/2009

**VIEWEG+
TEUBNER**
Abraham-Lincoln-Straße 46
65189 Wiesbaden
Fax 0611.7878-400
www.viewegteubner.de
Stand Juli 2009.
Änderungen vorbehalten.
Erhältlich im Buchhandel oder im Verlag.